AF532989

Chris Rooke

# DAS Jaguar E-Type SCHRAUBERTAGEBUCH

## DER STEINIGE WEG ZUM TRAUM-SECHSZYLINDER

Chris Rooke

# DAS Jaguar E-Type SCHRAUBERTAGEBUCH

## DER STEINIGE WEG ZUM TRAUM-SECHSZYLINDER

**Warnhinweis:**

Dieses Buch soll Hilfe zur Selbsthilfe sein. Die hierin veröffentlichten technischen Ratschläge entsprechen nicht immer den üblichen Handwerksregeln.

Für etliche technische Ratschläge in diesem Buch wird handwerkliches Grundwissen vorausgesetzt, ohne das man die entsprechenden Arbeiten nicht angehen soll.

Im Zweifelsfall sollte man vor Durchführung von technischen Arbeiten immer einen geschulten Spezialisten zu Rate ziehen und die Arbeiten nicht selbst durchführen.

Etliche Ratschläge können bei fehlerhafter Ausführung unter bestimmten Umständen zu erheblichen Folgeschäden führen.

Autor, Übersetzer und Verlag lehnen daher ausdrücklich jede Haftung für die veröffentlichten Arbeitsanweisungen und daraus gefolgerte Schlüsse ab. Für alle anhand dieses Buches ausgeführten Arbeiten übernimmt der durchführende Schrauber, Bastler oder Mechaniker das alleinige und uneingeschränkte Risiko. Ebenso ist die Haftung des Autors, Übersetzers und Verlags für Druckfehler, Schreibfehler und sachliche Fehler jeder Art ausdrücklich ausgeschlossen.

Bei dem vorliegenden Handbuch handelt es sich um eine Übersetzung aus dem Englischen.

Impressum

HEEL Verlag GmbH
Gut Pottscheidt
53639 Königswinter
Telefon 0 22 23 / 92 30-0
Telefax 0 22 23 / 92 30 13
Mail: info@heel-verlag.de
Internet: www.heel-verlag.de



Der Originaltitel „E-type Jaguar DIY – Restoration & Maintenance“ ist erschienen bei:
Porter Press International Ltd.
P.O. Box 2, Tenbury Wells, Worcestershire
WR15 8LY
United Kingdom


Deutsche Übersetzung: Michael-Alexander Seitz
Lektorat: Jürgen Schlegelmilch

Satz und Gestaltung der deutschen Ausgabe: F5 Mediengestaltung, Ralf Kolmsee, Bonn

Printed in Slovenia

ISBN 978-3-95843-354-0

# Danksagung

An dieser Stelle möchte ich all denjenigen danken, ohne die es mir niemals möglich gewesen wäre, dieses Buch zu verwirklichen. Die Reihenfolge bedeutet dabei keine Wertung, und ich möchte beim Team von Porter Press beginnen: Abi, der ein hervorragender Fotograf ist, sowie Annelise, Mary und Louise, die mir bei all meinen Fragen mit einer Engelsgeduld zur Seite standen. Mark Holman in Neuseeland für die Korrekturlesung und Rob Schulp für die Zusammenarbeit mit den Anzeigensponsoren, und natürlich diesen Sponsoren selbst. Malcolm McKay versorgte mich als Herausgeber des E-Type-Clubmagazins mit alten Ausgaben und Artikeln, und Andrew Garman als Art Director gelang es irgendwie, aus meinen Texten und Fotos nicht immer einwandfreier Qualität letztlich eine vorzeigbare Publikation auf den Weg zu bringen.

Besonderer Dank gebührt Philip Porter für seine klare und entschlossene Bearbeitung meines eher abschweifenden Stils und meiner nicht immer ganz logischen Vorgehensweise, und auch für all die Unterstützung und Ermutigung, die er mir während der Arbeit an diesem Buch zukommen ließ. Außerdem gehört er ganz besonders zu denjenigen, die sich unermüdlich dafür einsetzen, dass der E-Type bleibt, was er ist: eine Legende, aber eine lebende. Wir nehmen so vieles, das heute wieder möglich und „lieferbar" ist, für selbstverständlich, und wie leicht vergisst man, wieviel Arbeit von Leuten wie Philip und anderen Enthusiasten dahinter steckt.

Auch den verschiedenen Teilehändlern, mit denen ich zu tun hatte, gebühren Dank und Anerkennung für ihre Arbeit, der man immer wieder anmerkt, dass sie nicht ausschließlich rein profitorientiert motiviert ist, sondern von aufrichtiger Begeisterung für die Sache.

Gewidmet ist dieses Buch meiner Frau Christine, die so lange so viel aushalten musste und der ich es so lange so wenig vergelten konnte.

# Inhalt

# Inhalt

# Inhalt

# Inhalt

# Vorwort

Fehler haben etwas Gutes: Man lernt aus ihnen. Egal, ob aus den eigenen oder denen, die andere machen. Wir alle machen Fehler, aber bei weitem nicht alle haben den Mut, zu ihnen zu stehen – noch dazu in aller Öffentlichkeit. Chris Rooke hat diese Größe und nennt in diesem Buch ganz ausführlich seine Fehler – zu unserem Nutzen.

Ursprünglich erschienen seine Erlebnisse als Serie im monatlich erscheinenden Klubmagazin des „Jaguar E-Type Club", und sie erreichten auf diese Weise Jaguar-Fans in mehr als 50 Ländern dieser Erde. Nun wurden seine Erfahrungen formuliert, in diesem Buch zusammengefasst und so einer größeren Öffentlichkeit zugänglich gemacht.

Egal, welche Falle auf ihn lauerte, Chris erwischte sie alle! Aber er ließ sich nie unterkriegen, stand auf, schüttelte sich, machte weiter. Und schaffte es schließlich an sein Ziel. Daher geht es in diesem Buch auch keineswegs um Missgeschicke und Katastrophen, sondern ganz im Gegenteil darum, wie man sich durchkämpft und die Hoffnung bewahrt, auch wenn alles gegen einen zu sein scheint. So gesehen ist Chris ein Held und sein Buch das Werk eines echten Enthusiasten, gedacht für ebensolche.

Ich selbst habe meinen ersten E-Type 1977 gekauft, und seit 1985 schreibe ich über dieses Auto. Es ist ganz ohne Zweifel ein fantastisches Stück Technik, traumhaft schön und leistungsfähig, und es hat seinen legendären Ruf nicht von ungefähr. Aber der E-Type kann auch ein Biest sein, ganz besonders, wenn man es an der ihm gebührenden Aufmerksamkeit und Sorgfalt mangeln lässt. Auch darin wird es in diesem Buch gehen.

**Philip Porter**

**MWS International**
Wir freuen uns sehr, dass wir Motor Wheel Services International mit in das Team für dieses Buch holen konnten. 1927 gegründet, blickt das Unternehmen auf fast 90 Jahre Erfahrung im Bau von Autorädern zurück. Diese Tradition macht sich bemerkbar, wenn es um Werte wie Kundenorientierung und handwerkliche Qualität geht. Trotzdem ist man bei MWS im Heute angekommen und arbeitet nach den heute gültigen technischen Standards. Für viele gehören Drahtspeichenräder ganz einfach zwingend zum E-Type, und bei MWS ist man dann auf jeden Fall in den richtigen Händen, egal, ob man alte Räder aufarbeiten lassen will oder ob man neue kaufen muss.

# Einleitung

In diesem Buch geht es um die Komplettrestaurierung meines 1969er Jaguar E-Type Fixed Head Coupé, Serie II. Überwiegend erledigte ich die im Rahmen dieser Restaurierung anfallenden Arbeiten selbst, im Keller unseres Hauses, den ich irgendwann einfach „Garage" zu nennen begann. Ich hatte noch nie zuvor an einem E-Type gearbeitet, und so warteten eine ganze Menge Fallstricke auf mich, in die ich tappte, und ich musste feststellen, dass es eine wirklich große Menge an Wissen gab, das ich mir erst noch erarbeiten musste. Zweck dieses Buches ist es, den Leser an meinen Erlebnissen teilhaben zu lassen und meine Erfahrungen auf diese Weise mit ihm zu teilen. Möge es dabei helfen, dass andere, die sich ein solches Ziel vornehmen, meine Fehler vermeiden werden – oder jedenfalls ein paar davon.

An vielen Stellen geht es in diesem Buch natürlich um exakt mein Auto. Andererseits haben alle E-Type-Versionen Gemeinsamkeiten, und so mag die Lektüre auch dann hilfreich sein, wenn man einen Serie I oder III besitzt, oder gar einen 12-Zylinder.

Dieses Buch ist keinesfalls dazu gedacht, als Reparaturanleitung zu dienen oder die gängigen technischen Handbücher zu ersetzen. Vielmehr ist es eine Ergänzung zu diesem Material. Vor allem Werkshandbücher richten sich manchmal sehr eindeutig an den Fachmann, der bereits Erfahrung hat oder sogar auf dem E-Type geschult wurde und nicht an den Laien und Anfänger. Insofern sollte man dieses Buch sorgfältig und bis zum Ende durchlesen, bevor man sich an eine Restaurierung begiebt, für die man selbstverständlich zusätzlich mindestens ein gutes Werkstatthandbuch zu Rate zieht. Übrigens ist besonders für diejenigen, die sich das erste Mal wirklich ernsthaft mit ihrem Auto auseinandersetzen, auch jeder Ersatzteilkatalog eine enorme Hilfe – die dort gebräuchlichen Explosionszeichnungen geben oftmals Einblick in die Konstruktion des Autos, und manchmal sagt ein Bild bekanntlich mehr als tausend Worte.

## Über mich

Ich bin Schauspiellehrer, und zu Recht wird niemand vermuten, dass jemand mit einem solchen Beruf zugleich eine Berufsausbildung im Automobil-Bereich oder gar als Restaurator hat. Was ich habe, und zwar seit ich mich erinnern kann, ist eine große Leidenschaft für klassische Autos im Allgemeinen und für den E-Type im Besonderen. Meine diesbezüglichen Hörner stieß ich mir an unzähligen zwei- und vierrädrigen Kraftfahrzeugen ab, von denen nicht die wenigsten heute ebenfalls schon Klassikerstatus haben. Im Alter von 40 war ich mir dann sicher: Ich besaß die Erfahrung, die mentale Reife und die notwendigen Mittel, um mich auf das Abenteuer E-Type einzulassen. Es sollten neun Jahre vergehen, bis ich stolzer Eigentümer eines technischen Meisterwerks in einem ihm würdigen Zustand war. Eine lange Reise, und nicht immer unbeschwerlich. Aber jede Minute war es wert. Möge dieser Bericht dem Leser manchen Umweg und manche Hürde zu vermeiden helfen.

**Chris Rooke**
**Barnsley, UK**

# 1.1 Wie ich auf den E-Type kam

Ehrlich gesagt kann ich mich gar nicht daran erinnern, wann genau ich dem E-Type verfallen bin, mit 13 oder 14 Jahren vielleicht. Seit ich denken kann, interessierte mich schon immer alles, was nach Technik aussah, und diese Begeisterung wurde immer größer. Schuld daran ist wohl mein Vater. Er war ein begabter Heimwerker, und auch wenn er mir nicht im eigentlichen Sinne etwas beigebracht hat, so hat er doch offenbar sein diesbezügliches Talent an mich weitergegeben, so wie andere ihre musische Begabung von ihren Eltern erben oder ihren Kunstsinn – zwei Sachen übrigens, für die mein Vater keinerlei Veranlagung hatte, und ich, wenn das geht, noch weniger.

Stets lagen bei uns Auto- und Motorenteile herum, Werkzeug ebenso, und so war es unvermeidlich, dass ich mich irgendwann damit auseinandersetzen musste. Das erste Opfer meines Ehrgeizes als Mechaniker war ein Raleigh-Moped, dessen ich mich im Alter von 12 annahm – es sollte sich nie wieder aus eigener Kraft bewegen. Später hatte ich eine 125er Vespa und eine Lambretta SX200, mit denen ich, bis sie dasselbe Schicksal erlitten wie die Raleigh Runabout, über die Wiesen hinter unserem Haus bretterte. Heute ist dort längst alles mit Wohnsiedlungen zugebaut.

Mit 16 hatte ich den ersten Führerschein in der Tasche und kaufte mir endlich eine „richtige" Maschine, eine gebrauchte Casals, ein in Portugal hergestellter Nachbau der damals ungeheuer populären Yamaha FS1E, wie sie viele meiner Freunde mit etwas besser situierten Eltern hatten. Einer davon war Geoff, zusammen mit ihm fuhr ich in den Ferien an die Kanalküste – mein erster Urlaub ohne Eltern! Fünfmal flog mir der Auspuff davon, so viel nur zur Qualität der Casals.

Mit 17 kaufte ich mir dann eine 250er BSA Starfire, also ein „echtes" Motorrad. Im Nachhinein betrachtet war sie ein Schrotthaufen, und auf meiner zweiten Ferientour mit Geoff hatte sie einen Motorschaden. Gezwungenermaßen nahm ich mich ihrer an, und siehe da: Diesmal brachte ich die Sache zu Ende, und die BSA lief danach wieder einwandfrei! Noch immer 17, folgte mein erstes Auto, ein 850er Mini.

In der bald nach dem Kauf fälligen MOT-Prüfung, die in etwa der Hauptuntersuchung bei TÜV oder DEKRA entspricht, fiel er hochkant durch: Wo die Schweller hätten sein müssen, war bei ihm nichts. Den Schul-

**1.1-1** Des Autors erstes Auto, ein Mini 850, noch die alte Ausführung mit dem langen Schalthebel – der „Regenschirmschaltung“. Hier mit fünf Mann Besatzung, heute fast undenkbar!

Die Matchless nach ihrer glanzlosen Rückkehr aus Frankreich: mit Motorschaden im Laderaum eines Morris Kleintransporters. **1.1-2**

abschluss schaffte ich dann auch nicht: Statt zu lernen, besserte ich den Mini mit reichlich Spachtelmasse aus. Doch auch damit schafften wir die MOT nicht – der Mini bekam in der Werkstatt zwei neue Schweller eingeschweißt, was 140 Pfund kostete, damals entsprach das in etwa 600 deutschen Mark. Für das Auto selbst hatte ich 100 Pfund bezahlt – man erkennt so allmählich eine Art roten Faden in der Geschichte meiner fahrbaren Untersätze. Aber immerhin trug dieser mich und meine Freunde dann doch durch unsere nächsten gemeinsamen Ferien.

Mein nächster Kauf war eine Matchless G3, ein 350-$cm^3$-Einzylinder, den ich meinen Vorstellungen entsprechend zu einem Chopper umbaute. Laut eigener Aussage hatte der Vorbesitzer den Motor komplett überholt. Meine Kontrolle war gut gemeint, immerhin nahm ich den Zylinderkopf ab und schaute mit den Motor „von innen“ an. Kopf wieder drauf, eine Sache von einer Viertelstunde bei diesem Motor, und ab nach Frankreich, wo ich in den Sommerferien als Eisverkäufer am Strand jobben wollte. Mitten in der Bretagne kam dann das Aus: Offenbar hatte man zwar den Zylinder auf das nächste Übermaß geschliffen, dann aber den alten Kolben samt Ringen wieder verbaut, und die hatten sich nun verabschiedet. Die Heimkehr erfolgte wenig ruhmvoll, bis zur Fähre in Calais im Kombi eines französischen Freundes, von Portsmouth nach Hause im Morris meines Bruders. Merke: Vertraue nie in etwas, das ein anderer repariert zu haben behauptet.

Ich reparierte den Motor und fühlte mich eine Zeit lang so als richtiger Biker. Auch wenn die Matchless ein paar Jahre lang mein einziger fahrbarer Untersatz war: In Wahrheit war ich dafür viel zu brav und normal. Irgend-

Die erste große Liebe: eine Matchless G3LS, ein schwerer Einzylinder aus Armeebestand, Baujahr 1954, zum Chopper umgebaut und mit 500 statt der normalen 350 $cm^3$. Bald trug sie den wenig schmeichelhaften Spitznamen „Idiotenwind“ – egal, wohin man wollte, eilig durfte es nicht sein. **1.1-3**

**1.1-4** *Die nächste große Liebe, ein 1976er Triumph Vitesse, hier aufgenommen irgendwo auf dem Weg nach Rom. Die Spaltmaße der Karosserie machen nicht den besten Eindruck!*

**1.1-5** *Nicht unbedingt der Traum eines jeden Autoenthusiasten: Ein Bedford Van, vom Autor liebevoll von Hand lackiert in Dunkelgrün.*

wann verbog sich die lange Choppergabel – meine Konstruktion! – und ich stellte sie unter, um sie „irgendwann" komplett herzurichten, wenn es die finanzielle Lage besser ermöglichen würde. Wenn ich mich recht erinnere, muss es um diese Zeit herum gewesen sein, als zum ersten Mal der Wunsch in mir aufkam, einen E-Type zu besitzen.

Kurze Zeit fuhr ich einen Morris Minor Traveller, erfüllte mir dann aber einen leichter zu realisierenden Traum: einen Triumph Vitesse Mk2 mit 2-Liter-Motor. Wieder einmal eine Entscheidung mit mehr Herz als Hirn; eigentlich war das Auto schon ein Wrack, als ich es kaufte. Trotzdem liebte ich den Vitesse und fuhr ihn einige Jahre, in einem Sommer sogar bis nach Rom und zurück. Für meine

etwas naive Vorstellung einer „Rolling Restoration" war er bei aller Liebe nicht geeignet, und so meldete ich ihn ab und kaufte einen Triumph GT6 MkIII. Die Freude über dieses eigentlich tolle Auto sollte nur bis zur ersten Hauptuntersuchung andauern. Der Vorbesitzer hatte nämlich großflächigen Rostfraß kunstvoll mit Spachtel, Lack und einem Vinyldach kaschiert – der GT6 rostet besonders stark am Dach, wie ich heute weiß. Also abmelden und den Vitesse wieder notdürftig instandgesetzt. Er musste weiter herhalten, bis mir ein Triumph Herald Kombi über den Weg lief. Dieser schien eine gute Restaurierungsbasis, und ich beschloss, an ihm zu üben, bevor ich mich an den Vitesse und den GT6 wagen wollte. Nach einem Jahr hatte ich den Herald fertig, und er war recht gut gelungen. Aber dann – ich war aus Platzgründen im Garten gerade dabei, Reparaturbleche in den Vitesse einzuschweißen – hatte ich so etwas wie eine Eingebung: Es musste doch noch etwas anderes im Leben geben, als jede freie Minuten an diesen Rosthaufen herumzubasteln? Kurz entschlossen stieß ich alle drei Autos ab und erwarb einen VW Golf – meine Tage als Fahrer von „Alltags-Klassikern" waren erst einmal vorbei.

Mit dem Kauf und der teuren Vollrestaurierung einer Triumph Bonneville 750 machte ich mir einen weiteren Traum wahr. Nach einer Urlaubsreise durch Frankreich und Spanien erneut eine Kurzschlusshandlung: Um die Kosten für die Restaurierung und den Urlaub wieder hereinzuholen, wurde die Maschine verkauft. Aber da war ja immer noch die Matchless. Und jetzt waren Geld und Zeit vorhanden, dieses Projekt anzugehen.

Diesmal wollte ich alles richtig machen; die Matchless sollte wirklich perfekt werden. Der erste Schritt dahin:

**1.1-6** *Glücklich grüßt der Autor Mitte der achtziger Jahre aus seinem Triumph Vitesse: Der Wagen scheint damals ordentlich gelaufen zu sein …*

ein von Grund auf neu aufbereiteter Rahmen – das sollte eine Werkstatt in Hull übernehmen. Kurz nachdem ich meinen Rahmen dort abgeliefert hatte, sperrten sie zu. Weder mit Hilfe der Polizei noch der von teuren Anwälten gelang es mir, an die Inhaber heranzukommen, mein Versuch, in den Laden einzubrechen, misslang. Mein Rahmen verschwand auf Nimmerwiedersehen, und mit ihm 200 Pfund, die ich als Anzahlung geleistet hatte. Klar – einen anderen Rahmen aufzutreiben wäre nicht so schwer gewesen, aber ich war von diesem Reinfall so erschüttert, dass ich schweren Herzens die restlichen Teile der Matchless an einen Teilehändler verkaufte. Ein trauriges Ende nach mehr als 20 Jahren Besitzerstolz.

Schon da stand für mich fest: Sollte ich irgendwann einmal wieder in der Lage sein, mir einen Klassiker zuzulegen, dann musste es ein E-Type sein. Und ein wenig geerbtes Geld sollte mich meinem Ziel näher bringen. Ich hatte etwa 15.000 Pfund zur Verfügung, genug, um einen erstklassigen Triumph Stag oder TR5 zu bezahlen. Für einen E war es damals schon zu wenig, aber: Ich wollte einen E, ich brauchte unbedingt einen, ich musste ihn haben! Nun war ich zwar als Mechaniker nicht mehr völlig unerfahren, aber mit dem E-Type kannte ich mich nicht besonders gut aus, er war einfach immer zu sehr außerhalb meiner Reichweite gewesen. Mein rudimentäres Wissen beschränkte sich auf die Informationen, dass es den E-Type als Coupé und als Cabrio gab sowie einen 2+2 und den V12. Tatsächlich gab es den sportlichen Jaguar in 13 verschiedenen Ausführungen. Die Form des Coupés hatte mich schon immer begeistert, aber auch das Cabrio war verlockend. Die offene Version war zu Produktionszeiten immer billiger als die Ausführung mit festem Dach, allerdings hat sich dieses Verhältnis auf dem Markt für Klassiker drastisch geändert. Die Preise für gute Cabrios verboten die nähere Beschäftigung mit diesem Thema. Also ein Coupé sollte es sein, aber keinesfalls der 2+2. Detaillierter befasste ich mich nicht weiter mit Typenvielfalt des E-Type und welche Ausführung für mich die Richtige wäre. Ich trat in einen Markenclub ein und wartete auf die erste Mitgliederzeitung. Sicher würden darin etliche gute Autos angeboten. Mit einer gewissen Ernüchterung musste ich allerdings zur Kenntnis nehmen, dass sich diese Hoffnung nicht erfüllte. In der Tageszeitung stand ein 2+2 zum Verkauf, den ich mir anschaute. Immerhin blieb ich bei meinem Entschluss, diesmal nicht beim erstbesten Angebot schwach zu werden, und das, obwohl das Geld in meiner Tasche immer heißer brannte.

Dann erzählte mir ein Freund von einem Händler, der sich auf Klassiker spezialisiert habe und bei dem ein E-Type stand. Seine Worte waren noch nicht ganz verhallt, da saß ich schon im Auto – unterwegs in die unsicheren Fahrwasser des gewerblichen Oldtimer-Handels und im Gepäck alle Fehler, die man mit unlauteren Verkäufern machen kann.

**Zusammenfassung**

- Auch mit 40 kann einem das Geld ein Loch in die Hosentasche brennen.
- Professionelle Restaurierer arbeiten manchmal doch nicht so professionell.
- Geduld ist eine Tugend.

**1.1-7** *Ein E-Type war da schon der Traum des Autors gewesen, aber Ende der 80er Jahre reicht es nur für einen Triumph GT6. Das nachträglich angebrachte Vinyldach diente dem Zweck, den für dieses Auto typischen Rost am Windschutzscheibenrahmen zu verbergen, der allerdings bei diesem rostzerfressenen Exemplar nicht der einzige Korrosionsherd war.*

**1.2-1** *Rechte Seite: Der Hauptdarsteller dieses Buches, so wie er 1997 gekauft wurde, mit einer gutaussehenden Neulackierung und fein säuberlich herausgeputzt. Hinter dem ansprechenden Äußeren sollte sich ein wahres Gebirge an unerkannten Schäden auftun.*

# 1.2 Wie man das richtige Auto findet - oder auch nicht

Am Beispiel des Fahrzeugs, um das es in diesem Buch gehen wird, lässt sich gut schildern, welche Umstände zur Entscheidung für ein Auto beitragen können, welche objektiven Fakten eine Rolle spielen und welche subjektiven Eindrücke – und ob man nicht vielleicht auch einmal auf sein „Bauchgefühl" hören sollte. Der hier beschriebene Serie II war keineswegs die erste Wahl, zum einen wegen seiner Lackfarbe, zum anderen, weil ein Serie-I-Coupé bei so gut wie allen Jaguar-Fans ohnehin höher im Kurs steht. Zeitgleich stand ein Serie I (diese Bezeichnung und auch die des so genannten „1 ½" entstanden übrigens erst nach der Markteinführung des wirklich so bezeichneten „Serie II") bei diesem Händler. Das angebotene Fahrzeug in Hellgrau-Metallic (einem der schönsten Farbtöne für den E-Type) wurde zudem perfekt ergänzt durch die Innenausstattung in rotem Leder. Warum also wurde es der Serie II?

Natürlich habe ich beide Autos erst einmal Probe gefahren. Dummerweise begann es bei der Fahrt mit dem Serie I zu regnen, die Scheiben beschlugen, die Wischer halfen nicht wirklich, und zu allem Überfluss drang oben an den Türen Wasser in den Innenraum. Zwar war an dem Auto laut Beschreibung umfangreich an der Karosserie gearbeitet worden – eine Aussage, die man nicht unbedingt für eine Empfehlung halten muss, erst recht, wenn sich an den Unterkanten der Motorhaube Rostspuren zeigen. Der Motor war nicht original, und die Laufleistung wurde als nicht eindeutig angegeben; angeboten wurde das Auto 1997 für umgerechnet knapp 22.000 Euro.

Der Serie II trug vielleicht nicht die richtige Farbe, aber dafür sah er klasse aus. Die Bilder in diesem Kapitel geben den Zustand bei Kauf wieder, und ehrlich: Wer würde bei diesem Anblick vermuten, welche Baustellen sich hinter dem ersten Eindruck verstecken konnten? Er wies „matching numbers" auf, Motor, Getriebe und Fahrgestell waren also wirklich in diesem Fahrzeug und dieser Kombination so aus dem Werk gekommen. Die Laufleistung wurde mit ca. 74.000 Kilometern angegeben, der Originalzustand als

*Die Innenausstattung wirkte auf den ersten Blick gepflegt und sauber – wie sich herausstellte war lediglich mit weißer Lederfarbe nachgeholfen worden.* **1.2-2**

„authentisch". Mit gut 19.000 Euro war das Auto ein ganzes Stück billiger zu haben, und zuletzt schien bei der Probefahrt die Sonne, der Wagen fuhr toll ... Eine neue Lackierung kostet doch nicht die Welt, oder? Sollte ich mir da wirklich ein Auto mit nicht ganz eindeutiger Geschichte antun? Noch dazu, wo alle Experten vor den technischen Unzulänglichkeiten des Serie I warnen? Also entschied ich mich für den Serie II – ein Schritt, der sich später bedauerlicherweise nur als falsch bezeichnen lässt.

Ein paar wesentliche Gründe, warum das so ist:

Die Kombination aus Lackfarbe und Innenraum – Silbergrau-metallic und rotes Leder – war eigentlich meine Wunschvorstellung; beides nachträglich zu realisieren, sollte sich als überaus kostspielig herausstellen.

Die Karosserie des Serie I mit den kleinen Rückleuchten über der Stoßstange gilt, wie schon erwähnt, als das „echte" und ästhetischere Design – selbst die meisten Besitzer eines Serie II sehen das so.

Mechanisch mag der Serie I einige Unzulänglichkeiten aufweisen, aber die meisten lassen sich mit einem gewissen Aufwand beseitigen. Auch wenn Letzteres mit nicht unerheblichem, vor allem finanziellem Aufwand verbunden ist.

Der Motor im angebotenen Serie I war zwar nicht mehr das Originaltriebwerk, es war aber doch historisch korrekt – ein Umstand, der vielleicht wichtiger ist als „matching numbers", außer man betrachtet so ein Auto als reines Investment.

Im vorliegenden Fall muss man aber noch einige individuelle Fehler, einen Mangel an Geduld, die ungenügende Suche nach alternativen Angeboten und einen Händler ohne Reputation anführen – kurz: eine übereilte Kaufentscheidung mit entsprechenden Konsequenzen. Und die vermuteten Vorteile des Serie II sollten sich dann auch prompt als nicht gegeben herausstellen.

Der Händler stimmte zu, dass man das Auto noch einmal gründlich von unten ansehen könne – bei der Abholung in der kommenden Woche. Nach einer nicht gerade unerheblichen Anzahlung wurde der Wagen erst einmal wieder in die Ausstellung geschoben – wo er gestanden hatte, zeigte sich ein großer Ölfleck.

Zum Abholtermin stand der E-Type wie versprochen auf der Hebebühne. Er war soeben frisch mit flüssigem Unterbodenschutz besprüht worden – welch großzügige Geste des Verkäufers. Allerdings ließ sich nun natürlich nicht mehr feststellen, wo das Auto überall Öl verlor. Immerhin, der Unterboden sah gut aus, Schweißarbeiten sollten so bald nicht anfallen, und die mechanischen Komponenten würden kein Problem sein ... Wie teuer Ersatzteile für den E-Type sein können, sollte sich erst später erweisen.

Das Auto erhielt vor dem Kauf eine neue MOT-Abnahme, und der „verbürgte" Kilometerstand war dem Händler eine Garantie wert: Sollte sich in den nächsten zwei Monaten

**1.2-3** *Unter der Haube schien alles in Ordnung zu sein – mal abgesehen von dem Ölverlust am Zylinderkopf, einer verkehrsunsicheren Lenkung, Bremsen, die nicht funktionierten, einer verbeulten Blechhaut Haube und einer grausigen Verkabelung.*

herausstellen, dass die Laufleistung deutlich höher wäre, würde er den Wagen zurücknehmen und den Kaufpreis komplett erstatten. In Wahrheit bedeutete die derart garantierte Laufleistung nichts anderes, als dass das Gegenteil eben auch nicht zu beweisen war. Das Werkstatt-Scheckheft reichte bis ins Jahr 1978 zurück, die älteste Hauptuntersuchung datierte von 1982, und zwar bei einem Kilometerstand von damals schon 70.530 Kilometern. Die rechnerische Erkenntnis, dass der Wagen dann in den mehr als 25 Jahren danach nur knapp 4000 Kilometer gefahren wäre, hätte vielleicht Grund zum Nachdenken gewesen sein können, allein – ein Beweis im juristischen Sinne ist so etwas leider nicht.

Nach einigen Diskussionen blieb es beim Kauf des Autos. Ein Fehler, wie gesagt, für den man in einer solchen Situation später die verschiedensten Rechtfertigungen findet. Der wahre Grund ist aber gerade beim Kauf eines solchen Liebhaberfahrzeugs dieser: Man ist zu stolz, eine Entscheidung trotz erkennbarer Warnsignale zu revidieren, und man scheut den Ärger mit dem Verkäufer und den Aufwand, eine wie im vorliegenden Fall geleistete Anzahlung zurückzufordern.

Sei es, wie es sei: Für mich begann jetzt erst mein neues Leben mit einem E-Type. Schon nach der Heimfahrt musste ich feststellen, dass der Motor vorne in erheblichem Maße Öl verlor, und die Untersuchung durch einen renommierten Spezialisten ergab ein verheerendes Urteil. Ja, die Karosserie war im Wesentlichen gesund, aber die Mechanik in erbärmlichem Zustand und vor allem und mit Sicherheit deutlich mehr als 74.000 Kilometer gelaufen: Massiver Ölverlust am Zylinderkopf und am Hinterachsgetriebe machten sofortige Maßnahmen erforderlich, Lenkung und Bremse waren gar als gefährlich einzustufen. Eine mit der Motorüberholung beauftragte Werkstatt fand schwere Schäden an Motorblock und Zylinderkopf, beide mussten geschweißt und bearbeitet werden. Damit konfrontiert, lehnte es der Verkäufer ab, sich an diesen Kosten zu beteiligen. Vor Gericht scheiterte ich kläglich, das Auto sei wie zugesagt fahrtüchtig, eine bewusste Täuschung des Käufers ließe sich nicht erkennen.

Einer Mitschuld an diesem Desaster bewusst, fügte ich mich dem Unausweichlichen: Eine komplette Motorüberholung, zu Kosten von mehr als 2700 Euro. Als der Wagen bei einer anderen Werkstatt erneut einer Hauptuntersuchung unterzogen wurde, bestand er diese aufgrund der vom Prüfer gefundenen Mängel nicht. Der Verkäufer ließ die vorderen Bremssättel auf seine Kosten überholen, die Halterungen des Lenkgetriebes ersetzen und ein neues Kardangelenk in die Lenksäule einbauen. Alle diese Maßnahmen sorgten dafür, dass sich die Fahrbarkeit des Autos zumindest geringfügig verbesserte. Kurz darauf stellte der Verkäufer seine Geschäftstätigkeit ein. Immerhin konnte ich das tun, wofür ich mir den Wagen gekauft hatte: fahren. Allerdings, wie für so einen Klassiker nicht unüblich, nicht im Alltagsbetrieb und nur bei gutem Wetter. Aber selbst dann vermiesten mir die schwammigen Bremsen und die unpräzise Lenkung den Spaß, es fühlte sich einfach nicht „richtig“ an, und schließlich blieb nur die logische, wenn auch schmerzliche Erkenntnis, dass das ganze Fahrzeug komplett neu aufgebaut werden musste.

Und was dabei geschah, genau darum geht es in diesem Buch.

**1.2-4** *Ein schöner Rücken: Aber bei genauerem Hinsehen fällt der falsche Auspuff von einem 3,8-Liter auf, das moderne Kennzeichen – kein schwarzes – spricht gegen eine ordentliche Historie und die unten abstehende Fahrertür ist eindeutig mehr als nur ein Schönheitsfehler.*

## Zusammenfassung

- Authentischer Originalzustand kann alles bedeuten – oder nichts.
- Emotion und Ungeduld sind schlechte Ratgeber.
- Ein objektives Urteil eines – unbeteiligten – Kenners ist vor dem Kauf sinnvoller als danach.
- Eine gründliche Inspektion sollte vor dem Kauf erfolgen – und auch vor einer Anzahlung.
- Die Kulanz des Verkäufers sinkt erheblich, wenn er bereits einen Großteil der Kaufsumme eingenommen hat.
- Vor der Suche nach „seinem" Auto sollte man sich so umfassend wie möglich in das Thema einlesen, ganz besonders bei einem komplexen Fahrzeug wie dem E-Type. Hier empfehlen sich beispielsweise ein Praxisratgeber für den Klassikerkauf und ein Handbuch der Originalspezifikationen für alle Modelle (erschienen im HEEL Verlag) sowie Fachmagazine wie *Oldtimer Markt* und *Oldtimer Praxis*.
- Wenn es zu Streitigkeiten mit dem Verkäufer kommt, muss man den eigenen Stolz und die eigene Friedfertigkeit ablegen können.
- Gute und ehrliche Verkäufer bieten gute und ehrliche Ware. Das Gegenteil trifft ebenfalls zu. Und ein renommierter Verkäufer hat einen guten Ruf zu verlieren, den Begriff „Garantie" wird er nicht leichtfertig verwenden.
- Ein bezahltes Sachverständigengutachten kostet Geld – verlorenes Geld, wenn man das Auto dann nicht kauft. Ein ohne Gutachten gekauftes, schlechtes Auto kostet aber deutlich mehr.
- Die Substanz der Karosserie ist extrem wichtig, aber das heißt nicht, dass man den Zustand der Mechanik einfach ignorieren kann.
- Vor dem Kauf des eigenen E-Type sollte man nach Möglichkeit ein paar wirklich gute Exemplare fahren. Oldtimervermietungen oder Clubfreunde bieten sich dafür an.
- Ein guter E-Type gehört in eine gute Garage. Für einen schlechten E-Type braucht man eine sehr große, gute Garage.

Der E-Type ist eines der schönsten Autos überhaupt. Verdeckte Mängel übersieht man umso leichter. Alles oben Aufgezählte klingt nach Allgemeinwissen? Umso wichtiger, sich danach zu richten!

## 1.3 Wenn Dich die Realität einholt, oder: Wann ist es besser, ganz von vorne anzufangen

Das Leben als E-Type-Besitzer war in den ersten Jahren von dem Umstand geprägt, ständig etwas am Auto zu reparieren, um die gelegentlichen Sommerausfahrten zu überstehen. Auf die nächste Panne musste man dabei aber nie lange warten und so war der Entschluss, das Fahrzeug komplett und von Grund auf neu aufzubauen, die einzig logische Konsequenz.

Als erstes benötigt man für so ein Vorhaben natürlich eine ordentliche Garage. Nachdem ich meine vorherigen Klassiker alle abgestoßen hatte, hatten wir meine Garage allerdings zu einem Wintergarten umgebaut. Während der Jaguar zwecks Motorüberholung in der Werkstatt stand, arbeitete ich fieberhaft an einer neuen Garage, aber meine Mittel, sowohl zeitlich als auch finanziell, waren begrenzt. Als das Auto zurückkam, war die Garage jedenfalls nicht viel mehr als ein besserer Unterstellplatz, der einem heftigen Sturm Anfang 1999 nur wenig entgegenzusetzen hatte: Das Dach aus Plastik-Wellplatten flog davon und wurde nicht mehr gesehen; schlimmer war aber, dass ein Fenster eingedrückt wurde und auf der Motorhaube des E zu Bruch ging. Der dabei entstandene Schaden an der Lackierung wurde von meiner Versicherung zwar großzügig abgewickelt, und der Jaguar kam schöner vom Lackierer zurück als er vorher gewesen war. Dessen schlechte Nachricht allerdings lautete, die Haube sei in großem Ausmaß dick gespachtelt. Ein weiterer Grund, meine Kaufentscheidung nachträglich in Zweifel zu ziehen, zumal ich auch beim Fahren immer wieder mit anderen Mängeln konfrontiert wurde: Das Fahrverhalten war unpräzise, bei höheren Geschwindigkeiten schwamm das Auto äußerst unangenehm. Die Reifen fuhren sich sehr ungleichmäßig ab, vor allem am rechten Hinterreifen baute sich das Profil extrem schnell ab. Die Bremswirkung war zu schwach, trotzdem zog das Auto beim Bremsen heftig nach links. Außerdem verlor das Hinterachsgetriebe Öl in beträchtlichen Mengen.

**1.3-1** *Nach der dringend notwendigen Reparatur der Seitenschweller trug der E-Type zwei verschiedene Farbtöne des „Sable" genannten Braun, und das Spaltmaß an dieser Stelle sah tatsächlich noch schlimmer aus als vorher.*

**1.3-2** Die Hauptuntersuchung nicht geschafft, aber finanziell kein Spielraum – die „kleine" Lösung, nämlich neue Schweller einschweißen zu lassen, sollte sich als weiterer großer Fehler herausstellen.

Andere störende Mängel, die zum Teil auch auf den hier gezeigten Bilder zu erkennen sind:

Der Auspuff war zwar aus Edelstahl, gehörte aber eigentlich in einen Serie I, weshalb ein Vorbesitzer historisch inkorrekt auch auf das einzeilige Nummernschild der 1ers samt dessen Beleuchtung umgebaut hatte.

Die Zündkabel waren billigster Zubehörkram und mit ihrer roten Farbe ein unerträglicher Stilbruch.

Die Sitze waren lediglich mit Lederfarbe unzulänglich nachlackiert worden.

Bei Regen lief an allen drei Türen Wasser ins Fahrzeuginnere, die Fahrertür ragte daumenbreit aus der Karosserielinie heraus, die Hecktür flog einmal durch Zugluft auf der Autobahn auf – aber glücklicherweise nicht bei Vollgas. Keine der Türen ließ sich auch mit noch so viel Aufwand richtig einstellen. Der Leerlauf blieb regelmä-

**1.3-3** Die neuen Außen- und Innenschwellern sahen in der Werkstatt noch ganz gut aus, aber das änderte sich nach der Lackierung und der Montage der Türen.

**1.3-4** *Eins kommt zum anderen: Die Motorhaube des E-Type in der unfertigen Garage, nachdem ein Sturm das Dach abgedeckt und eine Fensterscheibe eingedrückt hatte.*

ßig bei etwa 1500/min hängen – nur mehrmaliges, schnelles Durchtreten des Gaspedals sorgte für Abhilfe. Der Kühler war undicht, die auf den ersten Blick so ansprechende Neulackierung erwies sich als schlampig ausgeführte Verkaufslackierung, die teilweise schon wieder abblätterte und an anderen Stellen von kleinen Wasserblasen unterwandert war – ein Zeichen, dass das Auto in einer feuchten Umgebung, also unprofessionell lackiert worden war. Auch das Reserverad ließ sich irgendwie nicht mehr vernünftig in seiner Mulde zentrieren.

Dies ist nur ein kleiner Auszug aus der Liste der Baustellen, an denen ich immer wieder tätig werden musste, aber mir war schon klar geworden, dass ich damit eigentlich nur an den Symptomen herumdokterte. Die Erforschung der Historie des Fahrzeugs lieferte dabei einige Erklärungen. So hatte ein Vorbesitzer mit dem Auto in den frühen 80er Jahren einen Unfall gehabt, außerdem war es Ende der 80er schon einmal „restauriert" worden, zu einer Zeit also, als vielerorts versucht wurde, mit begehrten Klassikern eine schnelle Mark zu machen. Daraufhin untersuchte ich Heck und Reserveradmulde und stellte fest, dass die Heckschürze und das rechte hintere Seitenteil ersetzt worden waren; Haltebleche und Träger hatte man aber nicht ebenfalls durch neue ersetzt, sondern die alten Teile wieder hingebogen – leider alles andere als passgenau. Auch die Türhaut rechts erwies sich als stark verzogen. Spätestens jetzt war klar, dass jemand mit dem Auto einen ziemlich heftigen Unfall hatte, bei dem fast die ganze Fahrerseite – das Auto ist ein Rechtslenker – und auch die Motorhaube in Mitleidenschaft gezogen worden waren.

Nachdem der Wagen bei einer Hauptuntersuchung durchfiel, mussten die Einstiege erneuert werden, und wieder beging ich einen Fehler. Angebote von verschiedenen Jaguar-Spezialisten erschienen mir als nicht bezahlbar, und da ich nicht die Zeit hatte es selbst zu machen, ließ ich die Schweller bei einer Werkstatt vor Ort reparieren. Die war von dieser Aufgabe völlig überfordert, und das Auto kam mit einem Zweifarb-Ton und Spaltmaßen jenseits von Gut und Böse zurück.

Der E-Type bestand im Anschluss die Hauptuntersuchung, aber er war jetzt noch weniger als zuvor das, was ich mir anfangs erhofft hatte: Die falsche Farbe – jetzt nur noch mehr – und eine unzulängliche Mechanik. Zwar lief er irgendwie, aber lackierte Sitze, fleckiger Teppichboden, ein Riss im Armaturenbrett, lose Innenverkleidungen, schlecht schließende Türen (und jetzt auch noch die Haube) – irgendwie machte das Auto keinen wirklich guten Eindruck. Der Motorraum sah soweit ganz gut aus, aber an der Spritzwand zeigten sich erste Rostspuren, und überall war überlackierter Schmutz zu sehen. Der Unterboden war dick mit Steinschlagschutz überzogen worden – ein Unding!

Anfangs hoffte ich noch, mit einer wirklich vernünftigen Komplettlackierung in einer etwas schöneren Farbe davon zu kommen, und auch die Ledersitze müsste man doch von einem Profi brauchbar aufbereiten lassen können. Ich hatte auch schon einige Zeit damit verbracht, das Auto dafür vorzubereiten, aber mit Rost an der Spritzwand und derartig schlecht schließenden Türen war klar, dass das ein perfektes Ergebnis nicht ohne eine größere Demontage der Karosserie zu bewerkstelligen war.

Das Angebot eines professionellen Restaurierers für die Demontage der Rohkarosse, die vollständige Entlackung und den Wiedereinbau belief sich auf 10.000 Pfund, damals fast 26.000 D-Mark! Heute noch viel Geld, aber im Jahr 1999 für mich Anlass zu sprachlosem Entsetzen, zumal nötige Ausbesserungsarbeiten, die erst nach dem Entlacken erkennbar wären, darin natürlich nicht enthalten waren. Ich entschloss mich, alle demontierbaren Karosserieteile selbst abzubauen und entfernte sämtliche Lackaufträge mühsam mit der Heißluftpistole. Neben mehreren verschiedenen Farbschichten und Grundierungen stieß ich dabei auch auf eine merkwürdige Plastikbeschichtung, die ich so noch nie gesehen hatte und auch niemand sonst, dem ich sie zeigte. Schon bald

**1.3-5** *Die Restaurierung beginnt: Anfangs ging ich noch davon aus, mit einer Komplettlackierung und der Aufbereitung der Innenausstattung auszukommen. Die Realität sah anders aus …*

offenbarten sich weitere Anzeichen unfachmännischer Karosseriearbeiten. Beim Entlacken der Motorhaube kam ein etwa einen Meter langer Riss zum Vorschein, der plump zusammengeschweißt und dann mit Hammerschlägen und jeder Menge Spachtelmasse „geglättet“ worden war. Man muss zugestehen, dass von außen betrachtet nichts davon zu erkennen gewesen war. Nun aber sah ich auch die dicke Erhebung auf der Innenseite der Haube – vom Kühlerschutzgitter war sie zu einem großen Teil verdeckt worden. Auch die Seitenwand hinten rechts gab sich bald eindeutig als schadhaft zu erkennen: Man hatte sie ohne vernünftigen Rostschutz eingesetzt und auch schon wieder ausgebessert – tatsächlich war sie so zwar das jüngste Blechteil an dem Jaguar, aber auch das am stärksten verrostete! Das Chassis an sich wies gar nicht mal so viel Korrosionsstellen auf, aber die Karosseriebleche waren wellig und verzogen, die Mechanik und auch die Elektrik bedurften einer gründlichen Überholung, und selbst die Innenausstattung würde ich nicht mit den vorhandenen Teilen zu dem machen können, was ich mir vorstellte. Man hatte mir erklärt, dass eine neuerliche Färbung der Ledersitze nur sinnvoll wäre, wenn die vorherige Lackierung, die ich mittlerweile nur noch schrecklich fand, sorgfältig entfernt würde. Diesen Arbeitsschritt erledigte ich mit Hilfe einer großen Dose Beize, und das Resultat waren die wohl traurigsten Sitze, die man jemals gesehen hatte, mit einer rauen und trockenen Lederoberfläche. An einer neuen Innenausstattung führte also auch kein Weg vorbei.

An der nackten und leeren Karosserie – dem „Rolling Chassis“ sozusagen – hatte ich herauszufinden gehofft, welche Arbeiten dort anfallen würden. Und so war es auch: Der einzige Weg hin zum Traumauto, führte über die komplette Demontage und einen Neuaufbau von der ersten Schraube an. Die einzig denkbare Alternative

**1.3-6** *Beim Entfernen der Lackierung traten schnell schwerwiegende Mängel an Karosserie und Blechen zutage – eine Komplettrestaurierung war unausweichlich. Im Bild der rollfähige, aber ansonsten komplett demontierte E-Typ kurz vor dem Umzug in unser neues Haus. Er sollte Jahre in diesem Stadium verharren und weiter vor sich hin gammeln.*

zu einer Generalsanierung wäre der Verkauf gewesen – aber was hätte ich für diesen zerlegten Haufen Teile bekommen? Das Leben besteht aus Umwegen, und es passt zu dieser Geschichte, dass wir uns exakt jetzt zu einem Umzug entschieden. Die gute Nachricht bestand darin, dass ich noch nicht mit dem Ausbau der Hinterachse begonnen hatte. Die Restaurierung meines E-Type musste an diesem Punkt erst einmal unterbrochen werden, aber immerhin war er für den Umzug transportfähig. Die nächste Herausforderung allerdings war nicht das Auto, sondern das Haus, ein mit Liebe ausgesuchtes, aber nicht gerade großzügig geschnittenes, viktorianisches Stadthaus, das selbst erst einmal gründlich saniert werden musste – einschließlich der dazugehörigen Garage im Format eines Schuhkartons.

**1.3-7** *Die entlackte und leere Karosserie mit der unfachmännisch eingesetzten rechten Seitenwand – Folge eines vermutlich recht heftigen Unfalls, bei dem auch die Reserveradmulde, die Motorhaube und sogar die Beifahrertür Schaden genommen hatten.*

## Zusammenfassung

- Wenn man ein Auto in ausgezeichnetem Zustand haben will, ist der leichteste Weg, ein Auto in ausgezeichnetem Zustand zu kaufen. Ob das genauso befriedigend ist wie der Neuaufbau mit eigener Hand? Schwer zu sagen. Aber auch an einem Auto in Top-Zustand kann man immer etwas verbessern oder ergänzen, und es geht eigentlich nichts darüber, einen Klassiker zu kaufen, mit dem man wirklich erst einmal vor allem fahren kann.
- Ein Auto in einem „ganz annehmbaren" Zustand ist keine gute Ausgangsbasis für das oben genannten Ziel. Der Weg zu einem Top-Auto führt fast ausschließlich über eine Komplettrestaurierung, und die wird immer teuer. Eine abgebrochene Restaurierung zu übernehmen, kann billiger sein, aber andererseits kann man ein fahrfähiges Auto auf der Straße testen und auf Mängel untersuchen; außerdem dürfte es unabhängig vom Zustand in der Regel komplett sein.
- Für die Restaurierung eines solchen Autos braucht man vor allem drei Dinge: Zeit, Platz und Geld.

**1.4-1** *Alte Jaguar-Exemplare bekommt man in den verschiedensten Formen und Größen. Alle haben sie eines gemeinsam: den Rost. Die technische Konzeption war immer brillant, aber die Umsetzung nicht immer in gleichem Maße.*

# 1.4 Worauf man sich bei einer Restaurierung wirklich einlässt

## Zeit

Wer sich überlegt, einen E-Type komplett neu aufzubauen, muss sich darüber im Klaren sein, welches Maß an Einsatz, Hingabe und Begeisterungsfähigkeit nötig sind, um ein solches Projekt wirklich durchzuziehen. Nicht umsonst finden sich auf den Verkaufsplattformen im Internet und in den Anzeigenteilen der Oldtimerzeitschriften regelmäßig gescheiterte Restaurierungen, die in der Not zum Verkauf angeboten werden. Auch die Lebensumstände sollten eher nicht zu unstet ausfallen – Umzüge, Familienzuwachs, Hausbau oder Jobwechsel sind Einflüsse, die bei einer Aufgabe dieses Kalibers durchaus hinderlich sein können. Wenn man – so wie ich – nur eine sehr begrenzte Anzahl von Stunden pro Woche investieren kann, kann sich so etwas auch über mehrere Jahre hinziehen – darauf muss man vorbereitet sein. In meinem Fall wurden übrigens neun Jahre daraus, neun Jahre, in denen ich natürlich nicht immer bei der Sache war, aber dafür gab und gibt es ja auch immer triftige Gründe, als da wären:

Die Arbeit. Auch wenn es traurig ist, die geht nun einmal vor. Die einzige Alternative, neben einem extrem unwahrscheinlichen Lotto-Gewinn, ist es, bis zum Ruhestand zu warten. In meinem Fall wären das deutlich mehr als 20 Jahre geworden – so lange wollte ich nicht auf „meinen" E-Type warten.

Der Umzug. Vielleicht eine Koinzidenz zum falschen Zeitpunkt, aber die Gelegenheit war einfach da, und das neue Haus war einfach zu reizvoll, um darauf zu verzichten. Leider erforderte auch das Haus eine grundlegende Renovierung, und es hatte keine Garage, sodass das Erdgeschoss erst

*Der Motor eines Serie 2 für den US-Export: Aufgrund der dortigen Abgasvorschriften wurde dieses Fahrzeug mit einem Stromberg-Doppelvergaser und speziellen Sekundärluftführungen ausgerüstet. Der europäische Standard lässt sich problemlos wieder herstellen, allerdings ist diese Rückrüstung ebenfalls mit Kosten verbunden.* **1.4-2**

*Es ist sehr wichtig, die zu restaurierende Karosserie auf einem stabilen Rahmengestell zu montieren, damit sie später auch ohne Probleme wieder komplettiert werden kann. Hier ist die Karosse mitsamt des vorderen Hilfsrahmens auf einem rollbaren Gestell fixiert – sehr praktisch, wenn die Karosse mal wieder im Weg steht …* **1.4-3**

in eine Räumlichkeit umgebaut werden musste, die dem Anspruch einer Jaguar-Restaurierung gerecht wird. All dies kostete neben einer Unmenge an Zeit auch erkleckliche Summen Geldes, das, siehe Stichwort „Arbeit", erst verdient werden musste. In meinem Fall hatte ich noch Glück; das Auto war noch rollfähig und konnte gut transportiert werden. Der Umzug mit allen Einzelteilen und einer aufgebockten Leerkarosse hätte das Ganze deutlich erschwert.

Urlaub und Freizeit: Das kommt vielleicht überraschend, aber nicht jeder teilt unbedingt die eigene Begeisterung für das Projekt E-Type. Ehefrau, Kinder und Familie, aber auch die Freunde ziehen es unter Umständen vor, die Zeit mit etwas anderem zu verbringen, Urlaubsreisen zum Beispiel. Diese kosten nicht nur Geld, sondern auch Zeit, und beides könnte man natürlich gut auch für den Jaguar gebrauchen. Im Sinne des häuslichen Friedens allerdings sollte man seinen Angehörigen besser nicht zu große Zugeständnisse abverlangen.

Man sollte also auf keinen Fall unterschätzen, welcher Zeitaufwand tatsächlich erforderlich sein kann. In meinem Fall ging ich optimistisch davon aus, dass ich meinen E-Type in zwei Jahren fertig haben würde – es wurden neun daraus, und dabei musste ich in die Karosserie nicht einmal wirklich viel Arbeit investieren.

## Geld

Ich gehe wiederum von meiner Situation aus, also davon, dass Geldmittel durchaus nicht in unbegrenztem Maße zur Verfügung stehen. Und so eine Restaurierung geht ins Geld, auch wenn man das meiste in Eigenregie ausführt. Für den E-Type gibt es erfreulicherweise problemlos so gut wie alles, was man an Teilen benötigt. Weniger erfreulich ist die Tatsache, dass alles auch unangenehm teuer bezahlt werden muss. Vor allem, wer schon Erfahrungen mit anderen britischen Klassikern gesammelt hat, mag sich wundern, um wie viel teurer durchaus vergleichbare Ersatzteile sind, wenn sie nicht für einen Triumph oder MG bestimmt sind, sondern für einen Jaguar. Und für einen E-Type sind die Sachen gerne auch noch kostspieliger. Nicht nur die Ersatzteile sind jedoch teuer– auch die Werkzeuge und andere Werkstattausrüstung können ganz erhebliche Geldmittel verschlingen, wie Schweißgerät, Motorkran und -ständer und gute Handwerkzeuge. Dabei gilt der Grundsatz: Nur mit gutem Werkzeug kann man gut arbeiten – also sollte man unbedingt in gute Qualität investieren. Nicht zu vergessen: eine ausreichend große Räumlichkeit für das Projekt. Nicht jeder besitzt eine Garage neben dem Haus, und wenn doch, heißt es immerhin, dass das Alltagsauto ab sofort im Freien abgestellt werden muss und dort dem Wetter und anderem Unbill ausgesetzt ist.

Außerdem sollte man sich gut überlegen, welche Arbeiten man selbst durchführen kann und was man beim Fachmann erledigen lässt. Kaum ein Hobby-Restaurator dürfte auf jedem Gebiet umfassend befähigt sein – Karosserie, Mechanik, Elektrik, Lack, Ausstattung – und spätestens wenn es darum geht bestimmte Anbauteile neu zu verchromen, ist man auf jeden Fall auf Spezialisten angewiesen, die zu Recht für gute Arbeit gutes Geld verlangen.

Die Kosten für das hier gezeigte Projekt sollen einmal als Anhaltspunkt dienen: Die reinen Restaurierungskosten beliefen sich auf 35.000 Britische Pfund, was sich in der ersten Hälfte der 2000er Jahre in gut 45.000 Euro umrechnen ließ. Die Werkstattausrüstung ist darin nicht berücksichtigt, und um das nochmals zu verdeutlichen, der damalige Anschaffungspreis des Fahrzeugs von umgerechnet mehr als 22.000 Euro ebenfalls nicht. Angesichts des Marktwerts eines E-Type heute dürfte klar sein: Einen Gewinn kann man so nicht erzielen. Allerdings gilt das auch für die meisten Restaurierungen älterer Fahrzeuge, bei denen man häufig mehr Geld investiert als der Wagen nach Fertigstellung wert sein wird.

## Platz

Gerne übersieht man, wie viel Platz für eine Restaurierung wie die in diesem Buch beschriebene benötigt wird. Grob gesagt braucht man zu der Fläche, die das Auto selbst einnimmt, noch einmal das Doppelte dazu, um alle demontierten Teile ordentlich zu sortieren und aufzubewahren und sich zwischen allem auch noch bewegen zu können. Rohkarosse, Türen, Haube, Innenausstattung, Scheiben brauchen viel Platz, und dabei haben wir noch gar nicht vom Motor samt Getriebe, der aufwändigen Hinterachse gesprochen, oder den Rädern, der Lenkung, dem Tank und den vielen anderen Komponenten. Alles Bauteile müssen nicht nur vernünftig gelagert werden, man benötigt auch Platz, um daran zu arbeiten und ebenso Platz für die dabei zu verwendenden Werkzeuge.

In meinem Fall dienten der sehr kleine Keller und der Dachboden im neuen Haus als Zwischenlager. Allerdings mussten zahlreiche Teile in einem Anbau untergebracht werden, der feucht und leider nicht wirklich dafür geeignet war. Die riesige Haube bewahrte mein Lackierer fast ein Jahr lang für mich auf, die alte Karosserie durfte ich in der Einfahrt eines Nachbarn abstellen und die neue in der Garage eines anderen – ich habe keine Ahnung, was ich ohne die beiden getan hätte.

## Geschick und Kenntnis

Ein gewisses technisches Grundverständnis ist Voraussetzung, besser noch, man hat bereits ein wenig Erfahrung mit weniger komplexen Restaurierungsobjekten sammeln können. Je weniger man an professionelle Spezialisten abgeben muss, desto besser steht es um die Finanzierung des Projekts. Außerdem ist auch an der Weisheit etwas dran, wonach man nur ganz sicher sein kann, dass etwas gut gemacht wird, indem man es selber macht. Gerade bei Klassikern tummeln sich durchaus Anbieter auf dem Markt, die in erster Linie an ihren (schnellen) Gewinn denken. Aber auch, wenn man bei den einzelnen Fachbetrieben gute Arbeit bekommt, muss man das Ganze immer noch zusammenbauen; Ring- und Gabelschlüssel sollte man also voneinander unterscheiden können. Und selbst wer sich für einen überaus befähigten Heimwerker hält, sollte realistisch einschätzen, was er selbst machen kann und was er besser jemand anderem anvertraut. Das schon erwähnte Verchromen kann im Prinzip niemand selbst machen, und auch eine Komplettlackierung sollte eigentlich unabdingbar der Profi übernehmen. Ich selbst habe auch die Finger von Schalt- und Hinterachsgetriebe gelassen und diese Teile bei einem Fachmann überholen lassen. Man kann nicht auf jedem Gebiet ein Könner sein, und nichts ist schlimmer, als der Ausfall eines Bauteils im fertigen Auto, nur weil man selbst bei diesem an der falschen Stelle gespart hat.

**Noch ein paar Anforderungen und Erfordernisse:**

- **Durchhaltewillen.** Der Weg ans Ziel ist ein weiter, und nicht nur einmal wird man sich wünschen, man habe die Sache niemals begonnen. In solchen Momenten muss man sich vor Augen halten, wo man am Ende stehen will.
- **Geduld.** Wer glaubt, seine Leidensfähigkeit schon einmal bis zum Anschlag getestet zu haben, muss sich bei dieser Aufgabe ziemlich sicher eines Besseren belehren lassen.
- **Humor** ist bekanntlich, wenn man trotzdem lacht. Und Gründe, eigentlich eher nicht zu lachen, wird es ausreichend geben.
- **Ein verständnisvoller Partner** ist mit das wichtigste. Jemand der zuhört, wenn man von den neuesten Kümmernissen aus der Garage berichtet, aus der man tagelang nicht herausgekommen ist. Allerdings: Die eigenen Kontoauszüge sollte man ihm in dieser Zeit vielleicht besser vorenthalten.
- Über allem allerdings muss eines stehen: **Eine große Liebe zum E-Type,** um nicht zu sagen, eine Besessenheit. Hat man diese, ergibt sich alles andere irgendwie von alleine.

## 2.1 Wie man besser nicht vorgeht

Mittlerweile hatte ich meinen Jaguar so weit auseinander genommen, dass nur noch die Karosserie ohne bewegliche Teile, aber mit Achsen und Motor vor mir standen; die Handbremse konnte noch benutzt werden, ebenso die Lenkung, sodass man das Auto noch rangieren konnte. Die Motorhaube hatte ich vom Fahrzeug abgenommen und in ihre Einzelteile zerlegt; sämtliche Lack- und Grundierungsschichten waren entfernt, nur der Unterbodenschutz war noch dran. Für dieses Vorgehen hatte ich mich noch in der Hoffnung entschieden, um einen kompletten Neuaufbau herum zu kommen und die Karosserie in diesem Zustand lackieren lassen zu können. Wie man in diesem Buch sehen kann, musste ich meine Planung ändern, und rückblickend bedeutete dies einen unglaublichen Aufwand an Arbeit und Zeit, den man sich hätte ersparen können, wenn man den Lack nicht mühsam von Hand – je nach Blech mit der Heißluftpistole oder mit Nitrobeize – entfernt, sondern das Auto gleich komplett zerlegt und die leere Karosserie zum Strahlen oder Ablaugen gegeben hätte.

Um den Lack von einer Autokarosserie herunter zu bekommen, gibt es eigentlich nur zwei wirklich sinnvolle Verfahren. Einmal das Strahlen mit Trockeneis. Das bekanntere Sand- oder Glasperlenstrahlen ist zwar äußerst effektiv, sollte aber besser nicht an dünnen Karosserieblechen verwendet werden, die sich dabei leicht irreparabel verformen. Rahmenträger und andere stabilere Blech- und Stahlteile halten das hingegen gut aus. Ein weiterer Vorteil: Trockeneisstrahlen wird von vielen Anbietern auch vor Ort angeboten, das heißt, in der eigenen Garage, Sandstrahlen hingegen ist nur in hermetisch abgedichteten Strahlkammern möglich.

Ein relativ neues Verfahren besteht darin, den Lack mit sehr hohem Wasserdruck (bis zu ca. 3000 bar) aus feinen Düsen regelrecht vom Blech zu waschen, welches bei dieser Behandlung absolut unbeschädigt bleibt.

Eine andere Methode ist das Ablaugen in einem Säurebad, in dem die komplette Karosserie eingetaucht wird. Dabei wird alles außer der Metallhülle abgewaschen, aus verständlichen Gründen ist das aber nur bei Spezialbetrieben möglich und man muss die Karosserie dort abliefern, und die Kosten dafür betragen leicht das Drei- bis Vierfache des „ambulanten“ Trockeneisverfahrens.

**2.1-1** *Die neue Garage, nachträglich vergrößert durch Anschluss an den kleinen Keller des neuen Hauses: Hier wartet die bereits überarbeitete komplexe Hinterachse des E-Type auf ihren Einbau.*

Die riesige Motorhaube hatte ich ja in ihre Einzelteile zerlegt und angesichts der undefinierbaren, zähen Masse aus Öl, Fett, Schmutz und Lack auf ihrer Innenseite entschloss ich mich, diese Teile strahlen zu lassen. Der Betrieb, bei dem diese Arbeiten durchgeführt wurden, war eigentlich nicht auf Auto- und Karosserieteile spezialisiert; das Strahlen selbst klappte aber problemlos und die Haube nahm bei dieser Behandlung keinen Schaden. Ein in Autorestaurierungen erfahrener Strahler hätte aber vermutlich darauf geachtet, sofort nach der Lackentfernung eine geeignete Korrosionsschutz-Grundierung aufzutragen; in meinem Fall jedoch bekam ich die Teile meiner Motorhaube ohne jeden Rostschutz zurück. Erschwerend hinzu kam der Umstand, dass die Haube ebenso wie die bis aufs blanke Metall abgeschliffene Karosserie noch monatelang ohne Schutzauftrag rumstehen sollten – ein großer Fehler, der sich später noch bitter rächen sollte und der vermeidbar gewesen wäre, wenn man sich, wie schon weiter oben erwähnt, sofort und ohne Umschweife zu einer echten Komplettrestaurierung entschlossen hätte. Angesichts des schlechten Zustands der wichtigsten mechanischen Bauteile wie der Lenkung und der Radaufhängungen war der Gedanke an eine Teilrestaurierung im Grunde von vorneherein illusorisch gewesen.

Bereits vorher hatte ich gleich noch einen anderen grundlegenden Fehler begangen: Ich machte vor und während der Demontage keinerlei Fotos. Es ist unglaublich, wie schnell man manche Sachen vergisst, und selbst, wenn es erst eine Woche her ist, kann man sich unter Umständen nicht mehr erinnern, wo genau eine Bremsleitung befestigt oder wie ein Kabelbaum verlegt gewesen war. Leider werden solche Details auch in den Werkstatthandbüchern nicht sonderlich umfassend illustriert, und ein Bild sagt bekanntlich mehr als tausend – auch gedruckte – Worte. Als ich daran ging, das Auto zusammenzubauen, verursachten mir solche Fragen einiges Kopfzerbrechen, und wahrscheinlich hätte ich spätestens vor der Hinterachse kapituliert, hätte ich nicht bei einem Spezialisten immer wieder E-Types studieren können, die in dessen Werkstatt in Arbeit waren. Nicht nur das: Ich machte fortan auch so viele Fotos von E-Types wie nur irgend möglich, bei Händlern, auf Markentreffen und bei Mitgliedern des Jaguar-Clubs, zu denen ich Kontakt aufgenommen hatte. Man kann nie genug von solchen Informationen sammeln. Ich dagegen hatte, ohne groß nachzudenken, das Auto weitestgehend zerlegt, ohne mir irgendwelche Aufzeichnungen zu machen und in unerschütterlichem Vertrauen auf mein gutes Gedächtnis. Früher hätte man sich damit herausreden können, das Filme und die Entwicklung von Fotos viel Geld kosten. Digitalkameras und PCs waren zu jener Zeit noch keineswegs so selbstverständlich wie heute, und die Verwendung dieser „Werkzeuge" gewöhnte ich mir erst an, als ich die Restaurierung nach einer längeren Unterbrechung fortsetzte und auf die Idee kam, dieses Buch zu schreiben.

Unterbrechung? Genau zu diesem Zeitpunkt kam unser schon erwähnter Umzug dazwischen, der Jaguar und seine unzähligen Einzelteile mussten warten, bis unser altes Haus verkauft und ein neues gefunden war. Bei dessen Auswahl hatte meine Frau das Sagen, ich hatte nur einen Punkt angemeldet: Es musste eine vernünftige Garage haben. Es wurde dann ein Untergeschoss, das irgendwann einmal jemand in so etwas wie einen Autoabstellplatz, kaum mehr als zwei Meter breit, umgebaut hatte. Der E-Type war zum Glück noch rollfähig, so dass seine Verlegung auf einem Autotransporter nicht allzu kompliziert war. Die nächsten Jahre verbrachte er dann dort, in einer Garage, die diese Bezeichnung nicht verdiente und die vor allem eins war: feucht. Das Haus darüber musste selbst erst einmal gründlich saniert werden, und es vergingen mehrere Jahre, bis es in einem auch nur annähernd zufriedenstellenden Zustand war. Jahre, in denen die Nässe im Untergeschoss den nackten Blechen meines Jaguar nicht gut bekommen sollte.

Als die Wohnräume soweit fertig waren, konnte ich mich endlich des Kellers annehmen. Er bestand im Wesentlichen aus drei nebeneinander liegenden Räumen, von denen der mittlere zur Garage umgebaut worden

*Die beengten Platzverhältnisse erforderten die optimale Ausnutzung des vorhandenen Raums.*

war. Durch Einreißen der trennenden Wände sollte sich also eine brauchbare Grundfläche herstellen lassen, und im gleichen Zuge konnte ich das Mauerwerk trockenlegen und vernünftig isolieren und das Ganze auch mit einer brauchbaren elektrischen Versorgung ausstatten. Zudem sollte die Zufahrt verbreitert werden, um die beiden Alltagsautos darin abzustellen.

Allerdings ergab sich nun das Problem, dass der E-Type während der Umbauarbeiten an einem anderen Platz untergebracht werden musste. An dieser Stelle kommt unser unmittelbarer Nachbar Chris ins Spiel, selbst Oldtimer-Freund und Besitzer eines selbst restaurierten Jaguar Mk2 und eines Innocenti Coope. Er bot an, den E-Type auf seinem Grundstück unterzubringen, im Freien zwar, aber immerhin unter einer Abdeckplane. Kaum war der Wagen bei ihm, begann die Arbeit – Keller und Garten waren monatelang einen Großbaustelle. Aber der ganze Aufwand sollte sich lohnen, denn schlussendlich entstand eine ausreichend geräumige Werkstatt; zwar nur zwei Meter hoch, aber an der breitesten Stelle gut sechs Meter messend. Allerdings konnten die beiden Wände nicht wie geplant auf ganzer Länge abgerissen werden, da sie tragend sind, aber dafür entstand aus einem zugemauerten Hohlraum des Fundaments ein zusätzlicher Stauraum.

Anschließend konnte der E-Type wieder heimkehren. Das silbrig glänzende, blanke Metall der Karosserie allerdings, Ergebnis mühsamer Arbeit, war verschwunden – 15 Monate in einem feuchten Keller und drei weitere unter einer Plane im Freien hatten Spuren hinterlassen. Wie gesagt, hatte ich mich nicht ansatzweise mit der Möglichkeit geschweige denn mit der praktischen Umsetzung einer vorläufigen Rostvorsorge beschäftigt. Und jedes noch so amateurhafte Aufbringen einer Schutzschicht wäre besser gewesen als nun mit den Konsequenzen dieser Fahrlässigkeit konfrontiert zu sein.

Die neue Strategie musste nun so aussehen, den E-Type mit Hochdruck erst einmal wirklich zu zerlegen. Gut zwei Jahre, nach dem Start der Restaurierung, ging es nun endlich daran, die Hinterachse auszubauen. Man kann sie übrigens recht einfach als komplette Baugruppe vom Fahrzeug abnehmen. Allerdings ist diese Einheit ein echtes Schwergewicht, und wenn sie beim Ablassen vom Wagenheber abrutscht und zu Boden fällt, verbiegt sich der Mitnehmerflansch am Differenzial. Woher diese Erfahrungswerte stammen, kann man sich leicht vorstellen …

Anschließend standen Motor und Getriebe auf dem Ausbauplan. Laut Werkstatthandbüchern gibt es zwei Methoden, den Motor aus einem Auto auszubauen: nach oben und nach un-

**2.1-3** *Die ehemalige Waschküche unseres Gründerzeit-Häuschens dient heute als Lackierkammer für Kleinteile und als Lagerraum. Aufmerksame Betrachter werden die hinteren Querlenker, Antriebswellen, Radnabenträger und das Fangband sowie die Benzinleitung längst entdeckt haben.*

**2.1-4** Stark verbogen: der untere Querlenker auf der rechten Fahrzeugseite

ten. Nach „oben" gilt gemeinhin als der beste Weg, aber auch wenn die vorhandene Garage ihrer Bezeichnung nun einigermaßen gerecht wurde, so war sie doch ziemlich niedrig, weshalb diese Methode ausschied. Beim Ausbau des Motors nach unten raus wird das Fahrzeug so weit wie möglich angehoben, dann gesichert und das Triebwerk meist mitsamt Getriebe nach vorne weggezogen. Platzangebot und die Tatsache, dass der Boden ein nicht ganz so geringes Gefälle aufwies, ließen mich zweifeln, ob das in meinem Fall funktionieren würde. So kam ich nach einigem Überlegen auf eine weitere, wie ich finde viel einfachere Lösung: Ich demontierte die Lenkung, die Drehstäbe und Querlenker und trennte den vorderen Teil des Gitterrohrahmens im Vorderbau heraus. Nachdem die Motorlager gelöst wurden, kann man dann die Motor-Getriebe-Einheit mit einem Motorkran ganz einfach nach vorne herausziehen. Anschließend baute man das Getriebe ab und hängt den Sechszylinder an einen – für das Gewicht ausgelegten – Motorständer.

Natürlich eignet sich diese – leider damals noch nicht bebilderte – Methode nur, wenn wirklich eine komplette Restaurierung ansteht, also nicht etwa, wenn der Motor zwecks Überholung ausgebaut werden soll. In dem hier geschilderten Fall schien das aber ohnehin der einzig gangbare Weg zu sein.

Der Ausbau der vorderen Radaufhängungen ist kein Hexenwerk und ging entsprechend problemlos vonstatten. Einen Hinweis aus dem Jaguar-Werkstatthandbuch sollte man übrigens wirklich beachten: Die Drehstäbe der Vorderachse müssen unbedingt vollständig entlastet sein, bevor man versucht, die Traggelenke aus dem Querlenker zu lösen. Andernfalls ruiniert man im besten Fall nur den Abzieher, im schlechteren Fall fliegt einem die halbe Aufhängung um die Ohren. In unserem Fall offenbarte die Demontage gleichzeitig eine Erklärung für das schwammige Fahrverhalten des hier behandelten E-Type: einen stark deformierten Querlenker unten rechts; ganz offenbar eine weitere Folge des schon erwähnten Unfalls, die bei der so genannten Restaurierung Ende der 80er Jahre wohl nicht beachtet worden war. Glücklicherweise ist so ein Schaden recht einfach zu beheben. Zusammen mit den später erneuerten Buchsen und Gelenken fährt sich der Wagen jetzt präzise wie ein Go-Kart.

Die Türen demontierte ich samt eingebauten Kurbelfenstern, was diese Aufgabe im Wortsinn unnötig schwer macht. In ausgebautem Zustand konnte man Löcher in den Scharnieren entdecken, die da nicht hingehören. Diese Bohrungen zeugten wohl von dem Versuch, die Türpassung zu verbessern. Man konnte nun auch erkennen, was der Grund für den schlechten Sitz der Tür war: Sie war bei dem Unfall stark deformiert worden, und ihr Kantenrahmen war auf die Hälfte seiner ursprünglichen Breite zusammengestaucht worden. Die damalige „Reparatur" bestand aus Karosseriespachtel – mehr als 4 Zentimeter dick! Die zusätzlichen Löcher in den Scharnieren waren notwendig, um sie an diesem Konstrukt anbringen zu können. Ein weiterer Beleg dafür, dass mein Jaguar der Archetyp einer schlampigen Verkaufsrestaurierung war, wie sie gerade Ende der 1980er Jahre aufgrund der rapide steigenden Preise für den E-Type gang und gäbe waren. Wer skrupellos genug war, verdiente damals mit Spachtel und etwas Lack eine Menge schnelles Geld, wenn er ein Auto wie meines als „komplettrestauriert" losschlagen konnte. Unnötig zu sagen, aber einem Spezialisten wäre so ein Mangel nicht verborgen geblieben und man hätte die Finger von dem Auto gelassen. Aber damals hatte ich diese Erfahrung einfach nicht ...

Die weitere Demontage des vorderen Rohrrahmens von der Stirnwand verursachte noch einigen Aufwand. Die Verschraubungen waren stark festgerostet und die Schraubenköpfe vom Rost so zerfressen, dass kein Schlüssel halten wollte. Mit Lötlampe und WD40 ließen sich diese unerwünschten Verbindungen so weit bearbeiten, dass sich die Schrauben letztlich lösen ließen, mit Hilfe von metrischen Sechskantnüssen, die ich auf die Reste der zölligen Schraubenköpfe hämmerte.

Drei Jahre waren vergangen, und erst jetzt hatte ich das Auto buchstäblich bis zur letzten Schraube zerlegt. Endlich würde ich mich der Sanierung der – durch eigenes Verschulden mittlerweile wieder stark angerosteten – Karosserie widmen können. Weitere Unannehmlichkeiten nicht ausgeschlossen ...

**2.1-5** *Das ausgebaute und teilzerlegte Triebwerk am Motorständer: Auf diese Art und Weise kann man große Teile auch mal in die Ecke schieben.*

## Zusammenfassung

- Man sollte sich bewusst sein, was es heißt, ein Auto vollständig bis aufs nackte Blech zu zerlegen.
- Lackentfernung von Hand ist nicht ratsam – Trockeneisstrahlen ist das Mittel der Wahl.
- Blanke Karosseriebleche unverzüglich mit einer geeigneten Rostschutzgrundierung versehen. Spezialisten, die Trockeneisstrahlungen auch vor Ort anbieten, wissen in der Regel, was man dafür am besten verwendet.
- Die Restaurierung eines E-Type kostet viel Zeit und Geld – der Bau einer Garage, in der man sie durchführt, ebenso.
- Bilder, Bilder, Bilder – jeder noch so unbedeutend erscheinende Arbeitsschritt sollte mit der Digitalkamera festgehalten werden. Solche fotografischen Dokumentationen können gar nicht zu umfangreich ausfallen.
- Immer erst im Werkstatthandbuch nachsehen! Aber auch keine Angst, etwas anders zu machen, wenn es sinnvoll und durchführbar erscheint.
- Ein guter Nachbar ist so leicht durch nichts zu ersetzen.

## 2.2 Bestandsaufnahme: Die Karosserie

Nachdem Karosserie und Motorhaube komplett zerlegt und vom Lack befreit waren, konnte nun die eingehende Begutachtung erfolgen. Wie schon vermutet, fiel diese gar nicht so schlecht aus, die größeren Flächen waren nicht übermäßig stark verrostet, und die Stabilität war in Ordnung. Wie zu erwarten, hatte der Rost in den Türen und den Schwellern zugeschlagen, die alle ersetzt werden mussten. Ansonsten war der Kotflügel hinten rechts nicht mehr zu retten, und unten rechts in der Stirnwand gab es eine kleine Durchrostung. Zudem hatte der bereits zuvor erwähnte Unfall erhebliche Schäden verursacht, der Kofferraumboden war krumm und das Abschlussblech unter der Hecktür ebenfalls. Die massiven Schäden an der Motorhaube wurden bereits angesprochen, und die linke Tür hatte ebenfalls einmal etwas abbekommen. Auch waren beide A-Säulen beschädigt, vermutlich von zu weit aufgerissenen Türen. Reparaturen gab es zwar, aber die waren nicht unbedingt professionell, oder um es eindeutig zu sagen stümperhaft ausgeführt worden. Ersetzt hatte man lediglich den Kotflügel hinten rechts und einen Teil der Seitenwand – diese Reparaturen waren ebenfalls nicht fachmännisch durchgeführt. Alle anderen betroffenen Bleche hatte man lediglich ausgebeult und sehr großzügig mit Spachtel kaschiert.

Vermutlich war der Jaguar nach dem Unfall abgemeldet und weggestellt worden – das wäre eine Erklärung für den geringen Rostbefall. Als Mitte der 80er Jahre die Preise für den E-Type abhoben, wurde er dann so schnell und so billig wie nur irgend möglich hergerichtet und mit dem größtmöglichen Profit verkauft –unter Ausschluss der Gewährleistung.

**2.2-1** *So stand der E-Type zum Verkauf. Wer konnte da schon ahnen, welche Baustellen sich darunter verbergen sollten.*

Der Rahmen schien immerhin gerade zu sein, aber ich stand vor demselben Dilemma wie bei der Mechanik: Ich wollte ja ein möglichst perfektes Auto. Der Rost war zwar nicht schlimm, aber er war da, die Kotflügel vorne waren recht gut, aber eben nicht richtig gut. Das Mittelteil der Motorhaube war unbrauchbar, und aufgrund der Unfallschäden ließ sich die Hecktür nicht richtig schließen. Der rechte Kotflügel hinten war zwar ersetzt worden, aber die Arbeit war so schlecht ausgeführt, dass er schon wieder stark

2.2-2 Besuch im Londoner Museum für Design – eine erlesene Auswahl an E-Types wartet dort. Von vorne nach hinten: Das Fixed Head Coupé mit der Fahrgestellnummer Eins, ein Serie 1 Roadster, ein Lightweight E und der letzte jemals gebaute V12. Was für ein Ansporn!

2.2-3 Der Innenraum der hinzugekauften, restaurierten Rohkarosserie mit neuen Stehwänden und Bodenblechen.

korrodierte; die Bodenbleche waren noch stabil, allerdings gezeichnet von zahlreichen Dellen, verursacht durch unsachgemäßes Anheben des Autos. Alles in allem würde die Karosserie eine Menge Arbeit erfordern – was uns direkt zu Fragen nach Zeit und Kosten bringt …

Ich hatte dann zwei Begegnungen, die mich nachdenklich machten. Zum einen traf ich mich mit Nick, dem Lackierer, der mein Fahrzeug mit neuem Decklack versehen sollte – eine Arbeit, die man stets dem Profi überlassen sollte. Nur er kann in einer Lackierkabine für das staubfreie Auftragen der Lackschichten sorgen. Nick, seines Zeichens selbst ein Klassiker-Fan und Besitzer eines selbst restaurierten Austin Healey und Mercedes SL, hatte Zweifel an dem Vorhaben, mit der vorhandenen Karosserie weitermachen zu wollen. Versucht hätten das viele, aber fast alle hätten dann aufgegeben.

Und ich unterhielt mich mit einem Bekannten, der noch nichts von meinem E-Type wusste. Er selber besaß einen Alfa Spider in absolutem Bestzustand, und wie er sagte, hatte er das Auto auch in genau diesem Zustand erworben, dieses und kein anderes, weil ihm klar gewesen war, dass er für eine ordentliche Restaurierung nicht die nötige Zeit und Energie haben würde.

Diese beiden Gespräche verunsicherten mich etwas: Wollte ich mir das wirklich antun? Konnte ich das rein

2.2-4 Motorhaube und Gitterrohrrahmen der neuen Karosserie sahen hervorragend aus – ein Eindruck, der sich aber leider nicht bestätigten sollte.

**2.2-5** *Die „neue" Rohkarosse, sicher eingelagert in der Garage des Nachbarn.*

zeitlich überhaupt bewältigen? Durch den Umzug war ich schon zwei Jahre in Verzug geraten, und die Schwierigkeiten schienen immer mehr zu werden und nicht weniger. Und wie der Zufall es wollte, wurde in der der nächsten Ausgabe eines meiner Jaguar-Clubmagazine eine Rohkarosse angeboten, komplett auf der Richtbank neu aufgebaut, und dazu noch mit einer neuen Haube und ebenso neuen Türen. Der aufgerufene Preis von fast 10.000 Euro war nicht gerade bescheiden, aber sie machte auch wirklich einen hervorragenden Eindruck. Der ursprüngliche Besitzer war ein pensionierter Ingenieur, der sie wirklich akribisch restauriert hatte, sein Projekt dann aber aufgab – kommt uns das nicht irgendwie bekannt vor? Er hatte das Teil dann an einen anderen Liebhaber oder Händler verkauft. Der jetzige Verkäufer hatte jedenfalls eine umfangreiche Fotodokumentation zur Hand, die die Qualität der Restaurierung nachweisen sollte. Einen großen Makel – abgesehen vom Preis – hatte die Karosserie allerdings, und zwar ein großes Loch im Dach, in das ein Sonnendach von Webasto eingesetzt werden sollte. Ein solches Teil hat aber auf einem E-Type nichts zu suchen! Zum einen verringert sich die ohnehin schon geringe Sitzhöhe hinten im 2+2, aber vor allem wird ganz einfach die perfekte Linie der Karosserie zu sehr beeinträchtigt.

Um es kurz zu machen: Mit Hinweis auf das Loch im Dach konnte ich den Preis für das Paket noch etwas drücken und schlug zu. Die alte Karosserie samt Hauben und Türen fand für 1300 Euro einen neuen Besitzer. Allerdings hatte ich ein Problem: Das Budget von etwa 10.000 Euro für die komplette Restaurierung war mit dem Kauf der neuen Karosserie weitgehend aufgebraucht. Theoretisch sollte es die Dachhaut ja wohl als Reparaturblech geben, dann musste sie nur eingeschweißt und verschliffen werden und die Karosse hätte den Weg zum Lackierer antreten können.

In der Praxis sah es jedoch leider so aus, dass die diversen Spezialisten zwar alle möglichen Reparaturbleche und Karosserieteile für den E-Type anbieten – nicht einer aber hat das Dach im Angebot. So dauerte es geschlagene drei Monate, bis ich endlich eine gebrauchte Dachhaut auftreiben konnte – mein Dank gebührt dem Unbekannten, der vermutlich sein Fixed Head Coupé in einen Roadster umgebaut hatte. Wie aber sollte die Öffnung nun geschlossen werden? Nach einigem Hin und Her entschied ich mich dafür, die Kanten der Dachöffnung mit einer Abkantzange abzusetzen und den passenden Ausschnitt aus dem zweiten Dach darauf anzubringen. Obwohl der Wagen auf einer stabilen Rahmenlehre befestigt war, hatte ich Sorge, er könne sich verziehen, wenn ich das Dach an den A-Säulen und hinten an der Seitenwand abtrennen würde. Wie sich herausstellte, war das die falsche Entscheidung. Ich gab mir zwar die allergrößte Mühe, die angrenzenden Blechbereiche vor Verziehen zu schützen, spannte die Blechteile fest zusammen und setzte zuerst einzelne Schweißpunkte in regelmäßigen Abständen. Erst danach zog ich eine durchgehende Schweißnaht und – produzierte eine starke Verwerfung im Dachblech! Die einzig vernünftige Methode wäre es gewesen, das Dach komplett so nahe wie möglich an den Außenkannten herauszutrennen, auch wenn an dieser Stelle diverse Verstärkungsbleche stören. Wirklich perfekt arbeitet man dann nicht mit Trennscheibe oder Knabber, sondern indem man die werksmäßigen Schweißpunkte mit einem speziellen Bohrer ausbohrt.

Bei meinen Bemühungen, das Problem mit dem welligen Dach zu beseitigen, sollten unzählige Stunden vergehen. Anfangs hatte ich mir noch vorgenommen, alle Schweißnähte zu verzinnen, aber bei der Arbeit am Dach änderte ich diese Meinung schnell. So entschied ich mich für Polyesterspachtel, obwohl der Rest der Karosserie mit Zinn geglättet worden war und diese Arbeiten einen äußerst guten Eindruck machten. Wenn ich mir das Auto heute ansehe, glaube ich aber sagen zu können, dass ich als Amateur die Spachtelarbeiten ganz gut hinbekommen habe. Wer sich einmal in Ruhe die faszinierenden Karosserielinien eines E-Type ansieht, kann nachvollziehen, wieviel Arbeit darin steckt, diese perfekte Form nachzumodellieren.

Nach den Karosseriearbeiten bat ich meinen Lackierer, sich den Stand des Projektes mal anzusehen und ein Angebot für die Lackierung zu erstellen. Seine Antwort war ganz und gar nicht, was ich hören wollte – sie war vielmehr die Ankündigung der bald folgenden, schwärzesten Tage während des ganzen Projekts.

## Zusammenfassung

- Es ist nur Geld! Was heißt das schon, wenn es um eines der schönsten und historisch interessantesten Autos aller Zeiten geht?
- Immer vor jedem Schritt prüfen, ob die benötigten Teile tatsächlich beschaffbar sind. Merke: Irgendwas fehlt immer!
- Lieber einmal zu oft den Experten befragen! Vielleicht gefällt nicht unbedingt, was er sagt, aber es kann eine Menge Arbeit und Geld sparen, seinem Rat zu folgen.

## 2.3 Kunst am Bau

Um die Karosserie – so dachte ich bis dahin – würde ich mich nicht mehr großartig kümmern müssen. Ich hatte eine Rohkarosserie hinzu gekauft, an der buchstäblich jedes Blechteil ersetzt worden war, während sie stabil und sicher in einer Rahmenlehre eingespannt war. Und auch der vordere Gitterrahmen war neu eingebaut worden, so hatte man mir erklärt. Dass man lediglich die alten Vierkantrohre einigermaßen zurechtgebogen und dann wieder eingesetzt hatte, stellte sich erst später heraus – es sollte für einigen Ärger sorgen. Leider bin ich dem Burschen nie begegnet, der die Karosserie in Arbeit gehabt hatte, und der Verkäufer rückte nur mit wenigen Informationen über ihn heraus. Was er hatte, war eine mehr oder weniger umfangreiche Fotosammlung, die angeblich die Überholung meiner Karosserie dokumentieren sollte.

Ein paar Erläuterungen, bevor es mit der Arbeit an der Karosserie weitergeht:

Es ist absolut unerlässlich, die Karosserie für die Überholung in einer guten Rahmenlehre oder einen so genannten Richtrahmen einzuspannen. Dies gilt für offene Autos ganz besonders, aber auch beim E-Type Coupé darf man darauf auf keinen Fall verzichten. Mit jedem Stück Blech, das herausgetrennt wird, verliert die Karosseriestruktur an Stabilität, und vor allem, wenn Bodenbleche ersetzt werden müssen, verzieht sich die Karosserie. Schweißt man dann die neuen Bleche ein, bekommt man diesen Verzug später nie mehr heraus. Der Umkehrschluss, alte Bleche nicht zu ersetzen, ist allerdings auch nicht zielführend: Es ist unglaublich, welche Rostherde hinter einer noch gut aussehenden Lackschicht oder in einem gesund klingenden Hohlraum lauern können, und nur durch eine sorgfältige Entlackung der Karosse kann man sicherstellen, dass nicht irgendwo oxidiertes Alteisen nur darauf wartet, sich auf den schönen neuen Reparaturblechen auszubreiten.

Zum Thema Schweißen: Im Werk wurden die Bleche mit einer großen Punktschweißzange miteinander verbunden – ein Verfahren, das für die meisten Heimwerker nicht infrage kommt. Wenn man niemanden findet, der mit einem vergleichbaren professionellen Werkzeug aushelfen kann, muss man wohl oder übel auf ein Schutzgas-Schweißgerät zurückgreifen. Bei tragenden Karosserieteilen ist hierbei extreme Sorgfalt angebracht, einfache Schweißnähte sind nicht stabil genug.

**2.3-1** *Linke Seite: Musterbeispiel eines Einstiegsbereichs im E-Type, mit heftigem Korrosionsbefall an Schweller und Bodenblech. Wer so etwas vorfindet, sollte auf jeden Fall auf Schlimmeres gefasst sein.*

*Vor dem Auftragen der eigentlichen Blei-Zinn-Legierung werden die zu glättenden Blechpartien akribisch gereinigt und getrocknet; anschließend erfolgt die Behandlung mit einer Zinnpaste.* **2.3-2**

Überlappende Blechpartien müssen in regelmäßigen Abständen durchbohrt und dann an dieser Stelle mit einem stabilen Schweißpunkt miteinander verbunden werden. Wie auch immer: Wer von den eigenen Fähigkeiten am Schweißgerät nicht absolut überzeugt ist, sollte sich gut überlegen, ob er so etwas wirklich selbst machen will. Eine einwandfreie Karosserie ist die Grundlage einer erfolgreichen Restaurierung, und wenn man dabei Fehler macht, sind alle weiteren Arbeiten zwecklos. Allen Hobby-Schraubern, die doch lieber selbst schweißen würden, sei an dieser Stelle die Fahrzeugakademie Schweinfurt (www.fahrzeugakademie.de) empfohlen. Dort werden Lehrgänge zum Thema Schweißen angeboten, um vorhandene Fähigkeiten und Kenntnisse zu vertiefen. Gute Schweißgeräte sind auch schon für verhältnismäßig günstige Preise zu bekommen.

Spachtel oder Zinn – daran scheiden sich die Geister. Im Werk wurden Fugen und Nähte mit Zinn – genauer gesagt, einer Legierung aus Blei und Zinn geglättet, und auch der Vorbesitzer der Karosserie hatte dies bei seiner Überholung so gemacht. Ich hatte einige Jahre zuvor selbst einen Kurs besucht und mir zeigen lassen, wie man mit diesem historisch korrekten, aber schwer zu verarbeitenden Werkstoff umgeht, und war anfangs auch fest entschlossen, mit Zinn zu arbeiten. Gegenüber der Lösung mit 2K-Kunststoffspachtel hat das Verzinnen erhebliche technische Vorteile und ist vor allem deutlich haltbarer. Trotzdem verwendete ich schlussendlich Karosseriespachtel. Allerdings war ich anfangs ja noch davon ausgegangen, dass nur an wenigen Stellen ein gewisser Spachteleinsatz erforderlich wäre – das sollte sich erst später als Irrtum herausstellen. An dieser Stelle der Hinweis: Ob Zinn oder Polyester – die bearbeiteten Blechpartien müssen immer sauber und trocken sein, bevor man das Füllmaterial aufträgt.

Nachträglich betrachtet wäre Zinn die bessere Entscheidung gewesen, nicht nur aus traditioneller Sicht oder wegen der – bei korrekter Arbeitsweise – technischen Vorzüge des Verzinnens. Letztendlich war an der Karosserie weitaus mehr zu spachteln – und anschließend wieder herunterzuschleifen. Nicht zu unterschätzen ist die Staubbelastung bei dieser Arbeitsmethode: Berge von grauem Schleifstaub mussten aus der Garage, von den Regalen und den darauf liegenden Teilen entfernt werden.

### Zusammenfassung

- Wenn es um die Karosserie geht – keine Kompromisse! Einmal machen, und zwar richtig.

*Der hintere Kotflügel wird verzinnt, bevor die Blei-Zinn-Legierung aufgetragen wird.* **2.3-3**

*Fertigungstechnik in den 1950er- und 1960er-Jahren: Es ist wirklich erstaunlich, wie viele Nähte im Produktionsprozess werksseitig mit Zinn behandelt wurden.* **2.3-4**

## 2.4 Der Blech-Blues

Wie schon beschrieben – ich hatte mich in enorme Unkosten gestürzt und da war sie, eine sozusagen nagelneue Rohkarosse. Ein paar abschließende Feinarbeiten, und sie wäre bereit für den Lackierer. Es sollte allerdings noch mehr als ein Jahr vergehen, bis die Blechhülle lackierbereit war.

Zunächst musste, wie schon angesprochen, das Loch im Dach verschlossen werden, in dem ein Sonnendach von Webasto gesessen hatte. Es folgten die beiden Übergänge der A-Säulen unten an den Windlauf, denn um die hatte sich der vorherige Restaurator als einziges nicht mehr gekümmert. Dann stellte sich heraus, dass die Kofferraumklappe alles andere als optimal in der Karosserieöffnung saß, und auch die Türen waren nicht perfekt: Unten und zu den hinteren Seitenwänden stimmten die Spaltmaße, aber vorne, zu den A-Säulen, waren sie noch zu groß. Das Ziel muss ein perfektes Auto sein und dazu passen einfach keine zu breiten Türspalten.

Die Idee, den E-Type selbst zu lackieren, sollte man sich aus verschiedenen Gründen sehr gut überlegen: Die wenigsten Hobby-Schrauber haben je ein komplettes Auto lackiert – und es ist keine gute Idee, diese Technik an einem E-Type lernen zu wollen. Ein erfahrener Lackierer dagegen weiß, wie man den Lack richtig mischt und kennt alle Fallstricke wie Feuchtigkeit in der Druckluft oder mangelnde Sauberkeit, die bei unfachmännischen Lackierungen irgendwann immer Probleme verursachen. Wenn man sich ein restauriertes Auto ansieht, sieht man zuerst den Lack – er ist zu 90 % für den ersten Eindruck verantwortlich und er sollte dementsprechend erstklassig sein. Selbst wenn man dabei bescheiden ist, kostet die Anschaffung der benötigten Ausrüstung fast genauso viel wie eine Lackierung beim Profi – das finanzielle Einsparpotenzial ist also nicht sonderlich hoch. Außerdem muss man diese Ausrüstung hinterher auch unterbringen, und die Platzfrage wurde hier ja schon mehrfach kritisch angesprochen.

Im Gegensatz zum Heimwerker konnte der Profi zudem eine professionelle Lackierung auf Basis von Zwei-Komponenten-Acrylharz und Isocyanat-Härter auftragen, eine Methode, die in der heimischen Garage wegen der gesundheitsschädlichen Chemikalien nicht in Frage kam. Eine solche Lackierung ist um Welten widerstandsfähiger und haltbarer als zum Beispiel eine mit einkomponenti-

**2.4-1** *Die (fast) vollständig restaurierte Rohkarosserie in der nachbarlichen Garage – bevor die Arbeit noch einmal richtig losging.*

*Das Loch im Dach ist weg!* **2.4-2**

gem Lack auf Nitro- oder Acryl-Basis. Mittlerweile hat die Autoindustrie weitestgehend auf umwelt- und gesundheitsfreundliche Lacke auf Wasserbasis umgestellt – diese Technologie gab es damals noch nicht. Als Heimwerker ist man aber vor allem mit dem Fehlen einer staubfreien Lackierkabine konfrontiert.

Es war also klar, dass ein Profi – Nick, wir kennen ihn bereits – die Lackierung ausführen sollte. Er lieh mir ein paar wichtige Werkzeuge und instruierte mich, was ich ansonsten bei der Vorbereitung zu beachten hätte. Er wies mich auch darauf hin, dass der Schleifstaub überall landen würde – ich konnte nicht ahnen, wie sehr er damit Recht haben sollte! Als ich mit dem Schleifen der gespachtelten Blechpartien fertig war, war die ganze Garage und alles, was sich darin befand, mit einer dicken, grauen Staubschicht bedeckt. Buchstäblich jeder Winkel und jede Ritze waren voller Schleifstaub. Die Arbeitskleidung, die ich beim Schleifen trug, musste fast täglich in die Waschmaschine, es war unmöglich, aus der Garage irgendwo hin zu gehen, ohne eine staubige Fußspur zu hinterlassen. Und nicht nur das: Ich habe es wohl erwähnt – die Garage ist ja eigentlich der Keller unseres Hauses, und es war ein hoffnungsloses Unterfangen, den Staub von den Wohnräumen fernzuhalten, er kam sozusagen zwischen den Fußbodendielen heraufgekrochen. Auch mein eigener Teint wurde in dieser Zeit immer grauer – schwer zu sagen, ob vom Staub oder von der Arbeit an sich.

*Spachteln, schleifen. Spachteln, schleifen. Spachteln …* **2.4-3**

**2.4-4** *Ein ausreichend großer Arbeitsplatz ist von entscheidender Bedeutung: Das exakte Einpassen der Kofferraumklappe geriet hier zu einem Alptraum, da man sie wegen der geringen Deckenhöhe der Garage nicht wie vorgesehen öffnen konnte!*

Zurück zu den Spaltmaßen an der Karosserie: Um diese meinen Vorstellungen entsprechend hinzubekommen, brachte ich die Dichtungen an den B-Säulen und den Einstiegen sowie an der Heckklappe und in der Motorhaube an, montierte die Heckklappe und deren Schließhaken vorläufig (Türen und Hauben befanden sich bereits an der Karosserie) und stellte alle vier möglichst sauber passend ein. Danach füllte ich die Übergänge mit einer Lage Karosseriespachtel auf und zog mit einer scharfen Klinge gleichmäßige Spalte hinein. Nachdem der Spachtel ausgehärtet war, konnte ich die so neu entstandenen Kanten vorsichtig abrunden – leider mussten die beiden Türen dazu wieder ausgebaut werden.

Ich war stolz auf mein Werk und fragte den Lackierer, ob er nun loslegen könne, aber er sah leider weiteren Handlungsbedarf, und zwar sowohl an den Türen als auch an der Motorhaube. Ein erfahrener Lackierer beurteilt nämlich nicht nach dem Augenschein, sondern prüft den einwandfreien Zustand von Flächen, indem er mit der flachen Hand sachte darüber streicht. Mit seiner Erfahrung konstatierte er sofort, dass sich auch auf der vom Vorbesitzer überarbeiteten Motorhaube noch Unebenheiten befanden, die eine gleichmäßige Lackierung unmöglich machten. Die von mir bearbeiteten Blechpartien fanden noch weniger Gnade vor seinem Urteil, und darüber hinaus erklärte er mir, dass die von mir mühsam nachgeformten Türspalte zwar sehr gut aussähen, mit drei Millimetern aber zu schmal seien. Fünf Millimeter seien nötig, um sicher zu verhindern, dass Türen und Karosserie in keiner Situation aneinanderstoßen. Auf einen Schlag war stundenlange Arbeit zunichte gemacht und das bedeutete noch mehr Staub und wieder eine Erfahrung mehr.

Weitere zwei Monate später bat ich Nick zu einer erneuten Prüfung. Dank des Einsatzes eines etwas größeren Schraubendrehers bestanden die Türspalte diesmal – der Rest der Karosserie immer noch nicht. Ich hatte zwar sehr glatte Oberflächen geschaffen, sie waren aber immer noch zu wellig. Ich hatte die meiste Zeit mit dem Tellerschleifer gearbeitet und nicht mit dem langen Schleifhobel, den Nick mir ebenfalls geliehen hatte, und mit dem man die Flächen und Radien einer Autokarosserie besser nachbilden kann.

Nick erklärte mir in einem Crashkurs, wie man mit diesem Schleifhobel umgeht, wie man nass und wie man trocken schleift. Wichtigster Merksatz beim Einsatz von Spachtelmasse: Besser mit vielen dünnen Schichten Spachtel nach oben arbeiten, als zuerst dick aufzutragen und dann herunterzuschleifen. Obwohl ich mich wirklich nach Kräften bemühte, fiel sein Urteil auch nach weiteren zwei Monaten Arbeit und Staub nicht erfreulicher aus – als Karosseriebauer hatte ich auf ganzer Linie versagt. Ein Dreivierteljahr, nachdem ich mit der Karosserie begonnen hatte, erbarmte sich Nick und nahm sie mit zu sich, um sie selbst fertigzustellen. Er hatte das nicht machen wollen, weil es sich für ihn finanziell nicht lohnte, oder anders gesagt: Das Budget erlaubte es nicht, dass noch unzählige Arbeitsstunden beim Profi aufliefen. Bei einer Komplettlackierung stellen die Vorbereitungsarbeiten wie Ausbeulen, Spachteln und Schleifen den größten Kostenfaktor da. Wenn eigene Anstrengungen aber nicht zum gewünschten Ergebnis führen, muss man einen Fachmann damit beauftragen. Sonst kann man sich das Geld für die Lackierung gleich sparen.

Da mit unserem Lackierer ein Pauschalbetrag vereinbart wurde und er also nicht für die wirklich aufgebrachten Arbeitsstunden bezahlt wurde, konzentrierte er sich auch weiterhin auf sein Hauptgeschäft – die Reparatur von Unfallautos – und arbeitete nur nebenbei an dem E-Type. Es sollte ein weiteres halbes Jahr vergehen, bis er damit fertig war und das Auto wirklich lackierfähig war.

Erst viel später stellte sich übrigens raus, dass es beim Einpassen der Türen besser ist, wenn man auch die Dichtungen an der A-Säule probeweise montiert. Auch ist es sehr sinnvoll, die ganze Prozedur mit den verchromten Türscheibenrahmen vorzunehmen. Diese Teile am fertig lackierten Auto passend einzubauen, bedeutete nämlich eine Menge zusätzlicher Arbeit.

## Zusammenfassung

- Es gibt kaum schlimmere Arbeiten am Auto als das Schleifen von kiloweise aufgetragenem Polyesterspachtel.
- Selbst der begabteste Mechaniker kann als Karosseriebauer ein Totalausfall sein.
- Es kann ein herrlicher Moment sein, wenn der Fachmann Deine Karosserie mitnimmt. Endlich eine saubere Garage!

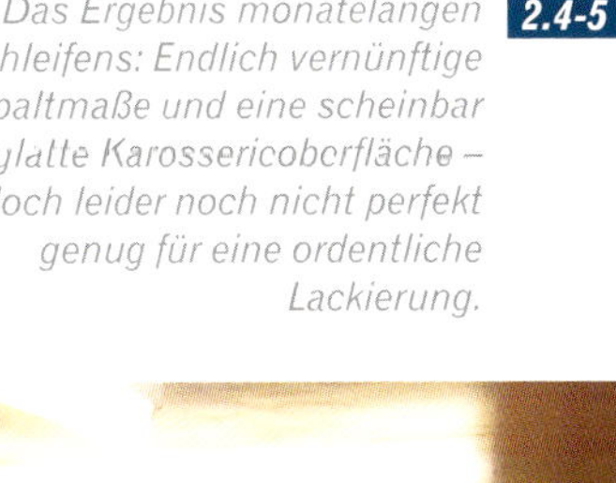

*Das Ergebnis monatelangen Schleifens: Endlich vernünftige Spaltmaße und eine scheinbar glatte Karosserieoberfläche – doch leider noch nicht perfekt genug für eine ordentliche Lackierung.* **2.4-5**

Ein paar wertvolle Hinweise vom Profi:

- Das wichtigste Ziel ist eine wirklich saubere und blanke Metalloberfläche. Lack und Grundierung sowie Schmutz, Fett und andere Rückstände entfernt man am sichersten durch Strahlen mit Sand oder Trockeneis – je nach Art des bearbeiteten Bauteils. Auch das Ablaugen in einem Säurebad ist geeignet, allerdings muss die Karosserie danach gründlich gewaschen und penibel von Säurerückständen befreit werden, die die neue Lackierung unweigerlich beschädigen würden. Das blanke Metall sofort mit geeignetem Antioxidationsgrund vor Korrosion schützen. Der Rost sitzt sonst nach spätestens 12 Stunden wieder im Blech – unter Umständen auch an Stellen, die man sich nicht mehr so genau ansieht.
- Als Rostvorsorge eignet sich auch ein so genannter Säure-Primer ausgezeichnet – dieser sorgt auf der Metalloberfläche für eine hervorragende Haftung für die folgenden Lackschichten.
- Anschließend wird die Oberfläche für den Lackaufbau vorbereitet. Wenn man es für angebracht hält, kann man mit Füllgrund vorarbeiten – aber nur so viel, wie unbedingt erforderlich und so dünn wie möglich. Dieser Füller neigt zum Reißen, wenn er zu dick aufgetragen wird. Dünn aufgetragener Spritzspachtel ist vorzuziehen.
- Anschließend wird die Karosserie feingeschliffen, an größeren Blechen mit einem Schleifbrett wie in Bild 2.4-6, also einem Hobel mit gepolsterter Auflage für das Schleifpapier. Auch Schleifvlies ist sehr empfehlenswert, anders als Schleifpapier nimmt es eine große Menge des Schleifrückstandes auf und kann regelmäßig mit dem Staubsauger gesäubert werden – das erspart eine Menge Staub in der Werkstatt! Auch Schleifkissen mit diesem Vlies sind in den verschiedensten Körnungen erhältlich.
- Schleifkissen sind in vielen Formen und Festigkeiten verfügbar, so dass

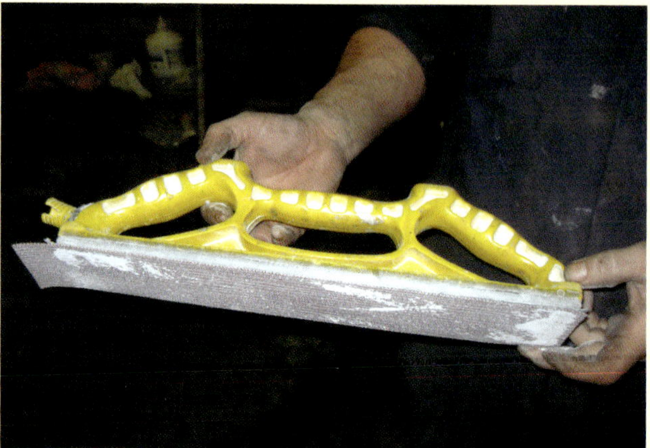

**2.4-6** *Ein gepolstertes Schleifbrett, mit grobkörnigem Sandpapier bespannt.*

**2.4-7** *Schleifkissen bieten sich an Stellen mit engen Radien an.*

**2.4-8** *Schleifpapier ist auch mit wattierter Unterseite erhältlich, …*

**2.4-9** *… die so aussieht.*

man für jede nur erdenkliche Karosserieform, Sicken, Hutzen und Kanten die geeignete Ausführung findet.

- Die Körnung von Schleifpapier wird in Ziffern gemessen; je höher diese ist, desto „feiner“ ist das Papier. Bei einer Autokarosserie sollte man mit einem 40er Korn beginnen und in 2, besser 3 Stufen (80/160) auf 240er herunter gehen, allesamt bezogen auf das trockene Schleifen.
- Anschließend wir mit der eigentlichen Grundierung begonnen, am besten abermals mit Säure-Primer oder – nur in einer professionellen Lackiererei – einem Zwei-Komponenten-Haftgrund. Von so genanntem Füllgrund („Filler“) ist abzuraten; man trägt ihn leicht zu dick auf, wodurch er später infolge eines Schrumpfungsprozesses Risse bildet. Merke: Je dünner die einzelnen Schichten eines Lackaufbaus ausfallen, desto besser.
- Die Grundierung braucht Zeit, um ausreichend trocknen zu können. Der Profi kann das in einer beheizten Lackierkabine beschleunigen, der Heimwerker sollte ruhig ein bis zwei Tage – in gut beheizter Umgebung – verstreichen lassen.
- Der durchgetrocknete Haftgrund wird dann erneut trocken angeschliffen, diesmal mit 400er Körnung auf wattiertem Papier. Dabei geht es nicht mehr darum, die Karosserieform zu optimieren – das Ziel ist es, sämtliche Unebenheiten in der Oberfläche der Grundierung zu beseitigen. Sie muss nahezu spiegelglatt sein, damit die folgenden Farbschichten wiederum so dünn wie möglich ausfallen können.
- Nun wird abermals grundiert und anschließend wieder trocken geschliffen, wie oben beschrieben.
- Nach diesem zweiten Feinschliff wird erneut grundiert und anschließend geschliffen, diesmal aber mit 600/800er Papier, zuerst nass, anschließend trocken.
- Die nächste Schicht ist der so genannte Vorlack, der farblich bereits auf den letztlich verwendeten Decklack abgestimmt wird. Auch dieser

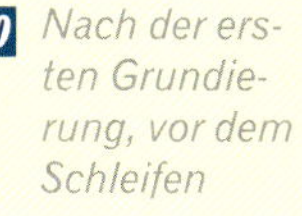

**2.4-10** *Nach der ersten Grundierung, vor dem Schleifen*

**2.4-11** *Der zweite Haftgrundauftrag*

**2.4-12** *Der Vorlack wird aufgetragen, jetzt schon in der Lackierkammer.*

**2.4-13** *Feinschliff des Vorlacks, erst nass, dann trocken*

wird mit 600/800er Schleifpapier zuerst nass, dann trocken feingeschliffen.

- Endlich folgt der Decklack, früher wie beschrieben beim Profi ein Zweikomponentenlack, heute meist ein Lack auf Wasserbasis.
- Nicht zwingend, aber bei einem Projekt wie dem E-Type in diesem Buch durchaus zu empfehlen: Ein abschließender Klarlack, der dem Farbton des Decklacks nach dem Durchtrocknen und einer professionell durchgeführten Politur einen unvergleichlichen Glanz und eine unglaubliche Tiefe verleiht.

**2.4-14** *Der Lack ist drauf!*

**2.4-15** *Stolzer Besitzer und zufriedener Lackierer: Keine Frage, wer hier der Star ist!*

## 2.5 Neuer Glanz

**2.5-1** *Der E-Type steht endlich in der Lackierkabine – mit einer neuen Lage Grundierung auf dem Blech.*

Die Karosserie stand also endlich beim Lackierer, wo sie einem langwierigen Prozess entgegensah: Sechs Monate sollten vergehen, bis in aufwändigem Verfahren vier Lagen Grundierung, zwei Lagen Vorlack, eine Lage Zwei-Komponenten-Decklack – in Opalescent Silver Grey – und eine abschließende Schicht Klarlack aufgebracht waren.

Die erste der vier Grundierungen wurde sofort nach dem Eintreffen der Karosserie aufgetragen, um die ungeschützten Blechpartien vor Korrosion zu schützen. Reparaturbleche werden übrigens sehr häufig mattschwarz vorgrundiert geliefert – niemand sollte auf die Idee kommen, diese Schutzschicht vor dem Einsetzen der Bleche zu entfernen! Die erste von Nicks Grundierungen wurde ebenso wie die drei weiteren zum größten Teil wieder abgeschliffen, nur etwa 20 Prozent jeder dieser Schichten blieben dabei auf dem Blech. Je dünner die Grundierung ausfallen kann, desto besser – damit erklärt sich auch, weshalb die perfekte Vorbereitung der Karosserie so wichtig ist. Der eigentliche Lack haftet umso besser, je dünner die Grundierung darunter ausfällt, er verbindet sich dann wirklich mit dem Blech und klebt nicht auf einer dicken Kunststoffschicht. Neuer Lack sieht fast immer erst einmal gut aus – die Probleme treten erst Monate oder auch Jahre später auf. Darum an dieser Stelle noch einmal der Rat, von kürzlich lackierten Autos besser die Finger zu lassen!

Leider fiel mir erst nach der zweiten Grundierung auf, dass ich es unterlassen hatte, probeweise die Stoßstangen anzubringen. Die stammten ja ursprünglich von einem anderen Fahrzeug, aber zum Glück stellte sich heraus, dass sie mit nur minimalen Nacharbeiten an die neue Karosserie passten; an Serie II und III werden sie mit dickeren Gummidichtungen angebaut, die bezüglich der Spaltmaße etwas mehr Toleranz zulassen.

Die Stoßstangen sitzen am E-Type mit einer dünnen Gummilippe sehr nahe an der Karosserie. Sie müssen unbedingt probehalber montiert und bei Bedarf angepasst werden, damit die Passform stimmt. **2.5-2**

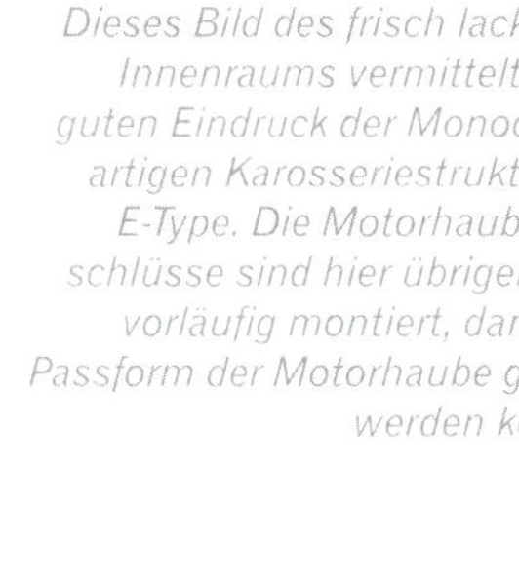

Dieses Bild des frisch lackierten Innenraums vermittelt einen guten Eindruck der Monocoque-artigen Karosseriestruktur des E-Type. Die Motorhaubenverschlüsse sind hier übrigens nur vorläufig montiert, damit die Passform der Motorhaube geprüft werden konnte. **2.5-3**

Die „Cups" genannten Aufnahmen der Hinterachs-Schubstreben am Wagenboden – gerade eben angeschweißt in einem recht späten Stadium des Karosserieaufbaus. **2.5-4**

Und auch nach der dritten Grundierung hatte ich eine späte Eingebung: Die Aufnahmen der Hinterachs-Schubstreben unten am Wagenboden! Die hatte ich sandstrahlen lassen und wollte sie dann lackiert am Auto anbringen – mit Blindnieten, so wie ich das an meinem Auto vorgefunden hatte. Als ich diese Nieten bei einem Jaguar-Spezialisten kaufte, sagte man mir, dass diese „Cups" genannten Teile per Vernietung nur vormontiert würden und zusätzlich anschließend verschweißt werden müssten. In aller Eile schaffte ich es gerade noch rechtzeitig, diese Aufnahmen vor der nächsten Grundierung so anzubringen, wie man es mir nun erklärt hatte! Allerdings war

**2.5-5** *Das hier verwendete „Opalescent Gunmetal Grey" ist ein zeitgenössischer Jaguar-Farbton, der zum Beispiel auch auf dem legandären Vorserienmodell mit dem Kennzeichen 9600HP zum Einsatz kam.*

*Im Rahmen eines sehr schwierigen Farbfindungsprozesses kam nach reiflicher Überlegung auch der Ton „Opalescent Silver" in die engere Wahl. Ein E-Type in dieser Farbe begegnete mir auf einem Treffen.* **2.5-6**

die Aufregung ganz umsonst gewesen, denn wie sich später herausstellte, hatte man diese Aufnahmen bei Jaguar keineswegs zusätzlich verschweißt. Sie wurden tatsächlich vernietet, allerdings mit speziellen Nieten, die zwar eine stabile formschlüssige Verbindung ermöglichten, beim Überschreiten einer bestimmten Scherkraft aber brechen sollten.

Auf diese Weise war gewährleistet, dass die Schubstrebe stabil genug am Fahrzeug befestigt war, sich beispielsweise bei einem Unfall aber lösen konnte, um Schäden von der Fahrgastzelle fernzuhalten.

Nach langer Vorarbeit – und den beschriebenen Unterbrechungen – war es endlich so weit, dass die beiden Schichten Vorlack aufgetragen werden sollten – es war also an der Zeit, sich nochmals über die endgültige Farbwahl Gedanken zu machen. Ich hatte mich eigentlich schon für „Opalescent Silver Grey“ entschieden – ich hatte ein entsprechend lackiertes Auto auf einem Treffen gesehen und die Farbe einfach wunderschön gefunden. Dass es sie ab Werk nicht für den Serie II gegeben hatte, störte mich nicht so sehr – es war ja trotzdem ein Farbton, der beim E-Type verwendet worden war. Allerdings: War das Auto, das ich damals gesehen hatte, tatsächlich „Opalescent Silver Grey“? Es gab auch einen etwas helleren Farbton ohne den Zusatz „Grey“, und auch manche Spezialisten tun sich schwer, diese beiden voneinander zu unterscheiden. Und überhaupt – wäre nicht das „Opalescent Gunmetal“ die beste Wahl? Diese Farbe trug „9600HP“, das legendäre Vorserienmodell, mit dem Jaguar den E-Type am 15. März 1961 der Öffentlichkeit vorgestellt hatte. Bei einem auf klassische Jaguar spezialisierten Lackierer konnte ich mir ein paar Farbmustertafeln ausleihen, um diese elementare Entscheidung mit meiner Frau Christine, mit meinem eigenen Lackierer Nick und mit jedem, der dazu Lust hatte oder auch nicht, eingehend zu diskutieren. Auch in „Opalescent Powder Blue“ sieht der E-Type fantastisch aus, aber wir waren uns alle einig, dass zu dieser Außenfarbe eine rote Innenausstattung nicht passt. Und diese Innenfarbe sollte „mein“ E-Type auf jeden Fall haben.

Kurz und gut: Ich blieb bei meiner ursprünglichen Entscheidung für „Opalescent Silver Grey“, der Lack wurde bestellt, es gab kein Zurück. Als der Decklack aufgetragen war, musste ich das Auto einfach sehen – noch bevor der abschließende Klarlack aufgetragen war. Es sah einfach atemberaubend gut aus! Ich freute mich wie ein kleines Kind – aber mindestens genauso groß war meine Erleichterung darüber, dass die Farbe auf dem Auto tatsächlich so gut aussah, wie ich es mir erhofft hatte. Nachdem Nick auch den Klarlack aufgetragen hatte, kam das Auto für eine Nacht in die beheizte Trockenkammer und wurde anschließend ausgiebig poliert. Da der Lack zu diesem Zeitpunkt noch nicht ganz ausgehärtet ist, hätte man nötigenfalls kleinste Unregelmäßigkeiten noch leicht herauspolieren können.

**2.5-7** *Und wieder Schleifen: Hier steht der Feinschliff des ersten Vorlacks an.*

**2.5-8** *Die Lackierkabine ist unverzichtbar für gutes Arbeiten: Die Innenseite der Motorhaube wird lackiert.*

**2.5-9** *Es ist so weit: Opalescent Silver Grey und eine finale Schicht Klarlack – was für ein Anblick!*

Nächster Arbeitsschritt an der fertig lackierten Karosserie war die Demontage der Motorhaube – Nick hatte mir dankenswerter Weise versprochen, sie bei sich aufzubewahren, bis sie wieder benötigt würde. Die Karosserie selbst kehrte auf einem Autotransporter in meine Garage zurück, wo ich Türen und Heckklappe abbaute und sicher verstaute, ebenso wie den Gitterrohrrahmen, der Motor und Vorderachse trägt.

Nun konnte endlich die Überholung der Mechanik beginnen.

## Zusammenfassung

- Die richtige Farbe für den eigenen Traumwagen zu finden, ist eine der größten Herausforderungen. Aber auch eine der schönsten.
- Zierrat und Chromteile immer vor dem Lackieren probeweise anbringen und auf gute Passform prüfen. Wer das versäumt, steht irgendwann vor der Frage: Nachbearbeitung an der neu verchromten Stoßstange – oder an der frisch lackierten Karosserie?
- Wirklich gründlich sein, bevor man die Karosserie zum Lackierer bringt: Sie muss wirklich bis ins kleinste Detail perfekt vorbereitet sein – Eile ist dabei der falsche Weg. Die vergessenen Schubstreben-Aufnahmen waren nur ein Beispiel von mehreren.
- Wenn möglich, sollte man immer auch die Meinung eines zweiten „Experten" einholen. bevor man eine falsche Entscheidung trifft, die vielleicht unumkehrbar ist.
- Lächle bei der Arbeit, und sie fällt Dir leichter.

## 3.1 Demontage der Hinterradaufhängung

Auch wenn die Karosserie nun endlich beim Lackierer war – es blieb keine Zeit zum Verschnaufen. So viel Platz wie jetzt würde ich in meiner Garage nie wieder haben, und es gibt an so einem E-Type ja noch einige andere große und schwere Baugruppen zu bearbeiten. Eine davon war die Hinterachse. Sie ist unter Jaguar-Kennern eine ganz besondere Legende, und es kursieren die verschiedensten Horrorgeschichten rund um die Überholung dieses Wunderwerks.

Der Ausbau der Hinterachse ist mit der Anleitung im Werkstatthandbuch keine große Sache. Man muss vor allem beachten, dass das Teil außerordentlich schwer ist, umso mehr, als es als komplette Einheit vom Auto demontiert wird. Das Auto wird hinten ausreichend hoch angehoben, dann das Differenzial von unten mit einem Rangierheber abstützen und von oben an einen Motorkran hängen. An meinem Auto hatte der Simmerring am Antriebskegelrad längere Zeit geleckt und das Differenzialgehäuse war schmierig und verschmutzt. Es schadet also nichts, zusätzlich einen geeigneten Stoßschutz unter die Achse zu legen, zum Beispiel dicke Styroporplatten oder Sperrholz auf einer alten Schaumstoffmatratze. Nur für den Fall, dass sich die Achse beim Ausbau selbstständig macht. Hat man die Achse so gesichert, löst man einfach die Muttern der vier Silentblöcke, mit denen der Hilfsrahmen, der Differenzial und Radaufhängungen trägt, am Fahrzeug befestigt ist.

Wie gesagt: Das Differenzial des hier gezeigten Fahrzeugs war über und über mit altem Öl verschmiert, dreckig und mit abgeblätterter Farbe – es sah gar nicht so sehr nach einem herausragenden Stück Technik aus. Die Krux bei dieser Achse ist, dass sie eigentlich extrem zuverlässig ist. Gleichzeitig kommt man in eingebautem Zustand nur sehr schwer an sie heran, und so wurde sie meistens einfach ignoriert. Bei aller Unverwüstlichkeit – eine gewisse Wartung braucht aber auch die Hinterachse des E-Type, und wenn man sie komplett vernachlässigt, kommt es irgendwann dann doch zu Ausfällen, eingelaufenen Lagern oder losen Lagersitzen. Davon betroffen ist auch die Handbremse, die bei allen Jaguar mit hinterer Einzelradaufhängung einen schlechten Ruf hat. Das liegt ganz einfach daran, dass man bei eingebauter Hinterachse nicht wirklich gut an sie herankommt – und sich dann eben einfach nicht mehr um sie kümmert.

**3.1-1** *Das neu aufgebaute Hinterachsgetriebe von vorne betrachtet, mit Greenstuff-Klötzen und bei meinem Nachbarn ausgeliehenen Bremsscheiben.*

Nachdem ich die Achse aus dem Auto heraus montiert hatte, konnte ich sie trotz ihres Gewichts mit dem Motorkran gut bewegen und mich an die Überholung machen. Bedauerlicherweise ist der Ausbau seinerzeit nicht fotografisch dokumentiert worden. An dieser Stelle sei aber versichert, dass die Demontage der Aufhängungen und vor allem des Differenzials eine sehr schwierige und vor allem ziemlich schmierige Angelegenheit ist. Den Zusammenbau hingegen habe ich mit ein paar Fotos dokumentiert, die noch folgen werden. Das wichtigste bei diesen Arbeiten ist ein vernünftiges Handbuch, in dem die Überholung des Ausgleichsgetriebes ausführlich erklärt wird, wobei es nicht schaden kann, auf verschiedene Quellen zugreifen zu können. Überhaupt sollte man lieber eine Anleitung mehr als eine zu wenig konsultieren, bevor man sich daran macht, die Hinterachse komplett auseinanderzunehmen. Wirklich sämtliche Tipps und Kniffe werden nämlich kaum in nur einem einzigen Handbuch zu finden sein.

Erster Schritt war die Demontage der Aluminium-Achsschenkel von den Antriebswellen. Ohne einen leihweise überlassenen, passenden Abzieher wäre diese Prozedur nicht möglich gewesen. Allerdings war es auch mit diesem Spezialwerkzeug noch ein hartes Stück Arbeit, denn die Antriebswellen saßen wie festgeschweißt in den Lagern.

Anschließend folgten die Antriebswellen selbst sowie die Einstellscheiben zwischen deren Flansch und den Bremsscheiben, die, wie ich annahm, für die korrekte Einstellung des Hinterrad-Sturzes benötigt werden. Wie ich später lernte – natürlich erst, als das Auto eigentlich fertig war – muss man diese Einstellung völlig neu vornehmen, wenn man das Differenzial, wie in meinem Fall, unter einer anderen Karosserie anbringt.

*Bei der Rückansicht des Differenzials sind die Ablassschraube und das Entlüftungsrohr gut erkennbar.* **3.1-2**

Die unteren Querlenker verbinden den Hilfsrahmen mit den Achsschenkeln; im Prinzip sind sie einfache Rohre mit breiten Aufnahmen an den Enden. Sie weisen eine nicht unbeträchtliche Menge an Einstellscheiben, Distanzhülsen und Dichtringen auf, über die es in einer meiner Anleitungen hieß, man solle sich um diese Teile keine großen Gedanken machen – sie müssten ohnehin beim Neuaufbau ersetzt werden. Kurzerhand ließ ich diese Teile achtlos zu Boden fallen und entsorgte sie bei der nächsten Putzaktion. Wie bereits erwähnt: Am besten immer mehrere Quellen zu Rate ziehen, denn das war ein unnötiger und auch nicht ganz billiger Fehler – tatsächlich lassen sich die Teile nämlich problemlos wiederverwenden.

Als die Achse vollständig zerlegt war, erfolgte die penible Reinigung. Danach wurden unzählige Einzelteile, unabhängig von ihrem tatsächlichen Zustand, entweder zum Galvaniseur oder zum Pulverbeschichten geschickt. Ich wollte hier wirklich Nägel mit Köpfen machen, und mich plagte die Vorstellung, ich müsste alles nochmal zerlegen, weil ich bei irgendeiner Kleinigkeit geschlampt hatte. Wo dies möglich ist, verwendete ich Edelstahlschrauben und -muttern; bei stark belasteten Verbindungen wie zum Beispiel der Radaufhängung ist dies nicht erlaubt, dort kamen verzinkte hochfeste Schrauben zum Einsatz.

Da ich schon wusste, dass sich das Differenzial in meinem Auto in einem schlechten Zustand befand, hatte ich mir in der Zwischenzeit ein anderes, überholtes Exemplar besorgt. Allerdings hatte ich ja bereits ein paar schlechte Erfahrungen hinter mir mit anderen überholten Bauteilen. Ich schraubte also den Differenzialdeckel ab und warf einen Blick ins Innere – ein sicheres Urteil traute ich mir aber nicht zu. Also ging ich wieder einmal zu einem Spezialisten. Dieser teilte mir mit, dass es sich gar nicht um ein E-Type-Differenzial handelte, sondern um eins aus der XJ6-Limousine. Und nicht nur das – auch das Zahnflankenspiel wäre zu groß. Man ahnt es – beide Aussagen sollten sich als falsch herausstellen.

Außerdem erklärte er mir, dass die Überholung eines solchen Hinterachsgetriebes besser nur der Fachmann durchführen sollte. Ich hatte zwar mit dem Gedanken gespielt, durch Eigenleistung mein Budget zu schonen, war aber nun ganz froh, dass mir diese Entscheidung abgenommen wurde.

Mit dem alten und dem vermeintlich falschen Differenzial ging ich zu einem anderen Profi – Eric. Auch er bestätigte, dass das originale Teil aus meinem Auto hinüber war. Ganz offensichtlich war es längere Zeit völlig trocken gelaufen, es war auf jeden Fall irreparabel und wanderte auf den Schrott. Mein Ersatz war aber nicht nur korrekt überholt worden, wie Eric feststellte, es war auch wie versprochen ein Teil aus einem E-Type. Allerdings mussten wir das Ausgleichsgetriebe selbst in ein neues Gehäuse umbauen – beim alten hatten sich die Lagersitze zum Teil schon bis auf das erlaubte Höchstmaß aufgeweitet, und es wäre unsinnig gewesen, dieses Gehäuse wieder zu verwenden.

Eigentlich sah die Planung vor, ein Sperrdifferenzial zu verbauen. Aber der Umbau hätte nochmals fast 400 Euro gekostet – zu den 650 Euro, die die Reparatur des eigentlich ja bereits überholt gekauften Ersatzdifferenzials kostete. Da ich nicht vorhatte, mit dem Auto im Regen Bergrennen zu fahren, erschien mir diese Zusatzausgabe einfach nicht als gerechtfertigt.

Das Gehäuse des nun tatsächlich überholten und voll funktionstüchtigen Differenzials wurde daheim noch mit einer schmucken, wenn auch intensiven, Außenlackierung in Rot versehen. Dann konnte die Hinterachseinheit wieder zusammengesetzt werden. Wieder hatte ich Glück: Ein anderer Nachbar hatte früher einen E-Type der so genannten Serie 1 ½ besessen, einen Roadster. Diesen hatte man vor langer Zeit gestohlen, und er tauchte nie wieder auf. Vorher schon hatte er neue Bremsscheiben für diesen Wagen gekauft, schaffte es aber nie, sie einzubauen. Jedenfalls waren diese Scheiben alles, was er von seinem Jaguar noch besaß, und nun wurden sie dankenswerter Weise ihrer Bestimmung in meinem Auto zugeführt. Ob die Farbgestaltung der Bremsscheibenkanten mit hitzefestem roten Lack wirklich sein muss, sollte jeder für sich selbst festlegen. Ich baute sie ohne jegliche Einstellscheiben direkt ans Differenzial – je nach Auto und Ausführung können aber sowohl innen als auch außen solche dünnen Metallscheiben erforderlich sein. Auf dem Bildern sieht man ganz gut, welches Gewicht allein schon das Differenzial selbst hat – die Platte der Workmate® (von Black&Decker!) biegt sich deutlich erkennbar durch.

Als nächstes montierte ich die Bremssättel an die Halterungen am Differenzialgehäuse. Die Montage der Sättel erfolgt mit Distanzscheiben, durch die man sie mittig über den bereits am Differenzial befestigten Bremsscheiben positionieren kann. Bei den Bremsklötzen wählte ich ein gängiges Upgrade und verwendete solche von „GreenStuff", obwohl ich davon gehört hatte, dass sie laute Quietschgeräusche verursachen sollen. Heute ist mein E-Type schon länger auf der Straße, und ich kann dies nicht bestätigen – die Bremse arbeitet gut und quietscht nicht, und auch das wichtigste Verkaufsargument für diese Bremsklötze trifft zu: Sie produzieren nur sehr wenig hässlichen Abrieb, und die Räder bleiben länger sauber. Nicht vergessen: Die Bremssattelschrauben müssen mit Edelstahldraht gegen unbeabsichtigtes Lösen gesichert werden – danach kann man sich der berüchtigten Handbremsmechanik zuwenden.

### Zusammenfassung

- Manchmal liegen auch Experten mit ihrem Urteil daneben.
- Niemals irgendetwas wegwerfen, solange der vorgesehene Ersatz nicht vorhanden ist – und ans Auto passt! Im Grunde sollte man einfach alles aufheben – wer weiß, ob man den vermeintlichen Schrott nicht doch einmal als Muster benötigt.
- Manchmal führt an Jaguar-Spezialwerkzeug einfach kein Weg vorbei.
- Die Mechanik mit sauberen und neuen Teilen wieder aufzubauen ist die pure Freude nach der mühseligen und manchmal deprimierenden Arbeit an der Karosserie.

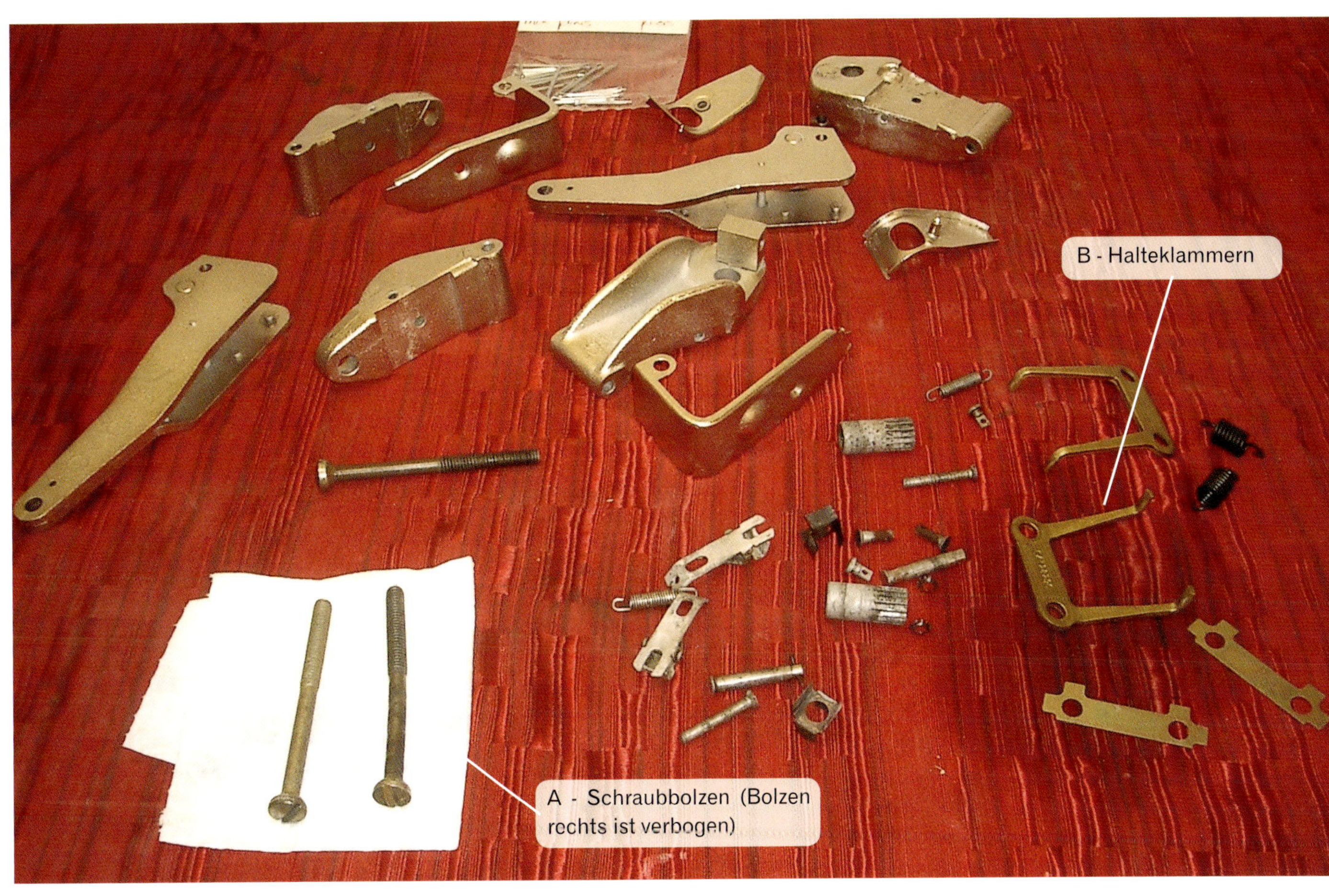


# 3.2 Die Handbremse

Bei der Demontage der Hinterachse muss man sich genau anschauen, wie der selbsttätige Verstellmechanismus der Handbremse arbeitet. Ein Tipp: Ausreichend Fotos vor und während der Montage eines solchen Systems gestalten den Zusammenbau deutlich einfacher. Tipp: Bei Ersatzteilspezialisten (z. B. Limora) gibt es sehr gute Explosionszeichnungen der verschiedenen Baugruppen, die beim Zusammenbau ebenfalls hilfreich sein können. Die separaten Klötze der Handbremse wirken auf die hinteren Bremsscheiben, die natürlich im Fahrbetrieb verschleißen und an Stärke verlieren. Der Abstand der Handbremsklötze in Ruheposition vergrößert sich dadurch, und mit ihm der Betätigungsweg des Handbremshebels. Die Lösung beim E-Type: Ein kleiner Sperrhaken aus Federstahl (auf den Bildern der nächsten Seiten mit „D“ gekennzeichnet) greift in die Verzahnung außen auf der Einstellmutter („E“) ein und verdreht diese bei Bedarf schrittweise auf ihrem Schraubbolzen („A“), wenn der Leerweg des Betätigungshebels („F“) zu groß wird. Die Ruheposition der Handbremsklötze wird so wieder näher an die Scheibe gebracht, deren Verschleiß auf diese Weise automatisch ausgeglichen wird.

Bei der Demontage war mir bereits aufgefallen, dass einer der beiden Schraubbolzen, auf denen sich die Einstellmutter dreht, verbogen war. Ersatz lag daher schon bereit. Die kleinen Sicherungsfedern („C“) auf diesen Bolzen hatte ich bei einer probeweisen Montage zerstört, daher besorgte ich auch diese beiden neu. Außerdem sahen die beiden Halteklammern („B“), die auf den Handbremszangen sitzen und diese bei gelöster Handbremse spreizen sollen, zu brüchig aus – auch hier kamen also Neuteilen zum Einsatz, ebenso neue Sicherungsbleche.

Mit komplett renovierten Einzelteilen folgte die Montage. Die Betätigungshebel und die anderen weiter zu verwendenden Bauteile hatte ich strahlen und vernickeln lassen. Die Handbremszangen werden oben auf den Sätteln der Hinterradbremsen angebracht. Bei genauer Betrachtungsweise kann man den Konstruktionsfehler erkennen: Die Träger der Handbremsklötze drehen sich um die Bolzen, mit denen sie auf den Bremssätteln befestigt sind. Diese

**3.2-1** *Die Einzelteile der Handbremsanlage.*

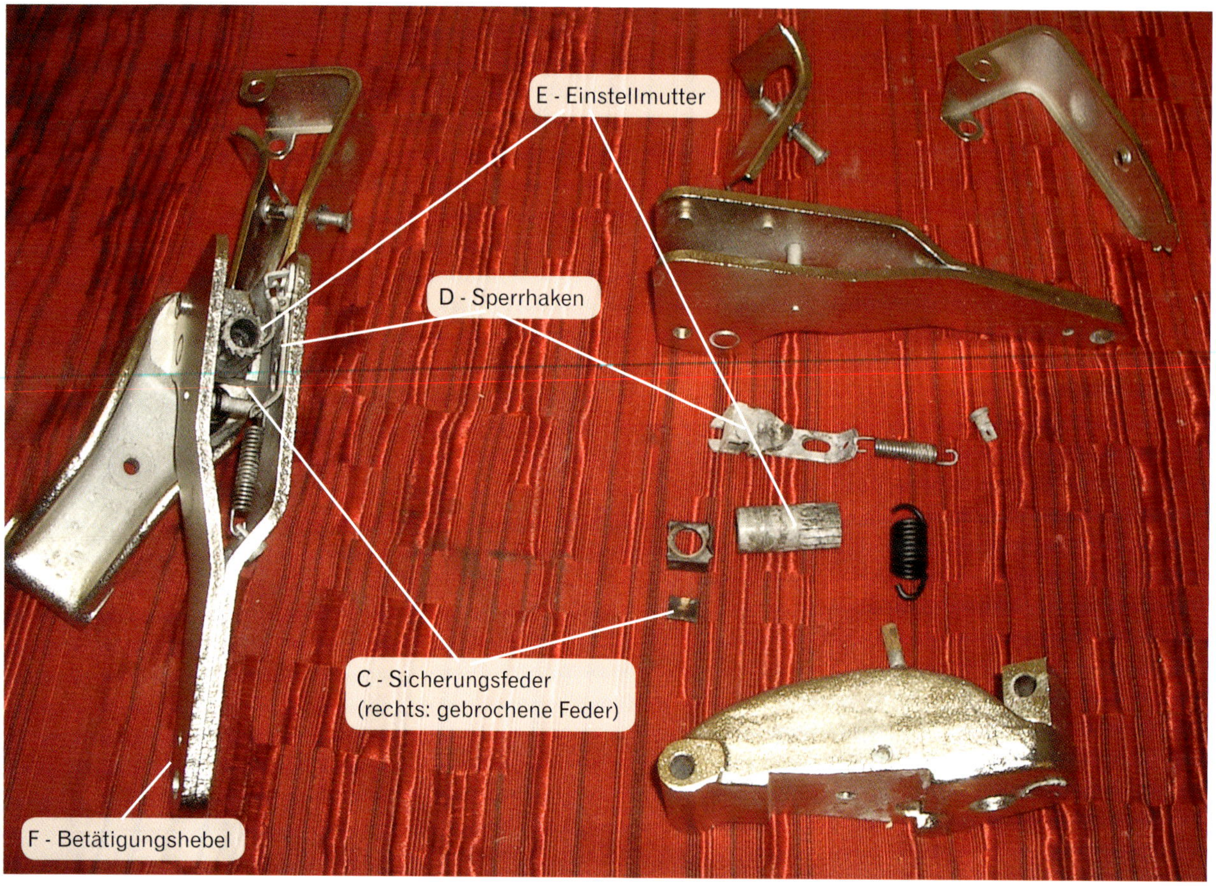

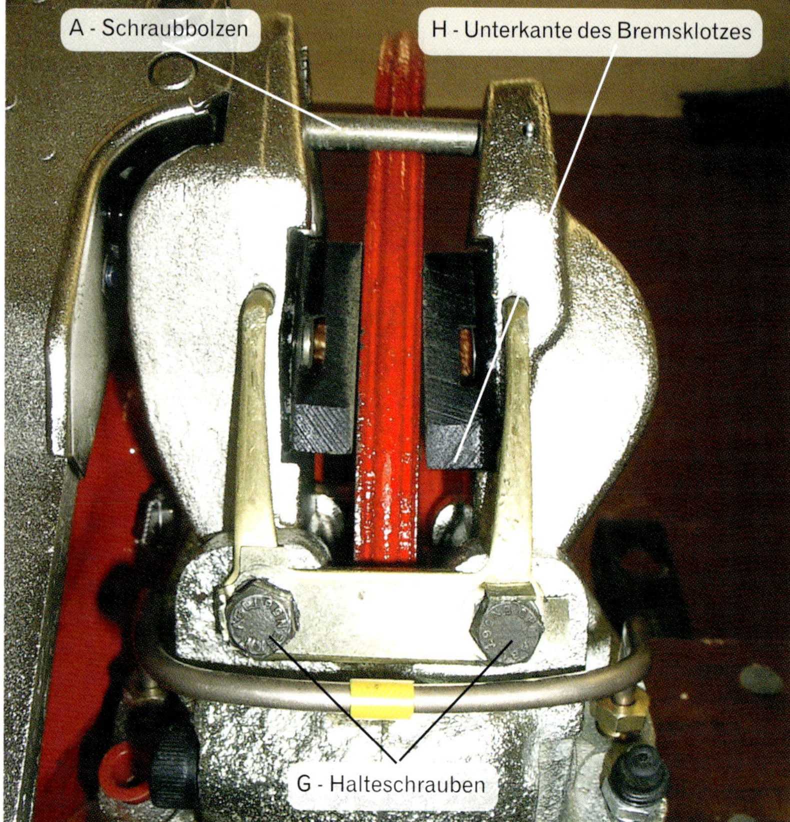


*Oben: Der selbsttätige Nachstellmechanismus.* **3.2-2**

*Die Klötze der Handbremse werden V-förmig an die Scheibe gepresst und liegen nicht plan an.* **3.2-3**

Träger werden an ihren Enden durch den Zug des Handbremsseils zusammengezogen, und da die Klötze starr an den Trägern sitzen, liegen sie bei gezogener Handbremse immer nur an ihrer oberen Kante an den Scheiben an. Nur gut 10 Prozent der Oberfläche der Klötze wirken so tatsächlich auf die Scheiben ein.

Die einzige Abhilfe dagegen wären Bremsklötze mit einem trapezoid verjüngten Profil – also dünner auf der Seite, an der die Träger zusammengezogen werden und dicker am unteren Ende, an dem die Träger auf ihren Bolzen sitzen.

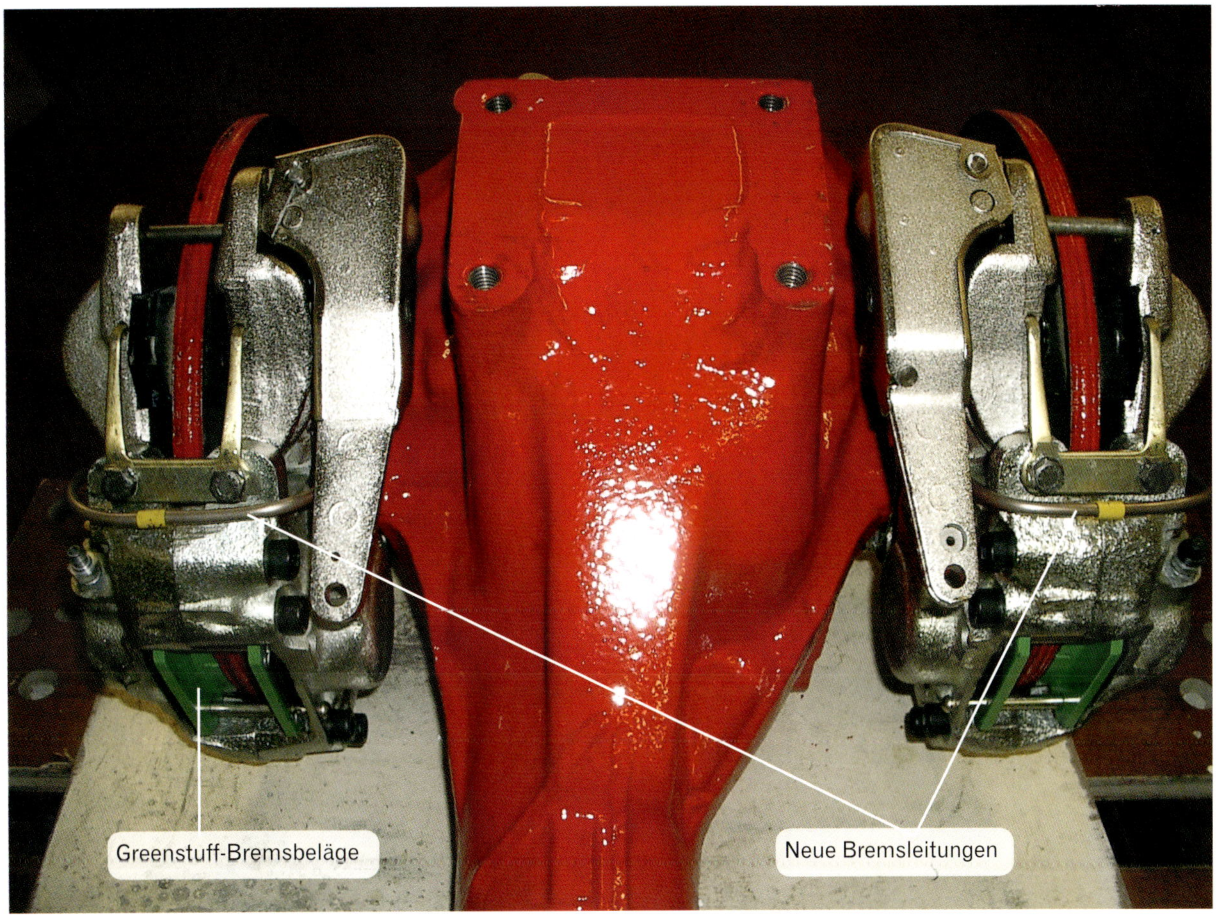

Nun könnte man sagen, dieses Problem erledigt sich schnell von selbst – nach kurzer Zeit liegen die Klötze infolge ihrer Abnutzung ja dann doch plan an. Ich allerdings wollte diesen kleinen Schönheitsfehler nicht akzeptieren und bearbeitete „meine“ Handbremsklötze im Schraubstock mit der Feile nach, so dass sie von Anfang an möglichst vollflächig an die Scheibe gepresst wurden.

Eines fehlte noch zu einer vollständigen hinteren Bremsanlage: Die Verbindungsleitungen zwischen den hydraulischen Bremssätteln. Diese sollte man unbedingt anbauen, bevor man die Handbremszangen anbringt. Ich hatte mich für klassische KuNiFer-Leitungen entschieden – es gibt Leute, die reine Kupferleitungen bevorzugen, aber vernünftige Argumente dafür kannte ich keine. Die kurzen Verbindungsstücke auf den Sätteln zurecht zu biegen, erwies sich als schwierig, da ich mit dem Biegewerkzeug aus dem Teilehandel keinen engeren Radius als 90 Grad zustande brachte. So bog ich diese Leitungsstücke nach althergebrachter Manier über einen Hammerstiel – das Ergebnis stellte mich absolut zufrieden.

**3.2-4** *Die Bremssättel mit den neu gebogenen Verbindungsleitungen und den anschließend montierten Handbremszangen.*

## Zusammenfassung

- Wir wissen nun, wie die Handbremse arbeitet.
- Wir wissen auch, warum sie nicht immer richtig arbeitet.
- Spezialwerkzeug kann Wunder bewirken – manchmal taugt es aber nichts.
- GreenStuff-Klötze sind vielleicht nicht original. Aber damit kann man leben.
- Immer Fotos machen – irgendwann wird man sie brauchen.

# 3.3 Montage der Hinterradaufhängung

Differenzial und hinteres Bremssystem waren damit erledigt und konnten wieder in den Hilfsrahmen eingebaut werden. Diesen Hilfsrahmen hatte ich schon strahlen und pulverbeschichten lassen, ebenso die unteren Querlenker sowie die Antriebswellen, die bei der Achse des E-Type auch als obere Querlenker dienen. Tipp: Lagersitze vor dem Beschichten solcher Bauteile immer sehr sorgfältig abkleben oder verschließen.

Ich schraubte den Hilfsrahmen nur lose am Differenzial an und drehte die ganze Einheit dann um 180 Grad auf den Kopf, um die Halter der unteren Querlenker am Differenzial anzubringen (Bild 3.3-2). Dazu schob ich die Achsen, auf denen die Querlenker sitzen, durch die vorgesehenen Bohrungen im Hilfsrahmen und durch die Halter der Querlenker, die auf diese Weise neben dem Differenzial in Position kamen. Vor dem endgültigen Festziehen der Schrauben musste ich noch für die exakt mittige Lage des Differenzials zwischen den Querlenkerachsen sorgen – hierfür verwendet man Einstellbleche, die auf beiden Seiten zwischen Differenzial und Querlenker-Halterungen gesteckt werden. Beim Anziehen der Verschraubung dieser Halter darf es zu keiner Materialverwindung kommen. Sitzt das Differenzial exakt mittig, zieht man die Schrauben der Querlenker-Halterungen mit dem vorgesehenen Drehmoment fest und sichert sie mit Edelstahldraht – die Sechskantköpfe sind zu diesem Zweck horizontal durchbohrt (Bild 3.3-4).

Gemäß dem Motto „Nur einmal, aber dann richtig" sollten auf jeden Fall auch neue Kreuzgelenke in die Antriebswellen eingesetzt werden. Theo-

**3.3-1** *Der Hilfsrahmen ist hier lose auf dem Differenzialgehäuse angeschraubt.*

*Die Halter der unteren Querlenker werden mittels der zugehörigen Achsen vor dem Differenzial in Stellung gebracht.* **3.3-2**

*Reihenfolge, Anzahl und Stärke der Einstellscheiben zwischen Differenzial und Antriebswellen entsprechen exakt der Anordnung bei deren Ausbau. Befestigt werden sie mit selbstsichernden Schneidmuttern aus Stahl, denen die Hitzeentwicklung der Bremsscheiben nichts anhaben kann.* **3.3-3**

So werden die Einstellbleche montiert

Querlenkerachse

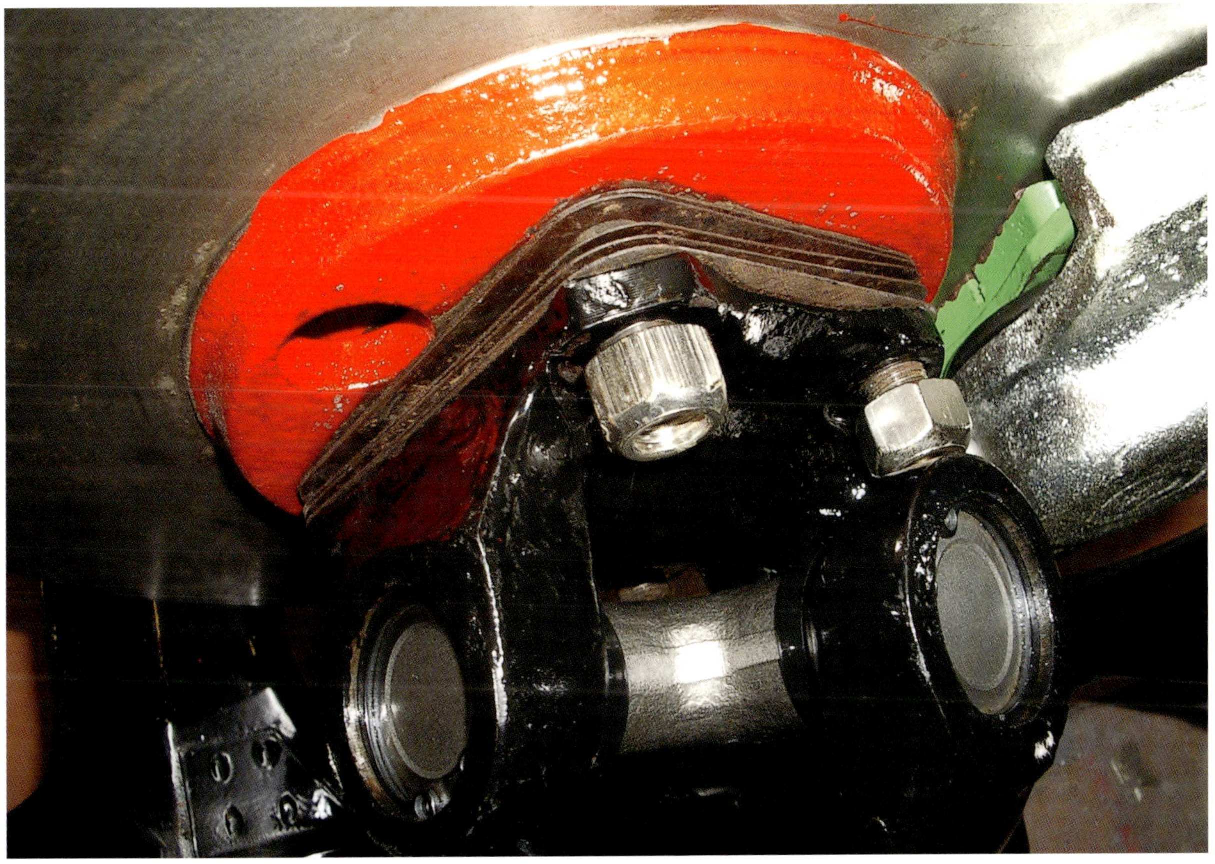

Sicherungsdraht

**3.3-4** *Links: Die Antriebswelle ist noch nicht endgültig mit Differenzialflansch und Bremsscheibe verschraubt; die Halter der unteren Querlenker sind mit Stahldraht gesichert.*

retisch war der Arbeitsablauf, wie man diese Gelenke ersetzt, vollkommen klar, aber schon vor Jahren war mir ein solcher Versuch komplett misslungen. Ich hatte mir geschworen, dass ich mich dieses Mal geschickter anstellen würde. Ich fettete die Lagernadeln gut ein, sodass sie an Ort und Stelle blieben und bei drei der vier Lager war mein sorgfältiges Vorgehen auch erfolgreich. Als ich den vierten Zapfen des Kreuzgelenks in die Lagerkappe presste, passierte es dann doch: Eine der Lagernadeln fiel heraus und verklemmte sich so heftig, dass ich mehrere Stunden lang versuchte, das Ganze wieder auseinander zu bekommen – unter erheblichem Einsatz von roher Gewalt, sprich: Schlägen mit dem Schlosserhammer, unter denen auch ein Gutteil der sorgfältig aufgebrachten Pulverbeschichtung an dem betroffenen Gabelstück der Antriebswelle zu leiden hatte. Was nicht nachgab, war das verkeilte Kreuzgelenk, und dieses erwies sich auch als stärker als mein unzulänglicher Schraubstock, dessen Spindel ich verbog beim Versuch, das Kreuzgelenk mit seiner Hilfe auszupressen. Ich musste die Antriebswelle zu einem Fachbetrieb bringen, in dem man meinen Pfusch für gute 100 Euro wieder beseitigte und die Kreuzgelenke professionell austauschte.

Als ich die Antriebswellen – mit neuen Gelenken – zurückbekam, mussten zunächst die Spuren der oben beschriebenen Versuche mit Hammerit-Lack beseitigt werden. Danach konnte ich sie am Differenzial montieren – vorerst mit der identischen Anzahl an Einstellscheiben, so wie ich das Ganze bei der Demontage vorgefunden hatte. Ich wusste aber, dass ich das womöglich nochmals würde ändern müssen, nämlich dann, wenn die Hinterachse letztlich an der neuen Karosserie angebracht war. Die Einstellscheiben hatte ich in einer gesegneten Erfindung unserer neuzeitlichen Gesellschaft aufbewahrt: Gefrierbeutel. Von diesen habe ich immer eine Auswahl verschiedener Größen in Reichweite – sie sind wasserdicht und wiederverschließbar, so dass weder Öl heraus- noch Feuchtigkeit hineingelangt, und durchsichtig – man erkennt also sofort, was sich darin befindet. Einfach ideal, um Kleinteile darin aufzuheben. Sofern erforderlich, kann man sie mit einem schwarzen Filzstift beschreiben – zum Beispiel mit dem Hinweis, an welcher Stelle des Autos die darin gelagerten Teile zum Einsatz kommen.

Zur Befestigung der Antriebswellen am Differenzial muss man übrigens selbstsichernde Muttern verwenden, aber bitte nicht die normalen mit Kunststoff-Klemmring. Diese halten der Abwärme durch die Bremsscheiben nicht lange stand. Beim Jaguar-Teilehändler, z. B. Limora, gibt es Schneidmuttern aus Stahl, die für diesen Einsatzzweck vorgesehen sind.

Als nächster Schritt stand die Sanierung der hinteren Federbeine auf dem Plan – das, so dachte ich, sollte keine große Sache werden.

## Zusammenfassung

- Egal wie groß oder wie klein ein demontiertes Teil auch ist: Immer sorgfältig beschriften und deutlich kennzeichnen, wo es her kommt.
- Auch wenn man älter wird, mehr Geld hat und besseres Werkzeug: Man findet immer wieder die Möglichkeit, etwas komplett zu verpfuschen.
- Bei hochbelasteten Teilen, die wie die Kreuzgelenke schwer zu ersetzen sind: Immer die bestmögliche Qualität kaufen!

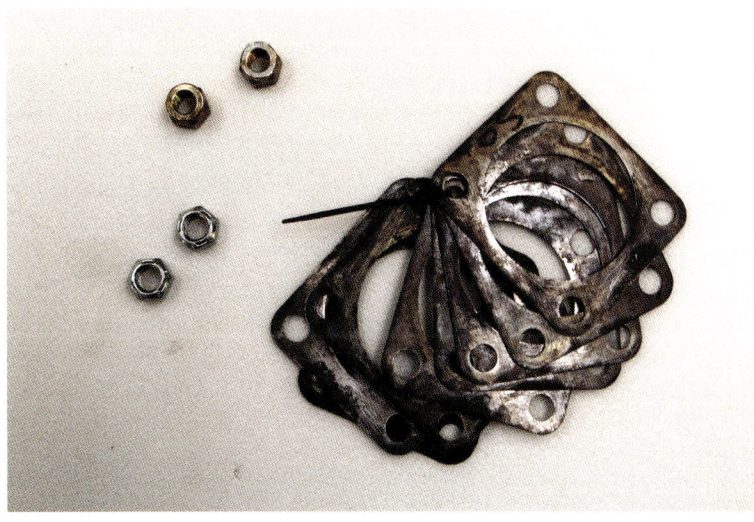

**3.3-5** *Eine Auswahl der Einstellscheiben zwischen Differenzial und Antriebswelle. Die Befestigungsmuttern an dieser Stelle müssen hochtemperaturfest sein.*

## 3.4 Die hinteren Federbeine

Zuerst stellte sich die Frage, welche Dämpfer ich verwenden sollte – Standard, Koni, GAZ oder Spax. Ganz klar – Standard kam für „meinen" Wagen nicht in Frage, das war schnell entschieden. Mit Spax-Dämpfern hatte ich im Verlauf meiner frühen Schrauberjahre oft zu tun gehabt, und ich mochte sie nicht so richtig. Also Koni oder GAZ, Tradition gegen Moderne, sowohl von der Funktionsweise als auch optisch. Letztlich entschied ich mich für die Tradition und die Konis. Vielleicht wären die GAZ-Dämpfer leistungsfähiger gewesen, aber gerüchteweise hörte man immer wieder davon, sie seien nicht besonders zuverlässig, und bei den Konis hatte man verbriefte Qualität. Die Dämpfer mit den neu pulverbeschichteten Schraubenfedern zu vereinen, dürfte mit einem Satz normaler Federspanner, den ich mir schon besorgt hatte, doch einfach zu realisieren sein! Federbeine, wie man sie an der Hinterachse des E-Type gleich zu viert vorfindet, jeweils vor und hinter jedem Querlenker, sind ja nun wirklich kein Buch mit sieben Siegeln. Den Aspekt Spezialwerkzeug sollte man aber trotzdem keinesfalls vernachlässigen.

Beim E-Type reicht ein „normaler" Federspanner nämlich nicht immer aus. Zum einen sind die Federn an ihren Enden sehr eng gewickelt – der Abstand zwischen den einzelnen Windungen ist so knapp bemessen, dass man die Haken eines Standard-Federspanners kaum zwischen ihnen hindurch bekommt. Aber selbst wenn das klappt, rasten die Haken unter Umständen nicht sicher auf der Federwindung ein, weil sie vorher an das innenliegende Dämpfergehäuse stoßen, oder sie sitzen zwar sicher, aber so weit innen, dass man trotz komprimierter Feder den Dämpfer nicht montieren kann.

Nach reiflicher Überlegung fand ich zu dem Urteil, dass man die Sache auf dreierlei Wegen angehen konnte:

- Die Krallen der Federspanner soweit abfeilen, dass sie in die Federn des E-Type passen.
- Die Spanner weiter oben ansetzen, im Bereich, wo die Federwindungen weiter auseinander liegen.
- Einen Spezialisten beauftragen.

Lösung 1 birgt die Gefahr, dass ein derart modifizierter Spanner bricht – so etwas kann lebensgefährlich sein; somit ist dies der falsche Ansatz zur Problemlösung. Lösung 3 erschien mir zu teuer. Also die Spanner weiter mittig in der Feder angesetzt, und tatsächlich

**3.4-1** *Links: Erster Versuch mit normalen Federspannern – und ein beschädigtes Dämpfergehäuse.*

*Die neuen Dämpfer und die vier gestrahlten und pulverbeschichteten Schraubenfedern liegen bereit für den Zusammenbau.* **3.4-2**

gelang es mir in mehrstündiger Arbeit, eines der Federbeine zusammenzusetzen. Beim Zweiten dann rutschte die Kralle eines der Spanner ab und die Feder knallte gegen das Dämpfergehäuse – nur ein optischer Schaden, aber trotzdem sehr ärgerlich. Und ich hatte auch mittlerweile leichte Zweifel, ob ich den ersten Dämpfer wirklich richtig montiert hatte: Ich hatte irgendwo gehört, dass man auf die kreisrunden unteren Federteller auch verzichten könnte – sie kämen nur bei bestimmten Ausführungen zum Einsatz. In Wahrheit sind diese Ringe natürlich unverzichtbar! Die halbkreisförmigen Halbschalen fixieren die Federteller exakt mittig um das Dämpfergehäuse und sorgen für den festen Sitz des eigentlichen Federtellers. Zwar übernehmen diese Teile auch eine gewisse Haltefunktion für die Feder, aber keinesfalls beim Auftreten hoher Lasten, und wenn das Federbein dann beim Einbauversuch auseinanderfliegt, besteht ebenfalls Gefahr für die Gesundheit des Schraubers (Bild 3.4-3).

Auch wenn ich mich wegen meiner Unfähigkeit und meines Unwissens ärgerte – ich tat das einzig richtige und fragte mal wieder einen Spezialisten. Ken Jenkins hat in seiner Werkstatt eine speziell für diese Hinterachse angefertigte, mit dem Pressluftschrauber angetriebene Spannvorrichtung stehen (Bild 3.4-4), mit deren Hilfe meine Federbeine innerhalb von kaum mehr als einer Viertelstunde fachmännisch zusammengesetzt waren.

Der Einbau meiner neuen Federbeine in die Hinterachseinheit war dann wirklich kein großes Problem mehr. Mithilfe des Werkstatthandbuchs und der Explosionszeichnungen im Teilekatalog war eigentlich jedes noch so klei-

**3.4-3** *Lebensgefährlich: Hier ruht die Feder lediglich auf den Halteschalen – der dazugehörige Federteller fehlt!*

3.4-4 So geht es natürlich auch: Mit einer speziellen Spannvorrichtung wie dieser ist der Tausch der Dämpfer und Federn eine Sache weniger Minuten.

## Zusammenfassung

- Wenn man ein Spezialwerkzeug benötigt, hilft nur eines: ein Spezialwerkzeug.
- Fotos, Fotos, Fotos! Erst recht, wenn es sich um Kleinteile handelt, die man nach dem Ausbau in Beutel verpackt oder zum Verchromen gibt. Ohne vernünftige Dokumentation weiß man später nie mehr, was wo war.
- Werkstatthandbücher für die Serie II werden eigentlich nicht angeboten.

3.4-5 Die Federbeine sitzen sicher am Querlenker; an der rechten Einheit erkennt man die mysteriöse Distanzhülse.

ne Bauteil und sein Bestimmungsort gut zu identifizieren. Mit einer Ausnahme: Zwei kleine Distanzbuchsen konnte ich einfach nicht zuordnen, egal wie lange ich suchte und studierte. Ich hatte einige dieser Kleinteile der Hinterachse beim Galvaniseur gehabt – hatten die mir vielleicht etwas falsches zurückgeschickt? Aber das waren Profis, und der Chef dort besitzt selbst mehrere klassische Jaguar, unter anderem einen 1963er Serie I E-Type.

Es half nichts: Ich schluckte meinen Stolz herunter und ging nochmal zu Ken Jenkins. Für den echten Experten kein Problem: Es handelte sich um Distanzhülsen, die zwischen den Querlenker und das untere Auge des in Fahrtrichtung vorderen Federbeins gehören – eine zwischendurch in die Serienfertigung eingeflossene Verbesserung, die es ermöglichen soll, die Schubstrebe zu demontieren, ohne zuvor den ganzen Querlenker abzurüsten (Bild 3.4-5). Ohne diese Buchse kommt man wegen des Stoßdämpfers nicht an die entsprechende Mutter heran. Warum dies nirgendwo nachzulesen ist? Nun, ab Werk wurde diese Befestigung erst bei der Serie II verwendet, und so gut wie alle Handbücher und technischen Zeichnungen entstanden schon zu Zeiten der Serie I. Es gibt so gesehen keine Werkstattunterlagen für die Serie II – größere Änderungen wurden zwar in den Handbüchern und Katalogen aufgenommen, kleinere Modifikationen wie diese aber eben nicht. Es gibt noch einige weitere solcher Mysterien, und umso klüger wäre es gewesen, beim Demontieren der Achse wirklich jede Kleinigkeit fotografisch zu dokumentieren.

## 3.5 Ersatzteilkauf

Wie im vorigen Abschnitt schon beschrieben, sind Modifikationen und Änderungen während der gesamten Bauzeit des E-Type immer wieder in die laufende Serienproduktion eingeflossen. Die Folge: Man kann sich eigentlich nicht nur die gängige Einteilung in „Serie I", „II" oder „III" verlassen. Ein spezieller Fall ist der „Serie 1 ½", den es offiziell gar nicht gab, der aber in der Szene so bezeichnet wird. Ein früher Serie II kann sich in manchen Punkten deutlich unterscheiden von einem später gebauten Exemplar dieser Serie. Vor allem bei der Beschaffung von Ersatzteilen ist es also wichtig, die Fahrgestell- und die Motornummer sowie das genaue Baudatum des Autos zur Hand zu haben. Als frischer E-Type-Besitzer war mir das noch nicht so bewusst gewesen, und mehr als nur einmal wunderte ich mich, dass bestellte Teile so gar nicht zu meinem Auto passten – sie waren zwar für einen Serie II, aber eben nicht exakt für „meinen" Serie II. Deshalb ist es wichtig, nicht nur so viel wie möglich über die Historie seines eigenen Fahrzeugs zu wissen, sondern auch über die Modellhistorie im Allgemein.

Viele Ersatzteilhändler bieten Online-Kataloge zum Download und Ausdrucken oder auf CD-ROM an, gedruckte Ersatzteilkataloge können ebenfalls bei einigen Anbietern bestellt werden. Es ist extrem hilfreich, sich mit diesem Material auszurüsten, bevor man die benötigten Teile bestellen will. Der Verkäufer am anderen Ende der Telefonleitung freut sich, wenn der Kunde nicht nach „diesem kleinen runden Ding am Ende von dem großen Teil" fragt, sondern eine Terminologie beherrscht, die sich an der des Jaguar-Teilekatalogs orientiert. Und noch sicherer ist man, wenn man sich die Ersatzteilnummer über die besagten Unterlagen und anhand der Daten des eigenen Autos selbst heraussucht. Wenn das gelieferte Teil dann wider Erwarten doch nicht passt, stimmt etwas mit dem Auto nicht – oder der Verkäufer muss einen Fehler gemacht haben. Das ist zwar nicht wirklich hilfreich, wenn man deshalb nicht so weiterkommt, wie geplant, aber noch frustrierender ist es, wenn man selbst für solche Fehler verantwortlich ist. Ein Projekt wie die Vollrestaurierung eines E-Type ist an sich schon teuer genug und schwierig, da sollte man alles dafür tun, um es durch unnötige und teure Missverständnisse nicht noch weiter zu verkomplizieren.

**Zusammenfassung**

- Serie I, II oder III? Man sollte wissen, mit wem oder was man es zu tun hat, auch wenn freilich jeder E-Type ein Unikat ist.

# 3.6 Montage der unteren Querlenker

Die nächste Aufgabe wartet: Die Querlenker müssen montiert werden. Diese sind mit einer ganzen Menge an Anlaufscheiben, Distanzhülsen und Dichtringen in den Haltern am Differenzial montiert. Zur Erinnerung sei nochmal erwähnt, dass ich mich beim Zerlegen der Hinterachse auf mein Handbuch verlassen habe, in dem stand, man solle sich um dieses Kleinzeug nicht weiter kümmern, es würde ohnehin komplett durch Neuteile ersetzt. Nachdem meine Garage nach der Demontage der gesamten Mechanik des Jaguar eine gründliche Reinigung vertragen konnte, bot es sich an, neben Schmutz und dreckigen Lappen auch gleich diesen – vermeintlich – nicht mehr benötigten Schrott zu entsorgen.

Meine Querlenker waren mittlerweile wunderschön schwarz pulverbeschichtet und warteten auf ihren Einbau. Bei der Beschaffung der besagten Kleinteile wurde ich dann darauf hingewiesen, dass man diese unbesorgt hätte wiederverwenden können – bei Stückpreisen von bis zu 20 Euro sollte man sich also gut überlegen, was man wegwirft. Die einzigen Teile, die man wirklich immer erneuern sollte, sind die Nadellager in den Gabelenden zum Differenzial und sämtliche Dichtringe aus Gummi.

Abgesehen von der teuren Neubeschaffung der Teile, sah ich mich mal wieder mit dem Problem konfrontiert, nicht jeden Schritt der Demontage fotografiert zu haben. Diese Tatsache erschwerte den Zusammenbau ungemein. Ein paar der Buchsen in der Hinterachse hatte ich, wie ich später feststellte, auch zum Vernickeln gegeben – ohne dass mir klar war, was das überhaupt für Teile waren.

**3.6-1** *Die beiden Querlenker und die benötigten Kleinteile, um sie am Differenzial zu befestigen. Die Nadellager in den gabelförmigen Aufnahmen sind bereits montiert und werden mit Küchenpapier gegen Schmutz geschützt. Im unteren Teil des Bildes ist eine der beiden inneren Querlenkerachsen mit der dazugehörigen Distanzhülse zu sehen.*

Mit viel Grübeln und Studium der Werkstattunterlagen konnte ich die Lagerung der Querlenker in den Haltern am Differenzial rekonstruieren: In die Augen der Differenzial-seitigen Aufnahmen werden je zwei neuen

3.6-2 Nadellager und Führungshülse stecken in den Augen des Querlenkers und werden mit diversen Scheiben und Dichtringen versehen.

Nadellager gesteckt, in die wiederum eine Buchse kommt. In dieser Buchse ruht dann die Querlenkerachse. Nach außen und nach innen wird diese Lagerung durch zwei flache Anlaufscheiben und einen dazwischenliegenden Dichtring abgedichtet. Die weiteren Scheiben mit kleinerem Innendurchmesser dienen in erster Linie dem Zweck, den Querlenker mittig in seinem Halter zu platzieren und spielfrei zu führen. Das Ganze liest sich vielleicht gar nicht so kompliziert, aber selbst dick in Schmierfett verpackt, was die Einzelteile zusammenhält, ist es eine ziemliche Fummelei, die Achsen durch die Halter und die versammelten Lagerteile sowie durch die Querlenker selbst und die darin sitzenden Distanzhülsen zu bugsieren. In Bild 3.6-3 kann man das fertig montierte Ensemble erkennen.

Stolz kann ich übrigens berichten, dass mir ein Fehler nicht unterlief: Ich baute die Querlenker richtig herum ein. Keines meiner Handbücher warnte davor, aber es ist problemlos möglich, diese Teile falsch einzubauen – darum der Hinweis: Darauf achten, dass die Halterungen für die Schubstreben nach vorne zeigen – in Richtung des Motors! Die Montage der Lagerung am Differenzial ist also durchaus nicht ohne Tücken …

Wie gesagt: Dieser Fehler unterlief mir nicht. Aber trotzdem würde ich an dieser Stelle auf ein Buch hinweisen, das jeder, der sich für Technik interessiert und auch selber schraubt, gelesen haben sollte: „Zen und die Kunst, ein Motorrad zu warten“ von Robert M. Pirsig. Das Buch beginnt eigentlich als Reisebericht – ein Computerfachmann und sein Sohn durchqueren die USA von Minnesota nach Westen, an den Pazifik. Die Geschichte wandelt sich mit der Zeit in eine anspruchsvolle philosophische Betrachtung des Lebens selbst, aber als Mechaniker zog ich aus der Lektüre vor allem eine Weisheit, die ich seitdem wie ein Mantra vor mir her trage. Wenn ich schraube und irgendetwas falsch zusammen baue, ein Teil vergesse oder falsch herum montiere: Ich ärgere mich nicht, sondern ich betrachte es als Lehre. Ich baue alles noch einmal auseinander und dann wieder zusammen. Zum einen bin ich dabei schneller – ich habe ja nun Erfahrung. Und zum anderen verstehe ich jetzt garantiert, welchen Sinn eine spezielle Konstruktion hat und wie sie funktioniert. Diese Einstellung macht das Leben deutlich leichter, vor allem in Situationen, in denen ich früher geflucht hätte: „Oh Mann, jetzt darf ich wieder alles zerlegen!“.

Nun, da meine Querlenker richtig herum saßen, konnte ich mich auch an die Montage der Schubstreben ma-

So präsentieren sich die fertig an ihren Haltern am Differenzial montierten Querlenker. 3.6-3

3.6-4 Eine E-Type-Hinterachse, die auf den Kopf gestellt wurde. Die Buchsen vorne in den Schubstreben sind hier in ihrer „Komfort-Stellung“ montiert.

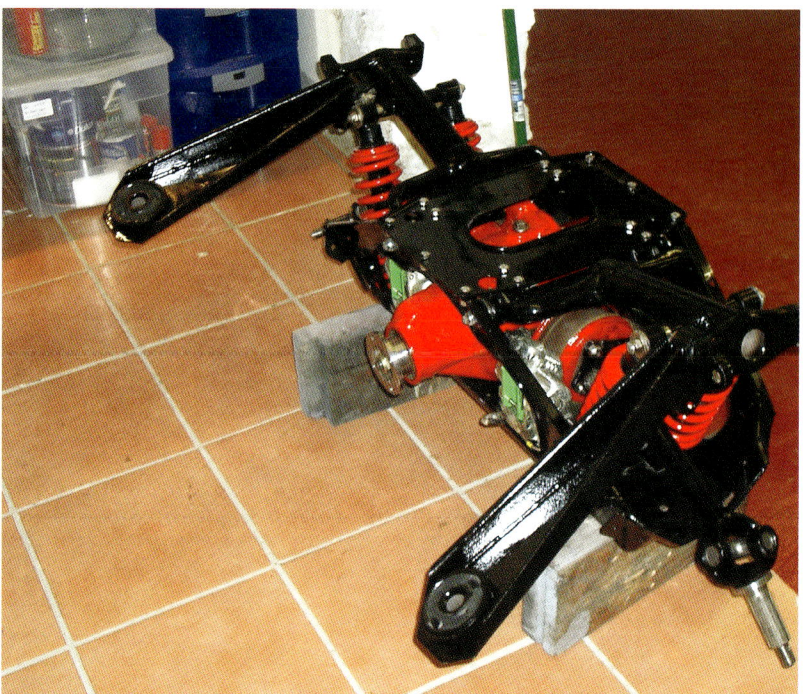

chen. Selbstverständlich wurden alle vier Silentblöcke vorher durch neue ersetzt, obwohl die alten eigentlich noch gut gewesen waren – ich hatte sie schon einmal erneuert, kurz bevor ich den Wagen stilllegte, aber wie wir mittlerweile wissen, waren sie nicht die Ursache für das damalige miserable Fahrverhalten. Die großen Buchsen an den vorderen Enden der Schubstreben weisen neben der großen, mittigen Öffnung zwei kleinere ovale Bohrungen auf und lassen sich in zweierlei Stellung einbauen. Liegen die Ovale in Längsrichtung, also parallel zur Längsachse des Autos, wie im Bild 3.6-4 zu sehen, können sie etwas mehr nachgeben und bieten mehr Komfort. Jaguar empfahl diese Einbaulage, und da ich mein Auto ebenfalls etwas „weicher“ abstimmen wollte – schließlich freute ich mich auf hoffentlich viele entspannte Touren durch ganz Europa –, folgte ich dieser Empfehlung. Baut man diese Gummis hingegen um 90 Grad verdreht quer ein, geben sie weniger nach und das Auto wird straffer; Sportfahrer wählen daher gerne diese Art des Einbaus.

3.6-5 In jedem inneren Auge der Querlenker stecken zwei dieser kleinen Nadellager. Vor dem Einpressen die Bohrung im Querlenker gründlich reinigen!

### Zusammenfassung

- Man wirft NICHTS weg, bevor das Auto nicht wieder auf der Straße unterwegs ist. Und am besten auch nicht danach – Muster kann man immer brauchen.
- Fahrwerksteile beschichten sorgt für bessere Optik. Lagerflächen sollte man allerdings besser blank lassen.
- Zerlegt ist etwas ganz schnell. Lieber langsam vorgehen, und immer wieder: Fotos, Fotos, Fotos.

## 3.7 Die Radlagergehäuse

Die Aufmerksamkeit galt nun diesen beiden Alugussteilen, die häufig auch als Nabenträger bezeichnet werden. Deren Überholung hatte ich schon geraume Zeit mit einiger Nervosität entgegengefiebert – Erfahrungsberichte über positiver und negativer Lagerluft beunruhigten mich allerdings. Aber um was handelt es sich dabei und wo bekommt man es her, und wo kommt es eigentlich hin? Letztendlich ist die Angelegenheit gar nicht so geheimnisvoll, bei dem Einbau und den nötigen Messungen zuvor ist aber Präzision erforderlich.

Kurz gesagt gibt es in den Radlagergehäusen zwei Lagerstellen: eine für die Verbindung mit den Querlenkern und natürlich das eigentliche Radlager, das auch für die Führung der Antriebswelle sorgt. Die erste Lagerstelle benötigt „positive Lagerluft", was nichts anderes bedeutet, als dass diese Lager mit etwas Spiel montiert werden müssen. Die Radlager dagegen erfordern eine gewisse Vorspannung, sie müssen bei der Montage gewissermaßen etwas „klemmen" – „negative Lagerluft" eben. Eingestellt werden beide mit Fühlerlehren und Messschieber sowie mit einer Menge Einstellscheiben.

Um die Radlagergehäuse richtig sauber zu bekommen, sollte man sich Zeit nehmen – Fett innen sowie Schmutz und Ölkrusten außen können sehr hartnäckig sein. Die äußeren Laufringe der Radlager sitzen bombenfest im Gehäuse, und man sollte sich hüten, diese mit Gewalt herauszutreiben. Das Mittel der Wahl ist Wärme. Leider hat man nun nicht immer einen leistungsfähigen Gasbrenner zur Hand oder gar einen alten Backofen in der Garage stehen. Die einzige Alternative steht in der Küche, und Bild 3.7-1 macht deutlich, dass man für diese Art der Zubereitung vielleicht besser einen Zeitpunkt abwartet, zu dem ein ganz bestimmtes Familienmitglied außer Haus ist. Im Kochbuch steht: „Gasherd Stufe 6, Elektro 240 Grad Celsius. Umluft 220. Nach 10 Minuten herausnehmen. Vorsicht: heiß!"

Da sich der Lagersitz aus Aluminium bei dieser Behandlung stärker ausdehnt als der Laufring aus Stahl, fällt letzterer meistens schon bei leichtem Schütteln des Gehäuses heraus.

Den Lagerkäfig auf den Stummeln der Achsträger konnte ich mit meinen Mitteln nicht demontieren, daher brachte ich sie mit den Lagergehäusen in eine Fachwerkstatt, wo man die alten Lager abzog und auch die neuen Lagerschalen in die Gehäuse presste. Wieder zuhause, wollte ich mit meinem Digital-Messschieber an die Einstellung des korrekten Lagerspiels gehen. Dazu misst man, um welche Distanz sich das Radlagergehäuse anheben lässt, wenn die Antriebswelle von der Innenseite und Radträger von außen fest miteinander verschraubt im Radlager vorläufig montiert sind. Je nachdem, wie groß dieses Spiel ist, werden nach

**3.7-1** Links: Backwerk der besonderen Art: Gleichmäßiges Erwärmen hilft bei der Demontage des – vorher gründlich gereinigten (!) – Jaguar-Radlagergehäuses.

Radlagergehäuse und neues Radlager in seinen Einzelteilen: Der Lagerkäfig auf dem Achsstummel des Radträgers ist noch nicht demontiert. **3.7-3**

Wenig aussagekräftige Messungen des Radlagerspiels. **3.7-2**

erneuter Demontage der Antriebswelle Einstellscheiben hinzugefügt – es gibt sie in verschiedenen Stärken von 0,11 bis 0,15 Zoll – etwa 2,8 bis 3,8 Millimeter. Abgestuft in Schritten von jeweils 2/1000 Zoll – das sind 0,05 Millimeter, und damit ist eigentlich klar, dass man mit einem handelsüblichen Messschieber nicht hinreichend ausgerüstet ist. Für eine präzise Einstellung müsste die Einheit aus Radlagergehäuse und vormontierter Antriebswelle in einem stabilen Messprüfstand eingespannt werden, nur dann kann man mit einer Messuhr überprüfen, wie viel Spiel zwischen Lager und Welle vorliegt.

Der Tiefentaster meines Messschiebers jedenfalls erwies sich als wenig geeignet – so oft ich die Messung wiederholte, ergab sie ein anderes Ergebnis als zuvor. Und als ich letztlich zu einem abschließenden Messergebnis gekommen war, stellte sich heraus, dass Antriebswelle und Radträger mit einem zu hohen Drehmoment verschraubt worden waren – das Lagerspiel hätte ich also ohnehin nicht korrekt einstellen können. Also zurück in die Werkstatt und alles auf Anfang – man bekommt Antriebswelle und Radträger nämlich nur mit einem speziellen Abzieher wieder auseinander, und den besaß ich nicht.

Auch im zweiten Anlauf stellten mich die Messergebnisse nicht wirklich zufrieden, aber ich vertagte die Sache dann einfach. Endgültig einstellen konnte man das Radlager – ebenso wie Vorspur und Sturz – ohnehin erst, wenn die Achse wieder am Auto war und die Räder montiert waren. Vor dieser Aufgabe hatte ich jetzt schon großen Respekt, schließlich hatte ich gehört, dass man sich einige Probleme einhandeln kann, wenn man die Einheit aus Differenzial, Bremsen und Aufhängung an einer anderen als der ursprünglichen Karosserie anbringt. Doch dazu später.

Die richtige Vorspannung an den Lagern zu den Querlenkern ist einfacher zu erreichen: Zuerst wird das Radlagergehäuse am Querlenker montiert – mit den Kegelrollenlagern, den Dichtringen aus Filz und deren Halteringen, aber noch ohne äußere Einstellscheiben. Bereits im Werk kamen Ausgleichsscheiben unter die Kegelrollenlager – diese übernimmt man am besten erst einmal so, wie man sie vorgefunden hat. Dann wird die Verbindungsachse mit dem vorgesehenen Drehmoment verschraubt. Das Gehäuse dann an einer Seite mit einem stabilen Hebel fest gegen die Halterung im Querlenker pressen und mit einer Fühlerlehre den Spalt auf der anderen Seite messen. Den gemessenen Wert teilt man durch zwei und erhält die Mindeststärke der Ausgleichsscheiben, die man zusätzlich zwischen den Kegelrollenlagern und der darüberliegenden Anlaufscheibe hinzufügt – immer an beiden Seiten, um das Gehäuse möglichst mittig im Querlenker zu führen.

Anschließend montierte ich Antriebswellen und Radträger final im Radlagergehäuse und verschraubte dieses anschließend im Querlenker. Eine Kleinigkeit erlaubte ich mir zu verbessern: Serienmäßig weisen die Radlagergehäuse in der Mitte der Durchführung der Achse eine Entlüftungsbohrung auf. Ich hörte mich um, ob es für deren Existenz eine Erklärung gebe – fand aber keine. Meine Lösung: je eine kleine Blechschraube hineingedreht und den Schraubenkopf mit dem Meißel abgeschlagen – fertig! Abschließend setzte ich die Schmiernippel in der Mitte wieder ein. Diese bringen allerdings nur wenig: Egal, wie fest man presst – an den Kegellagern kommt nur wenig Fett an, und aus heutiger Sicht muss man ohnehin sagen, dass diese Lagerung unnötig aufwändig ausgeführt wurde – einfache Buchsen hätten es wahrscheinlich auch getan. Vermutlich versprach man sich davon eine Möglichkeit, die Lager bei Verschleiß nachstellen zu können, aber da sich die Lager in ihren Sitzen nur um wenige Grad drehen, arbeiten sich die Walzen in die Laufkäfige ein, und dagegen hilft auch das Nachstellen am axialen Lagerspiel nichts.

**3.7-4** *Die Einzelteile eines Lagers zwischen Querlenker und Radlagergehäuse – links vom Filzring eine Einstellscheibe.*

**3.7-5** *Die Achse in Querlenker und Radlagergehäuse mit vormontierten Distanzhülsen und alten Filz-Dichtringen*

Mit dem Anbringen der etwas merkwürdig aussehenden Abdeckungen über den äußeren Kreuzgelenken war meine Hinterachse soweit, wieder ans Auto angebaut zu werden.

Ein paar Worte zur Oberflächenbearbeitung von Fahrwerks- und Antriebsteilen, wie sie hier zum Einsatz kom-

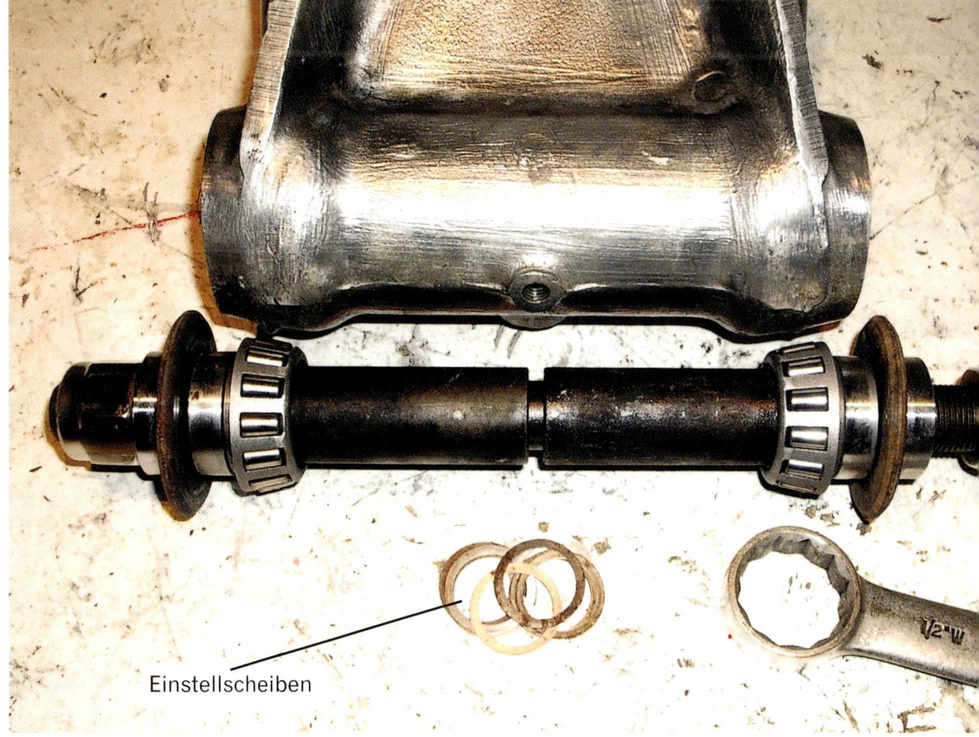

**3.7-6** *Messen der Spalte zwischen Querlenker und Radlagergehäuse, anschließend wird das Gehäuse durch Beifügen von Einstellscheiben mittig ausgerichtet und die Achse verschraubt.*

men: Ich hatte mich ganz am Anfang schon entschieden, sämtliche geeigneten Teile entweder verzinken oder pulverbeschichten zu lassen – oder, wo es möglich und zulässig ist, Edelstahlteile einzusetzen. Bei Oberflächen, die infolge von Rost oder auch Steinschlag starke Vernarbungen aufweisen, ist das Resultat leider nicht immer befriedigend – solche Schäden sind auch hinterher noch gut zu erkennen. Bei Bauteilen, die man in eingebautem Zustand nicht mehr sieht, kann man damit vielleicht leben – ein Beispiel dafür sind die Abdeckungen der äußeren Kreuzgelenke, die bei meinem E-Type stark verrostet waren. Bei diesen Teilen ging es mir in erster Linie darum, dass sie nicht erneut rosten sollten; mit ihrer unebenen Oberfläche nach dem Pulverbeschichten konnte ich mich abfinden. Bei gut sichtbaren Bauteilen sollte man besser auf Ersatz zurückgreifen, denn wirklich schön ist eine pockennarbige Oberfläche auch dann nicht, wenn sie glänzend lackiert oder beschichtet wurde. Ein Beispiel dafür wäre der Hinterachshilfsrahmen meines Autos, wie man in Bild 3.3-1 erkennen kann. Bei Schrauben, vor allem an hochbelasteten Verbindungen, sollte man vom Vernickeln ebenso absehen wie vom Verchromen oder jeder anderen Beschichtung – die Maßhaltigkeit der Schraubenköpfe ist bei keiner dieser Behandlungen zu gewährleisten.

## Zusammenfassung

- Es gibt positive und negative Lagerluft – beides wird in Tausendstel Millimetern gemessen.
- Ein ordinärer Messschieber ist dafür nicht geeignet – man benötigt eine Präzisionsmessuhr.
- Das Radlagerspiel beim E-Type ist eine Sache für sich – am einfachsten arbeitet man nach dem Prinzip von Trial und Error.
- Wichtige Maße immer mehrmals abnehmen – dabei aber nicht das Messwerkzeug verwechseln!

# 3.8 Einbau der Hinterachseinheit

**3.8-1** *Die Hinterachseinheit fertig zum Einbau ins Auto: Rechts im Bild das zentrale Entlüftungsventil für beide Bremssättel.*

Die Achse meines E-Type war soweit – sie konnte an die Karosserie zurückkehren! Ein paar Kleinigkeiten waren noch zu erledigen, zum Beispiel musste die Abdeckung unter dem Differenzial angebracht werden. Mit etwas gutem Zureden waren alle Bohrungen von Deckel und Hilfsrahmen in Flucht zu bringen, dann war sie schnell befestigt – mit Edelstahlschrauben und -muttern und wie ich hoffte, für sehr lange Zeit. Die Betätigung der Handbremse war schon ein größeres Vorhaben: Ich hatte die ganze Anlage komplett demontiert und in Einzelteilen zum Verzinken gegeben, und nun hatte ich natürlich keine Ahnung mehr, wie ich das zusammensetzten musste. Mittlerweile hatte ich ja einige Kontakte zu echten E-Type-Spezialisten, und nach einem schnellen Besuch bei einem solchen – selbstverständlich nur noch mit einer Digitalkamera bewaffnet – war der Anbau kein Problem mehr. Wiederum mit Edelstahlschrauben, zu oft hatte ich bei der Demontage verrostete Schraubverbindungen aufmeißeln müssen. Den Handbremshebel hatte ich ebenfalls neu verzinken lassen und auch schon im Auto montiert – ebenso wie das Handbremsseil, sodass ich die Handbremse nun einsatzbereit hatte und das Auto beim Rangieren mit ihr anhalten konnte.

Der Einbau der Bremsleitungen gestaltete sich an und für sich nicht schwierig, allerdings hatte ich wieder das Problem, dass mein Biegewerkzeug für enge Radien offenbar nicht geeignet war. Vielleicht hatte ich aber auch nur nicht wirklich verstanden, wie man das Ding gebraucht. Es gibt am E-Type ein paar enge Radien, und leider liegen meine wunderbaren neuen KuNiFer-Bremsleitungen nicht überall optimal an. Wo sie überhaupt zu liegen haben, darüber scheint es unter Jaguar-Kennern keine echte Einigkeit zu geben, und so verlegte ich die Leitungen an meinem Auto so, wie ich es für das Beste hielt, wobei ich auf Freigängigkeit und Scheuerschutz größten Wert legte. An den Bremssätteln hatte ich zusätzliche Leitungen angebracht, über die man beide Sättel über ein gemeinsames Ventil zugleich entlüften kann, zudem kommt man von unten in eingebautem Zustand im Hilfsrahmen besser an dieses Entlüftungsventil heran. Das scheint eine recht verbreitete Maßnahme zu sein, und sie sollte funktionieren – ausprobiert habe ich es noch nicht. Überhaupt: Die Formulierung „sollte funktionieren“ ist eine überaus wichtige Hintertür bei jeder Art von handwerklicher Maßnahme, an die ich mich heranwage – sei es bei meinem Jaguar oder auch bei Reparaturen im Haushalt, und ganz besonders, wenn meine Frau dabei zusieht!

Was nun folgte, war der Abschluss des zweiten großen Abschnitts nach der Karosserie, und mit dem Einbau der Hinterachse ins Auto war es auch der erste große Schritt zurück in Richtung eines fahrtüchtigen Autos. Mein unverwüstlicher Nachbar Chris erklärte sich zur Assistenz bereit – ich wollte lieber nicht ausprobieren, ob ich das alleine bewerkstelligen könnte. Besser gesagt: Ich bin ziemlich sicher, alleine hätte ich es nicht geschafft.

Wir bockten die Karosserie auf Unterstellböcken auf, so hoch es nur ging und setzten den kompletten Hinterachsträger auf einen Rangierwagenheber. Damit konnten wir die Einheit unter dem Auto exakt in Position bringen und dann vorsichtig anheben – immer mit ausreichend Brettern und Holzbohlen unterstützt, um zu verhindern, dass die Kostbarkeit zu Boden fällt. Gerade noch rechtzeitig fiel mir ein, dass man die Benzinleitung durch den Querträger im Wagenboden hindurchführen könnte, bevor die Achse an Ort und Stelle ist – danach dürfte das eine ziemlich üble Fummelei sein.

Wir hatten beschlossen, die Silentblöcke zuerst am Chassis anzubringen, deren Verschraubung aber noch nicht ganz festzuziehen. Obwohl das Chassis ja ein anderes war als das, aus dem die Achse stammte, mussten dieselben Distanzplatten ebenfalls wieder mit eingebaut werden. Dieses Vorgehen erwies sich als richtig – mit etwas Hin- und Herbewegen des Rangierhebers und unter vorsichtigem Einsatz eines Brecheisens ließ sich der Hilfsrahmen relativ problemlos an die Silentlager anschrauben. Dieses Brecheisen war später dann nochmals von großen Nutzen, denn als wir alle Schrauben fest angezogen hatten, zum Teil mit einem speziell zurechtgebogenen Ringschlüssel, ließ dieser sich von der letzten Mutter nicht mehr abziehen. Die Silentblöcke geben aber etwas nach, und durch gezieltes Ansetzen des Brecheisens und etwas sanfte Gewalt bekamen wir den festklemmenden Schlüssel wieder frei.

*Mit einem Rangierwagenheber wird die Hinterachse vorsichtig unter das Auto geschoben und in der richtigen Stellung angehoben – immer großzügig umgeben von einem Stapel Holzklötzen für den Fall des „Falles“. Die so genannten „V-Mounts“, also die Silentblöcke zwischen Chassis und Achsträger, sind bereits lose montiert.*

**3.8-3** *Nur zwei Räder – und schon sieht das ganze wieder etwas mehr nach Auto aus.*

Die Handbücher empfehlen, die oberen Bolzen, mit denen die Stoßdämpfer im Hilfsrahmen befestigt werden, von innen nach außen einzuschieben. In der Mitte ist genügend Platz im Hilfsrahmen, sodass man sie auch bei eingebauter Achse herausziehen kann. Montiert man sie von außen nach innen, kommt man zwar hervorragend an die Muttern heran, die Bolzen lassen sich aber nicht mehr herausziehen, weil sie an den Chassis-Längsträger stoßen. Die Dämpfer lassen sich dann nur austauschen, nachdem man den gesamten Hinterachsträger wieder vom Auto abgenommen hat. Ich entschied mich für den einfacheren Weg – meine Stoßdämpferschrauben tragen ihre Muttern folglich nach innen!

Die Schubstreben mit ihren Aufnahmen am Fahrzeugunterboden zu verbinden, erschien uns zunächst als unmöglich – zu groß war der Abstand. Wir kamen aber schnell drauf, woran das lag: Wir setzten den Wagenheber unter dem Radlagergehäuse an und pumpten ihn hoch; die Radaufhängung federte dabei ein, Buchsen und Cups fanden zueinander.

Wie schon erwähnt, verband ich das Handbremsseil mit den Betätigungshebeln und stellte die Handbremse so ein, dass sie vernünftig zog – ob das schon die ideale Einstellung war, würde ich erst bei einer Probefahrt feststellen können. Als Abschluss wurde noch der Querstabilisator angebracht, allerdings vorläufig und nur lose verschraubt. Zieht man dessen Befestigungen mit Gewalt fest, solange die Achse entlastet ist, ruiniert man schnell die Gummibuchsen in den Koppelstangen zwischen Stabilisator und Querlenker.

Fertig – vorerst! Langsam nahm mein E-Type wieder Gestalt an; zwei Räder waren zumindest schon wieder montiert.

## Zusammenfassung

- Vorsicht: Die Hinterachse des E-Type ist unglaublich schwer!
- Nicht vergessen, zuerst die Benzinleitung zu verlegen!
- Ein geschickter Helfer mit Mechaniker-Kenntnissen ist unbezahlbar!
- Geduld ist eine Tugend – besonders bei der Montage der Hinterachse!
- Den Stabilisator erst dann endgültig festschrauben, wenn das Fahrzeug wieder mit allen Rädern auf dem Boden steht.

# 4.1 Die Wahrheit über den Motor

Man kennt das – manchmal im Leben hat man den Eindruck: Jetzt hat man endlich alles im Griff, das Schwierigste liegt hinter einem, ab jetzt läuft es. So fühlte ich mich, nachdem der Projektabschnitt mit der Hinterachse fertig war. Ab jetzt würde alles ganz gemütlich seinen Weg gehen, echte Probleme erwartete ich keine mehr.

Und dann sah ich mir meinen Motor genauer an. Und lernte schnell, dass für den Motor dasselbe galt wie für das ganze Auto: Er war nicht mehr der Jüngste, mit eine Menge Kilometern auf dem Buckel und wurde vermutlich nie besonders pfleglich behandelt. Und dann wurde er nicht, wie das klug gewesen wäre, von Grund auf überholt, sondern es wurde an ihm dilettantisch herumgeflickt und das Ganze als „Restaurierung“ verkauft.

Als ich das Auto kaufte, war mir ja bereits aufgefallen, dass der Motor recht stark Öl verlor. Etwas naiv nahm ich aber an, dass so eine Undichtigkeit keine große Sache sein dürfte – der Motor lief ja ansonsten ordentlich. Welche schwerwiegenden Schäden hinter einem solchen Symptom lauern können, sollte ich alsbald erfahren. Als ich beschloss, dieses vermeintlich kleine Problem zu beheben, fehlten mir gerade die wichtigsten Voraussetzungen, es selbst anzugreifen – unter anderem wegen des schon beschriebenen Umzugs. Allerdings hatte ich auch nicht die finanziellen Mittel, zu einem ausgewiesenen Spezialisten zu gehen, und so fuhr ich das Auto in die nächstgelegene Autowerkstatt. Dort nahm man den Zylinderkopf ab und stellte fest, dass dieser stark verzogen war – die Ursache für den Ölaustritt, damit hatte ich gerechnet. Allerdings fand man auch mehrere Risse im Block zwischen den Zylindern. Und das war eine ganz andere Geschichte, denn für eine Reparatur in diesem Bereich musste der Motor aus dem Auto heraus. Die kleine Zylinderkopf-Reparatur nahm also sofort eine ganz andere Dimension an als gedacht. Der Motor wurde ausgebaut und in seine Einzelteile zerlegt; anschließend wurde der Block beim Motorenbauer geschweißt und geplant, ebenso der Zylinderkopf.

Da die Spaltmaße der Hauptlager teilweise hart an der Toleranz lagen, wurde auch die Kurbelwelle auf das erste Untermaß geschliffen; schließlich würden wir die Welle so bald nicht wieder herausholen. Aus derselben Überlegung heraus wollte ich eigentlich auch die Zylinder auf das erste Übermaß schleifen lassen, wurde aber

**4.1-1** Links: Ein Motorblock während der Überholung – die Froststopfen und deren Haltebügel entsprechen nicht der Serie.

Mein E-Type in der Werkstatt – während der ersten, so genannten Motor-Überholung. **4.1-2**

belehrt, dies sei nicht notwendig, die Maße lägen noch innerhalb der Toleranz, und es sei ausreichend, neue Kolbenringe zu verwenden. Nur war es unmöglich, diese Ringe aufzutreiben, und so wanderte schließlich ein ganzer Satz neuer Kolben im Standardmaß samt zugehöriger Ringe in den Motor. Steuerketten, Ventile und Ventilführungen sowie sämtliche Lager wurden ebenfalls erneuert – es wäre falsch, an dieser Stelle zu sparen, wenn der Motor schon einmal ausgebaut ist. Alles wurde ordnungsgemäß wieder zusammengebaut, und derart repariert lief der Motor, nachdem er wieder im Auto saß, auch gut und war dicht. Er verbrauchte aber immer noch eine Unmenge Öl.

Nach dieser – nennen wir es so – Überholung war der Motor noch keine 5000 Kilometer gelaufen, als ich mich dazu entschloss, das Auto komplett zu restaurieren, und so war ich zuversichtlich, dass er in Ordnung sein müsste und nicht viel Aufmerksamkeit erfordern würde. Also öffnete ich den Motor, aber eigentlich nur, um mich zu vergewissern, dass wirklich alles in Ordnung sei. Das war es aber leider nicht.

Schon beim Abnehmen von Ventildeckel und Ölwanne stieß ich auf enorme Mengen dicken Ölschlamms, der sich überall im Motor abgelagert hatte – zum Teil mehr als einen halben Zentimeter dick. Das war kein gutes Zeichen, und noch weniger waren es die dicken Ölablagerungen auf den Kolbenböden, den Ventilen und den Ventilschäften. Der Motor war in einem katastrophalen Zustand, das wurde bei der weiteren Untersuchung immer deutlicher. Offensichtlich hatte man bei der oben beschriebenen Reparatur so geschlampt, dass man den Motor nicht einmal gründlich gereinigt hatte. Die Ölpumpe wies an ihrem Rotor tiefe Kerben auf, ganz offensichtlich hatte sie mal einen Fremdkörper angesaugt. Die Ölpumpe ist ein Präzisionsteil – diese war schrottreif, wie man unschwer auf Bild 4.1-4 erkennen kann. Aber nicht nur das, auch so gut wie alle anderen Teile im Motor waren betroffen, egal, ob sie alt waren oder ob sie während der – wie sich nun zeigte – alles andere als fachmännischen Motorrevision neu verbaut worden waren. Die Hauptlager waren bereits wieder über die Toleranzmaße hinaus verschlissen, und die Lagerzapfen der Kurbelwelle wiesen tiefe Riefen auf, in die sich der überall vorzufindende Ölschlamm ebenfalls schon eingearbeitet hatte.

Man konnte daran aber auch erkennen, dass Öl auch in die Brennräume gelaufen war und dort verbrannt wurde. Ich hatte mich ein paar Mal über blaue Wolken aus dem Auspuff gewundert, das aber einfach ignoriert. Der Motor war doch eben erst überholt worden. Warum sollte der Öl verbrennen? Bei der nun fälligen genaueren Inspektion stellte ich fest, dass die Kolben oben am Boden zwar rund waren und im Durchmesser innerhalb der Toleranzen lagen. Unten am Hemd waren sie aber unrund und die Spaltmaße waren zu groß. Dieses Mal mussten die Zylinder

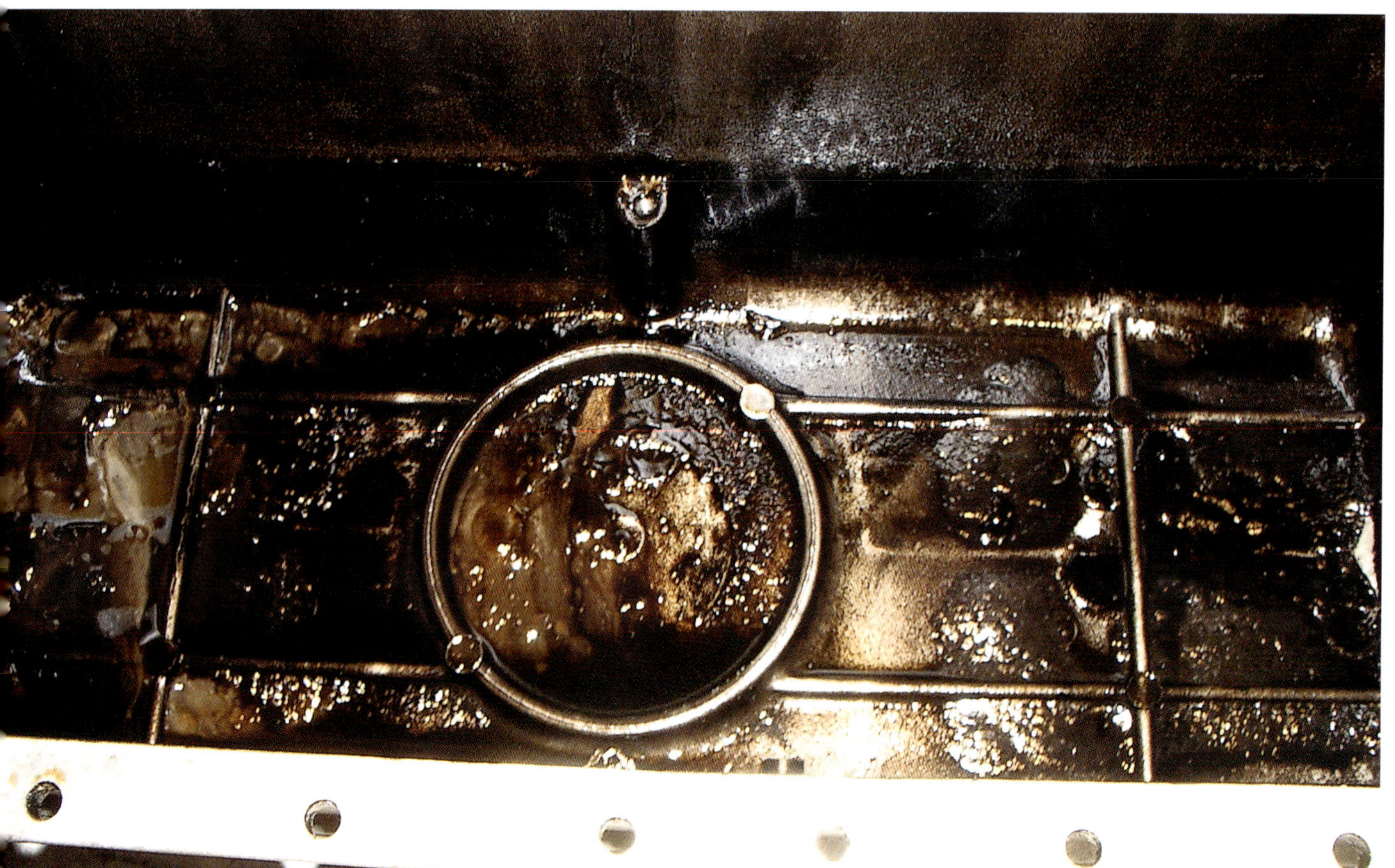

also definitiv auf das erste Übermaß geschliffen werden, und ein neuer Satz passender Kolben war ebenfalls fällig.

Doch nicht genug der „guten" Nachrichten. In vielen Jaguar-Handbüchern findet man den Hinweis: „Wenn das legendäre XK-Triebwerk eine Schwäche hat, dann ist es der Zylinderkopf." Unzureichende Wartung verträgt er nämlich gar nicht gut, und auch thermische Probleme setzen ihm gerne mal zu, sodass er sich verzieht. An meinem hatte man während der vorangegangenen Reparatur wohl etwas zu viel Material abgenommen, und überdies ja auch den Motorblock erheblich heruntergefräst, um die Dichtflächen wieder plan zu bekommen. Infolgedessen hatte sich natürlich auch die Kompression stark erhöht. Was bei richtiger Anwendung zu durchaus erwünschter Mehrleistung führt, sorgt so leider nur für Frühzündung und heiße Verbrennung – um es kurz zu machen: Auch der Zylinderkopf war ein Fall für den Schrott. Die einzigen Teile, die das Martyrium offenbar unbeschadet überstanden hatten, waren die Steuerketten; alles andere musste überholt oder ersetzt werden – auch das, was erst vor kurzem bereits überholt oder ersetzt worden war. Und neben der Ölpumpe benötigte ich ein weiteres kostenintensives „Kleinteil": den Zylinderkopf. Verheerender konnte meine Wunschvorstellung von einem schnellen Abhaken des Themas „Motor" kaum enden. Wer für dieses Desaster verantwortlich war? Die Werkstatt, in der ich damals gewesen war, hatte ja ganz eindeutig nicht ordentlich gearbeitet. Auf der anderen Seite: Irgendwie hatte ich es mit dem Auto über die MOT-Prüfung geschafft, und in meinen Augen stand nur der heftige Ölverlust meinem Traum vom Jaguar-Fahren im Wege. Ich selbst konnte mich damit nicht befassen, und die Werkstatt hatte letztlich das getan, was ich von ihr gewollt hatte – sie hatte den Motor schnell wieder dicht und ans Laufen bekommen, und das, ohne mich finanziell zu ruinieren.

Heute weiß ich: Es wäre das Richtige gewesen, sofort zu einem Spezialisten zu gehen. Dieser wäre die Revision des Motors gleich richtig angegangen – mit den entsprechenden Kosten, die ich damals aber scheute. Die Lehre, die man daraus ziehen sollte: Ein Jaguar ist einfach ein sehr kostspieliges Vergnügen, und dasselbe gilt für seinen Unterhalt. Irgendwelche halbherzigen vermeintlich preisgünstigen Maßnahmen sind nicht zielführend – im Gegenteil, sie machen es meistens noch schlimmer, und aus der Abkürzung wird ein Umweg. Wenn man etwas am E-Type machen will, muss man es gleich richtig machen – dafür aber auch nur einmal. Neue Teile in ein altes Triebwerk einzubauen, das ist nicht das, was man unter einer Überholung versteht – sie passen sich bestenfalls dem schlechten Gesamtzustand ihrer Umgebung an und verschleißen innerhalb kürzester Zeit.

**4.1-3** *Wenn man so etwas in der Ölwanne vorfindet, sollte man sich auf Schlimmeres vorbereiten.*

**4.1-4** *Der Ölpumpenrotor wurde durch einen Fremdkörper schwer beschädigt.*

## Zusammenfassung

- Der E-Type geht ins Geld, egal wie alt oder wie neu er ist.
- Neuteile in einem verschlissenen Motor bringen gar nichts.
- Egal, wie schlimm es kommt: Für den Charakter ist es von Vorteil.

*Zylinderkopf und Kolben – eigentlich war geplant, sie wieder einbauen zu können.* 

# 4.2 Überholung von Motorblock und Kurbeltrieb

Auch wenn der Schock groß war – es galt keine Zeit zu verlieren und so schnell wie möglich mit der Überholung des Motors anzufangen – wie gesagt: diesmal richtig. Der Motorblock musste zum Motorenbauer, wo die Zylinder auf das zweite Übermaß gebohrt wurden – 2/1000 Zoll oder 0,508 mm, Kolben für das erste Übermaß von 1/1000 Zoll waren einfach nicht aufzutreiben. Die Kurbelwelle musste erneut geschliffen werden, bei dieser Gelegenheit ließ ich auch gleich die Schwungscheibe erleichtern und zusammen mit der Kurbelwelle feinwuchten. Diese nicht ganz billige Aktion versprach einen ruhigeren und zugleich agileren Motorlauf. Die Schraubstopfen in den Pleuelzapfen ließ ich erneuern – die Zapfen sind hohl und waren natürlich randvoll mit Ölschlamm, der gründlich ausgewaschen werden musste. Auch die Ölbohrungen in den Kurbelwellenzapfen waren völlig verstopft; ich reinigte sie gründlich, so dass wieder zuverlässig Öl an die Hauptlager gelangen konnte. Übrigens: Während eines Neuaufbaus wie diesem verwendet man niemals normales Motoröl, sondern ein spezielles Montageöl, das beim ersten Starten eines überholten Motors dafür sorgt, dass alle bewegten Teile ausreichend geschmiert sind, auch wenn der Öldruck sich nicht sofort ausreichend aufbauen sollte.

4.2-1 *Die überholte Kurbelwelle liegt in der Lagergasse; die Dichtstopfen in den Pleuelzapfen sind mit Dichtmittel montiert und mit Körnerschlägen gegen Herausfallen gesichert.*

Ich entschied mich auch, eine in Jaguar-Kreisen angeblich recht verbreitete Änderung vorzunehmen und die einfache Schnurdichtung hinten an der Kurbelwelle durch einen Simmerring zu ersetzen. Mir wurde zwar gesagt, dass man die Kurbelwelle an dieser Stelle unumkehrbar nachbearbeiten

**4.2-2** Links: Der neue Gummidichtring hinten auf der Kurbelwelle – und ein unverzichtbares Hilfsmittel: Sekundenkleber.

**4.2-3** Neue Kolben im zweiten Übermaß, Ringe und Pleuel bereits montiert – alles fertig für den Einbau.

lassen muss, aber ich hielt diesen Preis für vertretbar angesichts der Aussicht, diese beim XK-Motor grundsätzlich kritische Lagerstelle dicht zu bekommen. Was ich nicht wusste: Trotz der Bearbeitung der Kurbelwelle bleibt der Schwungradflansch ein unüberwindliches Hindernis für den Simmerring. Dieser ist deswegen geteilt und muss, wenn er an Ort und Stelle sitzt, verklebt werden – mit ganz normalem Sekundenkleber! Wenn man es genau nimmt, handelt es sich also gar nicht um einen echten Wellendichtring, und mit einem Mal war ich mir gar nicht mehr so sicher, ob das gegenüber der Dichtschnur tatsächlich so ein Vorteil wäre. Ab da sah ich dem Zeitpunkt, da der Motor das erste Mal wieder laufen sollte, mit erheblich größerer Anspannung entgegen. Das Problem ist: Ob diese Klebestelle hält oder nicht, lässt sich leider erst feststellen, wenn der Motor läuft – tut sie es nicht, tritt mehr Öl aus als je zuvor. Und wenn man keinen Motorenprüfstand hat, bedeutet das in der Regel: Der Motor sitzt samt Getriebe wieder im Auto. Heute, nach gut 5000 Kilometern mit Sekundenkleber an einer so entscheidenden Stelle des Motors, scheint alles zu halten, und meine Erleichterung darüber ist groß!

Die Pleuel wog ich und stellte fest, dass sie gewichtsmäßig alle fast identisch ausfielen. Ich hatte vorgehabt, außen an ihren Lagerdeckeln Material abzunehmen, aber das erwies sich nun als unnötig. Der Motorblock kam zurück und wurde einer gründlichen Reinigung unterzogen – ein bisschen war ich erstaunt, dass man Schleifstaub und Späne nicht schon beim Motorenbauer entfernt hatte, aber andererseits muss der Block ohnehin auf das penibelste ausgewaschen werden, bevor es an den Zusammenbau geht.

Bevor die Kolben in die Zylinder zurückkehren konnten, musste ich den Ringspalt ausmessen; dazu steckt

**4.2-4** Ermittlung des Spaltmaßes in den Kolbenringen mit einer normalen Fühlerlehre.

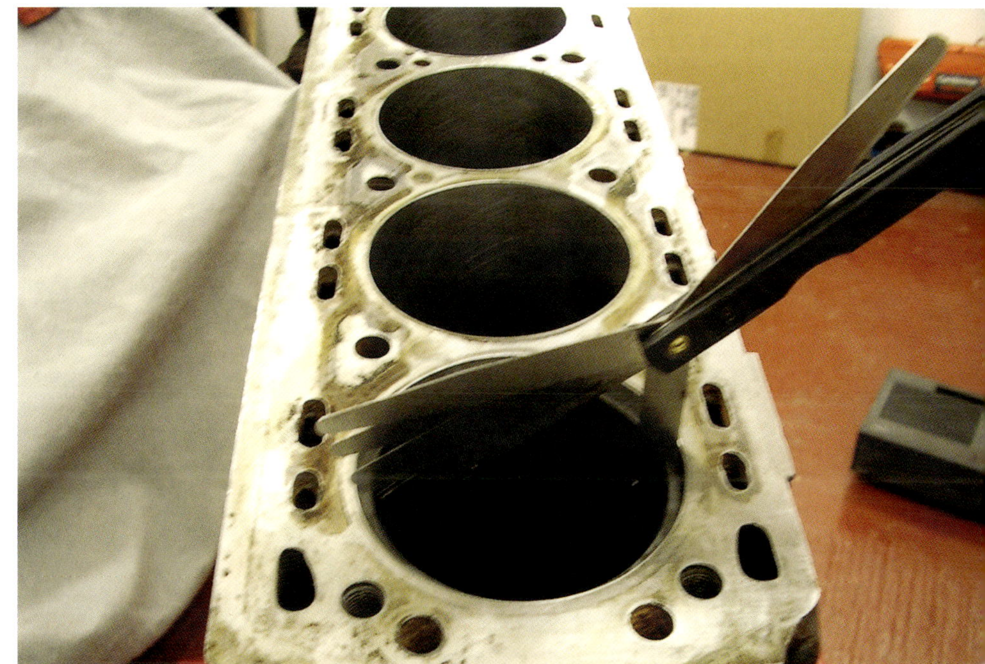

**4.2-5** *Die alten Hauptlager: Völlig verschlissen nach nicht einmal 5000 Kilometern Laufleistung.*

**4.2-6** *Der Motorblock fertig vormontiert, nur noch die Ölwanne fehlt.*

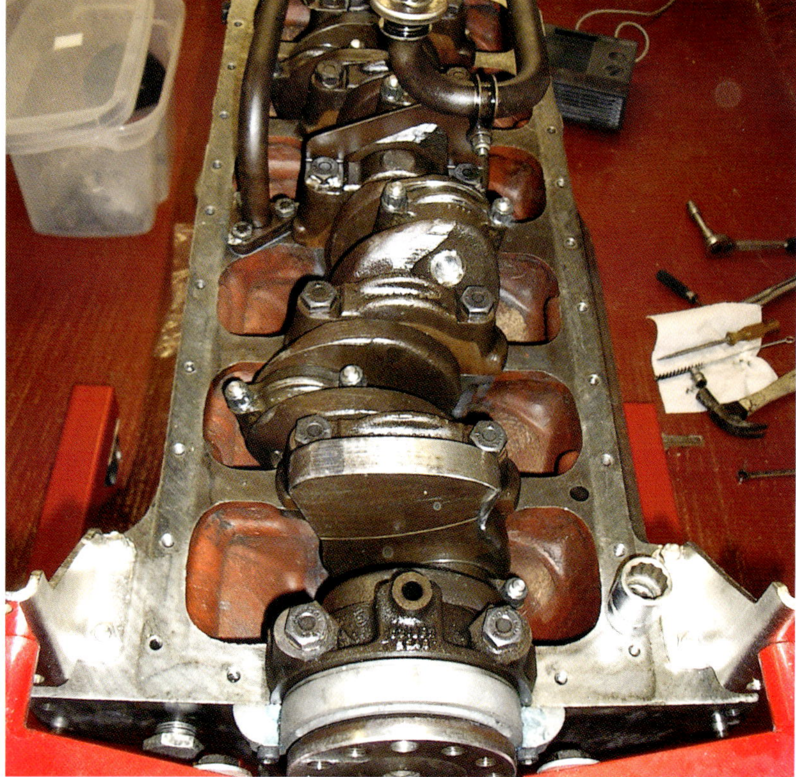

man jeden Kolbenring einzeln oben in einen Zylinder und richtet ihn exakt an der Oberkante aus. Anschließend ermittelt man den Abstand zwischen den beiden Enden des Rings (Bild 4.2-4). Die Kurbelwelle erhielt einen neuen Hauptlagersatz – die vorherigen waren nach nicht einmal 5000 Kilometern völlig hinüber. Die Lagerböcke wurden mit neuen Bolzen verschraubt, mit der späteren Ausführung aus dem XJ6-Motor. Nachdem diese Verschraubung nun zum zweiten Mal geöffnet werden musste, wollte ich die alten Schrauben nicht erneut verwenden. Schließlich montierte ich den Verteilerantrieb und die Ölpumpe samt ihrer Leitungen, und damit war der Motorblock weitestgehend fertig.

Als nächstes setzte ich probehalber die Ölwanne auf – und die passte nicht! Sie ließ sich nicht sauber auf dem Block auflegen. Eigentlich sah alles ganz normal und ordentlich aus, aber dann sah ich genauer hin: Ich hatte den Ölaufnehmer falsch eingebaut, das Rohrstück, über das die Pumpe Öl aus der Ölwanne saugt. In Bild 4.2-7 ist der Fehler zu sehen, das Rohr steht zu weit von der Kurbelwelle ab. Ein kleiner Fehler, der in diesem Fall schnell behoben war – aber das ungute Gefühl hinterließ, ob ich nicht vielleicht weitere – unentdeckte – Fehler eingebaut hatte.

**4.2-7** *Ölaufnehmer falsch angebracht – so lässt sich die Ölwanne nicht montieren.*

4.2-8 Endlich einmal ein Spezialwerkzeug, das man selbst anfertigen kann.

Da mein Motor ein später Serie II war, konnte ich die Distanzbuchse, die hinter dem Schwingungsdämpfer auf der Kurbelwelle sitzt, durch die spätere Ausführung aus dem XJ6 mit innenliegendem Dichtring ersetzen und den Motor vorne zuverlässiger gegen Ölverlust schützen.

Nun stand der Nockenwellenantrieb auf dem Plan. Die Steuerketten waren, wie schon erwähnt, noch in Ordnung, die Gleitschienen und die Spannvorrichtung der unteren Steuerkette wollte ich durch Neuteile ersetzen. Das größte Problem dabei ist, an die rückseitigen Muttern des unteren Spanners zu gelangen – ohne einen passend zurecht gebogenen Schlüssel wie den in Bild 4.2-8 hat man hier keine Chance. Der originale federbelastete Kettenspanner ließ sich problemlos durch die spätere hydraulische Ausführung ersetzen.

Den Steuergehäusedeckel hatte ich bereits poliert, nun brachte ich ihn am Motor an, ebenso wie die darauf sitzende Wasserpumpe, von der ich annahm, dass sie noch in Ordnung war, und deren Tausch auch später nicht allzu aufwändig ausfallen würde. Erneut – und diesmal endgültig – wollte ich dann die Ölwanne anbringen, und erneut passte sie nicht. Diesmal lag es an der vorderen Distanzbuchse und dem dazugehörigen Simmerring aus dem XJ6: Wenn man die Ölwanne festzog, wurde der zerquetscht. Laut Katalog, Motornummer und Auto, einem Fixed Head Coupé ohne Servolenkung, sollte diese Umrüstung ohne Probleme möglich sein, so hatte man mir gesagt, aber dem war nicht so. Allerdings: Demnach müsste sich die OT-Markierung auch seitlich an der Ölwanne befinden, und nicht unten, wie es an meinem Motor definitiv der Fall war…

4.2-9 Steuerketten und Spanner vorne am Motor montiert.

Ganz gleich wie – der Simmerring musste wieder raus und durch die ältere Ausführung ersetzt werden – die neuere Distanzbuchse mit dem innenliegenden Dichtring passte auch in diesen. Zum Glück hatte ich die Ölwannendichtung nur auf der Motorseite zusätzlich mit Dichtmasse montiert, und so war es keine große Angelegenheit, die Ölwanne nochmals abzunehmen. Ich nahm für so etwas am ganzen Motor Hylomar Blau, mit dem die Dichtungen nicht verkleben – dass ich diesen Vorteil so bald in Anspruch nehmen würde, hatte ich allerdings nicht erwartet.

Zu guter Letzte setzte ich neue Froststopfen ein und lackierte den Motorblock mit hitzefester schwarzer Farbe. Der Rumpfmotor war damit wiederhergestellt – es war an der Zeit, sich mit dem Zylinderkopf auseinanderzusetzen. Eine Aufgabe, die mehr Zeit und Arbeit erfordern sollte als der gesamte restliche Motor.

**4.2-10** *Beim Festziehen der Ölwanne zerstört: Der neue Simmerring aus dem XJ.*

*Kurbelwellendistanzbuchsen und Simmerringe vorne – oben die neuere Ausführung mit dem zusätzlichen innenliegenden Dichtring.* **4.2-11**

## Zusammenfassung

- Wenn man angebliche Verbesserungen einbaut, sollte man die möglichen Fallstricke kennen und besonders vorsichtig sein, wenn sie unumkehrbar sind.
- Nur weil behauptet wird, dass ein Teil passt, muss das noch lange nicht stimmen.
- Ein Sportmotor braucht Sekundenkleber!

# 4.3 Der Zylinderkopf

**4.3-1** *Der alte Zylinderkopf nach dem Planen; gut zu erkennen, wieviel Material abgenommen werden musste, um ihn dicht zu bekommen.*

Spätestens jetzt musste ich mich also um ein besonders wichtiges Thema kümmern: den Zylinderkopf. Wie schon beschrieben, war der ursprüngliche Kopf in meinem Auto bei einer so genannten Überholung quasi zerstört worden. Beim Bemühen, ihn wieder plan zu bekommen, hatte man so viel Material abgetragen, dass die Kompression dadurch ungesunde Werte erreichte. Im Bild 4.3-1 kann man gut erkennen, dass die Dichtfläche beinahe bis auf das Niveau des eigentlichen Zylinderkopfgehäuses heruntergeschliffen worden war.

Mir blieb also keine Wahl, und ich besorgte einen Ersatzkopf, vermutlich aus einem XJ6, auf jeden Fall passend für einen späten Serie-II-Motor wie meinen, zu erkennen an den zwei zusätzlichen Kühlwasserkanälen hinten, mit denen Jaguar versucht hatte, die ständigen Hitzeprobleme zu beseitigen. Zunächst sah dieser Kopf um einiges schlechter aus als der alte, was sich aber nach einer gründlichen Reinigung änderte. Trotzdem musste auch dieser Ersatz zunächst zum Motorenbauer, um ihn planen zu lassen; auch die Ventilführungen wurden bei dieser Gelegenheit erneuert. Ein weiterer häufiger Schaden, den die bekannte Anfälligkeit des XK-Kopfs gegen Überhitzung verursachen kann, betrifft die Nockenwelle: Der Kopf verzieht sich so stark, dass die Maßhaltigkeit der Lagergasse verloren geht und die Nockenwelle nicht mehr richtig geführt wird. Mein Ersatzkopf war davon aber verschont geblieben, und eine teure Bearbeitung dieser Lagersitze war nicht erforderlich. Zuvor hatte ich den Zylinderkopf in einem Säurebad reinigen lassen, war mit dem Ergebnis allerdings nicht richtig zufrieden. Ich verbrachte also viele Stunden zusätzlich damit, den Kopf von Hand zu wienern, wobei ich feststellen musste, dass leider keines der diversen speziellen Reinigungsmittel, die ich dabei einsetzte, auch nur annähernd das hielt, was ihre Anbieter versprechen. In der Rückschau wäre es vernünftiger gewesen, den Kopf vor der weiteren Überholung glasperlenstrahlen zu lassen – es hätte mir eine ganze Menge unnötige Arbeit erspart.

Als ich ihn wiederhatte, war ich einigermaßen entsetzt, wieviel Material erneut abgenommen worden war –

4.3-2 *Der gebraucht gekaufte Ersatz-Zylinderkopf: Vor der Montage muss er noch gereinigt werden.*

vermutlich war auch dieser Kopf nicht das erste Mal beim Planen gewesen. Zum Glück aber konnten wir jetzt innerhalb der vorgeschriebenen Toleranzen bleiben. Den überholten Zylinderkopf lackierte ich außen noch mit einem geeigneten hitzebeständigen Motorlack – originalgetreu in Silber. Der Einbau der Ventile – die ich zuvor mit Schleifpaste eingeschliffen hatte – stellte mich vor keine großen Probleme; die Montage der Ventilfedern und der Federkeile war eine Fummelei, aber zu bewältigen. Der Ärger begann beim Einstellen des Ventilspiels. Ich hatte zuvor noch nie einen OHC-Motor mit Tassenstößeln eingestellt, und mir war durchaus etwas mulmig – als hätte ich geahnt, was auf mich zukam.

Ein paar dieser Tassenstößel wiesen Laufspuren auf, und ich entschied mich dafür, diese durch Neuteile zu ersetzen. Nachdem alle Stößel an Ort und Stelle waren, montierte ich beide Nockenwellen und ermittelte das Spiel zwischen Nocken und Stößel. Wie auch der Kopf selbst, so ist auch die Nockenwelle in meinem Motor eine späte Ausführung, und die meisten Experten raten bei dieser zu einem Ventilspiel von 0,2 Millimetern am Einlass und 0,25 am Auslass – viel weniger, als in den meisten Werkstattanleitungen steht, die sich wohl auf ältere XK-Triebwerke beziehen. Als ich nun bei meinem Motor nachmaß, ergaben sich viel zu niedrige Werte. Die als „Shims“ bezeichneten Einstellscheiben zwischen Stößel und Ventil gab es in Stärken von 2,16 mm bis 3,30 Millimetern (0,085 bis 0,130“) und in Abstufungen von jeweils 0,025 Millimetern (1/1000“), aber selbst mit der dünnsten Scheibe bekam ich das Ventilspiel nicht an allen Ventilen auf die vorgesehenen Werte. Mit einer von meinem alten Kopf übrig gebliebenen, offenbar speziell für diesen angefertigten Einstellscheibe mit 1,8 Millimetern maß ich erneut – eine mühsame Angelegenheit, da ich diese Scheibe nur noch einmal zur Hand hatte und sie für jedes Ventil verwenden

4.3-3 *Für die Montage der Einstellscheiben empfiehlt sich ein solcher teleskopischer Magnetheber.*

**4.3-4** *Ursache für eine Menge unnötiger Arbeit: die Ventilstößel. Links ein Originalteil, rechts die dickere Nachfertigung, hier zur Veranschaulichung entgegen ihrer Einbaurichtung abgebildet.*

musste. Die Nockenwellen müssen dafür jedes Mal komplett abgenommen und erneut montiert werden.

Immerhin schaffte ich es mit dieser einen Scheibe und durch Umsetzen der einzelnen Stößel an andere Ventile, die Auslassventile auf das richtige Spiel zu bringen. Was aber tun mit den Einlassventilen? Mein erster Gedanke war natürlich, weitere dünnere Einstellscheiben zu besorgen, aber erstens rieten mir die Teilehändler davon ab, und zweitens wusste auch niemand, wo man solche Scheiben bekommen könnte. Irgendjemand schlug vor, ich könne doch die Ventilschäfte am oberen Ende etwas kürzen. Gesagt, getan, wozu hatte ich einen Schleifbock auf meiner Werkbank? Ich ging ans Werk – mit dem zu erwartenden, katastrophalen Ergebnis. Zum einen ist es natürlich unmöglich, so einen absolut flachen und exakt rechtwinklig ansetzenden Schliff zu erzeugen; dafür benötigt auch der Fachmann eine professionelle Drehbank. Außerdem sind die Oberflächen der Ventile gehärtet und diese gehärtete Schicht wurde bei der Behandlung an der Schleifmaschine gleicht mit zerstört – meine Einlassventile, die ja im Grunde genommen noch fast neu gewesen waren, konnte ich in den Müll werfen. Ein Satz neue Einlassventile musste besorgt werden, aber damit war das Problem noch lange nicht vom Tisch.

Irgendwann, nach ewigem An- und

**4.3-5** *Eine Einstellscheibe – es gibt sie in Stärken von 2,16 mm bis 3,30 mm – eingesetzt über dem Ventil in seiner Führung. Die Stärke wird in einem eingeätzten Schriftzug auf einer Seite angegeben.*

4.3-6 Bei der Montage von Tassenstößeln und Einstellscheiben im Zylinderkopf muss man unbedingt auf einen sauberen Arbeitsplatz achten!

Abbauen der Nockenwellen, Messen, Tauschen, dämmerte es mir. Mal passte es an einem Ventil, dann am anderen – und immer änderte sich das, wenn ich den Stößel an einem anderen Ventil verwendete. Bei genauerem Nachdenken stellte ich fest: An den originalen Stößeln stimmte das Ventilspiel, bei den Tausch-Stößeln klappte es nicht. Das waren Nachfertigungen, und zwar schlechte! Nur ein bisschen dicker als die Originale, aber das reichte aus, mir unzählige Stunden Extra-Arbeit zu verschaffen. Mit einem eilig beschafften, kompletten Satz von 12 nur wenig gebrauchten Tassenstößeln war das Problem dann schnell erledigt, und die Ventile ließen sich anstandslos korrekt einstellen. Der Kopf stand bereit, auf den Motorblock zurückzukehren!

## Zusammenfassung

- Wenn irgendetwas nicht so passt wie vorgesehen, muss man die Ursache finden und nicht das Symptom bekämpfen.
- Nachfertigungen sind eine feine Sache – wenn sie passen. Und an manchen Stellen muss man ganz genau hinsehen.
- Der Rat von Experten ist wertvoll – aber selbst nachdenken muss man trotzdem.
- Geduld ist wahrlich eine Tugend, aber manchmal verzweifelt auch der langmütigste Charakter.

# 4.4 Montage des Zylinderkopfs

Nach der überaus frustrierenden, im vorherigen Abschnitt beschriebenen Episode konnte ich die Nockenwellen nun ein letztes Mal anbringen – jede von ihnen hatte ich sicher mehr als 20 Mal in der Hand gehabt, bis das Ventilspiel an den Stößeln endlich stimmte. Für die Montage des Zylinderkopfs auf den Rumpfmotor müssen die Wellen in der Position stehen, wie dies im fertigen Motor mit dem vordersten Zylinder in Zünd-OT der Fall ist – entsprechende Kerbmarkierungen an den Wellen und ein spezielles Hilfswerkzeug sorgen dafür, dass man dabei kaum etwas falsch machen kann. Den aus zwei Haltern bestehenden Kettenturm, Ketten und Spanner hatte ich bereits im Motorblock angebracht und die Nockenwellenritzel auf ihren Einstellplatten vormontiert. Man sichert sie vorläufig mit Drahtklammern, sodass man den Motor später vorsichtig an der Kurbelwelle drehen kann, ohne dass die Steuerketten herunter fallen. Mir gelang das allerdings trotzdem, und es dauerte eine ganze Weile, bis ich die im Schacht verklemmte Kette wieder befreit hatte.

Nachdem Steuergehäusedeckel und Wasserpumpe sowie die zugehörigen Riemenscheiben montiert waren, kamen die Zylinderkopf-Stehbolzen an die Reihe, ein vieldiskutiertes Thema am XK-Motor, der gerne auch in zwei Kategorien eingeteilt wird: den „Short Stud" und den „Long Stud". Bei ersterem sitzen die Stehbolzen, auf denen der Zylinderkopf verschraubt wird, in Gewinden oben im Motorblock. An späteren Motoren wie jenem in meinem E-Type kommen lange Stehbolzen („long studs") zum Einsatz, die auf ganzer Höhe durch den Motorblock geführt werden und unten im Kurbelgehäuse verschraubt sind – eine stabilere Konstruktion, die für den Motorblock deutlich schonender ist. Der Nachteil: Diese Stehbolzen gehen auch direkt durch den Kühlwassermantel und sind daher doppelt belastet: zum einen auf Zug, durch die enormen Kräfte, die bei der Verbrennung im Zylinderinneren auftreten, zum anderen durch die ständigen Temperaturwechsel – extrem heiß oben am Kopf, gekühlt unten im

**4.4-1** *Die Nockenwellenritzel werden provisorisch mit großen Splinten oder Draht oben am Kettenturm befestigt.*

4.4-2 Hier ist ein Neuteil fällig: Einer der alten Zylinderkopf-Stehbolzen war stark korrodiert.

Motorblock. Außerdem neigen sie zur Korrosion. Noch mehr als bei anderen Motoren ist es bei einem „Long Stud" wichtig, immer mit ausreichend Frostschutzmittel im Kühlwasser unterwegs zu sein, dieses wirkt nämlich auch rosthemmend. Trotzdem: Bei meinem Motor hatte ich – seit der missglückten Überholung keine 5000 Kilometer zuvor – immer penibel genau darauf geachtet, und trotzdem sah einer der dort vorgefundenen Stehbolzen wirklich schlimm aus (Bild 4.4-2). Meine Suche nach Stehbolzen, die in dieser Hinsicht vielleicht weiterentwickelt oder verbessert worden wären, blieb erfolglos, und so verbaute ich letztlich die alten Stehbolzen wieder – mit Ausnahme natürlich des verrosteten Exemplars, für den ein Neuteil beschafft wurde.

Wer jetzt glaubt, die Montage dieser Stehbolzen ist selbsterklärend, der täuscht sich. Diese Teile kommen in Überlänge und müssen passend gekürzt werden. Kein seltener Fehler: Ist ein Bolzen nur um wenige Zehntel Millimeter zu lang, kann es passieren, dass der Zylinderkopf nicht richtig verschraubt werden kann. Die dafür verwendeten Hutmuttern stoßen am Bolzen an, und der Drehmomentschlüssel zeigt den vorgeschriebenen Wert an, obwohl die Mutter noch gar nicht mit der benötigten Kraft auf dem Zylinderkopf anliegt. Umgekehrt geht es auch – schneidet man zu viel vom Stehbolzen ab, sitzt die Mutter unter Umständen nicht auf der ausreichenden Anzahl von Gewindegängen. Das Anzugsdrehmoment lässt sich zwar erreichen, aber die Verbindung hält nicht dauerhaft, die Mutter schert irgendwann ab. In beiden Fällen ist ein simpler Kopfdichtungsschaden noch das geringste Übel, das dabei droht. Die benötigte Länge der Stehbolzen unterscheidet sich auch untereinander, je nachdem an welcher Stelle sie montiert werden müssen, und zu beachten ist auch, dass vier Bolzen bei aufgesetztem Kopf weiter überstehen müssen – an ihnen werden die beiden Stahlhalter mon-

4.4-3 Alle Stehbolzen sind an Ort und Stelle.

4.4-4 *Ken Jenkins „hilft" beim Einstellen der Ventilsteuerung.*

*Das Hilfswerkzeug für die Einstellung der OT-Position an den Nockenwellen.* 4.4-5

tiert, in die man die Haken eines Motorkrans einhängen kann.

Mit zwei gekonterten Muttern verschraubte ich alle Stehbolzen im Motor, anschließend legte ich eine neue Kopfdichtung auf den Block und setzte dann den Zylinderkopf auf. Das Anziehen der Muttern erfolgt in einer vorgeschriebenen Reihenfolge – und zwar von der Motormitte nach außen – und mit einem Drehmoment von 70 Nm – später, nach einem ersten Warmlaufen des Motors, würde ich sie erneut mit 78 Nm anziehen.

Was nun folgte, davor hatte ich schon die ganze Zeit einen ziemlichen Respekt – mich aber zugleich darauf gefreut: das Einstellen der Ventilsteuerzeiten. Ich hatte bereits eine Menge darüber gehört und gelesen, und meistens klang das so, als könnte das ein ziemlich schwieriges Unterfangen werden. Jeder ventilgesteuerte Verbrennungsmotor wird für das Einstellen der Steuerzeiten in den so genannten oberen Totpunkt – genauer Zündtotpunkt – eines bestimmten Zylinders gebracht. Für mich war es schon eine Herausforderung, nicht mit der Bezeichnung der Zylinder am XK-Triebwerk durcheinander zu kommen: Niemand kann erklären warum, aber Jaguar hielt es für richtig, dem – in Fahrtrichtung gesehen – vorderen Zylinder nicht die Nummer Eins zu geben, sondern die Sechs. Nummer Eins ist dementsprechend der Zylinder, der dem Getriebe am nächsten liegt, und diese Anordnung sorgte bei mir während der gesamt Überholung des Motors immer wieder für Verwirrung. Ein mantraartiger Merksatz half mir: „Nummer Eins ganz hinten, Nummer Sechs ganz vorne …".

Zum Glück gab es Ken Jenkins, meinen mittlerweile mehr als nur sehr geschätzten Jaguar-Spezialisten. Er hatte mein Treiben schon länger aufmerksam verfolgt und erbot sich nun, mir bei dieser Sache zu helfen. Das war wirklich ein großartiges Angebot, das ich selbstverständlich ohne Zögern annahm – mit Ken an meiner Seite war ich zuversichtlich, diese Aufgabe erfolgreich zu bewältigen.

Als erstes spannten wir die obere Steuerkette leicht vor und brachten die Kurbelwelle dann in die OT-Stellung für den ersten (hintersten) Zylinder. Die beiden vormontierten Nockenwel-

lenritzel werden dabei zwangsläufig ebenfalls in OT-Stellung gebracht und sind in dieser Position für die Befestigung an den Nockenwellen vorbereitet. Diese werden nun mithilfe eines einfachen Spezialwerkzeugs (Bild 4.4-5) ebenfalls in OT-Stellung gebracht und können dann an den Flanschen der Nockenwellen festgeschraubt werden. Die Kettenräder sind im Prinzip lediglich Zahnkränze, innen quasi hohl, an

*Die Halteplatten werden mit dem Flansch der Nockenwellen in Flucht gebracht und dann festgezogen.* **4.4-6**

**4.4-7** *Langsam sieht das Ganze wieder aus wie ein Motor: Im Bild auch die Wasserpumpe – über diese wird noch zu berichten sein.*

**4.4-8** *Eine spätere Aufnahme des Motors mit den in Eigenleistung veredelten Ventildeckeln.*

ihrem inneren Umfang weisen sie einen feinverzahnten Steg auf, der beim Anziehen der Befestigungsschrauben (zwei bei den älteren Motoren, vier bei neueren) zwischen dem Flansch der Nockenwelle und einer Halteplatte festgeklemmt wird. Diese Konstruktion ermöglicht es auch, die Steuerzeiten durch Verdrehen des Zahnkranzes nach Wunsch einzustellen.

Nachdem die Ritzel fest saßen, spannten wir die Kette nach und prüften die Steuerzeiten nochmals. Nachdem alles bestens aussah, zogen wir sämtliche Verschraubungen nach und sicherten abschließend die Befestigungsbolzen an den Nockenwellenritzeln mit Draht. Ich konnte die Ventildeckel montieren. Diese hatte ich nach dem Strahlen schwarz lackiert und anschließend die Versteifungsrippen obenauf wieder auf das blanke Aluminium heruntergeschliffen und poliert. Die Optik ist vielleicht nicht ganz so edel wie die an einem frühen Serie I, aber durchaus ansprechend – siehe Bild 4.4-8, das zu einem späteren Zeitpunkt aufgenommen wurde.

Das wichtigste: Ich hatte wieder einen Motor! Ganz ehrlich – ich war ziemlich erleichtert, dass das nun hinter mir lag. Dieser Abschnitt meiner Komplettrestaurierung war wider Erwarten doch ziemlich aufwändig – und kostspielig – geworden. Dafür konnte ich aber auch sicher sein, dass wirklich alles in Ordnung gebracht worden war. Und ganz nebenbei kenne ich das XK-Triebwerk nun wirklich bis in das letzte Schräubchen.

## Zusammenfassung

- Wenn man jemanden kennt, der Erfahrung hat: Keine Scheu, ihn zu fragen. Handbücher und Tipps sind gut und schön, aber nichts ist wertvoller als persönliche Erfahrung.
- Polierpaste – eine meiner lohnenderen Anschaffungen.
- Beim Jaguar sitzt der erste Zylinder ganz hinten, bei anderen Autos vorne.

## 4.5 Motor-Peripherie

Im Großen und Ganzen war der Motor zwar fertig, ein paar Kleinigkeiten fehlten aber doch noch. Da waren zuvorderst die Vergaser und die Krümmer. Mit dem Einlasskrümmer hatte ich ein kleines – wieder einmal selbst verursachtes – Problem: Ich hatte die beiden Anschlussstutzen (für die Kühlwasservorwärmung und für den Bremskraftverstärker) an seinem hinteren Ende demontiert und vernickeln lassen. So verfeinert ließen sie sich zwar probehalber wieder in ihre Sitze einschrauben, allerdings nicht wieder heraus. Der Anschluss für den Bremskraftverstärker ließ sich gerade noch überreden, der für das Kühlwasser hatte sich unlösbar mit dem Gewinde vereinigt. Der Gedanke, mit einer passenden Verlängerung am Schlüssel und entsprechend mehr Kraft diese Verbindung zu trennen, war im Ansatz recht vielversprechend, aber das Ergebnis sieht man in Bild 4.5-1 – der Stutzen brach glatt ab, das Gewinde steckte unerreichbar im Krümmer fest. Für so etwas hatte ich eigentlich einen Spezialisten, den ich seit 25 Jahren immer wieder einmal konsultiert hatte. Doch wie es das Schicksal wollte, hatte er gerade seine Tore für immer geschlossen, und bei einem anderen wollte ich mit dieser peinlichen Angelegenheit nicht vorstellig werden. Ich musste mich der Sache also selbst annehmen und schaffte es irgendwie, den abgebrochenen Rest des Kühlwasserstutzens heraus zu operieren. Den neu besorgten Stutzen ließ ich nunmehr verchromen, ebenso sein Pendant für den Unterdruckschlauch. Das Gewinde im Krümmer hatte etwas gelitten, aber der nunmehr hartverchromte Stutzen, den ich jetzt mit Silikondichtmasse und PTFE-Band einschraubte, korrigierte diesen kleinen Schaden – die Verbindung ist bis heute dicht. Den Einlasskrümmer selbst hatte ich übrigens äußerlich poliert, dafür musste ein spezieller Vorsatz für den Schleifbock besorgt werden. Auch damit war es kein ganz geringer Aufwand, aber das Ergebnis entschädigt für die Mühe.

Die beiden Auspuffkrümmer benötigten ebenfalls Aufmerksamkeit: Sollte ich neue kaufen – aus Edelstahl oder, wie in Serie, emailliert? Oder sollte ich die alten Krümmer lackieren, pulver- oder keramikbeschichten oder doch neu emaillieren lassen? Neue Edelstahlkrümmer waren mir zu teuer, und mir gefällt auch nicht, dass solche Krümmer mit der Zeit immer blau anlaufen. Lack hielt ich für nicht ausreichend dauerfest und die Option

**4.5-1** *Links: Das nächste Problem: Die Reste des abgebrochenen Kühlwasserstutzens (linke Bohrung) stecken im Ansaugkrümmer.*

*Das Malheur mit dem abgebrochenen Wasserrohr nochmals im Detail.* **4.5-2**

*Die gebraucht beschafften Ersatz-Auspuffkrümmer, neu verzinkt und erstmals an den neuen Stehbolzen montiert.* **4.5-3**

Emaille verwarf ich – ich hatte Bedenken, dass diese Beschichtung Risse bekommt, wenn sie stark erhitzt Nässe abbekommt.

So entschied ich mich dafür, die Krümmer verzinken zu lassen – ich hatte einen Motor mit verzinkten Krümmern gesehen und die Optik hatte mir zugesagt. Mit der Zeit geht die anfangs silberne Beschichtung mehr ins Graue über, sieht aber immer noch gut aus. Meine alten Krümmer allerdings waren ein Fall für den Schrott – sie waren bereits mehrfach im Bereich der Flansche zu den Hosenrohren geschweißt worden. So etwas verzinken zu lassen, wäre Geldverschwendung gewesen, und so besorgte ich mir ein gut erhaltenes, gebrauchtes Paar, das ich sofort glasperlenstrahlen ließ, mit neuen Edelstahl-Stehbolzen versah und dann verzinken ließ. Das Ergebnis sieht man auf Bild 4.5-3 – aber wie gesagt, der silberne Glanz würde sich mit zunehmender Laufleistung verabschieden.

Natürlich kaufte ich auch die Stehbolzen am Motor neu, Edelstahlteile sind beim Jaguar-Spezialisten zu haben.

Letzte Etappe: Die Überholung der Vergaser musste in Angriff genommen werden. Ich hatte auch sie zerlegt und die Aluminiumteile nassstrahlen lassen – bei diesem Verfahren wird sehr feines Strahlgut zusammen mit einem Wasserstrahl mit hohem Druck auf die zu reinigende Oberfläche gestrahlt. Bei Motorenteilen und auch Vergasern wird häufig von dieser Methode abgeraten, weil Rückstände auch bei gründlicher Nachreinigung zurückbleiben und die Funktion mancher Bauteile beeinträchtigen können. Ich investierte aber einige Zeit in die gründliche Reinigung der gestrahlten Teile und hatte damit keine Probleme. Die Vergaserdeckel hatte ich in der Zwischenzeit mit dem schon bekannten Poliervorsatz meines Schleifbocks zum Glänzen gebracht.

Für die SU-Vergaser am XK-Motor des E-Type gibt es Überholsätze und vollständige Reparatursätze. Ich wollte eigentlich Letztere kaufen, ließ mich aber belehren, dass man so gut wie

4.5-4 Ein Puzzle aus vielen Teilen: alles, was zum Vergaser gehört. Reihenfolge bei der Montage beachten.

Die frisch überholten Vergaser am polierten Krümmer; nur das Gasgestänge fehlt noch. 4.5-5

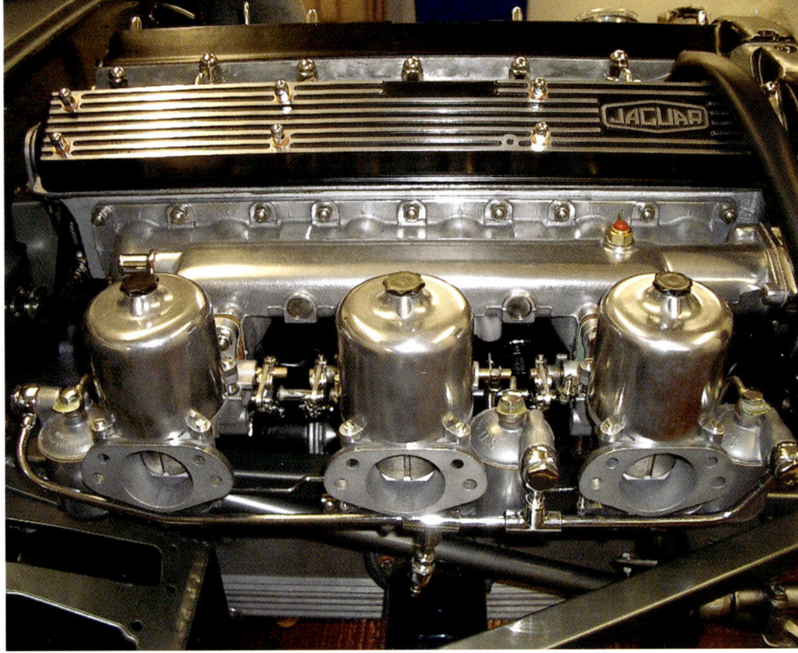


immer mit den kleineren und billigeren Überholsätzen auskommt. In Bild 4.5-4 versteckt sich ein solcher kleiner Überholsatz zwischen den bereits überholten Einzelteilen eines einzelnen Vergasers – die Benzinleitung im Hintergrund war zu diesem Zeitpunkt noch nicht an der Reihe gewesen. Zum Überholsatz gehört in der Regel eine brauchbare Anleitung; zusammen mit meinen Werkstattunterlagen und vor allem meiner umfangreichen Fotodokumentation gelang mir der Neuaufbau der Vergaser relativ problemlos. Eine Sache sollte man noch erwähnen: Die Schwimmerkammern der drei Vergaser sind nicht symmetrisch angeordnet – bei den beiden vorderen Vergasern sitzt sie rechts, am hinteren links. Die Methode, mit der ich das herausfand, nennt man wohl „learning by doing“ … Und man sollte vorher feststellen, welcher der beiden vorderen Vergaser ganz vorne hin gehört – nur der hat nämlich den Anschluss für den Unterdruckschlauch zum Verteiler.

Anstelle des originalen großen Luftfiltergehäuses baute ich Metallsiebe vor den Ansaugkanal der Vergaser. Diese riesigen Kästen an den Vergasern hatten mir noch nie gefallen, und auch an meinen diversen Motorrädern hatte ich nie etwas anderes als solche Sportluftfilter gehabt. Zumal ich ja auch eher mit einer geringen jährlichen Laufleistung rechnete. Aber wie immer – ganz so einfach lief das wieder nicht ab. Ich fand leider keine dieser klassischen, feinen Siebaufsätze, sondern nur welche mit einfachen gestanzten Lochblechen davor. Also eine Optik wie ein Utensil aus der heimischen Küche. Zum Glück wurde ich auch informiert, dass diese Bleche einer freien Atmung abträglich wären – so konnte ich guten Gewissens noch einmal die Planungen ändern und offene Ansaugtrichter montieren, auf denen man bei Bedarf passende Schaumstoff-Filterhauben anbringt. Auf diese Weise hatte ich beide Optionen – mit Filtern auf der Straße, ohne, wenn ich stolz das prächtige Jaguar-Triebwerk präsentieren möchte. Die offenen Luftfilter erfordern allerdings eine etwas andere Bedüsung, damit der stärkere Frischluftstrom ausreichend mit Kraftstoff vermengt wird. Technische Probleme haben sich daraus bisher noch nicht ergeben, akustische schon eher – das Ansauggeräusch ist schon sehr markant, vor allem, wenn man die Schaumstofffilter weglässt.

Die Vergaser wurden auf dem Ansaugkrümmer montiert, fehlte noch das Gestänge. Dieses hatte ich selbstverständlich ebenfalls samt aller Schrauben und anderer Kleinteile ver-

**4.5-6** *Die Vergaser sitzen auf dem Ansaugkrümmer, der Motor wartet auf den Einbau ins Auto.*

*„Offene" Ansaugtrichter, links die Ausführung mit Lochblech, rechts ganz offene Halter für Schaumstoff-Filteraufsätze.* **4.5-7**

*Besagte Schaumstofffilter werden direkt auf den Vergaser aufgesteckt.* **4.5-8**

chromen lassen – das Verchromen solcher kleinen Bauteile ist gar nicht so teuer und kostet weniger als ebenfalls sehr schöne Gestänge aus Edelstahl, wie sie im Zubehörhandel angeboten werden. Zum Thema Vergaser gehört übrigens auch noch die Gummibuchse, durch die hindurch das Vergasergestänge durch die Stirnwand geführt wird. Sie verhindert, dass an dieser Stelle Metall auf Metall läuft, und darf einerseits nicht zu groß ausfallen, auf der anderen Seite dem Gestänge aber auch genügend Spielraum lassen, wenn sich der Motor bei Lastwechseln in seinen Lagern bewegt.

## Zusammenfassung

- Wenn ein Stehbolzen abreißen kann, wird er das auch tun.
- Nur weil man manche Sachen schon seit 30 Jahren kennt, muss man sie nicht unbedingt immer noch bekommen.
- Schönheit liegt im Auge des Betrachters.

## 5.1 Die Stirnwand

Der Motor war endlich fertig und es war nun an der Zeit, sich die restliche Mechanik vorzunehmen. Beim E-Type ist es unabdingbar, alle An- und Einbauten an der Stirnwand – also dem hinteren Ende des Motorraums – abzuschließen, bevor Motor und Getriebe wieder einziehen. An manche dieser Komponenten kommt man im wahrsten Sinne des Wortes nicht mehr heran, wenn der Antrieb wieder im Auto sitzt. In diesem Bereich sind der Wischermotor und dessen Gestänge untergebracht, die Spritzdüsen und die Schläuche der Scheibenwaschanlage, und außerdem führen verschiedene Rohre durch die Stirnwand, an denen die Schläuche zum Heizungskühler und zum Bremskraftverstärker befestigt werden. Deren Montage ist auch an der komplett zerlegten Karosserie teilweise ein nerviges Gefummel, bei eingebautem Motor aber vollkommen undenkbar. Auch im Werk wurden diese Komponenten noch vor dem Antrieb montiert, und bei einer Restaurierung wie dieser sollte man heute auf langlebige Kupferrohre zurückgreifen. Eine der alten Leitungen in meinem Auto war bereits gebrochen gewesen, weshalb einer meiner Vorgänger einen langen Schlauch als Übergangslösung eingebaut hatte.

An meinem Auto waren auch feste Leitungen an die Stirnwand angenietet, über die mittels Schläuchen der Unterdruck vom Ansaugkrümmer zum Bremskraftverstärker geleitet wird. Bei weitem nicht alle E-Types weisen dieses Merkmal auf; an vielen findet man lediglich einen Unterdruckschlauch. Niemand kann so richtig erklären, warum manche Exemplare so und andere Autos anders ausgerüstet worden sind. Ich beließ es aber bei der vorgefundenen Ausführung, auch wenn das Einsetzen der Blindniete, mit denen dieses Rohr in der Stirnwand gehalten wird, nicht unproblematisch ist. Mit einer normalen Nietzange ist es fast unmöglich, weil das Rohr selbst im Weg ist; man sollte sich eine Zange mit einem entsprechend hohen Niethalter besorgen.

Der Einbau des Scheibenwischers war auch nicht ganz einfach, zumindest alleine hat man schnell das Problem, dass man den neuen Lack beschädigt, wenn man versucht, drei (!) Wischerlager gleichzeitig durch die vorgesehenen Öffnungen im Windlauf zu bugsieren. Ich musste dabei feststellen, dass diese Löcher infolge der Lackierung etwas kleiner geworden waren – diejenigen für die Spritzdüsen übrigens ebenso. Ich musste sie vor-

**5.1-1** *Links: Hier sieht man gut, wie die Lager des Wischergestänges montiert sind, und auch eines der Rohre für den Heizungskühler ist zu erkennen.*

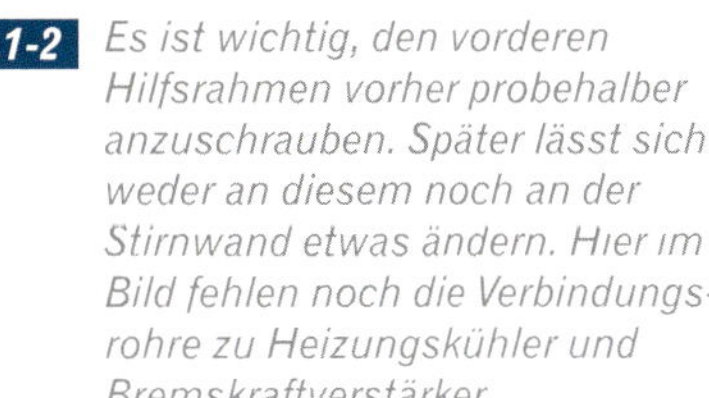

**5.1-2** *Es ist wichtig, den vorderen Hilfsrahmen vorher probehalber anzuschrauben. Später lässt sich weder an diesem noch an der Stirnwand etwas ändern. Hier im Bild fehlen noch die Verbindungsrohre zu Heizungskühler und Bremskraftverstärker.*

*Die Scheibenwaschdüsen müssen in Längsrichtung exakt ausgerichtet und dann so fest wie möglich verschraubt werden. Sie im fertigen Auto festziehen zu wollen, ist fast aussichtslos.* **5.1-3**

sichtig wieder etwas aufweiten. Dabei muss man aber auf jeden Fall verhindern, dass am Schluss blankes Blech offenliegt (Korrosionsgefahr!) – betroffene Partien mit etwas Lack ausbessern. Die Wischerlager werden dann mit speziell geformten Blenden auf dem Windlauf befestigt, ganz wichtig dabei ist die Verwendung neuer Dichtgummis unter diesen Blenden. Auch hier kann unerwünschter Wassereintritt für eine rostige Überraschung sorgen.

Ich hatte auch gehört, man solle die Scheibenwaschdüsen ebenfalls mit Gummidichtringen unterlegen, entschied mich aber dafür, es bei den alten Ringen aus Faserstoff zu belassen. Diese Düsen muss man exakt ausrichten und dann wirklich so fest anziehen, wie es nur geht. Eine davon brach ich dabei prompt ab. Ich hatte Sorge, dass Gummidichtungen nachgeben würden, und wenn die Waschdüsen nicht bombenfest sitzen, löst man sie garantiert beim nächsten Versuch, sie in der Spritzhöhe zu verstellen. Sie bei eingebautem Motor wieder fest zu ziehen, ist so gut wie unmöglich.

Im Getriebetunnel brachte ich eine mit Aluminium beschichtete Hitzeschutzfolie an. Motor und Getriebe heizen nämlich den Innenraum über den Getriebetunnel enorm auf, und mit dieser Maßnahme versprach ich mir, diesen Backofen von der für gewöhnlich anliegenden Stufe 12 auf etwas erträglichere 90 Grad herunterregeln zu können. Mittlerweile bin ich, wie schon erwähnt, knapp 5000 Kilometer mit dem Auto unterwegs gewesen; die Folie sitzt noch fest an Ort und Stelle, und sie funktioniert auch wie erhofft. Eine der wenigen Veränderungen gegenüber dem Serienzustand, die ich auch heute wieder durchführen würde.

## Zusammenfassung

- Stellen Sie sicher, dass alle Rohrleitungen, Schläuche und das Scheibenwaschsystem ordnungsgemäß an der Spritzwand montiert sind.
- Diese Arbeiten kann man in der Regel nur bei ausgebautem Motor vernünftig ausführen.

## 5.2 Getriebe-Anbau

Ich hatte mich schon dafür entschieden, das originale Vierganggetriebe weiterhin zu verwenden, und zwar aus den folgenden Erwägungen heraus: Zum einen sind die Seriengetriebe des E-Type qualitativ wirklich gut. Für den Umbau auf Fünfganggetriebe muss man auf das T5 von BorgWarner oder auf Getrag-Getriebe zurückgreifen, die beide nur noch gebraucht verfügbar sind, letztere stammen in der Regel aus ausgeschlachteten BMW. Ein solches Getriebe müsste ich also auch komplett überholen, und die nötigen Änderungen am Auto verursachen nicht zu unterschätzende zusätzliche Kosten. Unter anderem muss man die Kardanwelle kürzen und man benötigt einen Adapter für die Kupplungsglocke und den Tachoantrieb und muss auch die Kupplung umbauen. Aus meinen Triumph-Zeiten habe ich ein gewisses Faible für Overdrive-Getriebe behalten, aber der Einbau eines solchen Getriebes in E-Types mit kurzem Radstand bedeutet neben der auch hier obligaten Kürzung der Kardanwelle erhebliche Änderungen am Getriebetunnel der Karosserie. Letztere entfallen angeblich bei 2+2-Coupés, deren Tunnel für die optional erhältlichen Automatikgetriebe ausgelegt wurde, aber ich hatte ja einen SWB („short wheel base") FHD (fixed head coupé").

Lieber also ein vernünftig gemachtes Seriengetriebe einbauen und dafür keine weiteren Arbeiten am Auto. Die Überholung meines Getriebes wollte ich ursprünglich selbst durchführen, wieder so ein Job, vor dem mein Respekt immer größer wurde, je näher er rückte und je öfter ich darüber mit Leuten redete, die angaben, etwas davon zu verstehen. Einer davon war Ken Jenkins, dem ich mittlerweile blind vertraue. Er kennt mich offenbar in dieser Hinsicht schon besser als ich dachte, jedenfalls riet er mir ohne Umschweife davon ab. Und ich hatte keine großen Probleme damit, seinen Rat zu befolgen, immerhin hatte ich auch so noch genügend Aufgaben vor mir. Zudem hatte ich die Gewissheit, dass die Arbeiten wenigstens vernünftig gemacht würden und ich den Kopf frei für andere Dinge hätte. Das Getriebe wurde also an einen Spezialisten verschickt und kam etwa einen Monat später zurück, von außen wunderbar sauber und, so hoffte ich, auch im Inneren so einwandfrei. Immerhin hatte ich umgerechnet fast 900 Euro bezahlt. Heute weiß ich leider mehr: Immer wieder kommt es zu stärkerem Ölverlust hinten am Getriebeausgang, und der Grund dafür ist nicht ganz klar. Einfach ein schad-

**5.2-1** *Links: Mein Getriebe nach der Überholung durch einen Spezialisten, mit neuer Kupplung an den Motor montiert.*

*Eine Getriebeüberholung ist nichts für den Hobbyschrauber – erst recht nicht bei den von Moss und den von Jaguar selbst gefertigten Getrieben.* **5.2-2**

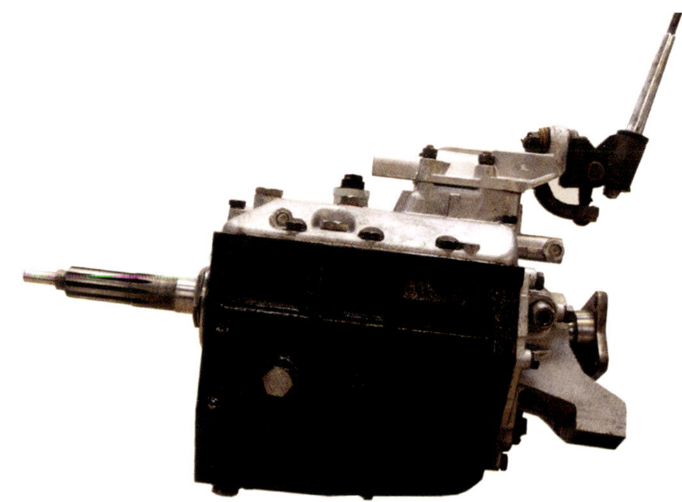

*Ein Jaguar-Getriebe von links betrachtet, ohne Kupplungsglocke. Die im Serie II verbauten Getriebe waren eine bedeutende Verbesserung gegenüber den Vorgängern.* **5.2-3**

hafter Simmerring kann es eigentlich nicht sein, und außerdem müssten für die Ursachenforschung Motor und Getriebe wieder aus dem Auto heraus, ein Aufwand, den ich noch scheue, zumal ein Erfolg keineswegs sicher vorhergesagt werden kann.

Jetzt stellt sich die Frage, ob man wegen des defekten Simmerrings Motor und Getriebe ausbauen will. Nun, sieht man sich wieder einmal mit einer Besonderheit des E-Type konfrontiert: Die Kardanwelle lässt sich nur ausbauen, wenn zuvor entweder das Getriebe (und damit auch der Motor) demontiert wurde! Alternativ kann man aber auch die komplette Hinterachseinheit entfernen. Es empfahl sich also, bei der Gelegenheit auch die Kardanwelle gründlich zu überprüfen. In meinem Fall hatte ich schon bemerkt, dass eines der beiden Kardangelenke etwas angerostet und schwergängig war. Beim Kauf der neuen Gelenke achtete ich auf die bestmögliche Qualität der Ersatzteile – hier billig zu kaufen, wäre am falschen Ende gespart. Leider musste ich schnell feststellen, dass der Tausch dieser Gelenke außerhalb meiner Möglichkeiten lag, und so ließ ich auch das von einem Profi erledigen, und gönnte mir, wo die Welle schon mal beim Spezialisten war, auch noch deren Feinwuchten.

## Zusammenfassung

- Die Kardanwelle zu überholen ist Pflicht, aber nicht vergessen, sie vor dem Motor einzubauen!

## 5.3 Die Kupplung

Ich hatte zunächst mit dem Gedanken geliebäugelt, die alte Kupplung weiter zu verwenden – ich hielt sie für so gut wie neu und hätte mir die Kosten für eine neue gerne erspart. Im Nachhinein bin ich froh, mich anders entschieden zu haben. Generell sollte man bei Unklarheiten über das Alter von Verschleißteilen eine Neuanschaffung favorisieren, denn die alten Teile wiedereinzubauen, bedeutet letztlich keine Ersparnis, sondern eher recht schnell weitere Kosten.

Auf der Suche nach Ersatz stellte ich schnell fest, dass es eine erstaunliche Vielfalt von Möglichkeiten gibt, die sich auf drei Optionen zusammenfassen lassen: eine werksmäßige Originalkupplung, eine Rennkupplung und eine etwas stärkere 10-Zoll-Kupplung. Die Rennkupplung schied von vorneherein aus, sie ist wirklich nur für den Einsatzzweck geeignet, den ihr Name auch vorgibt. So fiel meine Wahl auf die 10-Zoll-Kupplung. Bereits die letzten Serie I und alle Serie II wurden von Jaguar auf der Suche nach Einsparungsmöglichkeiten mit einer kleineren 9 ½ Zoll messenden Kupplung ausgerüstet – eine recht kurzsichtige Maßnahme, denn diese Kupplung ist der Motorleistung nicht unbedingt gewachsen, insbesondere bei sportlicher Fahrweise. Der Umbau auf die ältere 10-Zoll-Kupplung ist daher in E-Type-Kreisen nichts Ungewöhnliches. Allerdings stellte ich fest, dass dieser Umbau mit einigen Mehrkosten einhergeht, und die Überholung des Getriebes hatte schon ein bedenkliches Loch in mein Budget gerissen. Schweren Herzens beließ ich es also bei der Werkskonfiguration und besorgte eine Ersatzkupplung in Standardausführung. Bei meinem gemäßigten Fahrstil hoffte ich darauf, dass die Serienkupplung schon halten würde. Bis heute scheint das auch der Fall zu sein.

Im Großen und Ganzen verlief der Einbau der neuen Kupplung und der anschließende Anbau des Getriebes glatt, ein paar Kleinigkeiten erwiesen sich dann aber doch als problematisch. Zum einen gab es da eine kleine Stiftschraube, mit der der Ausrückhebel an der Kupplungsglocke befestigt wird. Die hatte ich bei der Demontage des Ausrückhebels natürlich abgerissen, und nach diversen erfolglosen Versuchen mit einfacheren Mitteln blieb mir nur der Weg, einen Schweißpunkt auf den Rest der Schraube aufzusetzen. An diesem konnte ich mit einer kräftigen Zange ansetzen und bekam die Schraube so heraus – vielleicht hat dabei auch die Hitzeeinwirkung beim Schweißen nachgeholfen.

5.3-1 *Links: Haarscharf der Katastrophe entgangen: Ich war kurz davor, Getriebe und Glocke am Motor zu befestigen, als ich zufällig auf diese noch nicht angezogene Ölablassschraube stieß.*

Außerdem wäre mir um ein Haar ein wirklich schwerwiegender Fehler unterlaufen. Hinten am Motorblock sitzt eine Bohrung zum Ölkreislauf, die mit einer Ablassschraube und einem Kupferring verschlossen werden muss. Im Motorständer war ich mit einem Schlüssel nicht an sie herangekommen und hatte sie nur lose eingedreht. Zum Glück fiel mir das gerade noch rechtzeitig ein – ich war drauf und dran, die Getriebeglocke am Motor zu verschrauben. Nicht auszudenken, was passieren kann, wenn einem so etwas unterläuft – bis hin zum kapitalen Motorschaden infolge mangelnden Öldrucks ist alles möglich.

Ich überholte den Kupplungsnehmerzylinder – so wie die meisten anderen Hydraulikteile – mit neuen Manschetten und Gummis. Leider erfolglos, denn als der Wagen wieder auf der Straße war, leckte dieser Zylinder nach kurzer Zeit wieder, die Zylinderwandung war durch Rost zu stark beschädigt, und er musste durch einen neuen ersetzt werden. Eine weitere Maßnahme in diesem Stadium war der Umbau auf einen Kartuschen-Ölfilter – eine ebenfalls von vielen E-Type-Fahrern vorgenommene Änderung, durch die der Motoröl- und Filterwechsel in Zukunft leichter von statten geht.

Den Anlasser hatte ich ebenso wie die Lichtmaschine schon bei Lucas überholen lassen. Um ehrlich zu sein, war ich nicht sicher, ob „Überholen" wirklich zutraf – ein bisschen sahen die Teile so aus, als hätte man nicht mehr getan als sie zu putzen und neu zu lackieren. Zu diesem Zeitpunkt blieb mir aber nicht viel mehr übrig, als darauf zu vertrauen, dass diese Arbeit ihren Namen wirklich verdienen würde. Abschließend füllte ich den Motor mit einfachem mineralischen Öl der Viskosität 15W40, das für die Einfahrphase ausreichen sollte. Später kamen mir Bedenken, ich hätte möglicherweise doch spezielles Einfahröl nehmen sollen, aber gut, nun war es so.

*Oben: Der Kupplungsnehmerzylinder in seinen Einzelteilen, mit alten und neuen Dichtungen. Die Überholung war aber nicht sonderlich erfolgreich: Kurze Zeit, nachdem der Wagen wieder auf der Straße war, fiel der Zylinder aus und musste durch einen neuen ersetzt werden.* 5.3-3

*Ganz oben: Der Kupplungsausrückhebel und die Reste der Schraube, mit denen er am Getriebe befestigt wird. Um die abgerissene Schraube herauszubekommen, musste ein Schweißpunkt angebracht werden, der sich mit einer Zange gut greifen ließ.* 5.3-2

## Zusammenfassung

- Alle Schrauben prüfen, immer und immer wieder! Und ganz besonders solche, an die man später nicht mehr herankommt.
- Manchmal erfordern die Umstände das Abweichen von ursprünglichen Plänen.
- Neue Gummis gut und schön, aber bei Hydraulikteilen muss man auch den Zustand von Zylinder und Kolben berücksichtigen.

## 5.4 Der Gitterrohrrahmen

Motor und Getriebe waren damit so weit, dass sie an ihren angestammten Platz zurückkehren konnten. Der Gitterrahmen, der an der vorderen Stehwand verschraubt wird und Motor samt Getriebe sowie auch die Vorderachse aufnimmt, war mit meiner neuen Rohkarosserie geliefert worden und hatte eigentlich einen einwandfreien Eindruck gemacht. Bei genauem Hinsehen entdeckte ich aber, dass der Rahmen an einer entscheidenden Stelle ausgebessert worden war. Auf der linken Fahrzeugseite befindet sich ungeschickter Weise oberhalb der Befestigungspunkte des Hilfsrahmens an der Stehwand das Batteriehalteblech. In diesem Blechteil fangen sich Nässe und austretende Batteriesäure – ein verhängnisvoller Cocktail, der ab Werk durch eine Ablaufbohrung und einen daran befestigten Schlauch von den darunter liegenden Rahmenteilen ferngehalten wurde. Fatalerweise fehlt dieser Schlauch bei vielen E-Types, sogar an solchen, die gründlich restauriert wurden. Gelangt der Mix aus Wasser und Säure auf die Kontaktstellen zwischen Hilfsrahmen und Stirnwand, ist die (Korrosions-)Katastrophe vorprogrammiert. An dieser Stelle sei jedem E-Type-Besitzer angeraten, besser sofort in die Garage zu gehen und nachzusehen, ob dieser Schlauch wirklich da ist, wo er hingehört.

Mein Rahmen stammte ganz offensichtlich aus einem Exemplar, bei dem diese wichtige Kleinigkeit gefehlt hatte, und auch wenn die Reparatur professionell aussah – ein Rohrstück wird passend über den beschädigten Abschnitt geführt und auf dem alten Rohr sowie mit der Halteplatte verlötet –, so hatte ich nun doch Bedenken. Als kompletter Laie in diesen Dingen musste ich mich in dieser Angelegenheit mal wieder auf Leute verlassen, die sich mit so etwas auskennen. Meine Recherchen ergaben, dass das Material dieser Rohre auf keinen Fall geschweißt werden darf, durch die große Hitze würde es verspröden und seine Zähigkeit verlieren, der Rahmen würde irgendwann unweigerlich brechen.

Die ersten dieser Spezialisten, mit denen ich darüber sprach, bestätigten mir aber, dass mein Rahmen in Ordnung sei, die Reparatur sei fachmännisch erfolgt, und so beschloss ich, ihn wieder zu verwenden. Ich setzte ihn zusammen, passte ihn an die Aufnahmen an der Motorhaube an und lackierte ihn. Dann allerdings

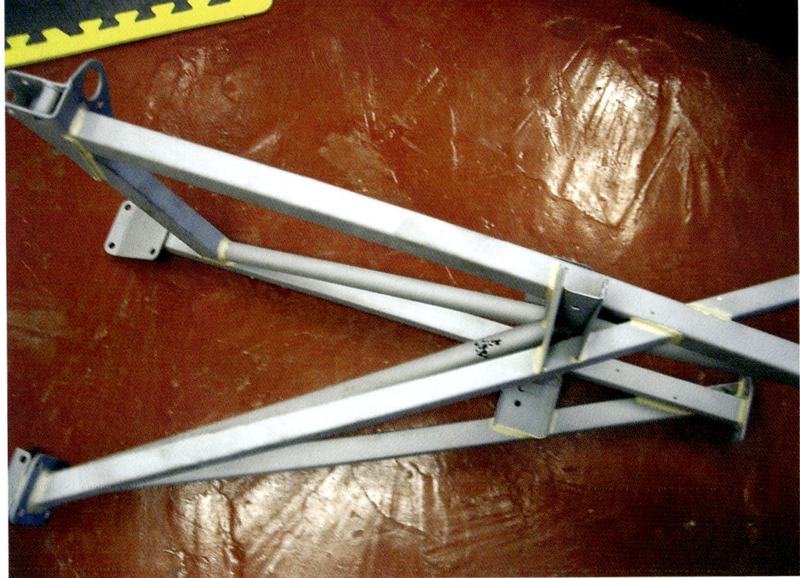

5.4-1 *Links: Die demontierten Einzelteile des – reparierten – Hilfsrahmens, nicht nur neu lackiert, sondern auch mit Hohlraumwachs von innen gegen Rost geschützt.*

*Der zugekaufte, gebrauchte Rahmen nach dem Strahlen – auf den ersten Blick wie neu …* 5.4-2

hörte ich, man dürfe diese Rahmen wirklich niemals reparieren, und schon gleich gar nicht mit der an meinem Rahmen vorgefundenen Methode. Diesen Rahmen anzubauen wäre absoluter Leichtsinn!

Ein Anbieter für komplett neu hergestellte E-Type-Hilfsrahmen war daraufhin schnell gefunden. Nur sagte mir man dort, dass jeder Rahmen ein Unikat ist und ich müsse auf jeden Fall die Motorhaube und ihre Halterungen anschließend so ändern, dass sie zu dem neuen Rahmen passen würden. Das kam nun nicht infrage – ich hatte eben erst Monate darin investiert, die Haube so perfekt wie möglich herzurichten. Außerdem wäre so ein neuer Rahmen nicht eben billig geworden. Ich machte also einen Rückzieher und wollte nun doch mit meinem alten Rahmen weitermachen, doch kaum war ich soweit ihn anzubauen, weckten weitere Meinungen anderer Experten erneut Zweifel in mir. „Lieber auf Nummer sicher gehen", lieber doch neu. Wenn da nur nicht die Sache mit den Kosten wäre …

Zufällig war ich genau zu diesem Zeitpunkt auf einem technischen Seminar bei einem der größeren E-Type-Spezialisten – Classic Motor Cars, das ich über den E-Type-Club gebucht hatte. Die Leute bei CMC waren sehr hilfsbereit und freundlich – und sie hatten einen gebrauchten Gitterrohrrahmen vorrätig, der wirklich gut aussah. Keine Frage, dass ich sofort wild entschlossen war, diesen Rahmen zu verwenden! CMC weigerte sich aber, mir das Ding zu verkaufen – ich sollte es erst einmal mit nach Hause nehmen und sandstrahlen lassen, schließlich wisse keiner, was sich unter dem Lack befand. Und nicht selten käme es vor, dass diese Rahmen brächen, obwohl sie einen wirklich guten Eindruck gemacht hatten.

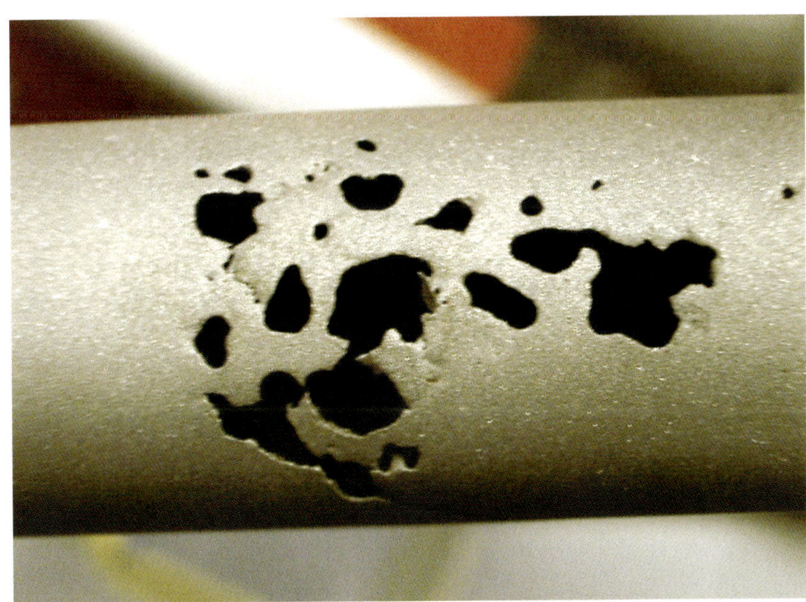

5.4-3 *… bei genauem Hinsehen aber mit einer Durchrostung an ungewöhnlicher Stelle.*

Gesagt, getan. Nach dem Strahlen war sofort klar, wie recht sie mit ihrer Vermutung gehabt hatten, eines der diagonalen Versteifungsrohre hatte sich glattweg in ein Sieb verwandelt. CMC nahm das Teil ohne den geringsten Einwand wieder zurück, ein sehr professionelles Verhalten. Überhaupt erwies sich dieser Anbieter als überaus entgegenkommend, vor allem auch gegenüber den teils merkwürdigen Nöten und Fragen eines Hobby-Schraubers, während viele andere Anbieter kaum bereit sind, mit jemand geringerem als dem Meister selbst zu sprechen.

Vermutlich wird es niemanden wirklich überraschen: Kurz nach dieser Episode entschied ich mich abermals – und diesmal endgültig – dafür, meinen alten Hilfsrahmen zu verwenden. Warum? Nun, zum einen war es mir nicht möglich, ein Urteil darüber zu fällen, welche Seite Recht hatte: Diejenige, die Hilfsrahmen repariert, oder die, die dies ablehnt. Ich entschloss mich zur ersten Variante. Immerhin gibt es gewerbsmäßige Anbieter für diese Art der Reparatur, und warum soll es nicht möglich sein, einen Rahmen, der ursprünglich durch Hartlöten entstand auch durch Hartlöten zu reparieren? Zum anderen wäre ein neuer Rahmen sehr teuer gewesen – und es hätte vermutlich weitere Arbeiten und Kosten verursacht, ihn an die bereits vollständig sanierte Motorhaube anzupassen.

Motor, Getriebe und Vorderachse hängen nun also in meinem alten, reparierten Gitterrohrrahmen. Gut möglich, dass ich mich im höchsten Maße ärgern werde, wenn mir bei der nächsten MOT-Prüfung gesagt wird, dass solche Reparaturen an tragenden Teilen nicht zulässig sind. Oder noch schlimmer, wenn die Skeptiker recht behalten und der Rahmen an der ausgebesserten Stelle bricht. Aber bis es soweit ist, lebe ich mit der Reparatur – sollte der Fall eintreten, ist es immer noch früh genug, sich wegen eines komplett neuen Rahmens den Kopf zu zerbrechen.

**5.4-4** *Der alte Rahmen mit der Reparaturstelle neben dem zugekauften Gebrauchtteil, bevor dieses beim Sandstrahlen war.*

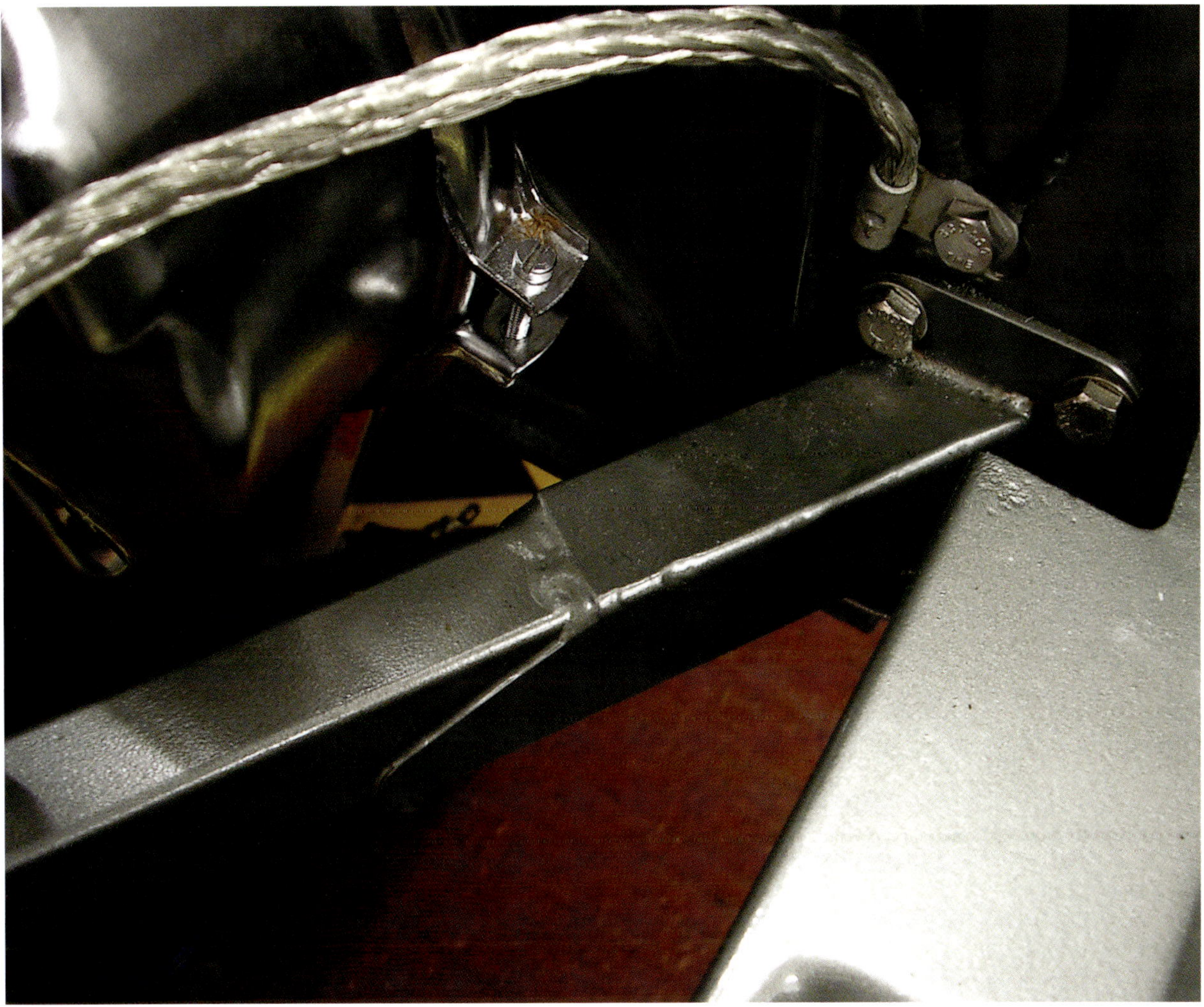

*Der ursprüngliche Hilfsrahmen – zurück gekehrt dahin, wo er hergekommen war.* **5.4-5**

## Zusammenfassung

- Der Hilfsrahmen muss nicht unbedingt von außen rosten – er kann bestens aussehen und ist trotzdem von innen her verfault.
- Ablaufleitung im Batteriehalteblech – sofort prüfen! Und dann regelmäßig immer wieder.
- Eines hört jeder Hobby-Schrauber immer wieder: „Allerdings…“

# 5.5 Einbau von Motor- und Getriebeeinheit

**5.5-1** *Mein generalüberholter XK-Antrieb am Haken des Motorkrans – der Gitterrohrrahmen folgte erst danach. Im Getriebetunnel: Die nachträglich angebrachte Hitzeschutzisolierung ist gut zu erkennen.*

Nachdem die Episode mit dem Gitterrohrrahmen glücklich überstanden war, kam die Zeit, dem E-Type seinen Antrieb zurückzugeben. Zum vierten und letzten Mal – Antrieb heraus, Hinterachse raus und wieder rein – kam mein wunderbarer Motorkran zum Einsatz. Es handelt sich dabei um eine jener speziellen Investitionen, ohne die es einfach gar nicht geht. Mein Vorgehen entsprach vermutlich nicht dem aus dem Werkstatthandbuch, denn ich bugsierte die Antriebseinheit am Haken hängend zuerst in die Einbauposition vor der Spritzwand, erst anschließend brachte ich den Hilfsrahmen an. Das klingt leichter gesagt als getan, aber in meinem Fall, in dem die niedrige Deckenhöhe der Garage die Bewegungsfreiheit gerne einschränkt, schien mir dies die einzige mögliche Reihenfolge zu sein. Will man den Motor in den bereits montierten Hilfsrahmen heben, benötigt man sowohl nach oben als auch nach unten deutlich mehr Spielraum. Mit dem Getriebe daran ist die Einheit erschreckend lang und man muss sie stark neigen, um vorne über die Quertraversen zu kommen. Viele Kenner des E-Type halten den Einbau von unten für die beste Methode, aber das gilt wohl eher für Werkstätten, die eine Hebebühne zur Verfügung haben und nicht für eine kaum zwei Meter hohe „Garage", die nichts anderes ist als das Untergeschoss eines kleinen Reihenhauses.

Zwischen Rahmen und Motor kamen neue, verstärkte Motorlager und Schrauben, die den Hilfsrahmen an der Stirnwand halten, ersetzte ich durch verzinkte Exemplare der höchsten Festigkeitsstufe. Edelstahlschrauben sind an dieser Stelle einfach nicht stabil genug. Da der Rahmen bereits vorher an dieser Karosserie gesessen hatte, passte er ohne Probleme. Trotzdem sei daran erinnert, dass man unbedingt sämtliche Schritte vorher probehalber durchführt – bevor man Karosserie, Rahmen und Haube endgültig überholt und lackiert hat! An manchen Stellen reicht eine Ungenauigkeit von wenigen Millimetern, um die vorherige Arbeit zunichte zu machen.

## Die Verschraubung des vorderen Hilfsrahmens

Insgesamt werden der vordere Hilfsrahmen und der Kühlerrahmen mit 20 Schrauben und selbstsichernden Muttern befestigt, die Schraubenlängen ergeben sich aus dem jeweiligen Einbauort:

- Insgesamt 8 Stück (Länge: 2 ½ Zoll) verbinden den Kühlerrahmen oben mit den seitlichen Rahmenträgern, jeweils vier pro Seite, mit jeweils zwei davon wird zugleich der obere Haubenträger-Hilfsrahmen befestigt.
- 6 Stück (Länge: 2 ³/₈ Zoll) – jeweils zwei außen und eine innen – verbinden die Hilfsrahmen des Motors und der Motorhaube mit dem Kühlerrahmen; zugleich werden mit ihnen die Lagerböcke der unteren Querlenker befestigt.
- 2 Stück (Länge: 2 ¹/₄ Zoll) dienen der vierten Verschraubung an diesen Stellen, mit ihnen wird der Querlenker-Lagerbock außen sowie der Lagerblock für den Querstabilisator unten befestigt.
- 4 Stück (Länge: 4 Zoll) verbinden die seitlichen Rahmenträger innen mit dem Kühlerrahmen; mit ihnen werden vorne bei Bedarf auch die Haltebleche für die Signalhörner angebracht.
- Die Lagerblöcke des Stabilisators werden zusätzlich oben mit zwei weiteren Schrauben befestigt (keine Verbindung mit den Seitenteilen).

Alle Schrauben werden von vorne eingeschoben und zeigen mit dem Gewinde zum Fahrzeugheck. Ausnahme: Die beiden Schrauben außen unten durch Seitenteile, Kühlerrahmen und Querlenkerlagerung müssen von hinten nach vorne durchgesteckt werden.

Die äußeren Schrauben oben am Kühlerrahmen müssen erst durch die entsprechenden Bohrung im Haubenhilfsrahmen geführt und dann an beiden Fahrzeugseiten durch die Bohrungen im Kühlerrahmen gesteckt werden. Wird der Haubenträger vorher mit seinen innenliegenden Schrauben am Kühlerrahmen befestigt, kommt man mit den äußeren Schrauben nicht mehr durch die vorgesehenen Löcher, von vorne ist der Haubenhalterahmen im Weg, von hinten die seitlichen Rahmenträger.

**5.5-2** *Die beiden längsten Schrauben führen durch den Lagerblock für den Querstabilisator, durch Kühlerrahmen samt Querlenkerlagerung sowie durch die Halteplatten der seitlichen Rahmenteile.*

**5.5-3** *Die äußeren unteren Schrauben müssen als einzige von hinten nach vorne durchgesteckt werden.*

**5.5-4** *Die beiden Schrauben links und rechts außen oben am Hauben-Hilfsrahmen müssen zeitgleich mit diesem montiert werden, befestigt man den Hilfsrahmen vorher anderweitig, lassen sie sich nicht mehr einführen, weder von vorne …*

**5.5-5** *… noch von hinten. Auf keinen Fall die Haltelaschen für die Befestigung des Kühlers vergessen!*

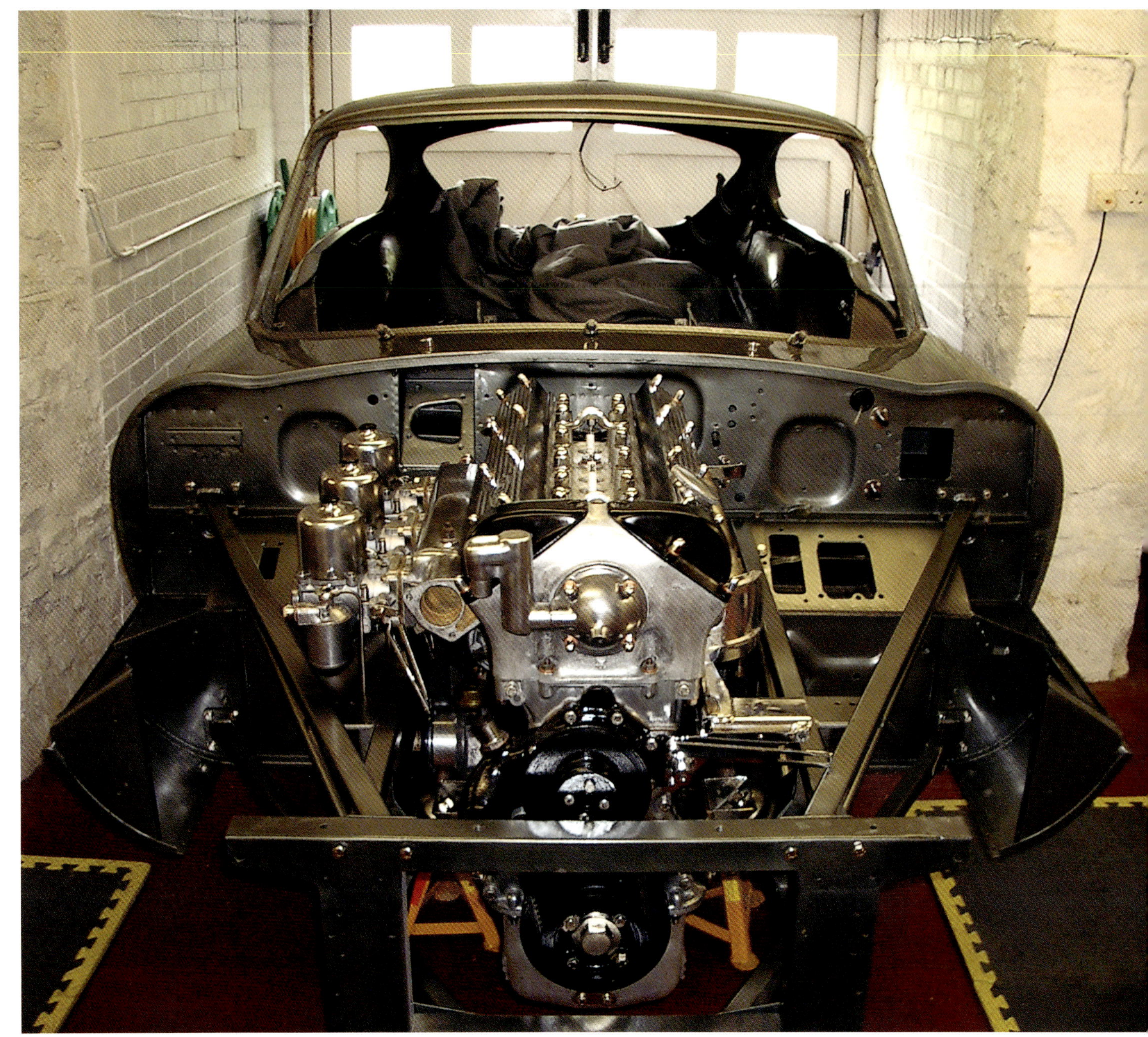

5.5-6 *Zurück wo es hingehört: Das legendäre XK-Triebwerk ist eines der herausragenden Attribute des E-Type – mit hoher Leistung, und großem Drehmoment ist er bei entsprechender Wartung trotzdem genügsam und zuverlässig. Ein echter Meilenstein in der Automobilgeschichte, der den E-Type zu einem auch heute noch durchaus im Alltag problemlos zu bewegenden Sportwagen-Klassiker macht.*

Nachdem der Rahmen hinten fest mit der Karosserie verbunden war, konnte ich mich seinem vorderen Ende widmen: Der Kühlerrahmen darf mit den seitlichen Rahmenteilen erst fest verschraubt werden, wenn diese hinten ebenfalls fest mit der Stirnwand verbunden wurden. Übrigens: Dieser Kühlerrahmen – die Engländer nennen ihn „Picture Frame" – wird mit mehreren Schraubbolzen unterschiedlichster Länge befestigt, und die Sache wird dadurch nicht einfacher, dass auch der Hilfsrahmen für die Motorhaube mit ähnlichen Schrauben angebracht wird. Es ist sehr zu empfehlen, vor Beginn der Montage wirklich zweifelsfrei zu lokalisieren, welche Schraube wohin gehört – und in welcher Reihenfolge man sie anbringt. Die Lagerböcke für die unteren Querlenker lassen sich unmöglich anbringen, wenn der Kühlerrahmen bereits verschraubt ist – ich erzähle hier nicht, wie ich das herausgefunden habe.

Die Bilderstrecke in diesem Kapitel schildert noch ein paar weitere Fallstricke, die ich kennenlernte. Die Haltewinkel für die Signalhörner hatte ich zuerst falschherum angebracht; dies fiel erst auf, als ich auch den Stabilisator montieren wollte. Die Halter der Stabi-Buchsen montierte ich beim ersten Mal ebenfalls mit falscher Ausrichtung, und besonders ärgerlich: Die Haltelaschen für den Kühler vergaß ich zuerst völlig. Sie werden mit zwei der Schrauben befestigt, die auch den Kühlerrahmen an den Rahmenträgern halten, und erinnern wir uns: Man bekommt diese Schrauben nicht heraus, wenn man nicht alle anderen auch löst. Zuletzt fielen mir noch zwei ovale Distanzstücke in die Hände, und ich erinnerte mich: Diese hatten sich unten zwischen den seitlichen Rahmenträgern und dem Kühlerrahmen befunden. Ich versuchte mich mit meinem altbewährten Mantra zu beruhigen: Beim nächsten Mal weißt Du, wie es geht, und Du wirst schneller damit fertig. Aber spätestens, als ich das dritte Mal sämtliche Verbindungen wieder lösen musste, begann ich, an dieser Weisheit zu zweifeln.

Übrigens fällt mir bei der Beschreibung dieses Dramas ein, dass auch die Wasserpumpe mit einer gehörigen Anzahl unterschiedlich langer Schrauben am Motorblock befestigt wird. Hier ist allerdings leicht herauszufinden, welche wohin gehört, weil das Pumpengehäuse an den jeweiligen Stellen unterschiedlich dick ausfällt. Und noch etwas: die Spannrolle für den Keilriemen. Die ist eigentlich mit einer Dauerschmierung versehen

**5.5-7** *Bildstrecke meiner vermeidbaren Fehler!*

5.5-8 Schon besser …

5.5-9 Und schließlich richtig!

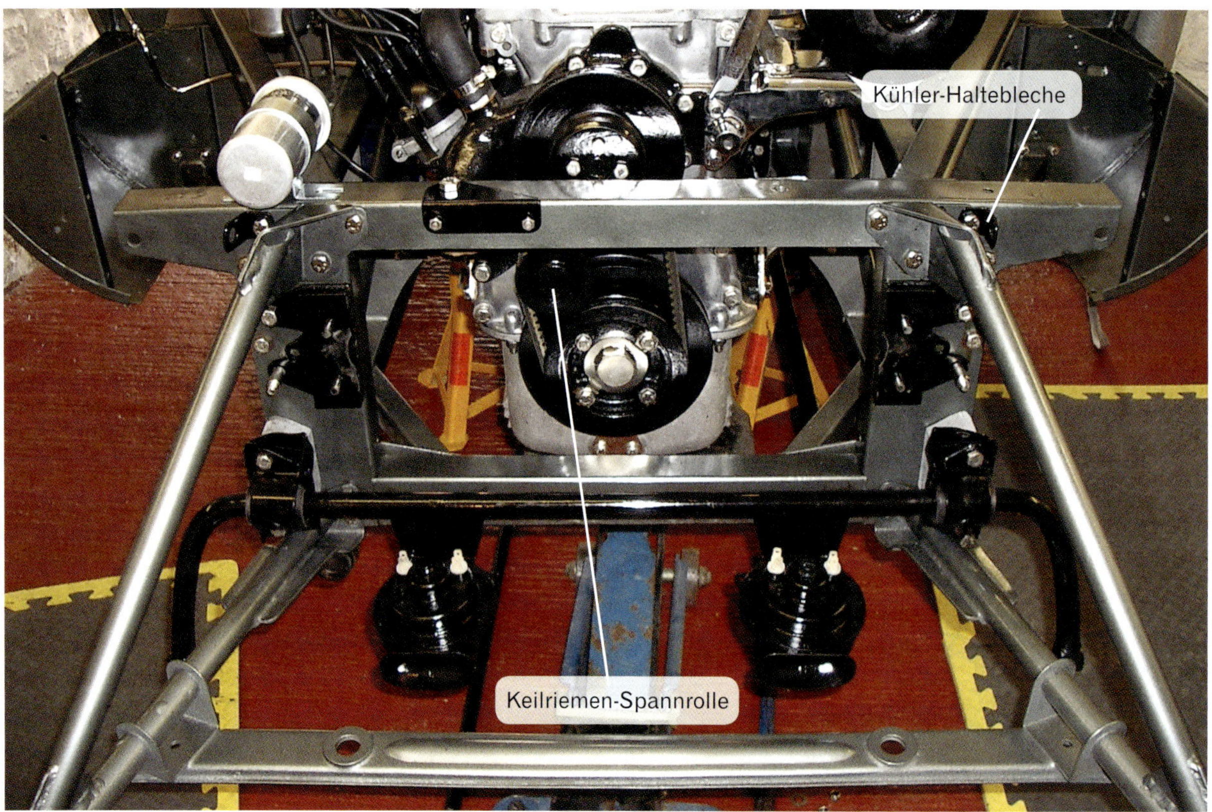

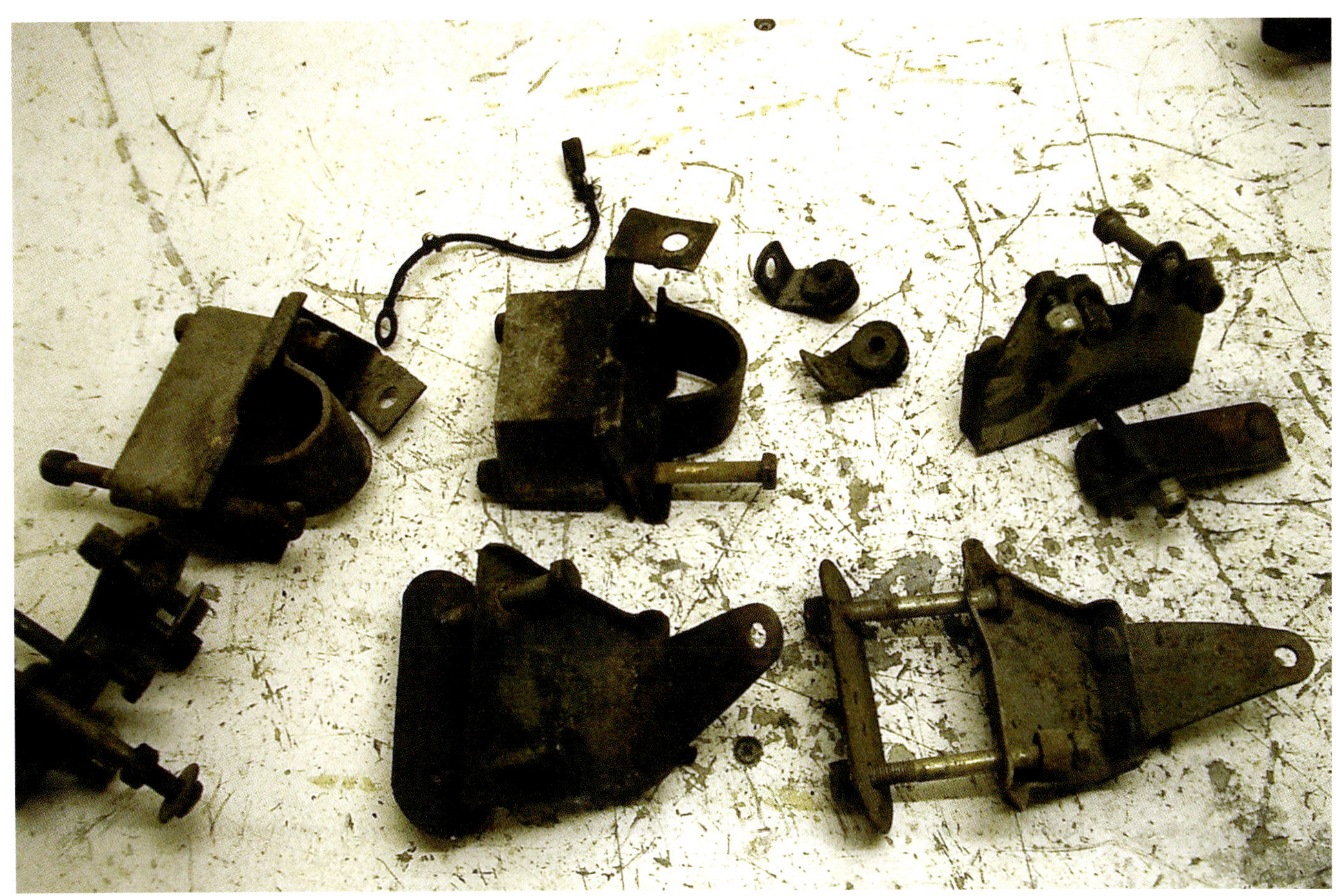

und abgedichtet, aber wenn man genau hinsieht, erkennt man in der Rille eine Madenschraube, die man mit einem Innensechskantschlüssel herausdrehen kann. Angeblich lässt sich dann ein Schmiernippel einsetzen, über den man ihr Lager nachfetten kann – ich konnte allerdings keinen entsprechend zierlichen Schmiernippel auftreiben und beließ es bei ein paar Stößen Lithiumfett aus der Sprühdose.

Letztlich gelang es mir aber, alles korrekt an Ort und Stelle anzubringen, wobei ich sämtliche Anbauteile natürlich zuvor überholt hatte. Die Halterungen der Lenkung hatte ich neu besorgt und dabei auf Polyurethan-Teile zurückgegriffen, in der Hoffnung, dass sie zu einem etwas präziseren Lenkgefühl führen würden als die weicheren Standard-Silentblöcke. Diese Halter bestehen aus zwei Metallplatten mit dazwischen verklebten oder aufvulkanisierten PU- oder Gummiblocks – man sollte regelmäßig kontrollieren, ob diese Verbindung noch intakt ist. Es gibt auch starre Halter, die aber für das Fahren auf öffentlichen Straßen weniger geeignet sind – sie leiten Fahrbahnstöße ungefiltert weiter in die Lenksäule und sind eher nur etwas für den Rennsport.

**5.5-10** *Die Anbauteile am Kühlerrahmen, bevor sie überholt wurden: Halterungen für den Stabilisator, die Lenkung und die Hupen.*

## Zusammenfassung

- Bei der Demontage: Notizen, Notizen, Notizen und viele Bilder! Es gibt nur wenige Stellen am E-Type, wo sie sich besser bewähren als bei dem Unternehmen, den vorderen Gitterrahmen wieder zu montieren.
- Wenn etwas nach der Montage nicht richtig aussieht, kann es daran liegen, dass es nicht richtig montiert ist.
- Wenn man etwas zum dritten Mal wieder zusammenbaut, muss man sich einfach noch mehr einreden, wie viel Spaß die Sache macht!

# 5.6 Der Verteiler

Der Motorraum füllte sich langsam wieder und ich musste mich an die Überholung des Verteilers machen. Ich hatte darüber nachgedacht, einen der kompletten neuen elektronischen Verteiler einzubauen, die mittlerweile für viele Klassiker erhältlich sind. Neben den mal wieder recht hohen Investitionskosten, störte es mich, dass man solche Verteiler offenbar nur mit einer roten Verteilerkappe bekommt. Nachdem ich eine Anleitung darüber gelesen hatte, beschloss ich daher, meinen alten Verteiler selbst zu überholen. Ich zerlegte und reinigte ihn, die Federn der Zündverstellung – sie wird über die Fliehkraft gesteuert, die zusätzliche Unterdruckverstellung wirkt nur beim Anfahren – ersetzte ich durch neue. Einen Umrüstsatz auf kontaktlosen Unterbrecher hatte ich bereits besorgt – es gibt diese von verschiedenen Herstellern, meine Wahl fiel auf den Lumenition, bei dem sich sämtliche Einzelteile im Verteiler unterbringen lassen. Ich wollte an dieser Stelle die originale Optik erhalten. Der Lumenition-Satz kam mit einer gut verständlichen Einbauanleitung, sodass der Umbau eigentlich problemlos verlief. Aber natürlich benötige auch diese Aktion einen zweiten Anlauf. Anfangs wurde ich nämlich aus dieser Anleitung einfach nicht schlau. Nach einiger Zeit ging mir aber ein Licht auf: Das waren einfach nur Fotokopien, und der Lieferant hatte mir gar nicht die vollständige Einbauanleitung mitgeschickt! Ich hatte nur die Seiten 1 und 4 bekommen, ohne die Seiten 2 und 3 ergaben diese aber nicht viel Sinn. Ein Anruf genügte, und ich war im Besitz einer vollständigen Anleitung.

Dieser Umbau besteht im Wesentlichen daraus, den mechanischen Unterbrecher von der Verstellplatte abzubauen. Ein Wermutstropfen beim Lumenition: Der Umbau ist – beinahe – irreversibel. Man muss den Stift absägen, auf dem der alte Unterbrecherkontakt sitzt, um Platz für den Hallgeber zu schaffen. Sollte ich also irgendwann wieder auf die klassischen Kontakte umrüsten wollen, benötigte ich zumindest eine neue Verstellplatte. Wie bald das der Fall sein sollte, wusste ich da noch nicht. Der Umrüstsatz kam mit einem kleinen Kabelbaum, das alte Kabel vom Unterbrecherkontakt zur Zündspule konnte ich also entsorgen, mitsamt der Gummimanschette, durch die es in den Verteiler geführt wird. Ich schraubte den Hallgeber auf die Verstellplatte und setzte anschließend den zum Umrüstsatz gehörenden Verteilerläufer auf die Antriebswelle.

**5.6-1** *Links: Umrüstung mit begrenzter Einsatzzeit: Der überholte Verteiler mit kontaktlosem Unterbrecher wurde bald wieder auf den Betrieb mit Unterbrecherkontakten umgestellt.*

**5.6-2** *Die Zündpunkt-Verstellung von unten – mit ausgehängten Rückholfedern*

*Dasselbe Teil von oben gesehen, mit neuen Federn und bereits wieder in den Verteiler eingebaut* **5.6-3**

Das Ganze verlief beinahe reibungslos, und das Kniffligste dabei war ganz eindeutig der Tausch der kleinen Federn auf der Verstellplatte. Ach ja: Diese Verstellplatte hatte ich bei der Überholung des Verteilers um 180 Grad verdreht eingebaut – ein Fehler, für dessen Korrektur ich alles nochmals hätte ausbauen und richtig herum wieder einbauen müssen. Da diese Operation ziemlich fummelig ist, beschloss ich, das so zu belassen. Die Zündfolge konnte ich auch anpassen, indem ich die Zündkabel ebenfalls um 180 Grad verdreht anbrachte, sie also ganz einfach um jeweils drei Anschlüsse versetzt an der Verteilerkappe anschloss. Und was soll ich sagen – es funktioniert! Achtung: Solche Änderungen sollte man sehr gut dokumentieren, damit der Nächste, der am Auto schraubt, nicht verzweifelt.

**5.6-4** Der Hallgeber des Lumenition-Umbausatzes, auf der Verstellplatte montiert

**5.6-5** So präsentiert sich der komplettierte Verteiler in der Draufsicht.

## Zusammenfassung

- Nicht immer ist man selbst daran schuld, wenn man aus einer Anleitung nicht schlau wird.
- Bevor man ein Bauteil unumkehrbar verändert sollte man stets sicherstellen, dass Ersatz beschaffbar ist.
- Vielleicht wäre eine rote Verteilerkappe doch vertretbar gewesen?!

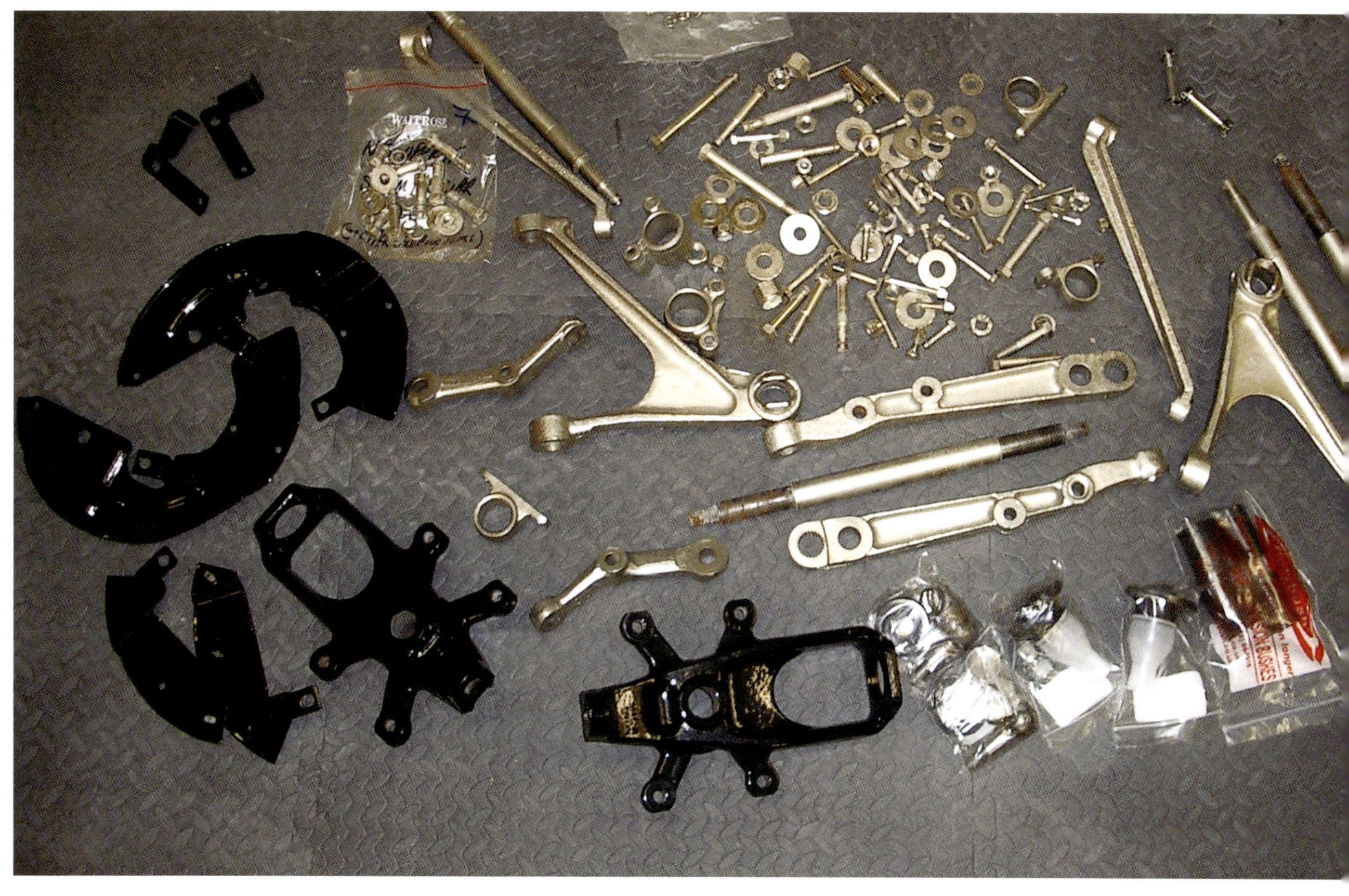

## 5.7 Die Vorderradaufhängung

Bei der Demontage der Vorderachse war mir ja bereits aufgefallen, dass der rechte untere Querlenker stark verbogen war. Glücklicherweise war es mir in der Zwischenzeit gelungen, geeigneten Ersatz aufzutreiben, gebraucht, aber in gutem Zustand. Beim Versuch, die Aufhängung in ihre Einzelteile zu zerlegen, musste ich bald kapitulieren – vor allem durch Korrosion war es ohne geeignetes Werkzeug unmöglich, die meisten Verbindungen auseinander zu bekommen. Ich brachte also alles in eine Werkstatt, aber auch dort hatte man einigen Aufwand damit, trotz des Einsatzes von Pressen und Abziehern. Letztlich erhielt ich aber meine Vorderachse in Einzelteilen zurück. Sämtliche Buchsen wanderten in den Müll, alles andere schickte ich zum Strahlen und ließ es je nach Einsatzzweck pulverbeschichten oder verzinken. Als alle Einzelteile wieder in der Garage lagen, saß ich vor einem netten kleinen Puzzle. Zum Glück enthalten die Ersatzteilkataloge sehr hilfreiche Explosionszeichnungen, und mit deren Hilfe ging ich ans Werk.

Ich hatte mir einen Komplettsatz Dämpfungsbuchsen für die Vorderachse besorgt, und zwar solche aus Polyurethan. Für den E-Type gibt es verschiedene Härtegrade, die an der jeweiligen Farbe erkennbar sind. Ich entschied mich für den Einbau von „gemäßigten" schwarzen Gummis, die etwas härter sind als die Serienausführung, aber für den Betrieb auf öffentlichen Straßen immer noch genug Komfort garantieren. Diese Buchsen lassen sich auch im Heimwerkerkeller in ihre Sitze pressen; wenn man es richtig anstellt, genügt ein stabiler Schraubstock. Mit heißem Seifenwasser lassen sich die Gleiteigenschaften verbessern, wobei die Buchsensätze aber meistens zusätzlich auch eine spezielle Montagepaste enthalten, die nach kurzer Zeit aushärtet und die Buchse zusätzlich in ihrem Sitz verankert. Normales Schmierfett ist als Montagehilfe natürlich völlig ungeeignet!

**5.7-1** *Die überholten Einzelteile der Vorderradaufhängung, je nach Einsatzzweck pulverbeschichtet oder verzinkt*

Beim Einpressen der Buchsen stellte ich leider fest, dass eines der sechs Querlenkerlager fehlte. Es war irgendwo auf den Wegen zwischen meinem Keller, der Werkstatt, dem Sandstrahlbetrieb und dem Beschichter abhan-

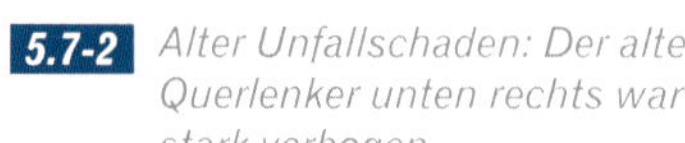

**5.7-2** *Alter Unfallschaden: Der alte Querlenker unten rechts war stark verbogen.*

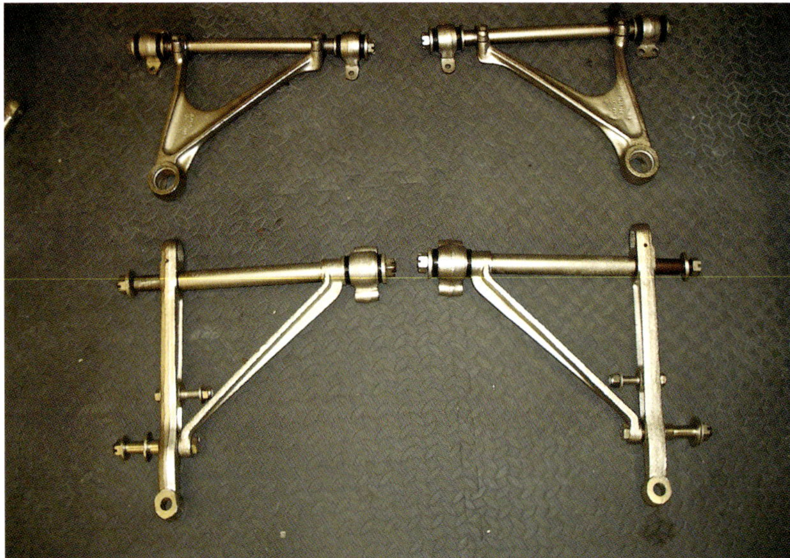

**5.7-3** *Die vier lose vormontierten Querlenker warten auf den Anbau ans Auto.*

den gekommen und blieb unauffindbar. Ich musste also ein anderes Lager auftreiben und ebenfalls verzinken lassen, erst dann ging es weiter.

Als erstes setzte ich die vier Querlenker – lose verschraubt – zusammen (siehe Bild 5.7-3). Anschließend befestigte ich sie am Hilfsrahmen; die Lagerböcke der oberen Querlenker sowie das hintere Lager des unteren Querlenkers werden dazu einfach angeschraubt. Das vordere Lager unten hatte ich ja bereits zusammen mit dem Kühlerrahmen und dem Hilfsrahmen für die Motorhaubenaufhängung angebracht. Zwischen dem oberen und dem unteren Querlenker montierte ich anschließend auf jeder Seite den Achsschenkel, auch das war soweit noch kein Hexenwerk. Für das untere Traggelenk gibt es mittlerweile wartungsfreie Neuteile, die problemlos und ohne Einstellarbeiten verbaut werden, aber auch oben, wo nach wie vor mit Einstellscheiben gearbeitet werden muss, war es kein Problem, die Traggelenke passend zu justieren (siehe Bild 5.7-4). Die Formel lautet ganz einfach: fest, aber nicht zu fest. Zumindest dachte ich zu diesem Zeitpunkt noch, es wäre so einfach. Es wurde aber dann doch etwas umständlicher: Der Zapfen des oberen Traggelenkes wird ebenso wie die Einstellscheiben und der Verschlussdeckel von oben durch die Öffnung im Querlenker geführt. Zusammengehalten wird das Ganze dann von einem stabilen Sprengring. Ich schaffte es zuerst einmal nicht, diesen zu montieren, während die Feder im Traggelenk Zapfen samt Scheiben und Deckel nach oben drückte. Die Lösung, die ich dafür fand, war vielleicht nicht unbedingt aus dem Lehrbuch: Mit einem einfachen Dreiarm-Abzieher zwang ich die Innenteile im Traggelenk nach unten und konnte so den Sprengring mühelos einsetzen (siehe Bild 5.7-5).

**5.7-4** Querlenker und Achsschenkel sind montiert, oben mit dem serienmäßigen, zerleg- und einstellbaren Traggelenk, unten mit einem einbaufertigen, wartungsfreien Neuteil

**5.7-5** Ungewöhnlicher Einsatzort für einen Abzieher beim Anbringen des Sprengrings im oberen Traggelenk

Erst im Nachhinein kamen mir Zweifel. Der vernickelte obere Querlenker bildet ja auch die Lagerpfanne für das Traggelenk, und ich habe keine Ahnung, ob diese Art der Beschichtung der Belastung gewachsen ist, die der Kugelkopf des Traggelenkzapfens auf sie ausübt. Wir werden sehen. Außerdem hatte ich vergessen, die oberen Abschlussdeckel ebenfalls vernickeln zu lassen. Am fertigen Autos sammelt sich auf diesen Feuchtigkeit, weshalb sie ständig rosten.

Die Achszapfen, die anschließend in die Achsschenkel eingebaut werden, hatte ich neu beschafft – zwei Mal, um genau zu sein. Die alten Zapfen hatten starke Laufspuren von den Radlagern aufgewiesen, weshalb ich sie ersetzen musste. Diese Dinger sind durchaus nicht billig, aber trotzdem waren die beiden, die ich zuerst erhalten hatte, so miserabel gefertigt, dass sie sogar noch mehr Lagerspiel verursachten als die Altteile, die ich eigentlich damit ersetzen wollte.

Die so genannten Staubschutzbleche hinter den Bremsscheiben gaben mir Anlass zum Grübeln. Eigentlich werden sie gar nicht benötigt, und nicht wenige Jaguar-Kenner halten sie sogar für nachteilig, weil sie die Luftzufuhr zu den Scheiben behindern, was vor allem bei verstärkter Bremsanlage und sportlicher Fahrweise Fading verursachen kann. Diese Ursachen scheiden bei mir aber aus, und außerdem sitzen an diesen Blechen auch Halteklammern für die Bremsschläuche – dafür müsste man dann eine Alternativlösung konstruieren. Also behielt ich die Bleche bei und machte mich stattdessen auch die Suche nach einer Edelstahlausführung. Den Gedanken, die alten Bleche zu verchromen, verwarf ich schnell wieder: Sie waren ziemlich pockennarbig vom Sandstrahlen zurückgekommen und hätten eine schlechte Basis für das Verchromen abgegeben. Eigens neue Bleche zu kaufen, nur um diese dann wiederum strahlen und verchromen zu lassen, war mir schlicht zu teuer. So ließ ich meine alten Bleche dick pulverbeschichten und verbaute sie wieder – sollte sich in Zukunft etwas Attraktiveres finden, ist der Austausch nicht allzu schwierig (siehe Bild 5.7-6).

Als nächstes folgten die Drehstäbe – eine Aufgabe, auf die ich mich nicht allzu sehr gefreut hatte. Diese Drehstäbe dienen als Federelemente an der Vorderachse, und man liest immer wieder, ihr Einbau wäre gar nicht so einfach. Tatsächlich wurde es dann doch keine allzu große Sache, und das Schwierigste war es, jemanden zu finden, der mir eine geeignete Lehre leihen konnte, die man unbedingt benötigt. Ohne ein solches Spezialwerkzeug, das an den Befestigungspunkten der Stoßdämpfer angebracht wird, ist es fast aussichtslos, die Position des unteren Querlenkers – noch dazu auf beiden Seiten – richtig einzustellen, bevor man die Drehstäbe anbringt (siehe Bild 5.7-7). Mittlerweile weiß ich: Wenn man sich die korrekten Maße besorgt, ist diese Lehre durchaus auch vom Heimwerker recht einfach

**5.7-6** *Spritzschutzblech und Radlagerzapfen sind an Ort und Stelle, der Bremssattel ist nur lose vormontiert.*

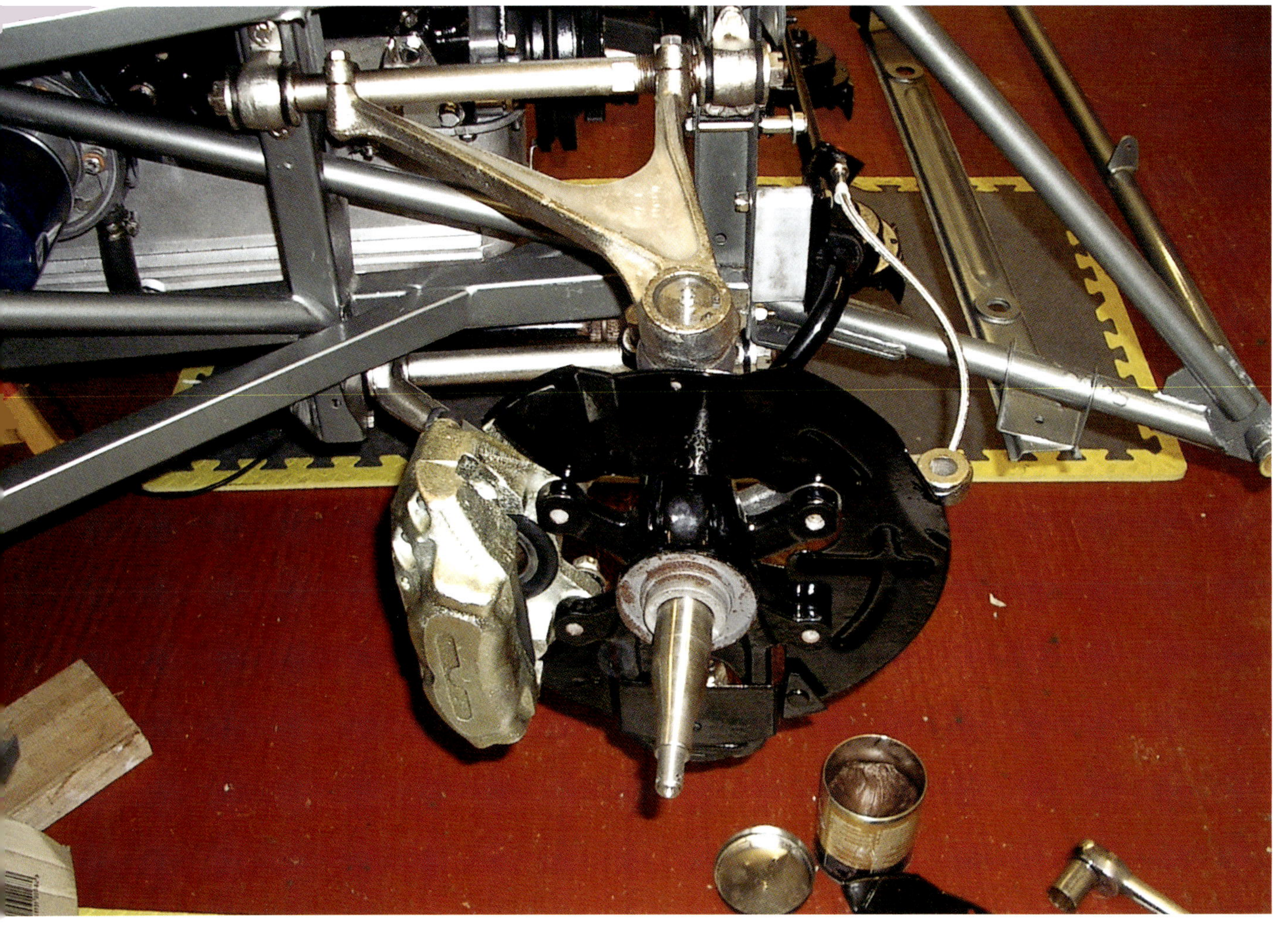

**5.7-7** *Die Einbaulehre für die Drehstäbe wird an den Befestigungspunkten der Stoßdämpfer angebracht.*

**5.7-8** *Einbaurichtung beachten: Die Drehstäbe für die linke und rechte Seite sind unterschiedlich und am vorderen Ende entsprechend gekennzeichnet.*

## Zusammenfassung

- Alle Ersatzteile auf Maßhaltigkeit und Passform prüfen – bevor man sie einbauen will!
- Gibt man Teile außer Haus, immer deren Vollzähligkeit überprüfen, vorher und nachher.
- Mit den richtigen Informationen lässt sich manches Spezialwerkzeug auch ganz einfach selbst herstellen.

anzufertigen (das vorgeschriebene Abstandsmaß zwischen oberer und unterer Stoßdämpferaufnahme beträgt 45,16 cm).

Die Drehstäbe sind seitenabhängig, links und rechts unterschiedlich, auf den ersten Blick aber nicht auseinander zu halten. Sie sind deswegen an den vorderen Enden mit eingeschlagenen Buchstaben und Ziffern gekennzeichnet, an denen man sie erkennen kann – wenn sie an dieser Stelle nicht zu stark verrostet sind. An meinem Auto war die Kennzeichnung noch gut zu erkennen (siehe Bild 5.7-8), aber trotzdem hatte ich vor dem Ausbau zusätzlich verschiedenfarbige Klebebänder angebracht, um sie sicher identifizieren zu können. Die Drehstäbe sind an beiden Enden verzahnt und sitzen vorne in den unteren Querlenkern; hinten werden sie in ebenfalls innenverzahnten Haltern am Chassis befestigt.

# 5.8 Lenkung & Naben mit Bremsen vorne

Die Vorderradaufhängung mit Querlenkern und Torsionsfederstäben saß vormontiert am Auto, und ich konnte mich mit dem nächsten Schritt befassen: Naben und Bremsen. Wie ich annahm, musste ich Sturz- und Nachlaufwinkel an den Vorderrädern erst einstellen, wenn das Auto wieder betriebsfähig, mit vollem Tank und sämtlichen Betriebsstoffen auf allen vier Rädern stehen würde. Ein Irrtum, wie sich herausstellte. Nicht allzu viel später besuchte ich wieder einmal einen Schrauberkurs des E-Type-Clubs und erfuhr, wann der richtige Zeitpunkt ist, diese Einstellungen vorzunehmen. Und um wie viel einfacher es ist, wenn man das mit den passenden Lehren am aufgebockten Auto macht.

Sturz und Nachlauf bezeichnen die Stellung des Achsschenkels in Bezug zur Senkrechten. Neigt sich eine gedachte Längsachse durch den Achsschenkel oben nach innen – in Richtung des Motors -, nennt man dies negativen Radsturz. Beim E-Type wird ein leicht negativer Sturz von – 0,5 Grad vorgeschrieben. Einstellen lässt sich das, indem man die Halterungen, mit denen der obere Querlenker am Trägerrahmen befestigt wird, je nach Bedarf mit mehr oder mit weniger Einstellscheiben montiert.

Der Nachlauf gibt an, um wieviel sich die gedachte Hochachse des Achsschenkels nach vorne oder hinten aus der Senkrechten bewegt. Beim E-Type benötigt man einen positiver Nachlauf – man spricht dann auch von Vorlauf – von 1,5 Grad. Die Drehachse der oberen Querlenker ist mit Gewinden versehen; löst man die Klemmschrauben am Querlenker, lassen sich diese Achsen mit einem Schraubenschlüssel drehen, der Querlenker wandert dabei je nach Drehrichtung nach vorne oder nach hinten und verschiebt die Hochachse des Achsschenkels entsprechend. Es gibt eine spezielle Lehre für diese Einstellungen, die man an den Bremsscheiben anbringt. Man misst die Abstände zwischen dieser Lehre und den vorgegebenen Messpunkten am Fahrzeugrahmen und stellt beide Winkel so ein, dass die gemessenen Werte mit den Vorgaben aus dem Werkstatthandbuch übereinstimmen.

So weit war ich allerdings noch nicht, denn wie erwähnt dachte ich, das käme erst später dran. Mit montierten Bremsleitungen, Schmutzfängern und Kabeln im Weg wurde das Vorgehen dann unnötig kompliziert, aber da muss man durch.

Die Radlager sollte man ohnehin ersetzen, wenn man die Vorderachse

**5.8-1** *Links: Einstellen des Vorlaufs (positiver Nachlauf): Die Klemmschrauben der oberen Querlenker werden gelöst und die Querlenkerachse mit dem Gabelschlüssel gedreht. Je nach Drehrichtung wandert der Querlenker dabei nach vorne oder nach hinten.*

*Die Lagerschale des äußeren Radlagers weist starke Verschleißspuren auf.* **5.8-2**

schon so weit demontiert hat. An meinem Auto hatten sie ganz offensichtlich das Ende ihrer Lebensdauer erreicht: Die Laufringe (Lagerschalen) wiesen starkes Pitting auf – so bezeichnet man die Beschädigungen in der gehärteten Oberfläche. Die äußeren Laufringe der Radlager sitzen in den Naben und ließen sich problemlos heraustreiben, ebenso ließen sich die neuen Teile leicht einpressen. Anschließend montierte ich neue Bremsscheiben an die Naben, wobei keine verbesserten oder gar innenbelüfteten Scheiben zum Einsatz kamen, sondern normale Vollscheiben. Ich hatte diese Scheiben schon seit längerer Zeit parat liegen; damals glaubte ich noch fest daran, das Projekt schnell erfolgreich fertigstellen zu können. Seinerzeit war davon gesprochen worden, dass belüftete Scheiben irgendwann verfügbar sein sollten, aber erstens war ich ja noch in Eile, und zweitens hatte ich Bedenken, solche Scheiben wären für mich unbezahlbar. Um ehrlich zu sein: Schon die Standardscheiben sind ziemlich teuer. Außerdem gelten auch die Standardbremsen als durchaus gut, und der Vorteil belüfteter Scheiben kommt eigentlich erst zum Tragen, wenn man seinen Jaguar wirklich sportlich oder gar unter Rennbedingungen fährt – so etwas hatte ich nicht vor.

Mit montierten Radlagern schob ich nun die Radnabe auf den Achsstummeln. Laut Werkstatthandbuch soll man die Einstellmutter des Radlagers so anziehen, dass das Lager etwas schwergängig wird. Anschließend löst man sie ganz langsam wieder, bis der Widerstand beim Drehen der Nabe verschwindet. So machte ich das auch – wie genau man feststellt, ob man das richtige Maß von „etwas schwergängig" erreicht hat, ist mir aber bis heute nicht klar, allerdings hatte ich ohnehin geplant, alle Lagerspiele nach ein paar Hundert Kilometern zu überprüfen. Eine gute Strategie, wie sich erweisen sollte, denn die Radlager mussten mittlerweile deutlich nachjustiert werden.

Anschließend wurden die Radnaben mit Lagerfett gefüllt. Sie sind leider ziemlich geräumig, und um sicherzustellen, dass die darin liegenden Radlager vernünftig geschmiert werden, muss man sie vollständig mit Fett füllen. Ein halbes Kilo gutes Lagerfett pro Nabe kann da schnell aufgebraucht sein, vom mehrmaligen mühsamen neuen Auffüllen der Fettpresse ganz zu schweigen.

Als nächstes schraubte ich die Bremssättel auf ihre Halterungen am Achsschenkel und überprüfte, ob sie exakt parallel zu den Scheiben saßen.

*Aufgrund ihrer Auslegung benötigen die Radnaben eine reichliche Menge an Schmierfett.* 

Ein geringer Verzug an dieser Stelle lässt sich durch Einstellscheiben ausgleichen, an meinem Auto war aber alles in Ordnung. Die Bremsklötze sind von „Green Stuff" und aufgrund ihres Materials sollen sie für weniger Bremsquietschen sorgen. Nicht jeder hält diese Klötze für ideal, aber bis heute kann ich mich nicht beklagen, sie greifen kräftig und machen keinen Lärm. Einem Vergleich zu heutigen Autos mit besseren Bremskraftverstärkern hält die E-Type-Bremse allerdings nicht unbedingt stand, man muss schon kräftig zutreten.

Neue stahldrahtummantelte „Stahlflex"-Bremsschläuche wurden montiert, dann folgten die Stoßdämpfer. Rundum kamen Koni-Dämpfer zum Einsatz. Alle vier Dämpfer hatte ich schon beim Kauf vom Händler auf eine mittlere Härte einstellen lassen. Mit dem Anbau des Querstabilisators war die Vorderachse weitestgehend fertig. Ich hatte mich dagegen entschieden, irgendwelche vermeintlichen Optimierungen vorzunehmen. Es gibt da viele Möglichkeiten – härtere Buchsen, dickere Stabis oder stärkere Torsionsfedern. Eine Änderung zieht da leicht die nächste nach sich, und ich verließ mich darauf, dass die werksmäßige Ausstattung für meine Zwecke schon ausreichend sein würde.

Aus demselben Grund baute ich auch nicht auf eine Servolenkung um, auch wenn elektrische Servolenkungen bereits zu erschwinglichen Preisen angeboten werden. Die Standardlenkung im E-Type ist sehr direkt und genau und gleichzeitig nicht besonders schwergängig. Trotzdem beging ich hier einen meiner schlimmsten Fehler und kaufte eine neue Lenkung. Ich hatte von vielen Seiten gehört, solche Neuteile wären auch nicht viel teurer als überholte Altteile, und man wisse nie, wie sorgfältig so eine Überholung durchgeführt würde. Als die neue Lenkung bei mir eintraf, konnte ich erst einmal kaum glauben, wie sie aussah: Dicker Lack anstelle des glatten Aluminiums an der alten Lenkung, optisch und in einigen Details anders als meine alte Lenkung, und irgendwie wirkte sie billig. Trotzdem entschied ich mich, sie einzubauen, und nicht nur das – ich verkaufte das Original auch noch weiter. Es gibt also kein Zurück, und obwohl sie bisher

**5.8-4** *Green Stuff Bremsklötze bestehen aus einem speziellen Material, das Bremsquietschen verhindern soll.*

**5.8-5** *Die überholten Bremssättel, neue Bremsscheiben und die montierten Green Stuff-Klötze.*

**5.8-6** *Oben die neu hinzugekaufte Lenkung, unten das alte Originalteil: Gewisse optische Unterschiede sind nicht zu leugnen.*

anstandslos arbeitet, bin ich mit der Lenkung nicht so richtig glücklich und denke mittlerweile doch wieder darüber nach, auf Servolenkung umzurüsten.

Altteile überholen, NOS-Teile (New Old Stock, also alte Originalteile, die noch nie verbaut waren), oder Nachfertigungen? Leider gibt es keine allgemeingültige Empfehlung dazu, wann man welche Lösung wählen soll, und ich selber habe mit jeder der drei Optionen auch schlechte Erfahrungen gemacht. Sicher ist eine fachmännische Überholung eines Altteils – bei einem ausgewiesenen Fachbetrieb – einer billigen Nachfertigung nicht nachvollziehbarer Herkunft vorzuziehen. Umgekehrt gibt es aber auch vernünftige Repro-Teile und ebenso gibt es jede Menge Pfusch beim Überholen von Altteilen. NOS-Teile sind natürlich sehr begehrt, immerhin handelt es sich um ungebrauchte Originale. Aber man muss sich bewusst sein, dass auch sie infolge „Überlagerung“ durchaus nach kurzer Verwendung ausfallen können.

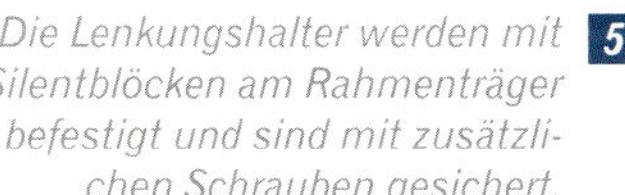

*Die Lenkungshalter werden mit Silentblöcken am Rahmenträger befestigt und sind mit zusätzlichen Schrauben gesichert.* **5.8-7**

Die Lenkung wird mit Silentblöcken am Rahmenträger befestigt – man hört hin und wieder davon, dass diese Teile abreißen. An meinem Auto brachte ich daher zusätzliche Sicherungsschrauben an, die die Lenkung am Auto halten, sollten die Silentblöcke ausfallen. Die Gummimanschetten an der neu gekauften Lenkung waren lediglich mit einfachen Drahtklammern fixiert – über die Anmutung dieser Lenkung wurde ja schon gesprochen. Immerhin konnte ich hier mit vernünftigen Stahlschellen etwas nachbessern. Neue Spurstangenendstücke – moderne wartungsfreie Neuteile ersetzten die alten, noch mit Schmiernippeln versehenen Originalteile, und damit hatte ich den Abschnitt Vorderachse und Lenkung so gut wie fertig. Ein Punkt auf der Arbeitsliste fehlte nämlich noch: Nachlauf und Sturz warteten darauf, eingestellt zu werden.

**5.8-8** *Im Gegensatz zu der modernen, wartungsfreien Ausführung weisen die alten Spurstangen-Endstücke noch Schmiernippel auf.*

*Vorderachse samt Lenkung fertig montiert: Die Stahlflex-Bremsschläuche sind eine sehr empfehlenswerte Verbesserung.* **5.8-9**

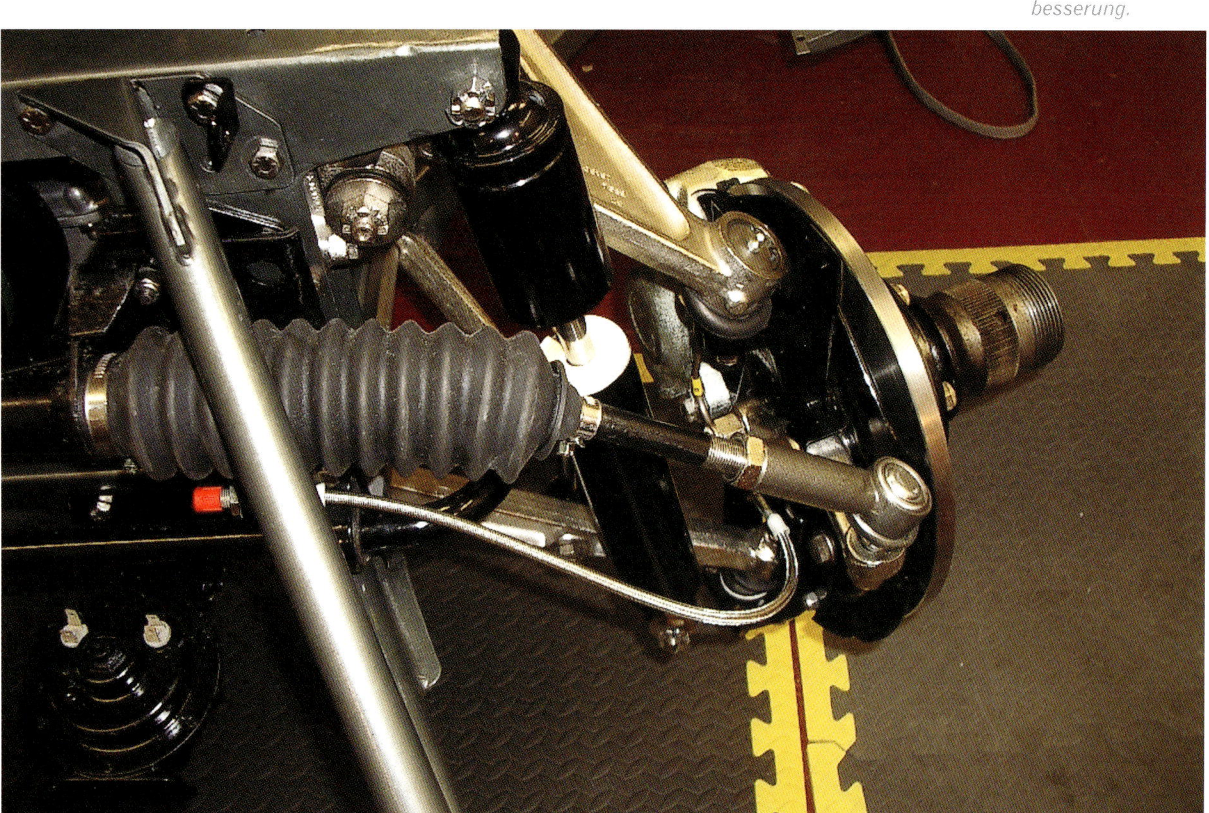

5.8-10 *Die linke Vorderradaufhängung noch einmal im fertigen Auto: Sämtliche Teile wurden entweder pulverbeschichtet oder vernickelt, um Korrosion zu verhindern.*

**Zusammenfassung**

- Schrauberkurse besucht man am besten, BEVOR man anfängt, sein eigenes Auto zu restaurieren.
- Nachlauf und Sturz – kein Geheimnis. Wenn man weiß, wie es geht.
- Neuteile, Repro, NOS, Überholung – es gibt kein Patentrezept

## 5.9 Pedalerie und Hauptbremszylinder

Ich hatte die Pedalbox als Einheit zusammen mit dem Hauptbremszylinder sieben Jahre zuvor aus dem Auto ausgebaut und seitdem nicht mehr angerührt. Nun war es an der Zeit, sich darum zu kümmern, und ich nahm mir vor, beides selbst zu überholen, zum einen, weil mich interessierte, wie diese Einheit funktioniert, und zum anderen, weil es Überholsätze gibt und Neuteile sehr teuer sind.

Als ich den Hauptbremszylinder zerlegte, kam mir eine zähflüssige Masse entgegen. Gut, dachte ich – „wenn das alles schön sauber gemacht wird, dann wird er ja wieder hervorragend bremsen". Was mir nicht in den Sinn kam: Dieser Schmodder hatte sich erst entwickelt, nachdem ich die Teile ausgebaut hatte. Leider hatte ich damals nämlich die Bremsflüssigkeit nicht abgelassen und die Einzelteile trocken und sauber eingelagert. Bremsflüssigkeit ist sehr hygroskopisch, sie zieht also Wasser an. Und Metallteile und Wasser führen zu Rost. An so etwas dachte ich jetzt aber noch nicht und reinigte alles gründlich – zu den Folgen kommen wir später.

Das Zerlegen war einfach, man benötigt aber eine gute Spitzzange, um den Seegerring, der das Innenleben des Zylinders gegen das Herausfallen sichert, aus der Nut zu lösen. Man sollte überhaupt nur gutes Werkzeug verwenden, denn merke: Wer billig kauft, kauft zweimal, aber es gibt ein paar Bereiche, wo das noch mehr gilt als bei anderen. Bei den 4,2-Liter-Autos ist die Bremsanlage zweigeteilt: Mit dem eigentlichen Hauptbremszylinder werden nicht die Bremsen bedient, sondern es wird der Druck in der Hydraulik über ein so genanntes Reaktionsventil an den Servozylinder weitergegeben, von wo aus er über die Servomembrane und den Unterdruck aus dem Ansaugtrakt des Motors verstärkt und an die Bremsen übertragen wird. Der Kolben des Hauptbremszylinders betätigt auch das Reaktionsventil. Er geht oft fest, weil Dichtungen über die Jahre aufquellen, in diesem Fall kann der Servozylinder nicht zurückstellen und die Bremsen lösen nicht, wenn man vom Pedal geht. Bei der Demontage muss man den Kolben äußerst vorsichtig aus dem Zylinder herausnehmen – man darf ihn nicht beschädigen, denn Kolben und andere Metallteile gehören meistens nicht zum Lieferumfang eines Reparatursatzes.

Nachdem ich alle Einzelteile für sauber hielt, ging ich daran, den Zylinder mit einem Überholsatz wieder zusammenzusetzen. In welcher Reihenfolge die vielen Einzelteile wieder

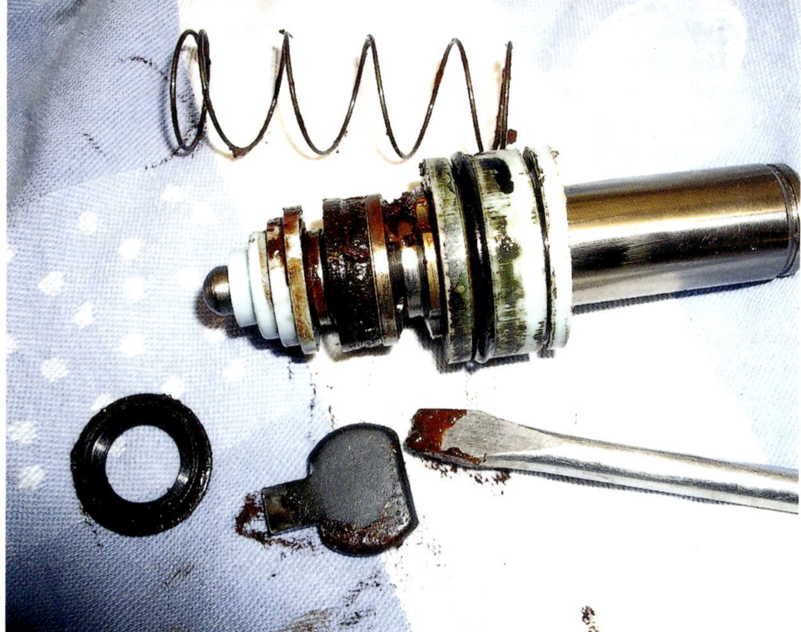

**5.9-1** *Links: Korrosionsschäden aufgrund nicht abgelassener Bremsflüssigkeit: Die Einheit aus Pedalbox und Hauptbremszylinder lag nach ihrem Ausbau jahrelang im Regal und rostete vor sich hin.*

**5.9-2** *Hier hilft nur gründliches Reinigen, um mögliche Schäden festzustellen: Kolben und Dichtungen des Hauptbremszylinders.*

eingebaut werden, ist auf den ersten Blick vielleicht nicht direkt ersichtlich, aber das Werkstatthandbuch und auch die Anleitungen mancher Überholsätze enthalten sehr übersichtliche Explosionszeichnungen (Bild 5.9-3), mit deren Hilfe das ganze kein Hexenwerk ist. Allerdings ist es sehr zu empfehlen, bei diesen Arbeiten auf die Unterstützung eines Helfers vertrauen zu können – bei dem einen oder anderen Schritt kommt man mit nur zwei Händen kaum weiter. Und wenn man sich die beiden Zeichnungen auf dem Bild ansieht – was fällt da auf? Genau: Die beiden Abbildungen zeigen eine unterschiedliche Anordnung der Dichtungen und Ringe zwischen Feder und Kolben – welche stimmte nun? Zum Glück hatte ich beim Zerlegen des Zylinders alles fein säuberlich fotografiert. Mit diesen Aufzeichnungen konnte ich die korrekte Einbaulage aller Teile rekonstruieren. In diesem Fall war die Anleitung aus dem Reparatursatz richtig und die Hinweise aus dem Werkstatthandbuch falsch. Man muss aber bei Jaguar immer mit solchen Merkwürdigkeiten rechnen, und auch zwischen den Handbüchern verschiedener Jahrgänge kommt es gelegentlich zu Diskrepanzen.

Ich hatte in der Zwischenzeit alle Einzelteile gründlich gereinigt, die Pedalbox blitzblank poliert und den

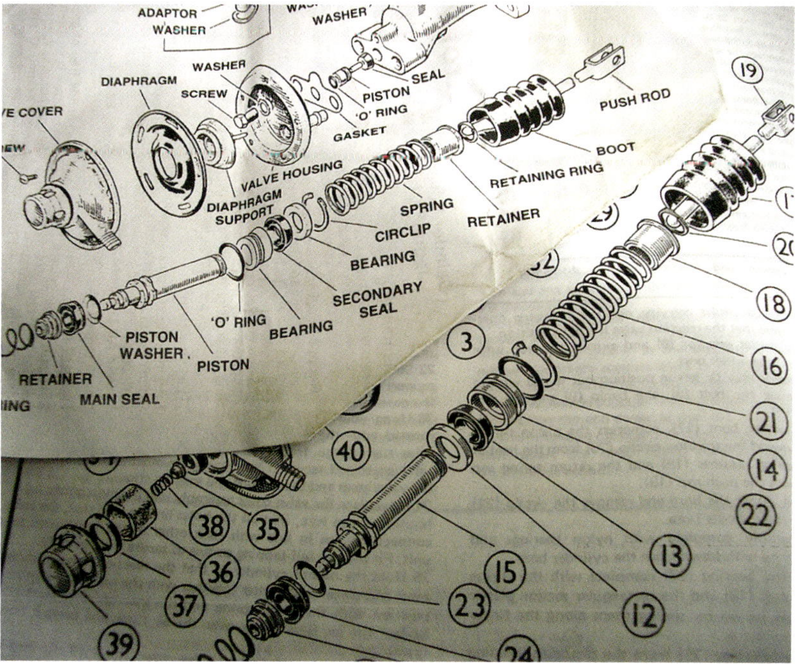


**5.9-3** *Die Explosionszeichnungen aus dem Werkstatthandbuch und aus dem Reparatursatz: Die Anleitung aus dem Reparatursatz behielt Recht.*

Zylinder außen neu lackiert. Als ich nun das Gehäuse des Reaktionsventils – man nennt es auch „Atmosphärisches Ventil" – am Hauptbremszylinder anschrauben wollte, bekam ich es mit den Ungereimtheiten des englischen (nicht umsonst auch „Imperial" genannten) Maßeinheitensystem zu tun: Im Handbuch standen zwei Werte, einmal der imperiale und auch ein metrischer. Leider besaß ich keinen Drehmomentschlüssel mit metrischer Skala. Der imperiale Wert allerdings erschien mir etwas hoch für diese Art der Verschraubung: Das Anzugsmoment sollte höher sein als die 90 lb/ft (gut 120 Nm), mit denen man Zylinderkopfschrauben anzieht! Egal, beide mir vorliegenden Handbücher gaben denselben Wert an.

Vermutlich wird sich niemand wundern, dass auch diese Aktion nicht gut endete: In meinem Fall kam die Schraube aus dem Zylinder heraus – ich hatte das Innengewinde im Zylinder ruiniert. Wieso? Nun, nachdem ich mich ausgiebig geärgert hatte, sah ich mir die Anweisungen in den Handbüchern nochmal genau an: Da stand „160-180 lb/ins"; eine Maßeinheit, von der ich noch nie etwas gehört hatte. Metrischen Europäern, die schon seit langem mit SI-Maßen operieren, muss das näher erklärt werden: „lb/ins" bedeutet Pfund pro Zoll – also ein Gewicht von ca. 450 Gramm an einem Hebel von gut 2,54 Zentimetern Länge. Ich hatte daraus kurzerhand „lb/ft", also Pfund pro Fuß gemacht, die in England nach wie vor geläufigste Maßeinheit für Kraft. Ein Fuß allerdings entspricht einem Maß von gut 30 Zentimetern – der Faktor zwischen den beiden Maßeinheiten beträgt fast Zwölf, und so gesehen war es erstaunlich, wie lange das Gewinde meinem Gewalteinsatz widerstanden hatte.

Nun gut, alles Ärgern über meine eigene Dummheit half nichts. Mit einem HeliCoil-Einsatz ließ sich dieses Malheur zum Glück relativ einfach beheben. Zwischen Reaktionsventil und Zylindergehäuse sitzt eine Dichtung, die ich beim ersten Anlauf natürlich völlig zerquetscht hatte und die ich ersetzen musste. Nachdem ich das Drehmoment diesmal richtig einstellen konnte, verlief die restliche Mon-

5.9-4

*Der Kolben im Hauptbremszylinder muss mit größter Vorsicht herausgeschoben werden.*

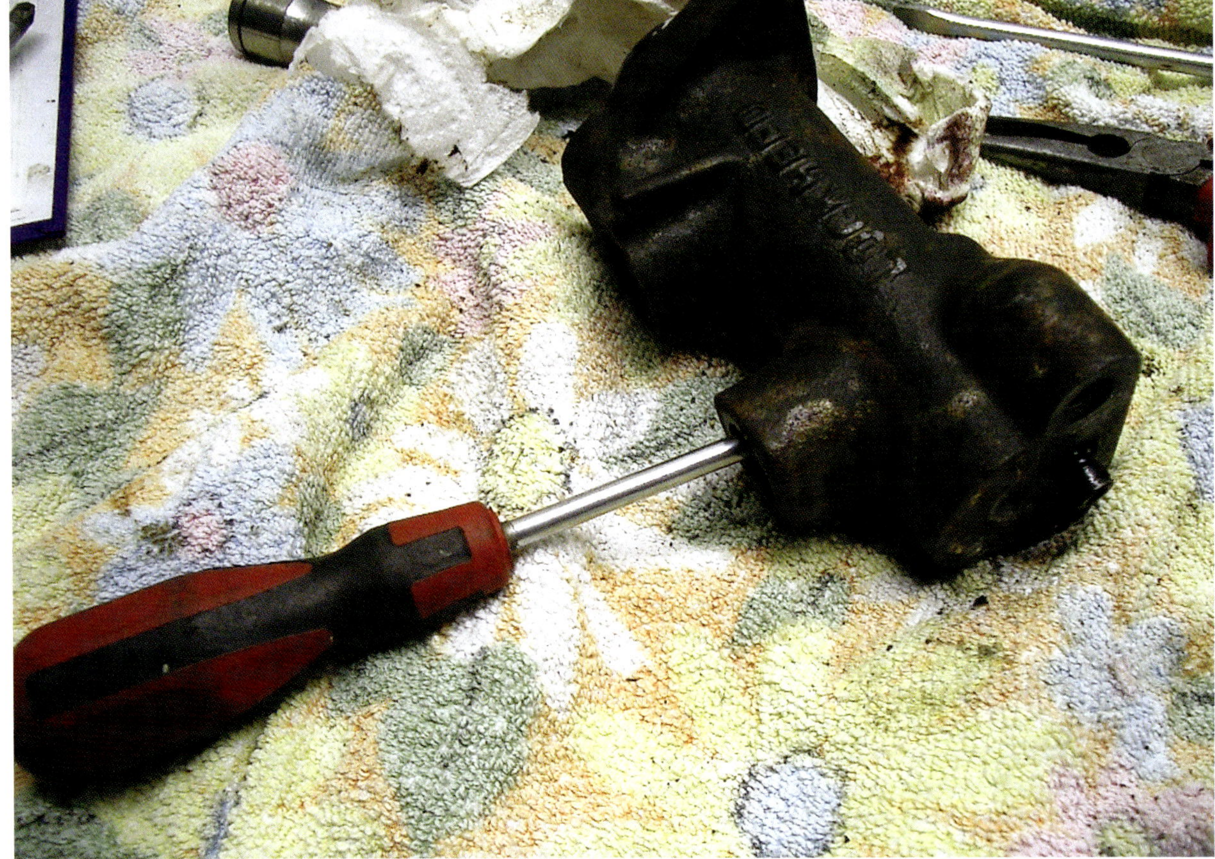

5.9-5 Innenansicht: Die Pedalbox für Kupplung und Bremse. Gut zu erkennen sind die zierlichen Rückholfedern, die sehr leicht abbrechen.

tage ohne weitere Katastrophen. Der Geberzylinder für die Kupplung ist zum Glück weniger komplex – auch ihn überholte ich und versah ihn mit neuen Gummis. Die Rückholfedern an Brems- und Kupplungspedal brechen beim E-Type gerne; an meinem Auto waren sie aber in Ordnung und ich verwendete sie weiter. Nach diesem letzten Schritt kehrte die komplette Einheit aus Pedalbox und Hauptbremszylinder wieder in den Fahrerfußraum zurück. Auch das Gaspedal samt Box hatte ich bereits überholt, nun konnte ich es am Auto anbringen. Beide Pedalkästen werden übrigens mit Gummidichtungen an der Stirnwand befestigt; hier verwendete ich natürlich Neuteile.

Damit war dieser Abschnitt bewältigt; optisch ein enormer Fortschritt, ob auch technisch, würde sich bald erweisen. Ich muss hier vorgreifen, denn es folgte zunächst noch der Einbau des Bremsservos. Nach Abschluss aller Arbeiten jedenfalls funktionierte die Bremse, aber – der Hauptbremszylinder leckte! Ich durfte ihn also wieder abbauen und zerlegen. Immerhin ist das nicht allzu schwierig, man kann ihn auch von der Pedalbox abschrauben. Bei dieser nun gründlicheren Untersuchung entdeckte ich starkes Pitting im Zylinder, verursacht durch den Rost, der sich infolge meiner stümperhaften Lagerung dort abgesetzt und sein Werk verrichtet hatte. Die neuen Dichtringe aus dem Überholsatz nützten da nichts, denn die Beschädigungen in der Laufbahn sorgen dafür, dass sie bald wieder undicht werden. Ich biss also in den sauren Apfel und erwarb einen völlig neuen Hauptbremszylinder – eine ganze Menge vorheriger Arbeit war damit für die Katz gewesen. Was soll man sagen? Immerhin dazugelernt … Meine Überholung des Kupplungsgeberzylinders scheint immerhin kein solcher Flop gewesen zu sein – er hält bis heute.

Dieselbe Pedalbox „von außen“: Aufwändig poliert und zusammen mit einem neuen Hauptbremszylinder ein optischer Leckerbissen! 5.9-6

## Zusammenfassung

- Egal, was man aus dem Auto ausbaut: Zunächst wird es gründlich gereinigt und trocken und sauber eingelagert!
- Auch einer Werkstattanleitung kann man nicht blind vertrauen – immer auch den Verstand benutzen.
- Blinder Eifer schadet stets.
- Auch für Engländer birgt das imperiale Maßsystem Geheimnisse.
- Auch Fehler sind sinnvoll – wenn man aus ihnen lernt.
- Und: Billig ist oft zu teuer!

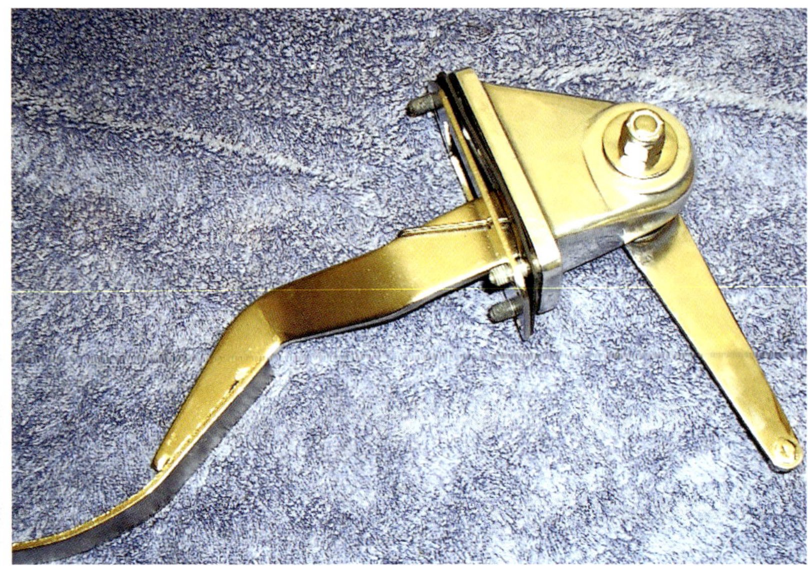

5.9-7 *Gaspedal samt Box, ebenfalls perfekt überholt. An der Art der Rückholfeder lässt sich erkennen, dass sie aus einem Fahrzeug später als Serie I stammt.*

5.9-8 *Blick in den Motorraum auf die mit neuen Dichtungen auf der Stirnwand montierten Pedalboxen.*

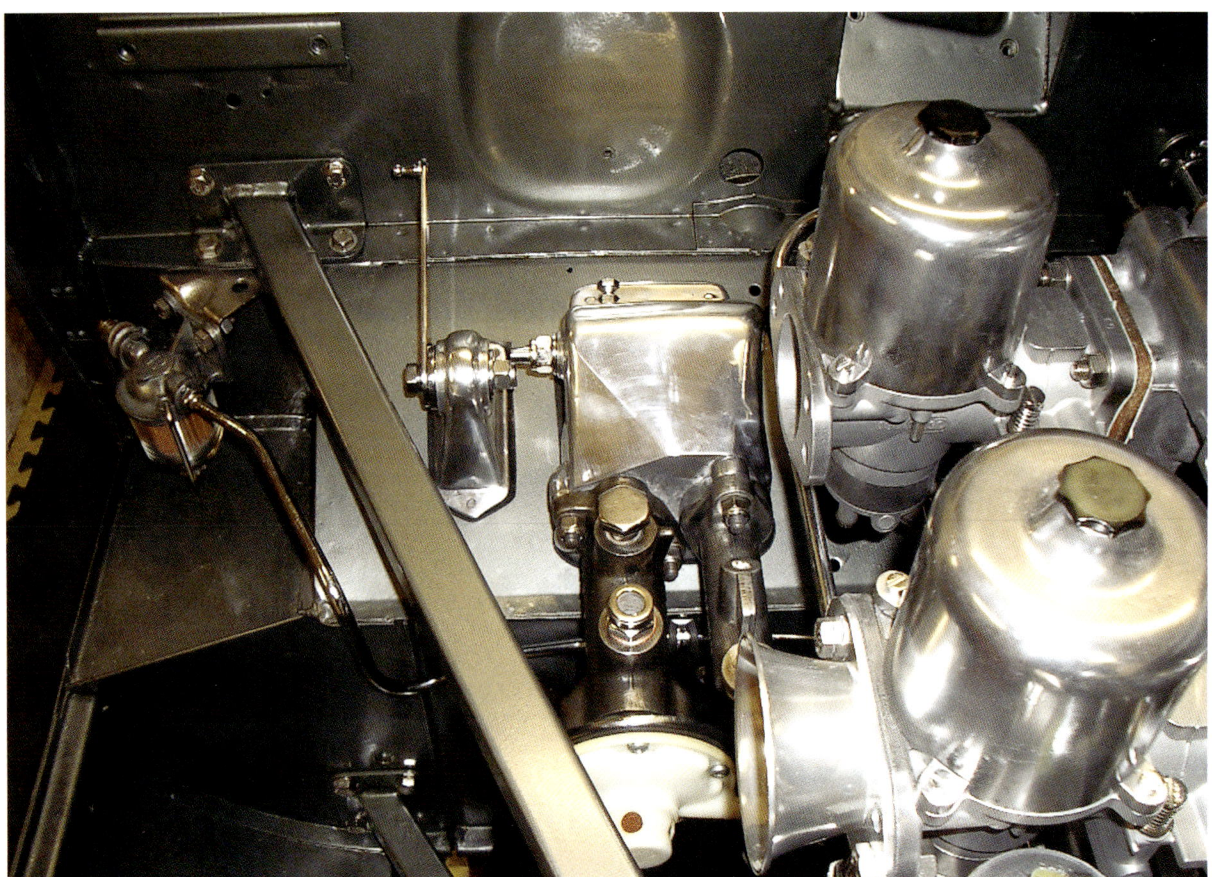

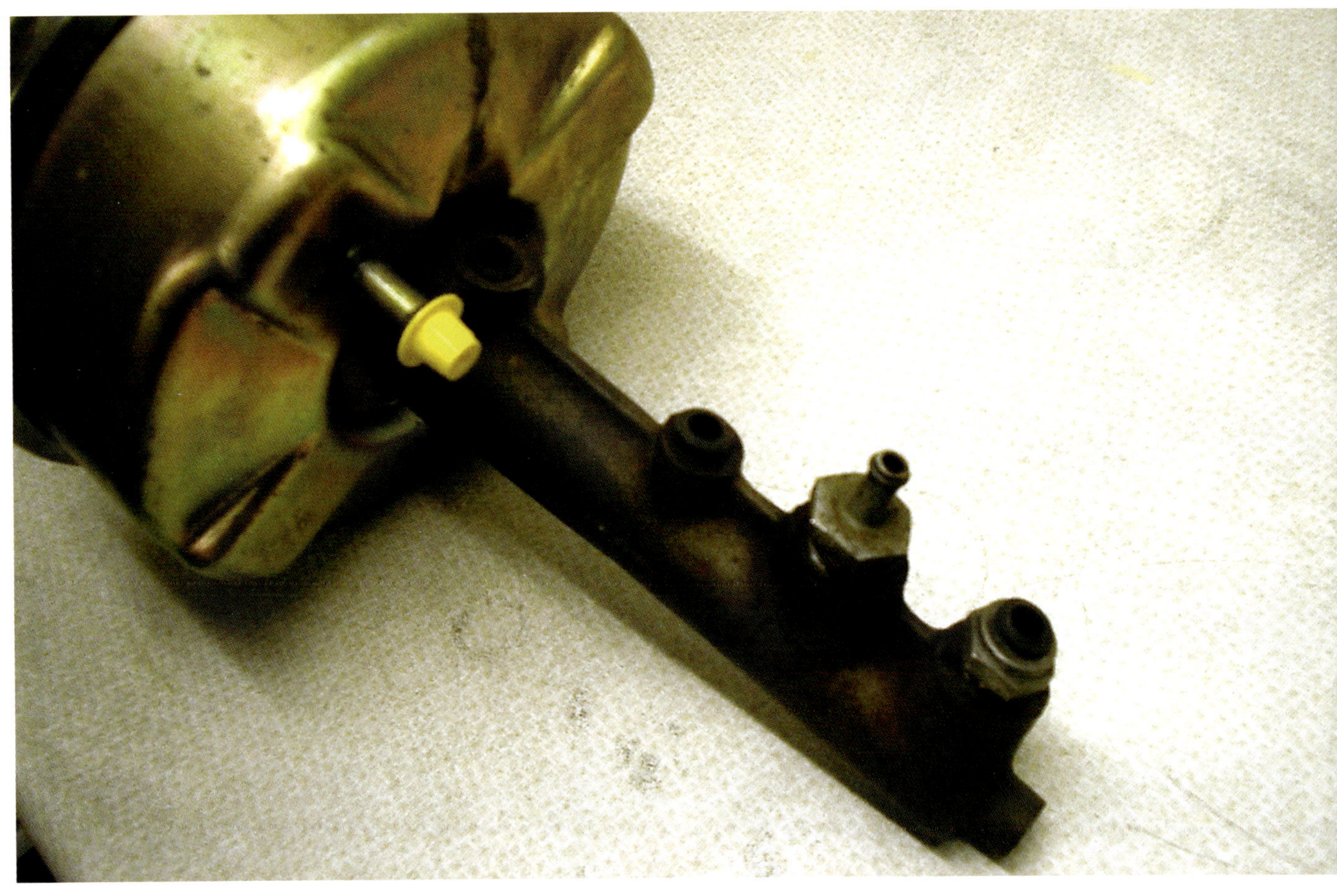

## 5.10 Der Bremskraftverstärker

Noch war ich allerdings mit dem Bremssystem nicht fertig. Ich hatte mir ja vorgenommen, meinen E-Type wirklich komplett, also bis zur letzten Schraube, zu restaurieren, und so wollte ich es auch mit dem Bremskraftverstärker halten. Bei diesem handelte es sich um ein Lockheed-Teil, das in den späten Serie I und in allen Serie II verbaut wurde. Wohl aus Platzgründen kam beim E-Type eine ungewöhnliche Konstruktion zum Einsatz: Der eigentliche Hauptbremszylinder – auch „primär" genannt –, der direkt mit der Pedalerie verbunden ist, versorgt nicht die Radbremsen, sondern zuerst einen weiteren, am Bremskraftverstärker sitzenden – „sekundären" – Zylinder. Der Zylinder an dieser auch als Bremsservo bezeichneten Einheit war ersetzt worden, kurz bevor ich das Auto gekauft hatte, und er sah noch recht gut aus. Trotzdem entschied ich mich für eine Generalüberholung, denn der Schock über das, was ich im Hauptbremszylinder selbst vorgefunden hatte, saß wohl tief.

Glücklicherweise war der Bremsservo in meinem Auto von der Bauart, die sich ohne Spezialwerkzeug zerlegen lässt, sodass ich lediglich das Spannband lösen musste, das die beiden Gehäusehälften des Vakuumbehälters zusammenhält. Die meisten Servobehälter bestehen aus miteinander verpressten Hälften, an denen man eigentlich gar nichts selbst machen kann. Nach dem Öffnen des Behälters konnte ich die große Gummimembrane und deren Plastikhalter von der Kolbenstange des Servozylinders abnehmen und dann die drei Schrauben lösen, die den Zylinder am Vakuumbehälter fixieren. Wie befürchtet fand sich auch im Servozylinder eine zähe, dreckige Masse, fast noch schlimmer als im Hauptbremszylinder. Wie weiter oben schon erklärt, war mir da noch nicht klar, dass dies das Ergebnis meiner unsachgemäßen Einlagerung nach der Demontage war, und vor allem, dass die Rostpartikel in dieser Masse die Laufbahn des Zylinders unrettbar beschädigen können. Auf einem der Bilder kann man erkennen, wie die Oberfläche des Kolbens bereits durch Korrosion geschädigt ist, trotzdem machte ich mich in meiner Ahnungslosigkeit daran, den Servozylinder zu überholen.

**5.10-1** *Optisch in gutem Zustand: Die Bremsservoeinheit vor der Überholung.*

*Ausbau der Kolbenstange aus dem Servozylinder* **5.10-2**

*So präsentierte sich die Kolbenstange direkt nach dem Ausbau.* 
**5.10-3**

*Der Hydraulikkolben aus dem Servozylinder sieht auch nicht viel besser aus.* 
**5.10-4**

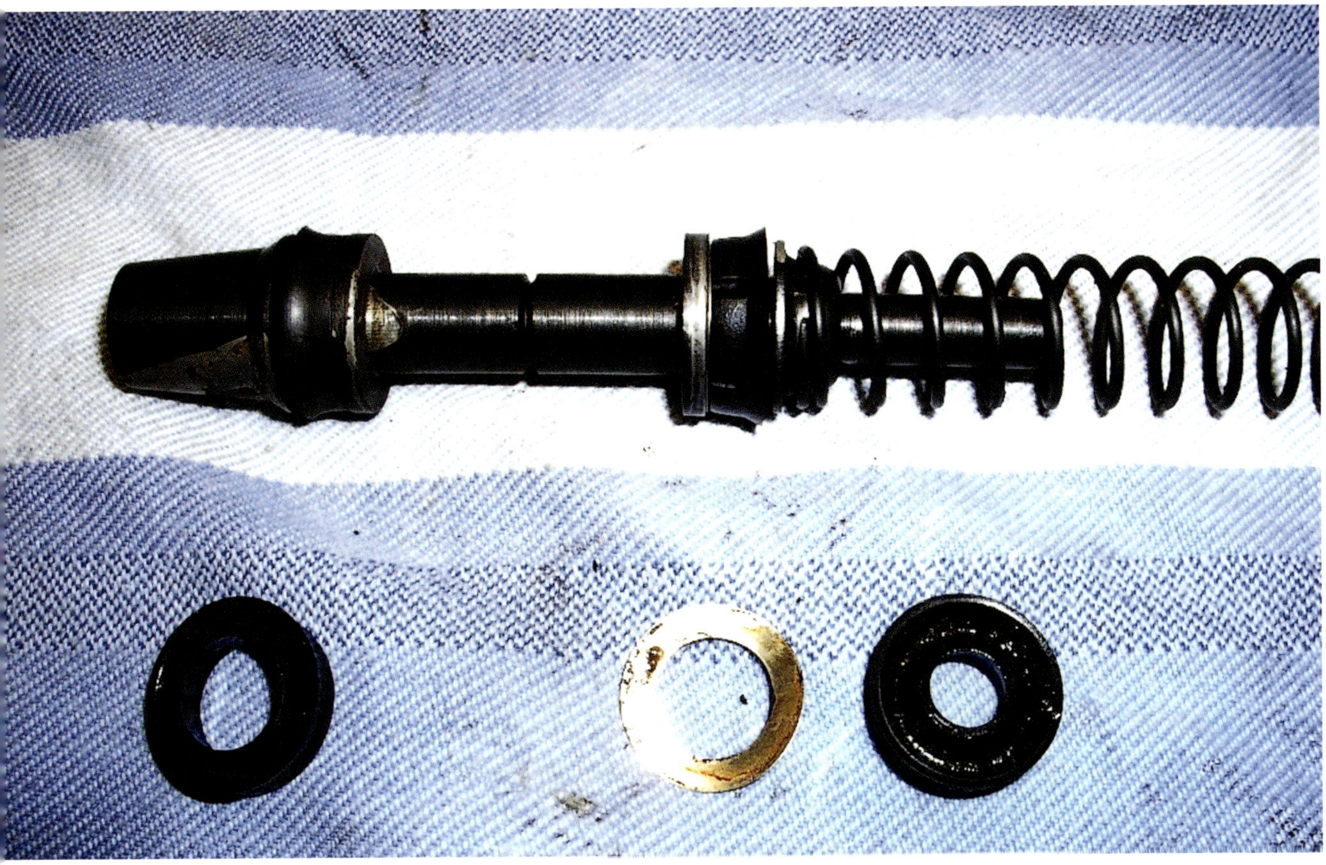

**5.10-5** *Neue Gummis am alten Kolben, unten im Bild die alten ausgebauten Dichtungen.*

**5.10-6** *Alles wieder am angestammten Platz: Der generalüberholte Bremsservo nach der Montage im Auto.*

Ich reinigte sämtliche Einzelteile gründlich und versah Druckstange und Kolben mit neuen Ringen und Dichtmanschetten. Vor dem Wiedereinbau in den Zylinder schmierte ich alles mit neuer Bremsflüssigkeit ein, um Beschädigungen an den neuen Gummis zu verhindern. Beide Zylinder – primär und sekundär – wollte ich eigentlich eloxieren lassen, fand aber niemanden, der so etwas anbot. Der Versuch, sie mit einer speziellen Farbe zu lackieren, führt zu einem absolut inakzeptablen Finish, sodass ich die Zylinder letztlich vernickeln ließ. Ich reinigte das Vordruckventil und setzte es wieder ein, danach brachte ich den kompletten Bremsservo vorne links an Stirnwand und Rahmenträger an.

Interessanterweise werden die Bremsleitungen an Serie I und II unterschiedlich am Servozylinder angeschlossen: Beim Serie I führt der vordere Auslass am Zylinder zu den Vorderradbremsen, der hintere zu den Hinterradbremsen – beim Serie II ist es genau umgekehrt. Wieder so eine Besonderheit, für die sich keine logische Erklärung finden lässt. Ursprünglich hatte ich gedacht, auf diese Weise ließe sich ein etwas höherer Bremsdruck zu den vorderen Bremsen erzielen, aber warum sollte die Anordnung dann beim Serie II andersherum gewählt werden? Und normalerweise sollte so ein Tandemzylinder beide Bremskreise mit demselben Druck beaufschlagen. Auf jeden Fall sind bei beiden Modellen auch die Schalter für die Bremsdruck-Warnleuchte an verschiedenen Stellen angebracht – vorne am Hilfsrahmen beim Serie I und hinten auf der Stirnwand beim Serie II. Vielleicht entschied man sich bei Jaguar dafür, dass letzterer Standort besser wäre und änderte dementsprechend auch den Anschluss des wichtigeren, vorderen Bremskreises? Klingt nicht unlogisch, aber genauso gut ist es natürlich möglich, dass dieser Schalter umziehen musste, weil vorher die Bremsleitungsanschlüsse geändert worden waren.

Viel wichtiger jedoch als dieses Mysterium war für mich natürlich, ob meine Überholung erfolgreich gewesen war. Hier muss ich wieder den Dingen vorgreifen. Beim Anlassen des Motors mit dem Fuß auf dem Bremspedal war sofort zu spüren, dass dieses etwas nachgab, der Unterdruck aus dem Ansaugtrakt kam also wie vorgesehen auch beim Hauptbremszylinder an. Allerdings gab es nicht sehr weit nach, sodass ich leichte Zweifel hatte, ob die Servounterstützung stark genug ausfiel. Die erste Probefahrt beruhigte mich dann, die Bremse funktionierte gut, wenn auch, wie schon erwähnt, nicht vergleichbar mit der eines modernen Sportwagens. Auf längeren Fahrten merkte man schon, dass man recht fest auf das Bremspedal treten muss. Man kann den E-Type auf einen größeren und leistungsfähigeren Bremsservo umbauen – eine Aufgabe für die Zukunft, für mich kommt das aber nur in Frage, wenn das Ganze optisch nicht zu sehr vom Originalzustand des Autos abweicht.

Die Servounterstützung war also in Ordnung, was zur zweiten wichtigen Frage führte: War der Zylinder auch dicht? Der primäre Zylinder war ja nach meiner Überholung sofort wieder leckgeschlagen, aber wie kann man das beim sekundären Zylinder feststellen, der ja direkt auf dem Servogehäuse sitzt? Große Mengen Bremsflüssigkeit traten ganz offenbar nicht aus, denn die würden über das Vakuum in den Ansaugtrakt gezogen und vom Motor verbrannt, und das lässt sich an weißem Rauch aus dem Auspuff und dem Geruch des Abgases erkennen. Einer kleinen Leckage würde ich nur durch kontinuierliches Kontrollieren des Pegelstandes im Bremsflüssigkeitsbehälter auf die Spur kommen, und heute, nach gut 5000 Kilometern sieht es so aus, als müsste ich mir deswegen keine Sorgen machen.

**5.10-7** *Auch für die Bremsflüssigkeitsbehälter gilt: Vor dem Wiedereinbau gründlich reinigen.*

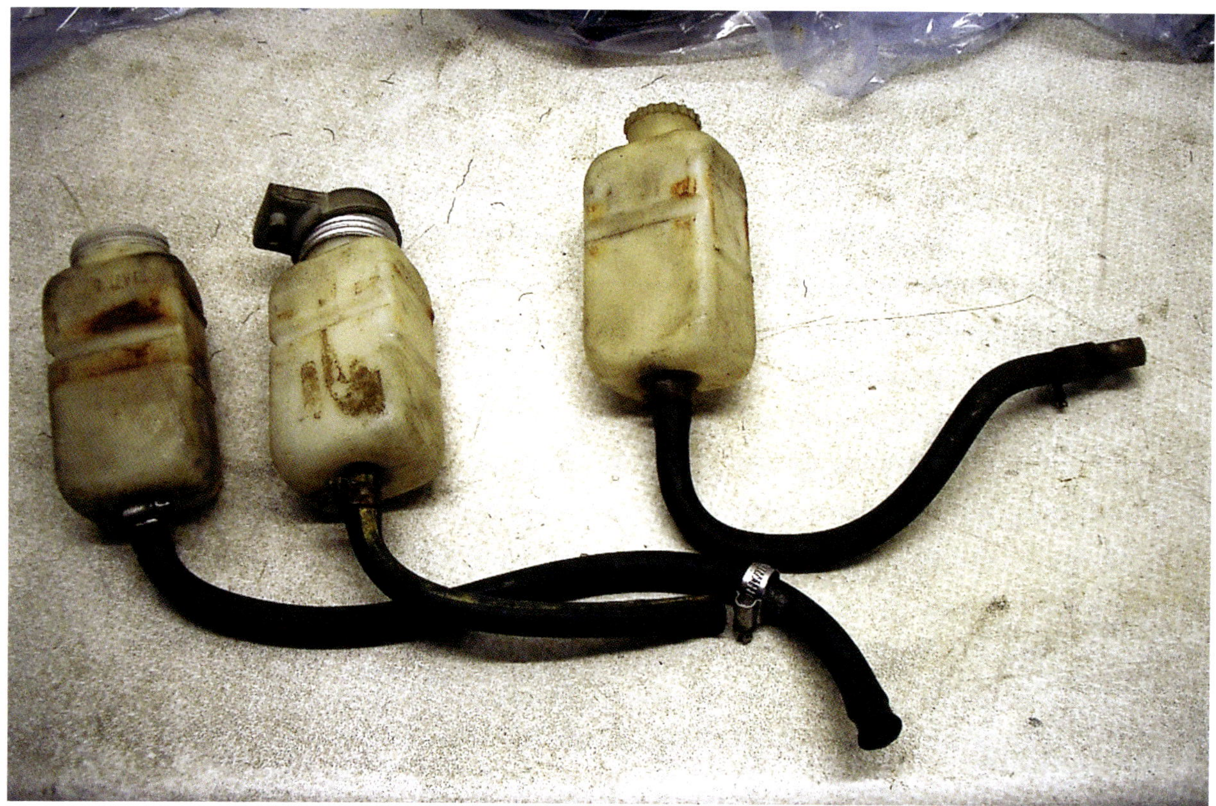

**5.10-8** *Einfache Gummischläuche lösen sich durch Hydraulikflüssigkeit langsam auf und „schwitzen" – hier sieht man die möglichen Folgen (Lackschaden).*

Der E-Type weist drei getrennte Ausgleichsbehälter für Hydraulikflüssigkeit auf (primärer und sekundärer Bremszylinder sowie Kupplungsbetätigung), die an meinem Auto sehr unansehnlich waren. Ich konnte sie aber durch gründliches Putzen optisch wieder soweit aufbereiten, dass sie meinem Anspruch gerecht wurden. Die Halterung für die zwei Behälter auf der Fahrerseite (rechts) hatte ich mir als Edelstahlausführung besorgt. Den originalen Halter des einzelnen Behälters links hatte ich verchromen lassen. Wichtig ist, dass die Schläuche von diesen Behältern zu den Zylindern für den Zweck vorgesehen sind; sie müssen also resistent gegen Bremsflüssigkeit sein. Normale Gummischläuche sind nicht geeignet, denn sie werden porös und „schwitzen"; auf diese Weise kann Bremsflüssigkeit austreten. Diese Flüssigkeit greift Lack an, und im Bild 5.10-8 ist ein Beispiel zu sehen, wohin das führen kann. Das Leitungsstück zwischen dem Behälter für die Kupplung und dem entsprechenden Zylinder sollte unbedingt umgebördelte Enden aufweisen, damit man die Gummischläuche fest auf ihnen anbringen kann. Wer also kein Spezialwerkzeug für Bremsleitungen besitzt, sollte seine neue Leitung zum Bördeln in der Werkstatt vorbeibringen. Sämtliche Schläuche werden mit Schlauchschellen gesichert, wobei man darauf achten muss, diese nicht zu fest anzuziehen: Überdreht man sie, kann die Verbindung zwischen Schelle und Spannschraube unbemerkt brechen, und die Schelle sitzt dann zwar noch an Ort und Stelle, stellt aber keine Sicherheit mehr dar.

**5.10-9** *Die Behälter für den primären Bremszylinder und den Kupplungsgeberzylinder, rechts vorne an der Stirnwand in einem Edelstahlhalter befestigt. Der richtige Sitz aller Leitungen wurde sorgfältig geprüft.*

*Der Behälter für den sekundären Bremszylinder, links an der Stirnwand in der Nähe des Bremsservos; der vorhandene Halter wurde neu verchromt.* **5.10-10**

## Zusammenfassung

- Je mehr man lernt, desto mehr stellt man fest, was man alles nicht weiß. Erst recht beim E-Type.
- Wenn es um den E-Type geht, darf man nicht hoffen, dass alles immer logisch und erklärbar ist.
- Offenbar habe ich einen Bremskraftverstärker überholt – wie er funktioniert, habe ich aber immer noch nicht begriffen.

# 5.11 Bremssystem – die Fertigstellung

Zur Bremsanlage gehört noch ein zusätzlicher Vakuumbehälter, der über ein Rückschlagventil dafür sorgt, dass kurzfristig noch Servounterstützung durch Unterdruck anliegt, auch nachdem der Motor abgestellt wird oder unbeabsichtigt ausgeht – ein wichtiger Sicherheitsfaktor. Diesen Behälter hatte ich bereits pulverbeschichten lassen, nun schraubte ich ihn an seinen Platz unten rechts an der Stirnwand. Das Rückschlagventil erneuerte ich. Es gibt zwei Ausführungen: Die ältere wird direkt in den Behälter geschraubt, die neuere wird über ein kurzes Schlauchstück mit ihm verbunden. Diese neuere Ausführung weist dafür einen eingeschraubten, kleinen Rohrstutzen auf, der leicht verloren geht und bei überholten oder NOS-Ersatzteilen gerne fehlt – also aufpassen!

Anfangs hatte ich vorgehabt, Hydraulikflüssigkeit auf Silikonbasis zu verwenden, deren Vorzüge sich gut anhören: Sie greift den Lack nicht an, zieht kein Wasser, hat einen höheren Siedepunkt, und man muss sie deshalb nicht alle paar Jahre ersetzen, wie das mit der normalen Flüssigkeit auf Mineralöl-Basis eigentlich getan werden sollte. Allerdings ist zu beachten, dass sich die Gummiteile in den Bremsanlagen klassischer Autos meistens nicht mit der Silikonflüssigkeit vertragen: Sie quellen auf oder zersetzen sich, und beides kann zum Totalausfall der Bremse führen. Von den Lieferanten der meisten Reparatursätze ist leider keine Aussage zu erhalten, ob deren Gummiteile silikonbeständig sind, und so blieb ich doch bei der althergebrachten, mineralischen Bremsflüssigkeit.

Das Befüllen des Bremssystems vollzog sich problemlos, vor allem

**5.11-1** *Gestrahlt und pulverbeschichtet wurde der zusätzliche Unterdruckbehälter vorne rechts an der Stirnwand montiert.*

an der Hinterachse, die ich ja mit einer zentralen Entlüftung ausgestattet hatte, und erfreulicherweise wies das Bremspedal anschließend einen sehr festen Druckpunkt auf. Weniger schön war, dass die Leitungen an den hinteren Sätteln leckten! Jeder der beiden Sättel besitzt vier Gewindeanschlüsse, einen für die Zuleitung, zwei für die Verbindung von innerem und äußerem Zylinder und einen für den Entlüftungsnippel. Anstelle der letzteren hatte ich aber die Leitungen zu meiner Zentralentlüftung angeschlossen. Aus Sorge, die Gewinde in den Sätteln zu beschädigen, hatte ich die Überwurfmuttern

*Die alte Ausführung des Rückschlagventils im Unterdrucksystem wird direkt in den Behälter geschraubt.* **5.11-2**

*Neues Ventil, doppelt gesichert: Das alte war defekt, erkennbar daran, dass die Servounterstützung mit Abstellen des Motors sofort zusammenbrach.* **5.11-3**

**5.11-4** An späteren Autos ist das Rückschlagventil über ein kurzes Schlauchstück entkoppelt vom Unterdrucktank befestigt.

Zwei Spezialschlüssel für Bremsleitungen – einer gekauft, einer selbst hergestellt. **5.11-5**

## Zusammenfassung

- Lieber nochmal prüfen, ob man alles fest angezogen hat! Etwas mehr Aufwand, der vielleicht noch größeren Aufwand verhindert.

ganz einfach nicht fest genug angezogen! Rückblickend betrachtet wäre in diesem Fall etwas weniger Zurückhaltung gut gewesen, denn die Anschlüsse an den Sätteln sind extrem schwer zugänglich, wenn die Hinterachse im Auto montiert ist. Einer der Gründe, warum früher die Wartung der Bremsanlage gerne vernachlässigt wurde.

Bei der nun folgenden Nachbesserung war ich mehrere Male kurz davor, einfach die gesamte Hinterachse nochmals auszubauen: Ich musste auf jeder Seite einen der Stoßdämpfer ausbauen, um überhaupt an die Verschraubungen zu gelangen, von diversen Hautabschürfungen mal ganz abgesehen. Ich kaufte einen gekröpften Spezialschlüssel für Bremsleitungen mit passender Ringweite und opferte einen metrischen 11-mm-Ringschlüssel aus meinem Werkzeugkasten – dieses Maß entspricht fast exakt dem 7/16-Zoll-Anschluss am E-Type, und dank eines mit dem Trennschleifer angebrachten Schlitzes kam ich mit diesem Werkzeug trotz montierter Leitung an die Überwurfmuttern heran und zog sie fest. Eine weitere wichtige Etappe lag hinter mir!

# 5.12 Der Kühler

Die Motorkühlung beim E-Type Serie II erfolgt über einen Wasserkühler, an dem zwei relativ kleine elektrische Lüftermotoren in einem am Kühler angeschraubten Luftleitblech für die erforderliche Luftzirkulation sorgen. Nach gründlicher Inspektion der Lüftermotoren wurden vor dem Wiedereinbau noch die Lagerwellen neu abgeschmiert. Die Kohlen waren zwar etwas abgenutzt, sollten aber noch für längere Zeit halten. Die Hutze hatte ich poliert, und die dreiarmigen Halter, mit denen man die Lüftermotoren an ihr befestigt, hatte ich verchromen lassen. Der Gesamteindruck war wirklich hervorragend, und nun wollte ich das Ganze wieder am Kühler befestigen.

Der alte Kühler war in einem ziemlich schlechten Zustand und an mehreren Stellen undicht gewesen. Also hatte ich bei einem Teilehändler ein Neuteil erworben, während das Altteil über Ebay einen neuen Besitzer fand. Bis dahin hatte ich mich immer gewundert: Warum in aller Welt kauft jemand solchen Schrott? Die Antwort erhielt ich beim Versuch, das Kühlerluftleitblech mit den Lüftern an den neuen Kühler zu schrauben: Es passte nicht. Wie das Original hatte auch der neue Kühler seitlich angelötete Haltebleche, aber die Muttern, die auf diese Bleche geschweißt worden waren, passten in keiner Weise zu der Verschraubung meines Luftleitblechs, weder von den Abständen, noch von den Gewinden für die vorhandenen Schrauben. Ich entfernte sie also und brachte passende Bohrungen an, durch die ich Blech und Kühler mit Schrauben und Muttern miteinander fixierte. Der neue Kühler hat zwar, wie bei Serie-II-Exemplaren vorgesehen, einen Anschlussstutzen für den Überdruckabfluss zum Ausgleichsbehälter, aber der war von sehr mangelhafter Qualität. Zum einem war er zu kurz und besaß auch nicht die originale Stauchung, durch die man den Schlauch besser befestigen kann, zum anderen war das Material so weich, dass es sich schon beim Anziehen der Schlauchschelle verbog. Als ich den Motor später anließ, platzte dieser Stutzen prompt vom Kühler ab. Daraufhin musste das ganze System entleert werden, damit in einer Fachwerkstatt ein vernünftiger Anschluss anbracht werden konnte.

Ich montierte Kevlar-verstärkte Kühlerschläuche und wollte auch den Unterdruckschlauch vom An-

**5.12-1** *Links: Das polierte Luftleitblech und die Motoren samt Lüfterflügeln sitzen – nach der Bewältigung kleinerer Komplikationen – wieder am Kühler.*

*Der Anschluss für den Überdruckschlauch oben am Kühler: Ein typisches Beispiel für schlechte Nachbauteile.* **5.12-2**

*So sieht das Ergebnis aus, wenn ein Experte diesen Anschlussstutzen anbringt; auch wenn der Fotograf vielleicht nicht seinen besten Tag hatte …* **5.12-3**

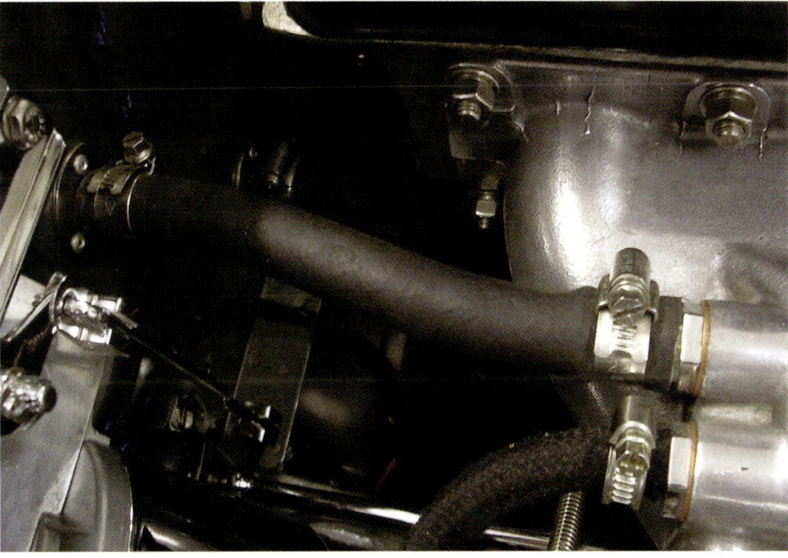

*Knifflig: Die Anschlüsse dieses Heizungsschlauchs sind unterschiedlich – am Krümmer größer als an der Stirnwand.* **5.12-4**

*Noch einmal Nachbauteile: Lüfterflügel mit einem überlangen Blatt (rechts).* **5.12-5**

**5.12-6** *Kühler samt Lüftern an seinem angestammten Platz in dem Kühlerrahmen.*

saugkrümmer zur Stirnwand ersetzen. Dabei machte ich wieder einmal Bekanntschaft mit dem durchaus unterhaltsamen Technikverständnis der Konstrukteure des E-Type: Der Stutzen am Krümmer weist einen deutlich größeren Durchmesser auf als jener an der Stirnwand. Angeblich war geplant, an dieser Stelle einen so genannten gestuften Schlauch zu verbauen, der an seinen Enden entsprechend unterschiedliche Durchmesser aufweist. Allerdings wurde, soweit bekannt, diese Lösung nicht weiter verfolgt und so kam werksseitig ein Schlauch zum Einsatz, der nur mit Mühe auf den krümmerseitigen Stutzen passt. Vielleicht nur ein Detail, aber doch auch ein eindeutiger Schönheits-, um nicht zu sagen Konstruktionsfehler.

Ich hatte auch beschlossen, die Lüfterflügel zu ersetzen; die alten waren recht unansehnlich geworden und auch leicht beschädigt. Die Reproteile, die ich erhielt, waren allerdings auch nicht das Wahre, an beiden war jeweils eines der vier Blätter deutlich zu lang. Die Flügel sitzen sehr knapp in der Luftführungshutze, und so war ich gezwungen, nachzuarbeiten. Es gestaltete sich nicht ganz einfach, die zu langen Flügel passend zu kürzen und die Propeller anschließend wieder so gut wie möglich auszuwuchten. Ein erneutes Beispiel, was beim Kauf von Repro-Teilen passieren kann. Dann endlich konnte der Kühler an die Front des Motorrahmenträgers zurückkehren.

Der Ausgleichsbehälter für die Kühlflüssigkeit war von einer dicken Schmutzschicht überzogen. Nach dem Säubern zeigte sich, dass dieses Teil aus Messing gefertigt ist – eine Pulverbeschichtung war also nicht nötig. Nach ausgiebigem Polieren erstrahlte der Behälter in seinem alten Glanz, und ich trug lediglich eine dünne Schicht Klarlack auf in der Hoffnung, dass er sich damit leichter sauber halten lässt. Den Kühlmittelsensor im Ansaugkrümmer (für die Temperaturanzeige) und ebenso den im Kühler (für die Lüftermotoren) ersetzte ich durch Nachbauteile, deren Einbau aber in diesem Fall problemlos war. Lediglich die Kabelanschlüsse variieren bei Autos unterschiedlicher Baujahre, so dass man unter Umständen die Kabel entsprechend ändern muss. Bis auf eine Kleinigkeit war das Kühlsystem damit fertig …

**5.12-7** *Die Arbeit hat sich gelohnt: Von unnötigem Lack und Dreck befreit, erstrahlt der Kühlmittel-Ausgleichsbehälter in altem Glanz.*

## Zusammenfassung

- Poliertes Messing sieht sehr edel aus!
- Kompromisslösungen ab Werk sind beim E-Type serienmäßig.
- Fester Druck im Bremspedal – ein herrliches Gefühl!

## 5.13 Heizungskasten und -kühler

Zum Kühlkreislauf eines Autos gehört ja auch die Heizung des Fahrgastraumes, genauer gesagt der so genannte Wärmetauscher, auch Heizungskühler genannt. Schäden an diesem Bauteil ziehen oft auch die nähere Umgebung in Mitleidenschaft, und auch an meinem Auto war dies der Fall. Die nicht gerade übermäßige Wärmeabgabe der Heizung ließ bereits den Rückschluss auf den wohl nicht allerbesten Zustand der Anlage zu, aber ich hatte nicht erwartet, dass es so schlimm aussah: Offenbar war der Heizungskühler bereits seit längerer Zeit undicht gewesen und so konnte sich die Kühlflüssigkeit in aller Ruhe durch den Heizungskasten fressen. Über das so entstandene Loch hatte man schnell ein Blech genietet – von einer vernünftigen Reparatur konnte man nicht reden. So war es auch wenig überraschend, dass mir bei der Demontage ein rostiger Haufen Schrott entgegen kam.

Nach einer gründlichen Recherche der Preise für überholte Heizungskästen kam ich zu dem Schluss, dass mich so eine Anschaffung ruinieren würde, und so entschied ich mich dafür, den alten Heizungskasten wieder aufzubauen. Er war am Boden an der Stelle mit dem „Reparaturblech" wieder durchgerostet – mit einem sauber eingepassten Blech würde sich das reparieren lassen. Da man den Kasten in eingebautem Zustand im Auto kaum jemals sieht, konnte ich mit diesem optischen Defizit gut leben. Außerdem kommt man ganz gut an ihn heran, und sollte sich irgendwann die Gelegenheit – oder die Notwendigkeit – ergeben, würde ich ihn immer noch durch einen neuen ersetzen können.

Den Motor, der unten am Lüftergebläse sitzt, wollte ich zerlegen, seine Einzelteile prüfen und die Gehäuseteile strahlen und pulverbeschichten lassen. Gesagt, getan. Es war allerdings gar nicht so einfach, ihn auseinander zu bekommen, weil die Lager auf der Motorwelle festgerostet waren und erst mit sehr kräftigem Ziehen ließen sich die Gehäuseteile voneinander trennen. Bei diesem Prozedere zerbröselten allerdings besagte Lager – nur einer der Gründe für die Probleme, die sich im Anschluss ergeben sollten. Die pulverbeschichteten Gehäuseteile passten nicht mehr richtig aufeinander, die Beschichtung war schlicht zu dick. Irgendwie baute ich alles trotzdem wieder zusammen, aber ein Erfolg war das nicht: Der Lüfter lief nur stockend und klemmte immer wieder. So beschloss ich, einen neuen Geblä‑

*5.13-1* *Links: In diesem Zustand präsentierte sich das Innere meiner Heizung – ganz offensichtlich die Folgen eines undichten Wärmetauschers.*

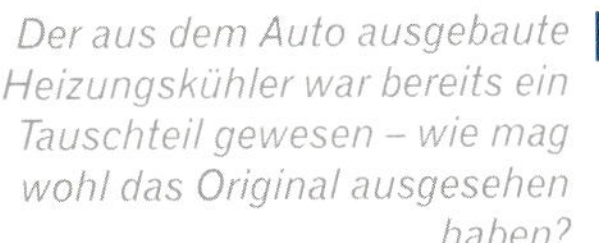

*5.13-2* *Der aus dem Auto ausgebaute Heizungskühler war bereits ein Tauschteil gewesen – wie mag wohl das Original ausgesehen haben?*

*5.13-3* *Der Heizungskasten war auf der Unterseite komplett durchgerostet – die Reparatur einer der Vorbesitzer des Autos bestand aus einer aufgenieteten Blechplatte.*

semotor zu kaufen und erfuhr bald, dass die nicht unbedingt leicht aufzutreiben sind, mal ganz abgesehen von den aufgerufenen Preisen. Als ich endlich einen Lieferanten gefunden hatte, schickt mir dieser einen Motor aus der Serie III. Diese Motorausführung ist etwas stärker, aber das Gehäuse ist auch größer als die bei Exemplaren der Serie I und II, und die Ankerwelle etwas dicker. Die Bohrung im Lüfterrad musste ich daher ein wenig vergrößern, damit es auf den neuen Motor passte.

Der Heizungskühler war unrettbar, auch dafür musste ich Ersatz beschaffen. Das Heizungsventil ersetzte ich ebenfalls, und auch die alten Betätigungszüge mussten neuen weichen, sie waren durch Knicke und Rost nur noch mit großer Kraftanstrengung zu bewegen. Einer dieser Züge war deutlich länger als der vorherige, obwohl laut Teilenummer der richtige für mein Auto; ihn auf das richtige Maß zu kürzen, war aber kein großes Problem. Der Einbau der Bedieneinheit und das richtige Einstellen der Züge war dann aber wieder ein Alptraum: Hebel und Klappe müssen in exakt der richtigen Stellung zueinander stehen, wenn der Zug befestigt wird; die Federunterstützung am Hebel wirkt dem aber entgegen. Steht der Hebel nicht exakt, bekommt man hinterher die Lüfterklappe im Heizungskasten entweder nicht ganz auf oder nicht ganz zu.

Eine Menge Aufwand, und wenn man es sich genau überlegt: Wozu braucht man im E-Type überhaupt eine Heizung? Letztlich schaffte ich es, die ganze Heizungsanlage wieder funktionierend ins Auto einzubauen. Leider ist an dem Halter für das Lüftergitter die Oberfläche durch den Rost stark vernarbt, und man sieht das trotz der neuen Pulverbeschichtung deutlich. Mal sehen – irgendwann begegnet einem vielleicht so ein Teil im Neuzustand.

**5.13-4** *Den originalen Lüftermotor zerlegte ich zwecks Überholung – und bekam ihn nie wieder richtig zusammen.*

**5.13-5** *Zurückgekehrt an die vorgesehene Stelle: die Einheit aus repariertem Heizungskasten und (neuem) Lüftermotor.*

## Zusammenfassung

- Von außen mag eine Autoheizung noch so gut aussehen – innen lauert oft das Grauen.
- Wer alleine die Heizungszüge einstellen will, sollte drei Hände haben.

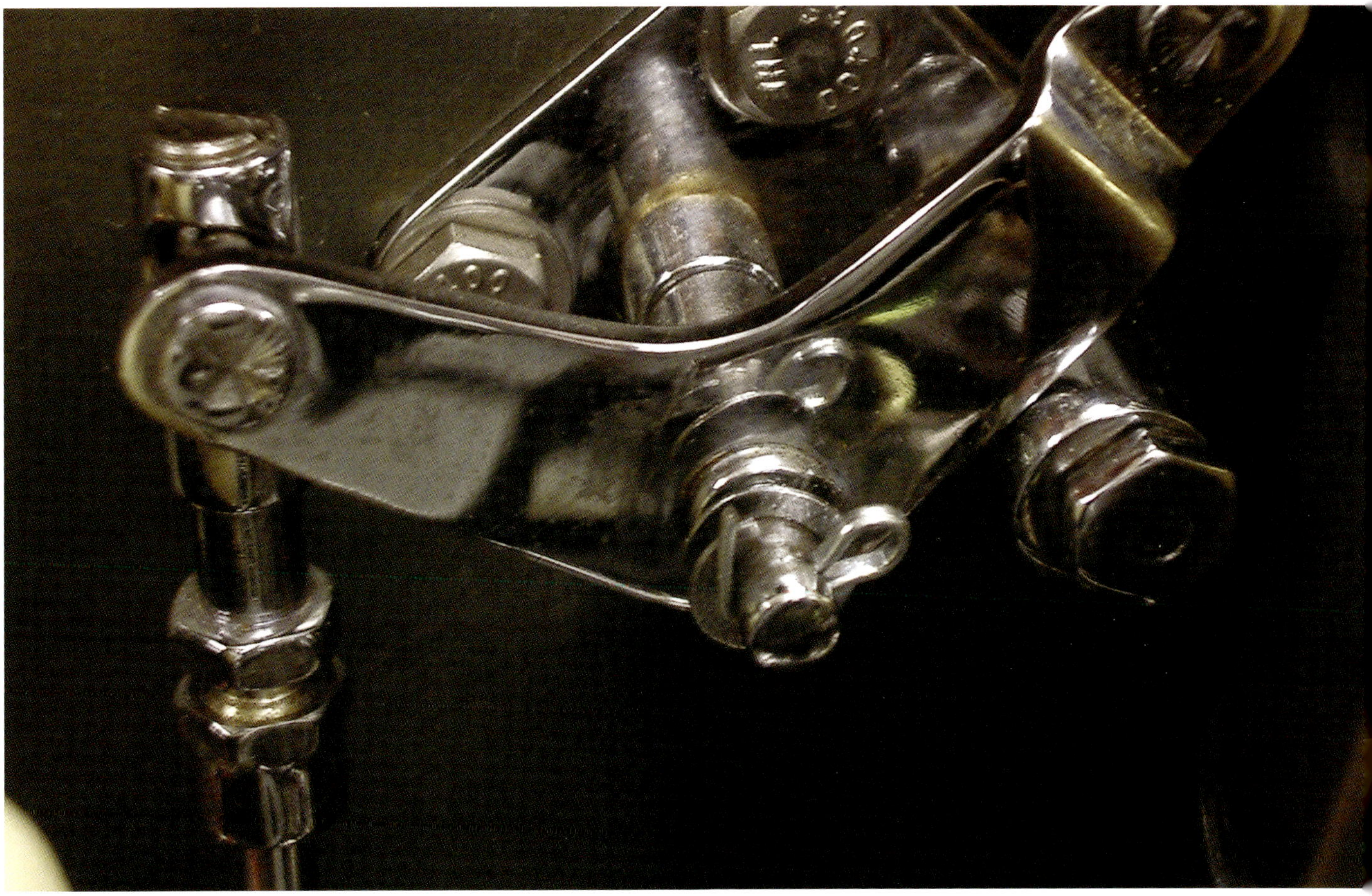

5.14-1 *Der Umlenkhebel vom Gaspedal (vertikale Stange) an der Stirnwand.*

# 5.14 Vergasergestänge

Schon bevor ich mit der Restaurierung meines Autos begann, war ich mir immer sicher gewesen, dass mit der Einstellung der Vergaserbetätigung etwas nicht stimmte. Auch bei voll durchgetretenem Gaspedal öffneten die Drosselklappen nicht vollständig, und so konnte ich auch nicht die volle Motorleistung abrufen. Bei der Montage nach der Überholung achtete ich daher penibel darauf, dass dieses Problem nicht wieder auftrat. Sehr gerne hätte ich übrigens ein Gestänge aus Edelstahl verbaut, aber die sind sehr teuer, also ließ ich das alte Gestänge verchromen.

Die Bewegung des Gaspedals wird über diverse Umlenkhebel in eine Drehbewegung der Betätigungswelle für die Vergaserdrosselklappen umgesetzt, Auf den Umlenkhebeln sitzen Kugelpfannen, und durch die Gewindeenden und Kontermuttern lässt sich über diese die effektive Länge der Verbindungsstangen exakt justieren. Die erste Stange kommt vom Gaspedal betätigt vorne an der Stirnwand vertikal nach oben und überträgt über einen direkt an die Stirnwand geschraubten Umlenkhebel die Bewegung auf eine zweite Stange, die horizontal quer an der Stirnwand befestigt wird – an einem speziellen Abstandshalter direkt über dem Wischermotor. Typisch Jaguar: Der Wischermotor der Serie II ist deutlich größer als der Vorgänger, dieser Halter wurde aber nicht etwa passend abgeändert – man benutzte einfach beliebige Beilagscheiben als Distanzstücke und konnte so den alten Halter weiterverwenden. Am anderen Ende dieser horizontalen Verbindungsstange geht es über einen weiteren Umlenkhebel nach unten zur Drosselklappenbetätigungswelle, die an ihrem hinteren Ende ebenfalls mit einer Gummibuchse in einem Halter an der Stirnwand gelagert ist.

Die Betätigungswelle für die Drosselklappen wird in weiteren Lagern etwas unterhalb der Vergaser geführt und ist zweigeteilt. Beide Hälften werden durch einen Kugelkopf axial miteinander verbunden, die Rotation wird über je einen Nocken übertragen, die miteinander verschraubt werden. Diese Verbindung sitzt auf Höhe des hinteren Vergasers. Ich montierte sie so, wie ich sie vorgefunden hatte – mit stabilen Beilagscheiben und einer Stopp-

Der hintere Halter für die Drosselklappenbetätigungswelle wird ebenfalls an der Stirnwand angeschraubt. Die Gummibuchse aus einem Serie III passt nicht gerade perfekt … **5.14-2**

Der Halter für den zweiten Umlenkhebel wird bei Autos ab Serie II mit Distanzscheiben an der Stirnwand befestigt, um Platz für den größeren Scheibenwischermotor zu schaffen. **5.14-3**

**5.14-4** *Die beiden Drosselklappen-Betätigungswellen, wenig elegant miteinander verbunden. Aber so hatte ich es vorgefunden und für original gehalten …*

*… bis ich in einem Teilekatalog zufällig auf dieses spezielle Bauteil stieß, mit dem die Rotation der hinteren Welle viel feinfühliger nach vorne übertragen wird.* **5.14-5**

**5.14-6** *Die Verbindungsspangen von der Betätigungswelle zu den Vergasern müssen Spiel haben – die abschließende Einstellung erfolgt über die verstellbaren Kugelpfannen am Vergasergestänge.*

## Zusammenfassung

- Edelstahl ist schön, aber verchromen kommt manchmal günstiger.
- Es kann ein wenig dauern, die Vergaserbetätigung einzustellen – aber es lohnt sich.

mutter. Nicht unbedingt elegant, aber ich ging wie immer davon aus, dass das wohl so gehörte. Damit die Drehbewegung an beiden Wellenhälften gleichzeitig erfolgt, muss die Schraubverbindung sehr fest sein, und es war ein bisschen fummelig, die Mutter fest anzuziehen, ohne die Wellenhälften dabei in ihren Lagern zu verdrehen. Viel später waren wir in einem Urlaub in der Toskana, und ich hatte zufällig – und zur Verwunderung meiner Frau – einen E-Type-Ersatzteilkatalog mitgenommen. Eine sehr unterhaltsame Lektüre, egal wo! Dort entdeckte ich, dass diese Verbindung von den Jaguar-Konstrukteuren ganz anders vorgesehen worden war – es gibt nämlich einen speziellen Bolzen für diese Stelle (Bild 5.14-6).

Die Verbindungsspangen, die von der Betätigungswelle zu den Vergasern führen, werden bei der Montage mit etwas Spiel eingestellt. Ist diese Einstellung an allen drei Vergasern möglichst identisch, wird dieses Spiel über die verstellbare Kugelpfanne am Umlenkhebel für alle drei Vergaser gleichzeitig soweit reduziert, dass noch etwas „Luft" zu spüren ist, die Drosselklappen aber trotzdem ohne jede Verzögerung auf jede Bewegung des Gaspedals reagieren. Für die einwandfreie Funktion der Gasbetätigung ist auch unerlässlich, dass die Rückstellfedern am Gaspedal und an den Vergasern selbst richtig montiert und in Ordnung sind.

Auch wenn die Vergaserbetätigung auf den ersten Blick recht kompliziert aussehen mag – der Wiedereinbau und auch die korrekte Einstellung gestalteten sich gar nicht so schwierig. Anfangs hatte ich die Umlenkhebel etwas zu straff eingestellt, und die Vergaser konnten die Leerlaufstellung nicht erreichen. Auch ohne den Fuß auf dem Pedal wurde sozusagen immer etwas „Gas gegeben" – der Motor fiel nicht unter 1200/min. Natürlich befürchtete ich zuerst ein Problem mit der Leerlaufeinstellung, aber schließlich kam ich doch darauf, dass einfach zu wenig Spiel im Gasgestänge vorlag – die Korrektur war dann ganz einfach. Und das Resultat ist mehr als zufriedenstellend, der Motor hängt jetzt richtig gierig am Gas – kein Vergleich mit dem trägen Ansprechen vorher.

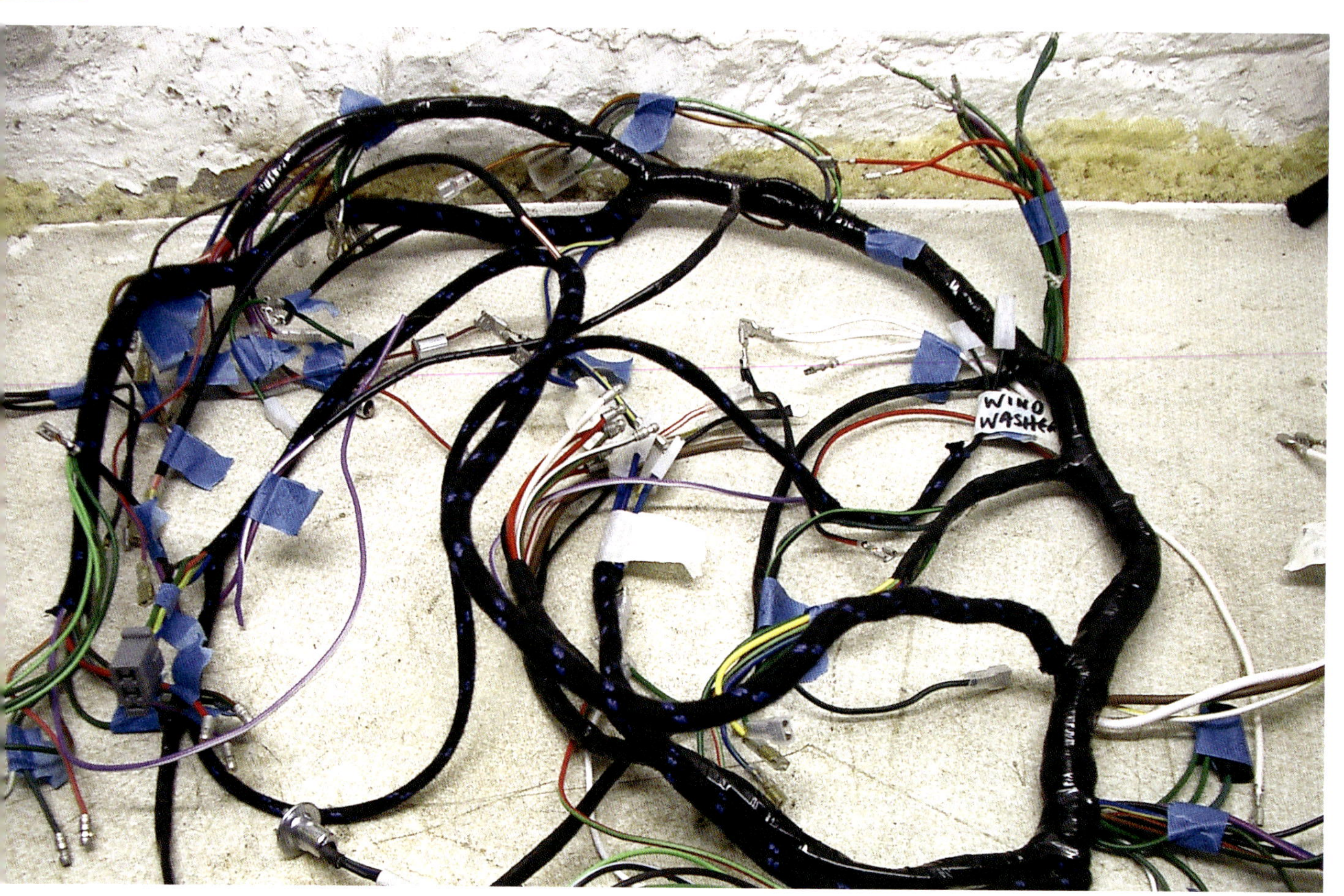


# 5.15 Elektrik – Schwarze Kunst

Langsam bewegte ich mich bei meiner Restaurierung auf ein Gebiet zu, das für mich als eher mechanisch veranlagten Schrauber schon immer ein wenig unheimlich war – die elektrische Anlage. Man sieht nichts, es bewegt sich nichts, und trotzdem soll am Ende des Kabels etwas passieren, wenn man an seinem Anfang eine Batterie anschließt. Funktioniert etwas nicht, ist man bei der Ursachensuche auf sich selbst gestellt, denn die Werkstatthandbücher bieten lediglich Schaltpläne oder „Stromlaufpläne", die kein normaler Mensch versteht.

Wer einen E-Type restauriert, hat es noch gut, denn er bekommt relativ unproblematisch komplett vorgefertigte Kabelbäume. Ich allerdings bekam wirklich nur genau das: Kabelbäume, und zwar vier an der Zahl: Motorraum, Armaturentafel sowie je ein Strang für die linke und die rechte Karosserieseite. Was in welcher Reihenfolge wohin gehörte – keine Idee! Wieder eine der Situationen, in der man hilflos wäre ohne Unterstützung von jemandem, der sich wirklich auskennt. So suchte ich Hilfe bei Ken Verity, der einen kleinen Teilehandel speziell für E-Types der Serie I betreibt. Übrigens konzentrieren sich viele professionelle Restaurierer und Händler auf die Serie I, und auch die technische Literatur handelt meist von diesen Autos – Änderungen an den späteren Modellen muss man häufig selbst nachtragen. Ken konnte trotzdem aus dem Gedächtnis sagen, welcher meiner Kabelstränge wohin gehört, und auch für die meisten Kabelenden wusste er die entsprechenden Verbraucher zu benennen. Ich hatte mich mit ausreichend Klebeband und Filzstiften bewaffnet und versah alle Kabel sorgfältig mit Bezeichnungen, die mir später beim Einbau den Weg weisen sollten. Das Ganze dauerte ein bis zwei Stunden, und ich bin Ken zu ewiger Dankbarkeit verpflichtet – ohne seine Hilfe hätte ich nicht die leiseste Ahnung gehabt, wo auch nur anzufangen.

Zuhause ging ich trotzdem eher zögerlich ans Werk. Die Lage der Sicherungskästen an der Stirnwand war einfach, aber dann? Ich hatte ja immer noch keine Vorstellung, wo genau die Kabel im Auto verlegt werden mussten. Vor allem, wie sie aus dem Bereich vor der Stirnwand nach innen hinter die Armaturentafel geführt wurden. Ich besaß keine Fotos von der Demontage, und auch die vielen Aufnahmen von anderen E-Type-Exemplaren, die ich danach gemacht hatte, halfen nichts – auf solche Details hatte ich beim Fotografieren nicht geachtet, und der Kabelbaum ist bei fertigen Autos nun einmal ziemlich gut versteckt.

**5.15-1** *Links: Einer meiner neuen Kabelbäume, nachdem ich die Kabel mit eindeutigen Bezeichnungen versehen hatte.*

*Die erste große Hürde: Wo soll welches Kabel hin?* **5.15-2**

*Die fertige Verkabelung hinter der Armaturentafel: Das Relais des Warnblinkers ist nicht original.* **5.15-3**

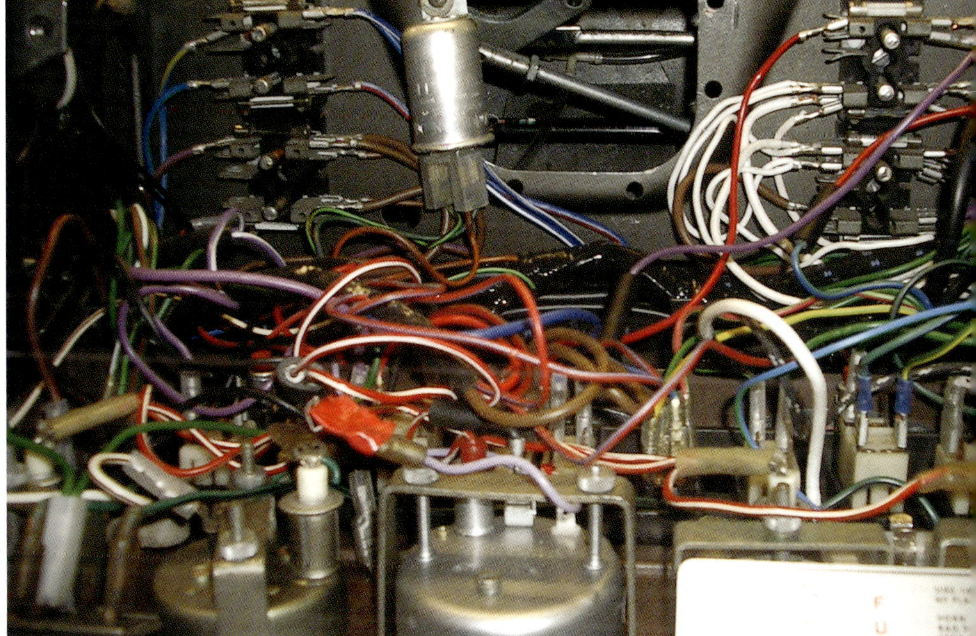

So verlegte ich die Kabel dort, wo es mir sinnvoll und optisch richtig zu sein versprach – und wen wundert es: So war es falsch. Da, wo ich den Hauptstrang nach innen führen wollte, nämlich durch die Lenksäulenhalterung, gehört einer der Schläuche für die Innenraumbelüftung hin. Klar wurde mir dies natürlich erst, als ich eben diesen Schlauch einbauen wollte, und so musste ich an dieser Stelle nochmal einen Schritt zurück und den Kabelbaum neu verlegen. Als ich die Verkabelung hinter den Armaturen fertig hatte, war ich mehr als nur erleichtert, auch wenn das Ganze optisch nicht ganz so aufgeräumt aussieht, wie ich es mir gewünscht hätte.

Die unbezahlbaren Tipps von Ken Verity waren schon eine große Hilfe, wie letztlich alles genau verkabelt werden musste, ist aber noch einmal eine andere Sache. Ohne ein kleines Büchlein, das ich bei XK Parts in Coventry gekauft hatte, wäre dieser Schritt der Restaurierung auch nicht zu einem guten Ende gekommen. Es gibt diese Leitfäden für alle E-Type-Versionen, und sie erklären wirklich übersichtlich und verständlich, worauf beim Einbau eines neuen Kabelbaums zu achten ist. Sie sind aber auch interessant, wenn man einfach nur wissen will, wie die Bordelektrik im Auto funktioniert. Und diese Bücher sind vor allem für Hobby-Schrauber wie mich interessant, die im Thema Elektrik nicht sattelfest sind.

Mit dieser Anleitung und dem Stromlaufplan aus dem Werkstatthandbuch – unbedingt eine Lupe zur Hand haben! – arbeitete ich mich langsam durch das ganze Auto und verstand mit der Zeit die Logik hinter den verschiedenen Kabelfarben: Bestimmte Farben bedeuten Dauerstrom, andere Masse und so weiter. Im Prinzip sollte sich diese Systematik im ganzen Auto wiederfinden, aber der E-Type wäre kein Jaguar, würde man nicht ab und zu auf Abweichungen von der Norm stoßen, und ganz offensichtlich hat man es auch während der Serienfertigung des Autos nicht immer ganz genau genommen. Trotz einiger Ungereimtheiten gelang es mir aber letzten Endes, die komplette Elektrik korrekt anzuschließen und alle Kabel sauber zu verlegen.

An dem von mir gekauften Kabelbaum stieß ich ebenfalls auf ein paar Unregelmäßigkeiten, die in erster Linie die Steckverbinder zu den jeweiligen Verbrauchern betrafen. Waren diese im Original verlötet und mit derselben textilen Ummantelung isoliert wie das Kabel selbst, so findet man dort heute in der Regel „gecrimpte", also verpresste Kabel in Plastikisolatoren. Gut zu erkennen vor allem am Lichtmaschinenregler, der vor der Batterie an einem Edelstahlhalter befestigt ist. Auch das Blinkrelais der Warnblinkanlage konnte ich nicht an der vorgesehenen Stelle anbringen, da die Kabel zu kurz waren. Mit solchen Abweichungen oder Fehlern muss man einfach rechnen, wenn man fertig konfektionierte Ersatzteile kauft – je nach Qualität und natürlich Preis solcher Reproduktionen fallen die sich daraus ergebenden Anpassungsarbeiten mehr oder weniger umfangreich aus.

Als Batterie wählte ich eine klassische Ausführung mit offenen Brücken, die mittlerweile wieder angeboten wird. Deutlich teurer als modernere Batterien, aber in meinen Augen ist der optische Gewinn jeden Cent wert. Nun kam der spannende Moment: Zündschlüssel auf Stellung „off", dann Batterie anschließen. Mein E-Type besaß schon die „unenglische" Schaltung mit Minus an Masse, also: Pluspol zuerst, dann der Minuspol! Immerhin: Kein Funkenschlag, keine schmorenden Kabel, das war schon mal ein kleiner Erfolg. Also Luft anhalten und: Zündung an. Die Hölle brach los, zumindest erschien es mir so. Ein Heulen, ein Surren, ein Klackern – voller Panik schaltete ich die Zündung sofort wieder aus. Nachdem sich mein Puls beruhigt hatte, sortierte ich meine Gedanken und sah mir die ganze Sache nochmal gründlich an. Und zum Glück war alles gar nicht so katastrophal wie zuerst angenommen: Das Klackern stammte von der Benzinpumpe und musste natürlich so sein. Solange kein Sprit in die Pumpe gelangt (und hier kam erschwerend hinzu, dass der Tank ja noch leer war), rattert die Pumpe beim Versuch, Kraftstoff anzusaugen. Genau aus diesem Grund hatte ich eine altmodische, per Relais geschaltete Spritpumpe gewählt; an diesem Rattern kann man erkennen, wenn es zu lange dauert, bis eventuell aufgrund einer Leckage Benzin gefördert wird. Später erfuhr ich, dass auch die modernen elektronischen Pumpen angeblich dieses Geräusch von sich geben, aber egal, mein Jaguar ist auf diese Weise an dieser Stelle original geblieben.

Es gab ja ein paar Ungenauigkeiten in meinen Schaltplänen, und so hatte ich den Schalter für die Scheibenwaschpumpe falsch angeschlossen und unter Dauerstrom gesetzt. Beim Einschalten der Zündung legte diese also sofort los – dies erklärte das Heulen. Die Frontscheibe war noch nicht im Auto – aber zum Glück hatte ich weder die Wischerarme montiert noch gar die Waschanlage mit Wasser befüllt! Die Sache mit der

5.15-4 *Verlegen des Motorkabelbaums: Immer in Griffweite Handbuch, Stromlaufplan und – eine Lupe!*

5.15-5 *Die Lichtmaschinenverkabelung mit einer in Eigenregie veredelten Befestigungsmethode.*

Waschpumpe war dann schnell erledigt, aber der Wischermotor? Diesen hatte ich offenbar auch nach wiederholter Kontrolle richtig angeschlossen, aber trotzdem lief er beim Einschalten der Zündung und man konnte ihn auch über den Schalter nicht ruhigstellen. Diesem Geheimnis musste ich also später auf die Spur kommen – fürs erste klemmte ich den Wischermotor einfach ab.

Von diesen ersten Störungen abgesehen schien alles andere zu funktionieren, mit einer Ausnahme: der Bremswarnleuchte. Diese ist in gewisser Hinsicht multifunktional und erhält ihr Signal vom Handbremshebel, dem Bremslichtschalter am Hauptbremszylinder und von beiden Bremsflüssigkeitsreservoirs. Der mechanische Schalter an der Handbremse hatte nach sieben Jahren feuchten Lagerns den Geist aufgegeben, das war schnell herausgefunden. Aber das war noch nicht alles – auch die Fassung der Kontrollleuchte selbst war defekt, und dieses Ding war keine Glanzleistung ingeniöser Schaffenskunst. Alle anderen Kontrollleuchten stecken in normalen Standard-Bajonettfassungen, die Bremswarnleuchte allerdings in einem komplizierten Halter mit kleinen Federn und Kontakten, die in meinem Fall offenbar nicht richtig funktionierten.

Die meisten Relais im E-Type sind normale so genannte Arbeitsstromrelais, die Lucas mit der Bezeichnung „LR6A“ anbot. Auf den ersten Blick sind trotz gleicher Bezeichnung verschiedene Relais verfügbar, und wer nicht aufpasst, könnte glauben, es handele sich um verschiedene Bauteile. In Wahrheit sind nur die Anschlüsse unterschiedlich gestaltet, sodass man je nach Ausführung nur ein einzelnes oder aber mehrere Kabel anschließen kann.

Wie gesagt – der Wischermotor wartete noch auf mich, ansonsten wäre es jetzt soweit gewesen, den Motor durchzudrehen und Öldruck aufzubauen. Stopp – eine weitere Kleinigkeit fehlte noch: Die Zeituhr hatte noch nie funktioniert, seit ich das Auto besaß. Man kann an diesem Instrument leider nicht viel reparieren, und so musste ich wohl oder übel in den sauren Apfel beißen und eine neue Uhr kaufen.

**5.15-6** *Wieder erhältlich: klassische Batterien mit offenen Polbrücken. Meinem Exemplar spendierte ich später noch einen stimmigeren „Lucas“- Aufkleber. Gut zu erkennen der Lichtmaschinenregler mit modernen Kabelschuhen.*

*Arbeitsstromrelais „Lucas LR6A“ in verschiedenen Ausführungen für einzelne oder mehrere Kabel* 

## Zusammenfassung

- Manchmal kommt man ohne Rat nicht weiter – gut, wenn der Experte sich auskennt!
- Im Rest Europas heißt es „Lucas – Prinz der Dunkelheit“. Woher mag das kommen?
- Glück ist ein blinkender Fahrtrichtungsanzeiger

# 5.16 Die Sache mit dem Wischermotor

An dieser Stelle des Zusammenbaus musste nun das Projekt Scheibenwischermotor in Angriff genommen werden. Selbstverständlich hatte ich ihn komplett überholen lassen, inklusive Montage neuer Kohlen. Ich hatte erfahren, dass es für die Motoren aus Serie-II-Zweisitzern keine solchen Schleifkohlen mehr gäbe – wie also konnte man so einen Motor wieder neu aufbauen? So brachte ich das gute Stück zum Jaguar-Profi meines Vertrauens, der für so etwas „seit Jahren mit einem sehr guten Spezialbetrieb“ zusammenarbeitet. Ich wusste nicht, was man dort wirklich benötigte, und so lieferte ich einfach den kompletten Motor samt Halteplatten ab. Da ich in der Zwischenzeit ohnehin genügend anderes am Auto zu machen hatte, war ich auch von der Ankündigung nicht sonderlich beunruhigt, die Sache könne „schon ein paar Wochen“ dauern. Kaum zu glauben, wie schnell manchmal die Zeit vergeht, aber aus den Wochen wurden bald Monate, und noch immer kein Motor in Sichtweite. Nach mehrmaligem Nachfragen erhielt ich schließlich einen wunderschön neu aufgebauten E-Type-Wischermotor, allerdings nicht jenes Exemplar, das ich abgeliefert hatte! Und nicht nur das: Es war auch ein komplett anderer Typ, nämlich aus einem Serie I.

Das bedeutete nichts Gutes. Wie zuverlässig ist ein Spezialist, dem so eine Panne unterläuft? Ich verlangte meinen eigenen Motor zurück, und zwar – ganz wichtig, mit den beiden Halteplatten, die ich ja mit abgeliefert hatte. Die Sache ist nämlich die, dass man den Wischermotor aus dem Serie II nicht einfach wie beim Serie I mit einer Halteplatte anbringt. Es wird hier noch eine zusätzliche Adapterplatte benötigt, und die ist äußerst schwer aufzutreiben. Meine Platten waren nunmehr im Besitz eines Fachbetriebes, der nicht einmal zu einer Aussage fähig war, wann man meine Halteplatten wiederfinden würde.

Den falschen Motor ließ ich zurückgehen, aber von meinem nach wie vor keine Spur. Der zuständige Mitarbeiter sei in Europa unterwegs – „Ersatzteilbeschaffung“. Wie sich später herausstellen sollte, hieß das wohl, man war auf der Suche nach Ersatz für meinen Motor, den man offenbar an jemand anderen verkauft hatte. Dies sei ein „normaler Geschäftsablauf“ – meine Zweifel wurden durch solche Aussagen nicht unbedingt zerstreut, im Gegenteil begann ich, mir ernsthaft Sorgen zu machen. Gut ein Jahr, nachdem

**5.16-1** *Links: Mein Wischermotor Serie II und die beiden benötigten Halteplatten – rechts die Grundplatter, links der Adapter.*

ich meinen Motor abgegeben hatte, erhielt ich ein überholtes Exemplar zurück, diesmal wirklich eine Ausführung für die Serie II. Allerdings: Es fehlten die Halteplatten. Mein Händler übernahm ohne Zögern die Verantwortung, konnte diese Platten aber auch nicht liefern. Alles was sie mir anbieten konnten, war, die Kosten zu übernehmen, die mir bei der Beschaffung entstehen würden. Die normale Basisplatte wurde im Serie I und II verwendet; sie aufzutreiben, war nicht besonders schwer. Bei der nur im Serie II benötigten Adapterplatte ist das etwas ganz anderes – dachte ich jedenfalls.

Nachdem ich unzählige Händler angerufen hatte, landete ich zunächst bei einem, der diese Adapter zwar hatte – leider aber nur in Einheit mit dem kompletten Motor. Immerhin waren sie so freundlich, mir eine Zeichnung und die Maße zu schicken. Damit könnte ich das Ding im Notfall auch anfertigen lassen. Kurz bevor ich mich dazu entschloss, kontaktierte ich mal wieder die schon erwähnten Leute von Classic Motor Cars. Und was soll ich sagen: Die hatten diese Platte, und nicht nur das, sie würden mir auch sofort eine schicken; übrigens ohne Motor daran! Sie hatten eine Nachfertigung dieses Adapters aufgelegt, weil sie damit den stärkeren Wischermotor aus dem Serie II auch an Besitzer von Serie I verkaufen konnten.

Kaum hatte ich die Adapterplatte erhalten, ließ ich sie zusammen mit der Basisplatte vernickeln und fertigte mir selbst eine Dichtung an, die zwischen die eigentliche Halteplatte und die Stirnwand gehört. Auch die ist angeblich nur sehr schwer zu bekommen, wobei ich solchen Aussagen mittlerweile sehr skeptisch gegenüberstehe. Es hatte etwas länger gedauert, aber endlich konnte ich den Wischermotor wieder ins Auto einbauen und dieses Kapitel ad acta legen. So dachte ich jedenfalls – bis ich, wie beschrieben, das erste Mal die Zündung einschaltete und der Wischermotor sofort anlief. Beim Versuch, ihn über den Schalter am Armaturenbrett abzustellen, brannte die zuständige Sicherung durch. Zusammen mit meinem Nachbarn Chris (dem Jaguar-MK2-Besitzer) und mit einem Multimeter gelang es uns nach unzähligen Anläufen, den Fehler zu finden. Habe ich schon erwähnt, wie unglaublich wichtig so ein Multimeter ist? Falls nicht – wir kommen noch dazu. Die Fehlfunktion jedenfalls lag wiederum an meinem Nachfertigungskabelbaum, an dem der betreffende Kombistecker falsch angeschlossen worden war. Richtig herum verkabelt funktionierte der Motor einwandfrei; zumindest in jenem Moment und ohne montierte Wischerarme.

Die Bedeutung dieser kleinen Einschränkung eröffnete sich mir erst später. Bei montierten Wischern stellte sich sofort heraus, dass die Endabschaltung des Motors nicht zur Lage der Wischer passte – diese blieben nämlich fast senkrecht mitten auf der Scheibe stehen. In der Folge baute ich den Motor unzählige Male aus, ein und wieder aus, um zu prüfen, ob ich vielleicht einen Fehler beim Wischergestänge gemacht hatte. Die Montage des Wischermotors ist nicht ganz so einfach, und der frische Lack auf der Stirnwand blieb dabei nicht unversehrt. Unter anderem muss man die Muttern und Beilagscheiben von unten anbringen – einmal kurz nicht aufgepasst und sie verschwinden irgendwo im Auto. Irgendwann beschloss ich, dass der Fehler im Schneckengetriebe des Wischermotors liegen musste, und brachte diesen wieder zu meinem Händler. Dort hatte inzwischen ein neuer Spezialist für diese Problemstellung seine Arbeit aufgenommen. Der neue Mann erklärte aber, am Motor läge es nicht, die Abschaltstellung sei in Ordnung. Ich baute den Motor erneut ein, keine Änderung, ich baute

*Die komplette Einheit aus Wischermotor, Schneckengetriebe und Halteplatten.* **5.16-2**

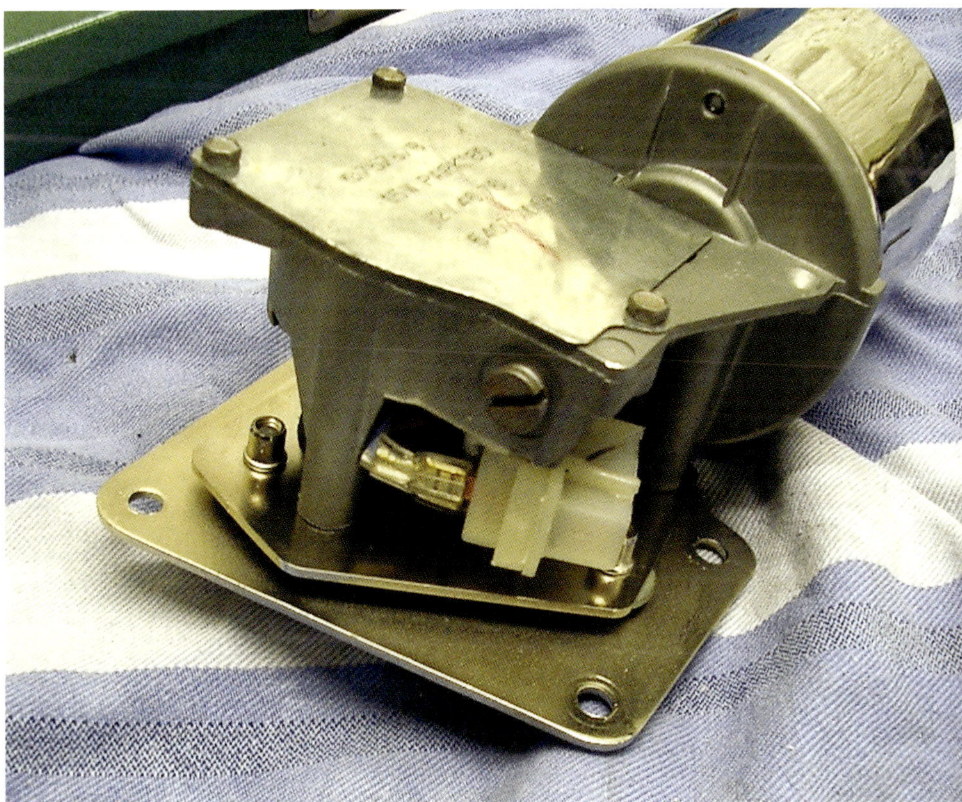

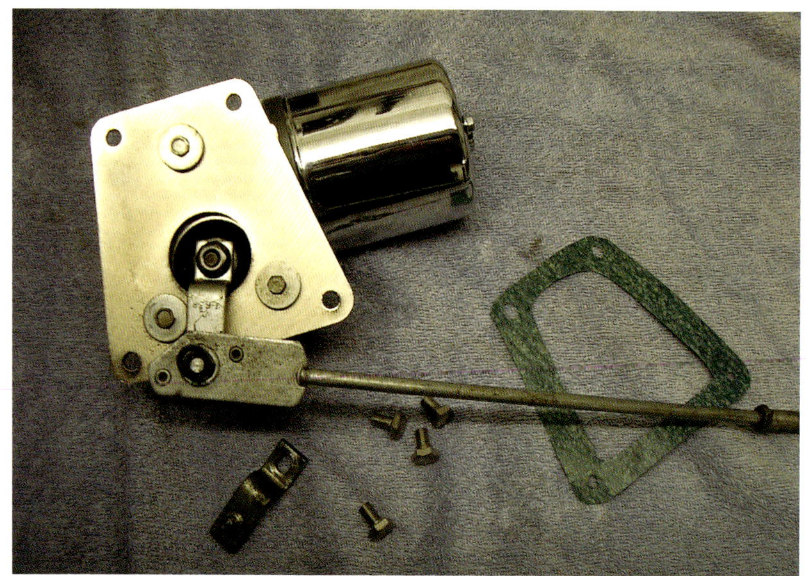

ihn aus, sprach nochmal mit meinem Händler – der blieb bei seinem Urteil. Ich war der Verzweiflung nah.

Zufällig war ich zu diesem Zeitpunkt zum zweiten Mal auf einem der Technikkurse, die Classic Motor Cars seinen Kunden anbietet. Kurzerhand nahm ich den Wischermotor mit und überließ ihn den Leuten von CMC zur Prüfung. Ein paar Tage später schickten sie ihn mir zurück, mit der Bestätigung, dass die Endabschaltung defekt sei, und sie hatten auch eine technische Zeichnung beigefügt, aus der hervorging, in welcher Stellung das große Zahnrad im Wischergetriebe eingebaut werden muss, um für eine korrekte Ruhstellung der Scheibenwischer zu sorgen. Das Grundproblem bestand einfach darin, dass es sich bei dem Austauschteil nicht um meinen eigenen Motor handelte, sondern um ein Fremdteil, vermutlich aus einem ganz anderen Fahrzeugtyp, von der Form zwar passend, aber mit einer anderen Endabschaltung.

Mit diesen neuen Informationen und meinem Wischermotor ging ich erneut zu meinem Händler, und der wiederum schickte alles an seinen

**5.16-3** *Wischergestänge am Motor angebracht, die selbst angefertigte Dichtung zur Stirnwand liegt bereit.*

Antriebsschnecke zum Wischergestänge

Blechschrauben

Diese Einheit aus Metallplatte und Kunstharz-Zahnrad überträgt die Motordrehung auf die Antriebsschnecke des Wischergestänges.

**5.16-4** *Die vom Motor kommende Metallplatte des Schneckenantriebs hatte ich mit Blechschrauben mit dem großen Zahnrad aus Kunstharz befestigt – in der vermeintlichen Ruhestellung.*

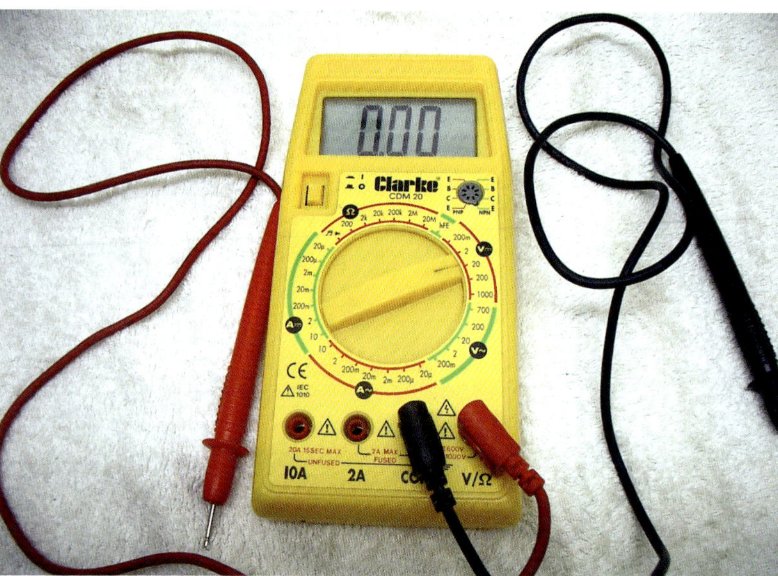


**5.16-5** *Absolut unerlässlich, wenn man es mit der Autoelektrik aufnimmt: ein gutes Multimeter-Instrument. Dieses hat unzählige Funktionen – drei davon beherrsche ich nun einigermaßen.*

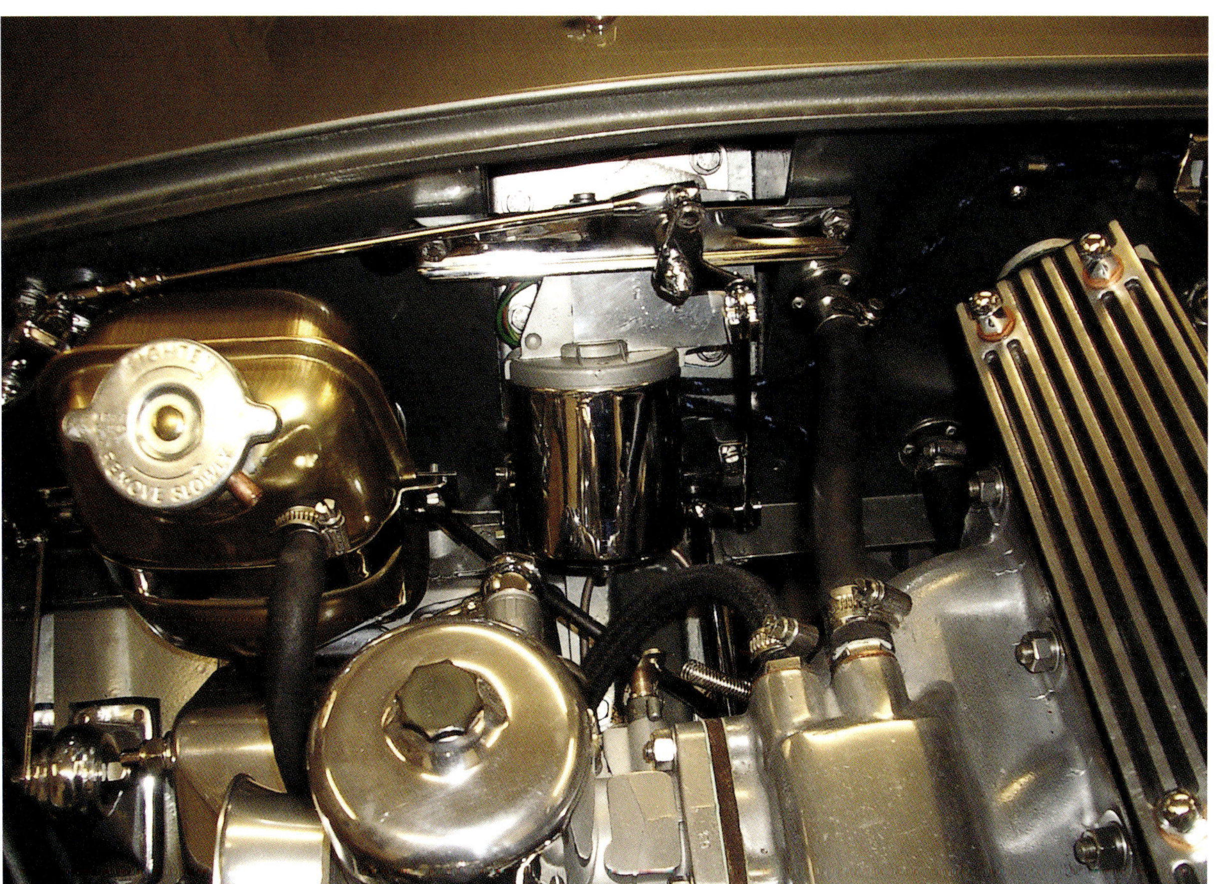

5.16-6 Nach langer Zeit und endlich mit voller Funktion: Der Wischermotor ist wieder eingebaut. Einige Zeit später baute ich ihn aber erneut aus und ließ ihn endlich richtig überholen.

Spezialisten. Laut seiner Auskunft gab es kein passendes Zahnrad als Ersatz, weshalb er das vorhandene passend gemacht habe. Von der Qualität seiner Arbeit spricht ihr Erfolg – die Wischer strichen dreimal über die Windschutzscheibe und zurück, dann blieben sie stehen. Und damit nicht genug: Die Instruktionen, die ich von CMC erhalten hatte, waren nicht mit zurückgekommen, ich stand also genauso hilflos da wie vorher.

Den Händler, über den das ganze Drama abgewickelt wurde, hatte ich eigentlich zuvor sehr schätzen gelernt, man hatte mir dort immer wieder geholfen, und ich hatte keine große Lust, meinen Ärger weiter bei ihm abzuladen. Also blieb mir nur ein Weg: Ich musste es selbst hinbekommen. Beim Zerlegen stellte ich fest, dass der so genannte Spezialist nichts anderes gemacht hatte, als die Metallmitnehmerscheibe, die auf der weißen Kunststoff-Zahnscheibe befestigt wird, in einer etwas veränderten Position anzubringen, allerdings nicht mit den vorgesehenen Ösen, sondern mit Sekundenkleber! Diese Mitnehmerscheibe sitzt unten auf dem Zahnrad. Erstaunlich, dass sich die Wischer immerhin dreimal bewegten. Nach einigem Nachdenken befestigte ich den Mitnehmer mit zwei Blechschrauben auf dem Zahnrad – eine Lösung, die funktionierte! Die Schraubenköpfe musste ich nach dem Fotografieren (5.16-4) etwas abschleifen, damit sie nicht mit dem Getriebedeckel in Kontakt kamen. Die beiden Aussparungen in der Metallscheibe sorgen im Übrigen für die Abschaltung der Wischer in der korrekten Ruheposition; solange die Schleifkontakte über sie noch Strom an die Fahrzeugmasse leiten, dreht sich der Motor, erreichen die Aussparungen die Schleifkontakte, wird der Stromfluss unterbrochen und der Motor bleibt stehen. Die korrekte Endstellung der Wischer ist also ganz einfach dadurch zu erreichen, dass dieses Antriebselement in der korrekten Stellung eingebaut wird.

Es hatte sage und schreibe fast zwei Jahre gedauert, bis ich einen funktionierenden Wischermotor in meinen E-Type einbauen konnte, und letztlich hatte ich die entscheidende Arbeit dabei recht schnell selbst erledigt. Aber wem sollte man Vorwürfe machen? Mein Händler war ein gut angesehener Anbieter, der bis dahin immer gute Arbeit geleistet und mir immer wieder geholfen hatte. Dort hatte man sich auf die Arbeit eines angeblich ebenfalls erfahrenen Spezialisten verlassen, jedenfalls sagte man mir so. Vielleicht hätte ich auf meinen Ansprechpartner ganz einfach mehr Druck ausüben müssen, aber davor scheute ich zurück. Letzten Endes kam ich wieder einmal zu dem Schluss, der sich mir schon häufiger aufgedrängt hatte: Wenn man sicher

5.16-7 *Ein überaus praktisches Extra: der nachträglich eingebaute Intervallschalter für den Scheibenwischer (blaues Kästchen).*

sein will, dass eine Arbeit richtig gemacht wird, muss man sie selber machen! Anmerkung: Und wenn sie dann doch nicht richtig gemacht wurde, weiß man immerhin genau, wer Schuld hat.

Ein Nachtrag ist noch fällig: Ich hatte mir im E-Type immer schon eine Intervall-Stellung für den Scheibenwischer gewünscht – ein Extra, dass heutzutage in den billigsten Autos eine Selbstverständlichkeit ist, aber damals auch bei teuren Luxusautos nur ganz selten zur Serienausstattung gehörte. Bei CMC hatte ich einen Nachrüstsatz von HELLA gesehen. Der Bausatz enthält das elektronische Steuergerät mit aufgesetztem Bedienungsknebel und einen Kombistecker mit losen Kabelenden. Wenn man sich einmal in den Schaltplan des Scheibenwischers eingearbeitet hat, ist der korrekte Anschluss kein großes Problem. Durch Drehen an besagtem Knebel lässt sich die Intervallschaltung ein- und ausschalten und überdies auch noch stufenlos verstellen und so der Stärke des Regens anpassen. Die Elektronikeinheit mit Bedienschalter findet meistens Platz an einer kleinen Plastikkonsole irgendwo unter dem Armaturenbrett. Bei meinem E-Type hatte der Vorbesitzer aber links unter dem Drehzahlmesser bereits eine Bohrung angebracht und dort den Schalter für eine motorbetriebene Antenne angebracht. Diese Stelle war nun ideal für den Intervallschalter!

Und noch ein Nachtrag: Meine Reparatur des Scheibenwischermotors war zwar immer noch besser gewesen als die jenes „Spezialisten", aber leider auch nicht wirklich dauerhaft. Mittlerweile bin ich ja nun schon gut 5000 Kilometer mit dem Auto unterwegs, und nach einiger Zeit stellten sich erneut Probleme mit der Endabschaltung ein. Also baute ich den Motor erneut aus und brachte ihn zu CMC – dort hatte man offenbar keine Probleme, dieses Antriebszahnrad passend aufzutreiben und den Motor wirklich professionell zu überholen.

5.16-8 *Nicht original, aber wirklich ein feines Extra: Der stufenlos verstellbare Intervallmodus für den Scheibenwischer von HELLA.*

## Zusammenfassung

- Nur weil ein Lieferant sagt: „Nicht verfügbar!", kann ein Teil trotzdem lieferbar sein.
- Neue Kabelbäume können auch falsch verdrahtet sein.
- Wischermotoren für die Serie II benötigen eine spezielle Adapterplatte, ohne die nichts geht.
- Ja, Elektrik ist ein komplexes Thema. Aber man kann alles erlernen.
- Sekundenkleber empfiehlt sich an vielen Stellen – aber nicht in einem Wischermotor.
- Geduld ist eine Tugend. Aber nach zwei Jahren ist auch der größte Vorrat verbraucht.

# 5.17 Wasserpumpe und Lenksäule

Der nächste Schritt bei der Fertigstellung meines E-Type war erst einmal ein Schritt zurück – durch eigene Dummheit. Ich hatte mir ja vorgenommen, wirklich alle Teile am Auto zu überholen oder durch neue zu ersetzen. Wirklich alle? Bei der Wasserpumpe hatte ich eine Ausnahme gemacht. Sie sah eindeutig noch richtig gut aus und hatte bis zuletzt auch einwandfrei funktioniert, warum sollte sie also nicht weiterhin ihren Dienst zuverlässig verrichten? Kaum hatte ich den Motor dann mit Kühlmittel befüllt – wohlgemerkt noch nicht angelassen! –, schon tropfte es am Simmerring ihrer Antriebswelle heraus. Typisch! Die meisten meiner Teile hatte ich ja nicht trocken genug eingelagert und sie waren prompt vom Rost befallen worden. Die Wasserpumpe hatte ich trocken gelagert, aber ganz offensichtlich zu trocken, weshalb ihre Dichtungen versprödeten und sofort leckten.

Also musste eine neue Wasserpumpe beschafft werden. Um es kurz zu machen: Diese lässt sich am ausgebauten Motor erheblich leichter wechseln als am eingebauten! Um besser arbeiten zu können, baute ich den Kühler aus – ein weiteres Mal, mehr dazu weiter unten. Was dann folgte, kann ich auch nicht erklären, auf jeden Fall saß der Keilriemen so stramm auf den Riemenscheiben, dass ich ihn einfach nicht herunter bekam. In meiner Verzweiflung löste ich also die Riemenscheibe der Wasserpumpe, um Scheibe und Riemen auf einmal abzubekommen, aber auch so war es ein Gefummel, weil der Platz nach vorne zum Kühlerrahmen so knapp bemessen ist, dass es ohne Kollision nicht ging. Auch die Wasserschläuche bekommt man nur schwer ab, allerdings gestaltet sich die Montage noch viel schwieriger. Die neu lackierten Rahmenteile versuchte ich dabei mit einer ganzen Menge Stofflappen vor dem unweigerlich austretenden Kühlmittel zu schützen. Kaum hatte ich die neue Pumpe und einen nunmehr passenden Keilriemen verbaut, fiel mir ein, dass ich die alte Pumpe vermutlich mühelos selbst neu hätte abdichten können. Zumindest hatte ich auf Anhieb eine passende Pumpe bekommen. Sie gehört nämlich zu den Teilen, die auch während der laufenden Serienfertigung mehrmals geändert wurden, und ohne die richtige Motornummer ist die Gefahr groß, eine falsche Pumpe zu erwischen.

Ich sagte weiter oben, ich hatte den Kühler ein weiteres Mal auszubauen. Zur Erklärung: Ursprünglich hatte ich

**5.17-1** *Links: Das untere Kreuzgelenk in der Lenksäule.*

vorgehabt, die gesamt Lenksäule vom Fahrzeuginneren her einzubauen. Das klappte so nicht, denn die Kreuzgelenke passten nicht durch die Öffnung in der Stirnwand. Also musste ich anders vorgehen, indem ich nur den oberen Teile der Lenksäule von oben her einbaute. Bei dieser Gelegenheit auch deren oberes Lager zu ersetzen, gelang mir nicht, ich bekam es einfach nicht aus dem Rohr heraus, obwohl ich alle möglichen erreichbaren Schrauben und Muttern löste und auch den Rückstellmechanismus des Blinkerschalters – alles ohne Erfolg. Da das Lager ja offenbar noch in Ordnung gewesen war, stellte ich diese Bemühungen ein.

Der untere Teil der Lenksäule ließ sich dann vom Motorraum her – bei ausgebautem Kühler – relativ einfach einbauen; die beiden Kreuzgelenke ersetzte ich dabei, sie waren beide ausgeschlagen. Zum Abschluss gönnte ich mir noch eine optische Verfeinerung: Die Abdeckung der Lenksäule im Motorraum – sie wurde nur in Rechtslenkern verbaut – besteht in der Serie aus einem unansehnlichen Verbundwerkstoff. Es gibt aber auch wunderschöne Ausführungen aus Aluminium, und eine solche kam in meinen E-Type; natürlich nicht, ohne zuvor gründlich aufpoliert worden zu sein.

**5.17-2** *Als Lenksäulenabdeckung kam eine hochglanzpolierte Aluminiumausführung zum Einsatz.*

## Zusammenfassung

- Murphy's Law? Baue nur ein Teil ungeprüft und nicht überholt wieder ein, und es wird versagen.

# 5.18 Tank und Kraftstoffpumpe

Die nächste knifflige Aufgabe auf dem Weg zur Fertigstellung meiner E-Type-Restaurierung wartete schon in Gestalt von Benzintank und Kraftstoffversorgung. Der Tank passt nur haarscharf ins Auto, sein Einbau ist Millimeter-Arbeit. Ich hatte bereits vor einiger Zeit einen Tipp erhalten, an den ich mich jetzt erinnerte, und so besorgte ich Tank-Lagergummis, die eigentlich aus der Ersatzteilliste des Jaguar Mk2 stammen. Diese Gummis sind etwas kleiner als jene des E-Type; der Einbau des Tanks soll damit leichter von statten gehen. Den Tank selbst hatte ich von außen pulverbeschichten lassen. Trotz des guten Allgemeinzustands entschied ich mich dafür, auch das Tankinnere zu beschichten. Für diesen Zweck gibt es Lacke, die man anmischt und in den Tank füllt; diesen dreht und wendet man dann ein paar Stunden in alle Richtungen, bis man annehmen darf, dass die Versiegelung wirklich jeden Winkel und jede Ritze erreicht hat. Anschließen entfernt man die hoffentlich vor der Prozedur angebrachten Verschlüsse von den Tanköffnungen und lässt die restliche Versiegelungsflüssigkeit herauslaufen.

Da ich nie wieder so gut wie jetzt an diese Stelle herankommen würde, versorgte ich auch den linken inneren Radlauf ebenfalls mit einer Packung zusätzlichem Rostschutz; anschließend montierte ich den Schlauch am Einfüllstutzen im Kotflügel und die zusätzlichen Entlüftungsschläuche, die oben auf dem Radhaus sitzen. Sodann sollte der Tank selbst folgen, und da wurde es kompliziert. Bei einer solchen Restaurierung hat man es mit einer neu lackierten Karosserie zu tun, und meistens auch mit einem neu lackierten Tank. An beidem möchte man natürlich sehr ungern Kratzer sehen. Als erstes montierte ich das vordere Gummilager des Tanks auf dem Hinterachstunnel. Allerdings war es dann schier unmöglich, den Tank an die vorgesehene Stelle und zugleich den Schlauch vom Einfüllstutzen auf seinen Sitz am Tank zu bekommen. Also baute ich das Gummilager wieder aus und hoffte, es würde sich auch nachträglich unter dem Tank anbringen lassen. Der Tank rutschte so zwar recht widerstandslos in seine Nische im Kofferraumboden, den Einfüllstutzen konnte ich aber immer noch nicht anbringen. Er ist aus extrem unflexiblem Hartgummi gefertigt, und bei meinem Auto sitz am oberen Einfüllstutzen ein Entlüftungsrohr und verhindert, dass man den Gummi erst einmal etwas weiter nach oben schieben kann (siehe Bild 5.18-1). Auch mit fünf Händen hätte man Schwierigkeiten, abgesehen davon, dass für so viele Hände kein Platz wäre. In meiner

**5.18-1** *Links: Der Tankeinfüllstutzen im Kotflügel: Die zusätzliche Entlüftung (das schräg sitzende Rohrstück) verhindert, dass man den Verbindungsschlauch einfach weiter nach oben schiebt und die Montage des Tanks so vereinfacht.*

Verzweiflung griff ich letztlich zu einer im Wortsinne einschneidenden Maßnahme: Ich kürzte den Verbindungsschlauch vom Einfüllstutzen zum Tank so weit, dass sich der Tank unter den wartenden Schlauch bugsieren ließ. Anschließend konnte ich den Schlauch einfach ein Stück herunterschieben. Beide Stutzen sitzen allem Anschein nach tief genug im Schlauch, sodass dieser nicht abrutschen kann.

Anschließend wollte ich das vordere Gummilager wieder zwischen Tank und Karosserie anbringen – und natürlich war das nun, mit dem Tank an Ort und Stelle, wieder ein Problem. Die einzige Möglichkeit bestand darin, mit ein paar Hebelwerkzeugen den Tank soweit anzuheben, dass sich das Gummilager einführen ließ. Das funktionierte sogar, allerdings um den Preis einiger dicker Kratzer. Aber gut, Hauptsache, der Tank war an seinem Platz – die Schäden am Lack besserte ich später noch aus. Zuvor mussten allerdings die Schrauben in Tank und Gummilager eingesetzt werden, was zu einem Geduldsspiel werden sollte. Mit einer Taschenlampe überprüfte ich, ob die Tankhalterung und die Gummis einigermaßen fluchteten, dann die Schrauben angesetzt und mit einem gewissen Maß an „sanfter Gewalt" durchgesteckt und auf der anderen Seite mit selbstsichernden Mutter angezogen.

Die weiteren Schritte gestalteten sich dann nicht mehr so schwierig.

**5.18-2** *Geschafft! Der Tank ist wieder dort, wo er hingehört. Ein paar Lackschäden ließen sich nicht vermeiden und mussten später ausgebessert werden.*

Tankgeber und Kraftstoffpumpe baute ich selbstverständlich mit neuen Dichtungen ein – die kleinste Undichtigkeit kann im Innenraum sehr unangenehmen Benzingeruch verursachen. Die Pumpe selbst hatte ich durch ein Neuteil ersetzt. An der alten Pumpe waren die Schaltkontakte der Relaissteuerung total verschlissen, und es war mir nicht gelungen, diese Kleinteile einzeln aufzutreiben.

*Die Relaiskontakte an der alten Benzinpumpe sind völlig verschlissen und einzeln offenbar nicht verfügbar.* **5.18-3**

## Zusammenfassung

- Der Einbau des Kraftstofftanks gestaltet sich teilweise schwieriger als manche Leute erzählen.
- Manchmal muss man zu Maßnahmen greifen, die in keinem Werkstatthandbuch stehen.
- Man sollte die Tank-Lagergummis des Jaguar Mk2 verwenden.

# 5.19 Der Ölfilter-Umbausatz

Es war soweit: Ich konnte den Motor erstmals wieder durchdrehen – natürlich mit abgeklemmter Zündung und ohne Kraftstoffversorgung. Was ich zu hören bekam, war sehr unerfreulich: ein hartes Schlagen irgendwo hinten am Motor. Hatte ich bei der Motor-Revision etwas falsch gemacht? Nach genauerem Hinhören kam ich zu dem Schluss, dass das Geräusch vom Anlasser-Zahnkranz herrühren musste. Möglicherweise war ein einzelner Zahn in diesem Kranz leicht beschädigt, und ich hatte dies nicht bemerkt. Jedes Mal also, wenn diese beschädigte Stelle in Eingriff mit dem Anlasserritzel kommt, macht es einen Schlag – ob das wirklich die Ursache war, würde ich also erst feststellen, wenn der Motor wirklich lief. Und auch, wenn ich hier wieder vorgreifen muss – es war so.

Das Erfreuliche zuerst: Der Motor baute nach etwa einer halben Minute ordentlichen und stabilen Öldruck auf. Als ich dann aber am und unter dem Auto nachsah, fand ich eine große Öllache unter dem Motor vor, und mir war sofort klar, dass irgendetwas mit dem so hoch gepriesenen Umbausatz auf den Kartuschen-Ölfilter nicht in Ordnung sein musste. Die Dichtung zwischen dem Motorblock und der Adapterplatte des Umbausatzes lag nicht sauber an, und bei genauerem Hinsehen fand ich heraus, woran das lag: Die Hohlschraube, die durch den Adapter führt und auf der anderen Seite den Ölfilter aufnimmt, saß nicht tief genug im Adapter. Ich musste die Adapterplatte etwas abdrehen lassen, danach war der Motor dicht. Keine große Sache eigentlich, aber insofern unerfreulich, als ich meine Erkenntnisse dem Lieferanten dieses Kits zukommen lassen wollte, und man mir dort nicht gerade mit besonderem Interesse begegnete.

**5.19-1** *Umbausätze auf Filterkartusche sind beliebte Nachrüstteile, die eigentlich ohne großen Aufwand montiert werden können.*

Bisher habe ich es immer wieder verschoben, aber eigentlich wollte ich noch herausfinden, ob die Firma diesen Umbausatz immer noch so anbietet …

**Zusammenfassung**

- Schöne Nachrüstteile sind nicht immer so gut wie sie aussehen.

# 5.20 Ein paar Notizen zu Teilehändlern

Die Erlebnisse mit dem Ölfilternachrüstsatz sind Anlass zu einem kleinen thematischen Ausflug: Ersatzteilhändler. Oft genug hatte ich den Eindruck, dass die Verkäufer mancher Anbieter umsatzabhängig bezahlt werden, und dass sie für einen Abschluss buchstäblich alles tun würden. In einem Fall hatte ich Teile bestellt, die einfach nicht ankamen. Nach meiner ersten Rückfrage am Telefon wurde mir mitgeteilt, meine Bestellung würde exakt an diesem Tag das Haus verlassen, und so wartete ich. Allein – es kam immer noch nichts an. Bei einem erneuten Anruf ein paar Tage später hieß es, die Sachen seien längst unterwegs, man habe keine Erklärung; die Lieferung müsse irgendwo bei der Post liegen. Wiederum eine Woche später erhielt ich meine Teile dann endlich, und viel später konnte ich meiner Kreditkartenabrechnung entnehmen, dass die betreffende Buchung erst nach meinem zweiten Anruf erfolgt war! Also lange nach dem behaupteten Versandtermin. Offenbar hatte der Verkäufer Sorge, ich könnte vom Kauf zurücktreten, wenn ich erführe, dass es zu Verzögerungen kommt.

**5.20-1** *Teilehändler gibt es einige – wem kann man trauen, wem nicht? So ein optisch guter Eindruck ist sicher nie verkehrt, aber nur auf ihn alleine kann man sich auch nicht verlassen.*

Man sollte sicher nicht pauschal urteilen, aber zu viel Vertrauensvorschuss sollte man auch nicht mitbringen. Nicht jeder Teilehändler in der Klassikerszene ist wirklich mit dem viel zitierten Herzblut bei der Sache, und durchaus nicht wenige denken in erster Linie an den schnellen Gewinn und weniger an die Bedürfnisse des Kunden. Wie so oft im Leben spielen auch persönliche Erfahrungen eine wichtige Rolle, und so kommt es, dass ein Händler von diesem Kunden sehr gelobt und von einem anderen Kunden als unfähig bezeichnet werden kann. Auch ist es durchaus normal, dass ein Händler auf einem speziellen Gebiet hervorragend sein kann, man für andere Teile aber vielleicht besser auf einen anderen Anbieter zurückgreifen sollte. Auf jeden Fall sollte man immer versuchen herauszufinden, ob und wie gut sich ein Händler oder seine Verkäufer in der Klassiker-Szene auskennen und ob sie wirklich Ahnung haben von den Autos, um die es geht. Bei einer komplexen Konstruktion wie dem E-Type gilt das natürlich ganz besonders, aber auch wer sich um weniger exklusive Liebhaberautos kümmert, sollte immer den richtigen Enthusiasmus spüren lassen.

Und natürlich: der Service. Teile für klassische Fahrzeuge gibt es nicht mehr an jeder Ecke, aber wenn ein Händler denkt, seine monopolähnliche Stellung sei eine Rechtfertigung für schlechten Service oder einen Mangel an Freundlichkeit und Höflichkeit, dann sollte man doch noch einmal genau prüfen, ob man die eine oder andere Rarität nicht doch noch woanders auftreiben kann.

**Zusammenfassung**

- Ersatzteilhändler – es geht nicht ohne sie. Es geht aber auch nicht immer mit ihnen.

## 5.21 Einbau der Auspuffanlage

Der Zeitpunkt des ersten echten Anlassens des Motors rückte immer näher! Vorletzter Schritt: der Auspuff. Leider wird die bildliche Dokumentation hier wieder sehr sparsam ausfallen. Ich hatte zwar in der Zwischenzeit die Vorzüge der digitalen Fotografie kennen und schätzen gelernt und hatte auch vom Einbau der Auspuffanlage eine Unzahl Bilder gemacht. Unerklärlicherweise aber sind diese vor Beginn der Arbeit an diesem Buch im elektronischen Nirwana verschwunden, und die nachträglich gemachten Fotos sind nicht sonderlich aussagekräftig.

Die Anlage an meinem E-Type besteht aus Edelstahl, aber trotzdem fand ich beim Ausbau einigen Rost. Vor allem die Hosenrohre – auch Flammrohre genannt – wiesen deutliche Korrosion auf, ebenso die Rohre, die unter der Hinterachse hindurchführen. Die Erklärung für die unerwartet auftretende Korrosion ist recht simpel: Wie ich mit einem einfachen Magneten feststellen konnte, waren diese Rohre aus einem weniger hochwertigen, stark ferrithaltigen Edelstahl gefertigt, waren also entsprechend rostanfällig. Die Schalldämpfer und die Endrohre hingegen bestanden aus hochwertigem Edelstahl und sahen noch aus wie neu. Zudem war eines der Flammrohre vermutlich infolge eines Aufsetzers so stark eingedrückt, dass der Gasdurchsatz deutlich eingeschränkt wurde, und so ersetzte ich beide Flammrohre durch neue. Den Rest der Anlage musste ich gründlich sauber machen. Durch die Undichtigkeiten am Zylinderkopf und am Differenzial hatten sich Ölreste an einigen Stellen regelrecht eingebrannt. Sämtliche Aufhängungsteile aus Metall ließ ich verzinken; es erschien mir nicht sehr intelligent, eine Edelstahlanlage mit Teilen aus einfachem und bald wieder rostenden Eisenteilen zu befestigen.

Der Anbau der Auspuffanlage ist eigentlich nicht besonders schwierig, allerdings sollte man ein paar Tipps beherzigen: Zum einen sollte man die komplette Anlage erst einmal „trocken“ zusammenstecken, also neben dem Auto und nicht direkt mit dem Einbau loslegen. Dies gilt besonders bei einem Auspuff, der vorher schon einmal eingebaut war: Der Ärger ist nämlich groß, wenn man erst am Heck des Wagens bemerkt, dass irgendein Rohrstück oder Flansch so stark verbogen ist, dass man das erst einmal reparieren oder sogar ein passendes Neuteil besorgen muss. Aber auch neu gekaufte Anlagen sollte man erst auf

**5.21-1** Links: Die Auspuffanlage nach der Montage unter dem Auto: Ohne Montagepaste eingebaut können Undichtigkeiten gleich an mehreren Stellen auftreten. Ausbau und erneuter Einbau unter Verwendung von Dichtmittel waren die Konsequenz.

diese Weise prüfen – schließlich passiert auch dem besten Händler einmal ein Fehler bei der Zusammenstellung.

Beim E-Type gehören Hitzeschutzplatten unter das Getriebe und den Kardanwellentunnel; diese sollten natürlich bereits montiert sein, bevor man den Auspuff anbringen will. Dass man den Auspuff, egal ob neu oder gebraucht, nur mit neuen Gummis aufhängt, versteht sich eigentlich von selbst. Sämtliche Stehbolzen in den Krümmerenden, sprich den Flanschen, an denen die Flammrohre angebracht werden, muss man sich genau anschauen und im Zweifelsfall besser erneuern. Ich ersetzte sie an meinem E-Type, obwohl die alten noch gut aussahen. Die Flammrohre werden mit Spezialmuttern am Krümmer befestigt, diese sind weicher als die Stehbolzen aus Stahl, sodass sie sich – auch wenn sie durch Rost und Hitze extrem festsitzen – mit entsprechendem Kraftaufwand lösen lassen, ohne die Gewinde der Stehbolzen zu beschädigen. Die Muttern gibt es in verschiedenen Längen; neue sind meistens kürzer, wurden die Flammrohre bereits einmal von den Krümmern getrennt und sind die Stehbolzengewinde schon etwas angegriffen, sollte man längere Muttern verwenden. Das Anziehen dieser Muttern ist übrigens etwas für gelenkige Zeitgenossen – teilweise kommt man nur mit Verlängerungen und Kreuzgelenken am Steckschlüssel weiter, und manche erreicht man nur, wenn man von unten ans Auto herangeht.

Oben zwischen Krümmer und Flammrohre gehören zwei spezielle Dichtringe, die genau passen müssen, sonst wird dieser Übergang niemals richtig dicht. Zudem sollte man die gesteckten Rohrverbindungen unbedingt zusätzlich mit Auspuffdichtmasse („Gun Gum") montieren. Die Klemmung bekommt man mit den Rohrschellen aufgrund von Fertigungstoleranzen der Rohre nicht zuverlässig dicht.

Auspuffdichtmasse ist keineswegs nur ein Behelf im Notfall, sondern meistens ein Muss bei der Montage einer Auspuffanlage. Es gibt sie von verschiedenen Herstellern. **5.21-2**

Eine der Hitzeschutzplatten am Wagenunterboden: Diese Platten werden stets vor der Montage des Auspuffs befestigt. **5.21-3**

# 5.22 Vergaserabstimmung

Vor dem erstmaligen Anlassen blieb nun noch eine letzte Sache: Die Vergaser mussten einigermaßen passend voreingestellt werden. Die Feinabstimmung und Synchronisierung erfolgt dann erst bei laufendem Motor. Am SU-Vergaser vom Typ HD8, wie er in meinem E-Type verbaut ist, geschieht das an drei verschiedenen Schrauben, die in den Bildern 5.22-1 und 5.22-2 zu sehen sind und über die man die drei folgenden Einstellungen vornimmt: Leerlaufgemisch, Gemischanreicherung und Standgas. Die Standgaseinstellung erfolgt dabei ganz einfach, indem man über die betreffende Schraube einstellt, wie weit die Drosselklappe im Vergaser im Leerlauf geöffnet bleibt. Über die beiden anderen Schrauben verändert man die Einstellung der zugehörigen Vergaserdüsen und reguliert so die Zusammensetzung des Kraftstoff-Luftgemisches im Leerlauf und im Teillast- sowie Volllast-Bereich. Wichtig: Alle Drosselklappen müssen in Leerlaufstellung und vollständig geschlossen sein – am besten, man hängt zusätzlich das Vergasergestänge aus. Dann werden die Leerlauf-Luftschrauben ganz hineingedreht und anschließend um drei Umdrehungen wieder herausgeschraubt. Anschließend werden die Vergaseroberteile samt der so genannten Dämpferkolben entfernt. Vorsichtig: Sie sitzen aus Gründen der Dämpfung in einem Ölbad. Die Gemischregulierschrauben so einstellen, dass der Düsenstock (Hauptdüse) mit der Düsenführung auf die gleiche Höhe kommt, danach ca. 2 ½ Umdrehungen zurückdrehen, sodass sich der Düsenstock nach unten bewegt. Am Dämpferkolben sitzt die Vergasernadel, deren Zustand und Position ebenfalls überprüft werden müssen. Die Kerbe darf nur so gerade eben im Kolbenboden verschwinden, und die Nadel muss absolut gerade sein und darf keine Kratzer oder andere Beschädigungen aufweisen. Anschließend werden die Dämpferkolben samt Nadel wieder eingesetzt und die Feder und das Gehäuseoberteil wieder montiert. Zuletzt füllt man über die kleine, mit einer Schraubkappe verschließbare Öffnung oben im Dämpfergehäuse geeignetes Öl nach. Die Jaguar-Handbücher schreiben ein Öl der Spezifikation „SAE 20" vor, das heute nicht mehr ganz leicht zu bekommen ist. Bei lediglich im Sommer gefahrenen Autos genügt aber auch ein Motoröl 15W50.

Die Grundeinstellung wäre damit erfolgt, die Feinabstimmung kann erst vorgenommen werden, wenn der Motor läuft.

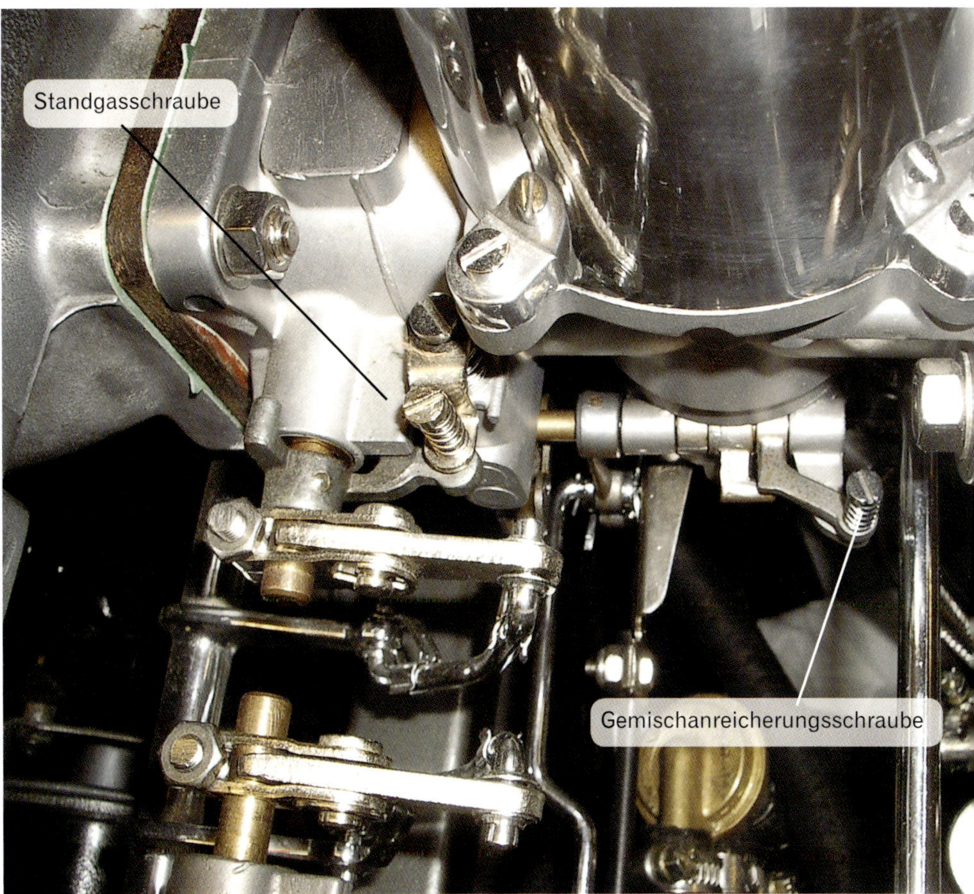


**5.22-1** *Links: Der polierte Vergaserdeckel, in dem sich Dämpferkolben und Vergasernadel befinden, sowie die Leerlauf-Luftschraube.*

*Die beiden weiteren Schrauben für die Grundeinstellung des Vergasers sind einfach zu finden.* **5.22-2**

Eine Sache fehlt allerdings noch: Die Ölsteigleitung zur Nockenwelle, die hinten am Motor sitzt. Beim Ausbauen hatte ich bemerkt, dass die vorhandene Leitung stark deformiert war. Ich vermutete, dies müsse früher einmal passiert sein, als der Motor schon einmal ausgebaut worden war. Bestimmt wurde beim Einbau des Motors nicht aufgepasst und diese exponierte Leitung dann beschädigt. Damit mir nicht dasselbe passiert, hatte ich beschlossen, sie erst später einzubauen, nämlich am bereits wieder eingebauten Motor. Das stellte sich prompt als ein ziemlich schwieriges Unterfangen heraus, aber mit Geduld und einigen Verrenkung gelang mir auch das.

Mit der statischen Zündeinstellung konnte ich den Einbau des Motors dann endlich zum Abschluss bringen. Das Jaguar-Handbuch schreibt einen Zündzeitpunkt von 11 Grad vor Zünd-OT vor, aber ich ging auf Nummer sicher und stellte meine Zündung geringfügig später ein, nämlich auf 10 Grad. Die Riemenscheibe vorne an der Kurbelwelle weist entsprechende Markierungen auf. Anschließend drehte ich den Verteiler so, dass am Anschluss für den sechsten Zylinder Kontakt anlag.

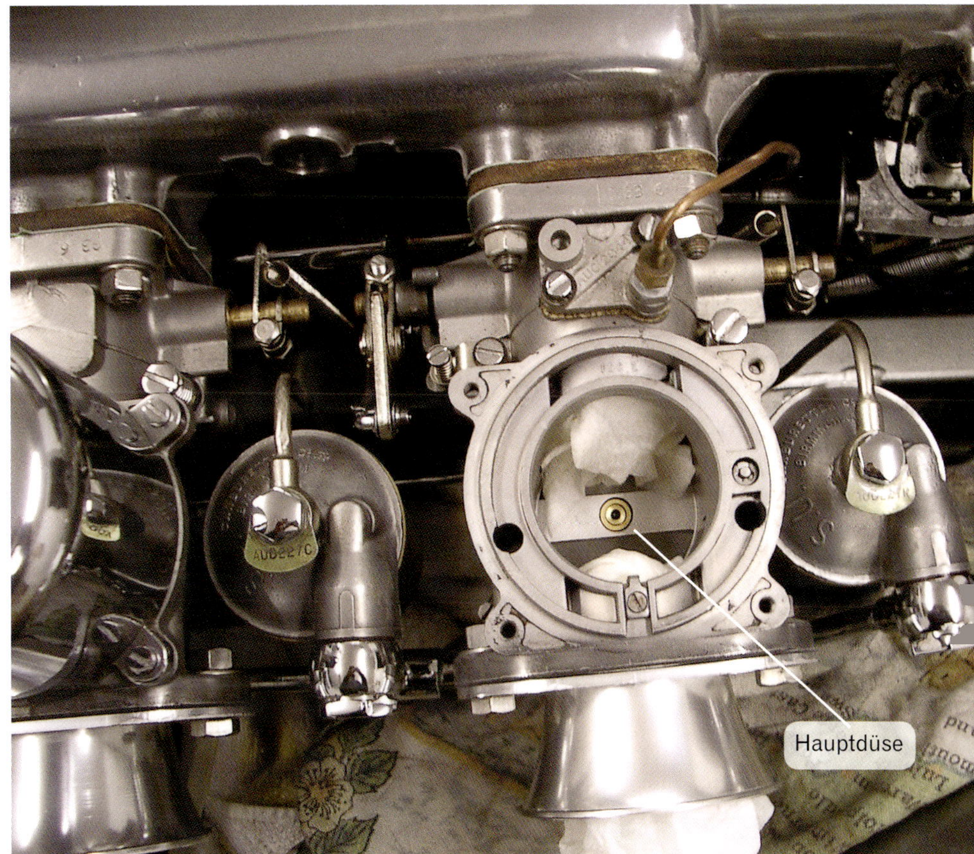


*Über die Höheneinstellung der Hauptdüse wird reguliert, wie viel Kraftstoff der vorbeiströmenden Luft beigemischt wird: Mehr Kraftstoff ergibt „fetteres“, weniger „mageres“ Gemisch.* **5.22-3**

Nahaufnahme der Ölversorgungsleitung zur Nockenwelle. **5.22-5**

**5.22-4** Spezielles Dämpferöl für die SU-Vergaser ist ebenfalls lieferbar.

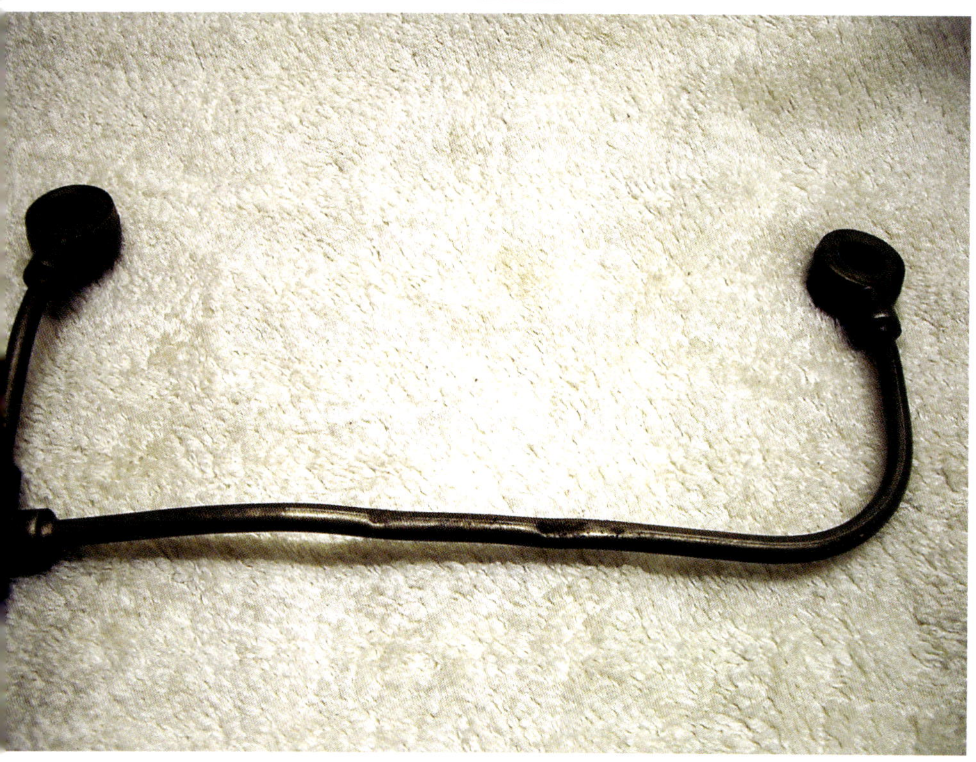

**5.22-6** In dieser Einstellung sind die Beschädigungen besonders gut zu erkennen: Die verbogenen und eingedrückten Stellen rühren wohl von einem weniger sachgemäßen Motoreinbau her.

# 5.23 Zündung!

Es war soweit, es blieb nur eins zu tun: Ich musste den Motor anlassen. Mit einigem Zögern und ziemlich aufgeregt schritt ich zu dieser Tat – nicht ohne vorher bestimmt neun oder zehn Mal jeden einzelnen Schritt bis hierher in Gedanken nochmals durchzugehen. Und auch wenn ich nicht wirklich zuversichtlich war, gab es nur einen Weg herauszufinden, ob alles korrekt angeschlossen war.

Ich zog den Choke leicht heraus und drehte den Zündschlüssel um, ein paar Keucher und der Motor lief, fiel sofort in einen leicht erhöhten Leerlauf und sang sein sanft grollendes Lied. Es war wie ein Traum und ganz eindeutig der erhebendste Moment während meiner gesamten bisherigen Arbeit an diesem Wagen. Von dem Geräusch, das ich beim versuchsweisen Durchdrehen des Motors gehört hatte, war nichts zu bemerken – ich hatte also offenbar keinen Fehler eingebaut, und um die kleine Macke am Anlasser-Zahnkranz würde ich mich kümmern, sollte das Geräusch wieder auftreten. Auch konnte ich nirgendwo einen Ölaustritt feststellen, selbst die hintere Abdichtung an der Kurbelwelle hielt. Die Instrumente funktionierten und zeigten korrekte Werte an; mit Ausnahme des Drehzahlmessers. Aber dazu kommen wir noch. Erstmal zählte nur eines: Der Motor lief. Ein echter Meilenstein, und eine enorme Motivation: Nun würde ich auch mit dem Restprogramm fertig werden!

Aber schon stand ich vor der nächsten spannenden Frage. Würde er auch fahren? Ich nahm all meinen Mut zusammen, trat die Kupplung und legte den Rückwärtsgang ein. Sachte löste ich die Handbremse, und noch viel vorsichtiger ließ ich die Kupplung kommen. Und: Zum ersten Mal seit mehr

**5.23-1** *Was für ein Moment: Zum ersten Mal nach sieben Jahre Restaurierungsarbeit verlässt der E-Type aus eigener Kraft die Garage und rollt ins Tageslicht!*

als sieben Jahren bewegte sich mein Jaguar wieder aus eigener Kraft! Einfach fantastisch – auch wenn es nur die zwei Wagenlängen waren, die er aus der Garage in unsere Einfahrt benötigte. Und da stand er nun, zurück im warmen Licht der passenderweise scheinenden Sonne. Nachbarn eilten herbei – aber nicht, um sich wegen des Lärms zu beschweren, sondern um mir zu diesem einmaligen Moment zu gratulieren.

Nun, der Motor lief, was nun noch zu tun blieb, war die Synchronisierung der Vergaser. Hierzu benötigt man ein spezielles Unterdruck-Messgerät, das nach Erreichen der Motor-Be-

**5.23-2** *Nicht unbedingt die neueste Ausführung, aber immer noch vollkommen ausreichend: ein Vergaser-Synchrontester.*

**5.23-3** *Eine Vergaser-Drosselklappe von der Ansaugseite her gesehen: Gut zu erkennen die geschlitzen und gespreizten Schraubenenden, die ein unbeabsichtigtes Lösen verhindern.*

triebstemperatur nacheinander auf die Ansaugtrichter jedes Vergasers gesetzt wird. Mit diesem gerne auch als Synchro-Tester bezeichneten Werkzeug auf dem Vergaser, dreht man die Leerlauf-Luftschrauben nacheinander so ein, dass auf der Skala des Messgerätes derselbe Wert für alle drei Vergaser angezeigt wird. Zwar klingt diese Prozedur jetzt nicht sehr kompliziert, aber ich sollte noch eine ganze Weile mit diesem Tester und den verschiedenen Einstellschrauben zu tun haben, und auch ein halbes Jahr später war ich mir immer noch nicht sicher, ob meine Einstellungen korrekt waren. Ein Grund dafür: Ich wollte ja auf den normalen Luftfilter verzichten und musste daher mit verschiedenen Vergasernadeln experimentieren. Über diese Nadel reguliert man, ob das Kraftstoff-Luftgemisch eher „fett" oder „mager" angereichert wird – also mit mehr Treibstoff oder mit weniger.

Zeitweise konnte ich feststellen, dass eines der Auspuff-Endrohre heißer wurde als das andere – ein sicheres Zeichen dafür, dass die Gemischaufbereitung nicht in allen drei Vergasern identisch ablief: Mageres Gemisch führt zu heißerer Verbrennung und damit zu höher temperiertem Abgas als fettes. Dann hatte ich ein Problem mit dem Standgas, das sich laut Werkstatthandbuch auf ca. 700 Umdrehungen pro Minute einstellen lassen sollte. Mein Motor lief wunderbar bis 850/min, bei 750 Touren fing er an, unruhig zu werden, und bei 700/min war an einen Rundlauf gar nicht zu denken. Also stellte ich den Leerlauf zunächst so niedrig wie möglich ein. Die eigentliche Feinabstimmung wollte ich erst durchführen, wenn ich das Auto auf der Straße bewegen konnte.

Ein paar andere Probleme stellten sich mir aber noch in den Weg; teilweise wurden diese auch schon in vorherigen Kapiteln angesprochen. Der Überlauf oben am Kühlerdeckel platze irgendwann bei heißem Motor ab, mit dem Ergebnis, dass eine Menge Kühlmittel im Motorraum landete. Es hieß also abermals, den Kühler auszubauen und ihn vernünftig reparieren zu lassen. Die Wartezeit vertrieb ich mir unter anderem damit, Motor und Motorraum gründlich zu reinigen … Das Problem mit dem nicht funktionierenden Drehzahlmesser sollte sich auch eine Weile hinziehen. Da ich zunächst die umgerüstete Zündung im Verdacht hatte, beschloss ich, diese rauszuwerfen und wieder auf die klassische, kontaktgesteuerte Zündung umzubauen. Erst als dies erfolglos blieb, suchte ich nach anderen Fehlerquellen und fand die Ursache schließlich im Kabelbaum.

Eine weitere Anekdote? Nun, den Leerlauf konnte ich anfangs gar nicht niedriger als ca. 1100/min einstellen. Mein erster Gedanke war, dass ich die Drosselklappen nicht korrekt eingebaut hatte. Diese müssen bei Standgas mit ihrem äußeren Umfang exakt mit der Wandung des Ansaugkanals abschließen, und leider kann man das bei dem vorliegenden Vergasertyp nur von unten her überprüfen, das heißt, wenn er vom Motor abgebaut wird. Nun wusste ich ja schon, wie man das macht – ich schaffte es also schneller als beim ersten Mal, ebenso wie den erneuten Anbau. Die vermeintliche Reparatur an den Drosselklappen aber führte nicht zum gewünschten Ergebnis. Stattdessen stellte ich fest, dass ich das Vergasergestänge zu stramm eingestellt hatte – etwas mehr Spiel an den verstellbaren Kugelpfannen, und das Problem war beseitigt. Diese runden Klappen sind mit speziellen geschlitzten Schrauben auf ihren Wellen befestigt. Ist die Klappe korrekt angezogen, stehen diese Schraube auf der anderen Seite über. Durch die Lage in ihrem Sitz wird verhindert, dass sie sich lösen und die Klappe sich lockert. Lange bevor ich mit der Überholung begann, hatte ich immer wieder das Problem, dass der Motor nach einer längeren Fahrt im Standgas nicht unter 1500/min fallen wollte. Erst ein beherzter Tritt auf das Gaspedal sorgte für Abhilfe. Nach einem Blick in die ausgebauten Vergaser war mir dann klar, woran das lag: Eine dieser Klappen hatte sich etwas gelockert und verkeilte sich zufallsweise im Ansaugkanal des Vergasers. Dieser blieb dann sozusagen „am Gas", auch wenn man das Gaspedal losließ. Gab man dann nochmals kräftig Gas, zog die Rückstellfeder auch die lockere Klappe wieder gerade und der normale Leerlauf stellte sich ein.

### Zusammenfassung

- Erst wenn der Motor das erste Mal wieder läuft, weiß man sicher: Die ganze Sache ist die Mühe wert!

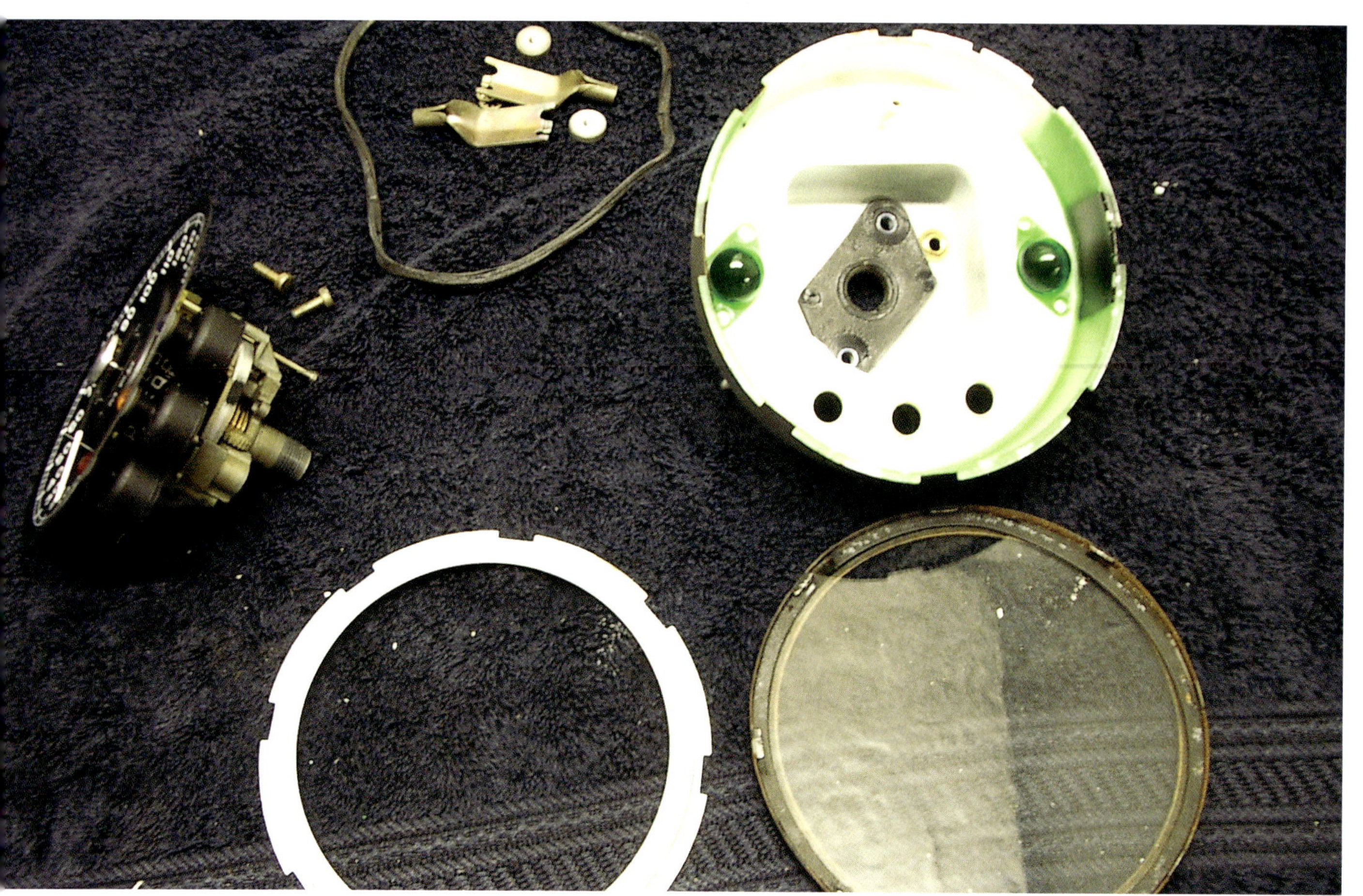

## 6.1 Der Tachometer

Der Motor lief jetzt und ich konnte mich den anderen wartenden Aufgaben zuwenden. Seit Längerem schon spukte nämlich eine Idee in meinem Kopf herum: Ich wollte den Kilometerzähler auf Null stellen. Er zeigte etwas über 60.000 Meilen an, aber bei der Vorgeschichte des Wagens war die Frage, wie oft er wohl schon durchgelaufen sein mochte, und außerdem sollte mein E-Type nach der kompletten Restaurierung auch mit jungfräulichem Tachostand sein neues Leben beginnen.

Als junger Mensch bin ich vermutlich nicht nur einmal auf betrügerische Autoverkäufer hereingefallen, die mal so eben 30.000 Meilen hatten verschwinden lassen. Zeit, herauszufinden, wie die das gemacht hatten.

Den Kilometerzähler aus dem Tachogehäuse zu bekommen, war recht einfach; der Zierring samt Glasscheibe lässt sich ohne Werkzeug abdrehen, das Zählwerk wird von zwei kleinen Schrauben auf der Rückseite der Tachoskala gehalten. Das Zählwerk selbst war schon etwas komplizierter, und aus gutem Grund findet man dazu nichts in der gängigen Literatur. Vorsichtig entfernte ich ein ums andere Teil dieser feinmechanischen Konstruktion, immer auf der Hut, nichts zu beschädigen oder zu verlieren. Irgendwann lag dann die Zählwerkwalze ausgebaut vor mir, und ich konnte die Ziffern in Reihe bringen. Beim Zusammenbauen hielt ich mich an die Aufzeichnungen, die ich gemacht hatte, und es blieb dann auch nichts übrig von den diversen kleinen Scheiben und Stiften. Kein Job für Leute mit schwachen Nerven! Entsprechend nervös war ich denn auch, als ich den Tacho wieder eingebaut hatte und ihn testen wollte. Ich hatte das Auto hinten sicher aufgebockt, ließ den Motor an und legte den ersten Gang ein. Zu meiner Erleichterung sah ich, wie sich die Tachonadel erhob und nach einiger Zeit auch die Zählwerke zu rotieren anfingen – wie es sein soll, unabhängig voneinander. Wie oft hatte ich mich über Autos geärgert, bei denen diese Zählwerke klemmten, so dass die Walze für die einzelne Meile gerne auch die Nachbarn mitnimmt, die eigentlich nur alle zehn – oder hundert – Meilen einen Sprung machen sollen. Solche Probleme kennt man mit den heutigen Digitalanzeigen natürlich nicht mehr, dafür ist es wahrscheinlich mit einem Laptop und dem richtigen Programm ein Kinderspiel, den Kilometerstand eines Autos nach Gusto zu verstellen.

**6.1-1** *Links: Bei dem teilzerlegten Tacho ist das Meilenzählwerk noch montiert.*

Auch der Anblick von Zählwerken, bei denen einzelne Walzen irgendwie auf halber Höhe steckenbleiben, ist mir bis heute vertraut. Der Tacho des E-Type funktioniert zwar immer noch wunderbar, aber die schöne zentrierte Position der Ziffern im Ausschnitt der Tachoscheibe ist leider mit zunehmender Laufleistung wieder verschwunden. Das ist aber zu verschmerzen, solange Geschwindigkeit und Strecke richtig gemessen werden. So etwas kann man ja heute leicht mit einem GPS-Navi nachprüfen.

*Zählwerk ausgebaut und auseinander genommen, anschließend werden die Walzen in Reihe gebracht.* **6.1-2**

**6.1-3** *Eine Menge Nullen, präzise nebeneinander angeordnet …*

**6.1-4** *… und nicht mehr ganz so ordentlich nach den ersten 5000 Kilometern.*

## 6.2 Drehzahlmesser, Rückleuchten und Rückfahrscheinwerfer

Da ich schon bei den Instrumenten war, wollte ich mir auch den Drehzahlmesser ansehen, der ja nicht funktionierte. Als ich sein Gehäuse abgenommen hatte, sah ich aber, dass es da nichts für mich zu reparieren gab: Keine Mechanik, nur eine Menge elektrischer Sachen, von denen ich nicht die geringste Ahnung hatte. Also baute ich ihn wieder zusammen und verschob die Angelegenheit. Es gab da allerdings einen kleinen Hebel auf der Rückseite, mit dem man die Anzeige des Drehzahlmessers – wenn er funktioniert – exakt einstellen kann. Natürlich konnte ich es nicht lassen und spielte an diesem Hebel herum, mit dem Ergebnis, dass die Anzeige später, als das Gerät dann arbeitete, völlig verstellt war. Wie schon beschrieben, hatte der Fehler nicht am Tourenzähler gelegen, sondern an dem nachgefertigten Kabelbaum. Um dann endlich die korrekten Umdrehungen angezeigt zu bekommen, musste ich das Instrument danach noch einmal zum Kalibrieren schicken. Wieder ein teurer Fehler.

Ich baute den zu diesem Zeitpunkt also noch nicht funktionierenden Drehzahlmesser wieder ins Armaturenbrett, ebenso alle anderen Anzeigen. Am Armaturenbrett selbst hatte ich nicht viel gemacht, außer es gründlich zu reinigen und den sich an ein paar Stellen lösenden Überzug wieder mit einem speziellen Klebstoff zu befestigen.

Nun folgte der Anbau der hinteren Stoßstange und der Rückleuchten. Die beiden Rückfahrscheinwerfer musste ich neu kaufen, weil die alten unrettbar verrostet waren. Befestigt werden sie mit Schrauben und kleinen Plastikklemmen, die in die Karosserie gesteckt werden und in die man dann die Schrauben reindreht. Diese Spreizklammern werden auch noch an anderen Stellen verwendet, beispielsweise in den Türen, um dort den Türöffnermechanismus anzubringen.

Die Montage der Rücklichter war nicht schwierig, aber die Dichtungen zwischen Gehäuse und Streuscheibe wollten einfach nicht passen. Sie waren Nachfertigungen und etwas zu groß. Sobald man die Streuscheibe festschraubte, quollen sie aus ihrem Sitz heraus. Es blieb mir nichts anderes übrig, als die alten Dichtungen wieder zu verwenden, obwohl sie nicht mehr im besten Zustand waren.

Ich hatte davon gehört, dass es auch für die Rücklichter Halogen-Glüh-

**6.2-1** *Links: Für einen Mechaniker gibt es hier nur wenig zu tun: das Innere des Drehzahlmessers.*

birnen geben sollte, und nach einigem Suchen fand ich einen Anbieter und bestellte welche. Die Lichtausbeute ist bei älteren Autos nicht so stark wie bei modernen, und ich wollte möglichst helle Lampen haben. Als ich diese Glühlampen dann eingebaut hatte, war ich doch ernüchtert, denn eine verbesserte Helligkeit gegenüber den normalen Lampen ließ sich nicht feststellen.

*Plastik-Spreizklammern wie diese gehören zu den wichtigen Kleinteilen, die oft besonders schwer aufzutreiben sind.* **6.2-2**

## Zusammenfassung

- Nicht alle Teile muss man unbedingt bei demselben Lieferanten kaufen.

*Einer der neu gekauften Rückfahrscheinwerfer, die unter der Stoßstange sitzen.*  **6.2-3**

## 6.3 Stoßstange und Nummernschildhalter

Zwischen den Rücklichtern sitzt bei meinem E-Type eine Zierblende aus Edelstahl, auf der auch das Nummernschild befestigt wird. Ich hatte sie gründlich poliert und schraubte sie nun wieder ans Auto. Leider hat sie zwei Löcher, die nicht da sein sollten, denn irgendwann hatte ein besonders schlauer Vorbesitzer einmal die Idee gehabt, Auspuff-Endrohre vom Serie 1 anzubauen. Diese sitzen in der Mitte des Autos – das zweizeilige Nummernschild wäre dann im Weg gewesen. Naheliegende Lösung: Man besorgt sich ein einzeiliges Kennzeichen und schraubt das ans Auto. Aber anstatt die bereits vorhandenen Schraublöcher zu nutzen, bohrte der Vorbesitzer zusätzliche neue! Eine neue Zierblende wollte ich mir deswegen aber nicht leisten, und so wird die alte nun von zwei zusätzlichen Edelstahlschrauben gehalten. Natürlich sitzt auch wieder das passende zweizeilige Nummernschild an meinem Auto. Ich hatte mir, schon als ich das Auto gekauft hatte, ein spezielles Kennzeichen anfertigen lassen, aus Acryl und mit silberner Schrift; das sah noch hervorragend aus und konnte weiterverwendet werden.

Ich legte die neu verchromten Stoßstangenteile zurecht und stellte jetzt erst fest, dass ich ein Problem mit den Rückleuchten hatte: Das linke Gehäuse saß höher an der Karosserie als das rechte. Bevor ich sie zum Verchromen gegeben hatte, hatte ich die Stoßstange mehrmals probeweise angebaut, um zu prüfen, ob sie gut an die Karosserie passt. Leider aber immer ohne auch die Rückleuchten zu montieren. Auf die Gefahr hin, mich zu wiederholen: Man muss wirklich alle Anbauteile montieren und ihre Passform prüfen, bevor man die Karosserie lackiert. Und alle heißt nun einmal: alle, ohne Ausnahme! Zum Glück hat man beim Anbau der Stoßstange durch die größeren Gummis zwischen Stoßstangenkante und Karosserie beim Serie II etwas mehr Spielraum als beim Serie I – einen Vorteil muss es ja auch haben, wenn man einen Serie II besitzt. Wahrscheinlich hatten sie damals auch bei Jaguar genug davon, die Stoßstange in Millimeter-Arbeit montieren zu müssen.

Auf jeden Fall schaffte ich es nach einer schier endlosen Plackerei, die Stoßstange mit zusätzlichen Beilagscheiben so anzubringen, dass sie einigermaßen gerade über den Rücklichtern sitzt. Die erwähnten Dichtgummis wollten dabei partout nicht auf der Stoßstange bleiben und rutschten

**6.3-1** *Links: Eindeutig zu erkennen: Die linke Rückleuchte sitzt etwas höher als die rechte.*

*Die Einzelteile der hinteren Stoßstange, neu verchromt.* **6.3-2**

immer wieder heraus, wenn ich die Stoßstange festschraubte. Mit Sekundenkleber konnte ich sie schließlich dazu bewegen, an Ort und Stelle zu verbleiben, und der Übergang zur Karosserie sieht wirklich gut aus.

Man sollte noch erwähnen, dass eine der Schrauben für die Stoßstange hinter dem Benzintank liegt – man sollte sie lose vormontieren, bevor man den Tank einbaut. Außerdem wusste ich nicht, wie man den Abschluss der Stoßstangen-Dichtgummis zum Radlauf hin ausführen soll. Angeblich wurden sie irgendwie um das Ende der Stoßstange herumgewunden und auf der Unterseite abgeschnitten. Ich schnitt sie so zurecht, dass sie oben auf der Stoßstange fast bündig mit deren Ende am Radlauf abschließen.

Und eine weitere Sache bereitete mir mittlerweile etwas Sorgen: Ich hatte die Stoßstangen mit Schrauben und Muttern aus Edelstahl befestigt – wie eigentlich alles, was an die Karosserie geschraubt werden muss. Nun hatte mir jemand, der sich mit Metallurgie auszukennen schien, erklärt, dass auch meine Edelstahlschrauben rosten würden. Überall dort, wo sie mit dem so genannten „unedleren“ Metall in Berührung kommen, wird durch Kontaktkorrosion auch das eigentlich nicht rostende Edelstahlteil angegriffen. Es dauert aber länger und ich hoffe nun einfach, dass ich mich mit diesem Problem nicht mehr werde befassen müssen.

**6.3-3** *Mit Stoßstange, Rücklichtern und Nummernschild beginnt das Ganze wieder wie ein Auto auszusehen.*

## Zusammenfassung

- An den Endrohren sollt Ihr sie erkennen: Jede E-Type-Serie hat andere.
- Immer alle Chromteile auf Passform prüfen – natürlich bevor man das Auto zum Lackierer bringt!
- Edelstahl rostet durchaus, wenn es mit Blech in Kontakt kommt.

## 6.4 Die Motorhaube kehrt zurück

Seit ich dabei war, das Auto wieder zusammenzubauen, hatte ich die Motorhaube beim Lackierer lagern können; bei der Enge in meiner Garage wäre sie nur im Weg gewesen, vor allem bei den Arbeiten, für die ich Platz benötigte, den Einbau der Hinterachse zum Beispiel oder von Motor und Getriebe. Allerdings hatten sie die Haube dort im Obergeschoss untergebracht, in das man nur über eine ziemlich enge Treppe gelangt, die in der Mitte noch einen rechtwinkligen Knick macht. Im Bild 2.5-7 ist die besagte Treppe gut zu sehen. Ich bin nicht dabei gewesen, als man sie dort hinauf gebracht hatte, aber ich war dabei, als sie ihre Lagerstätte wieder verließ. Und ganz ehrlich: Weder während der Restaurierung meines E-Type noch danach hatte ich solche Angst, dass etwas schiefgehen könnte. Irgendwie schafften wir es, die Haube ohne Schrammen von dort oben herunter zu bekommen, aber es war sprichwörtlich eine Sache von Millimetern. Ich hatte einen Ford Transit gemietet, und in dessen Laderaum kehrte die Haube zu mir nach Hause zurück, sicher festgehalten von meinem verdienten Nachbarn Chris und einem der Jungs aus der Lackiererei – ebenfalls mit Namen Chris. Als wir sie tatsächlich unbeschädigt in meine Garage tragen konnten, fiel wohl nicht nur mir ein dicker Stein vom Herzen.

Bevor ich allerdings die Haube nun endlich ans Auto bauen konnte, beschäftigte ich mich noch mit etwas Feintuning. Die Einzelteile der Haube werden von einer Unmenge Schrauben, Scheiben und Muttern zusammengehalten, und vor dem Lackieren hatte ich dafür Standardteile verwendet. Mittlerweile war mir klar, dass auch hier Edelstahlschrauben zum Einsatz kommen sollten. Etwas spät, könnte man sagen, denn es war gut möglich, dass ich beim Lösen der Schraubverbindungen irreparable Schäden am Lack fabrizieren würde. Letztlich ging alles gut, ich konnte alle Verschraubungen lösen und Edelstahlschrauben einsetzen, ohne dass der Lackierung etwas passierte. Aber zu meiner großen Bestürzung stellte ich dabei fest, wie wenig Lack sich zwischen den Verbindungsstellen der einzelnen Haubenteile befand. Die Spritzbleche hinter den Rädern waren an den Kanten sogar fast blankes Metall, und sie hatten auch schon leicht zu rosten begonnen, ebenso wie viele der Schrauben und Muttern. Ich war gelinde gesagt entsetzt: Diese Motorhaube hatte ein wahres Vermögen ge-

**6.4-1** Links: Großer Empfang! Die Motorhaube und ihre Eskorte bei der Ankunft zuhause.

Die Spritz- und Befestigungsbleche in der Haube hatte man vor dem Lackieren nicht separat grundiert – teilweise sah man an ihren Kanten das nackte Blech. **6.4-2**

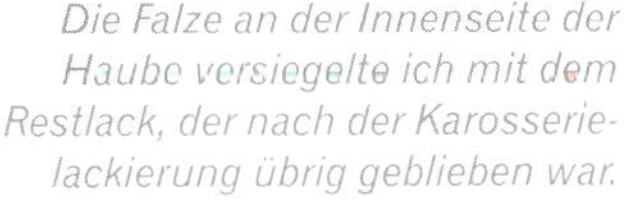

Die Falze an der Innenseite der Haube versiegelte ich mit dem Restlack, der nach der Karosserielackierung übrig geblieben war. **6.4-3**

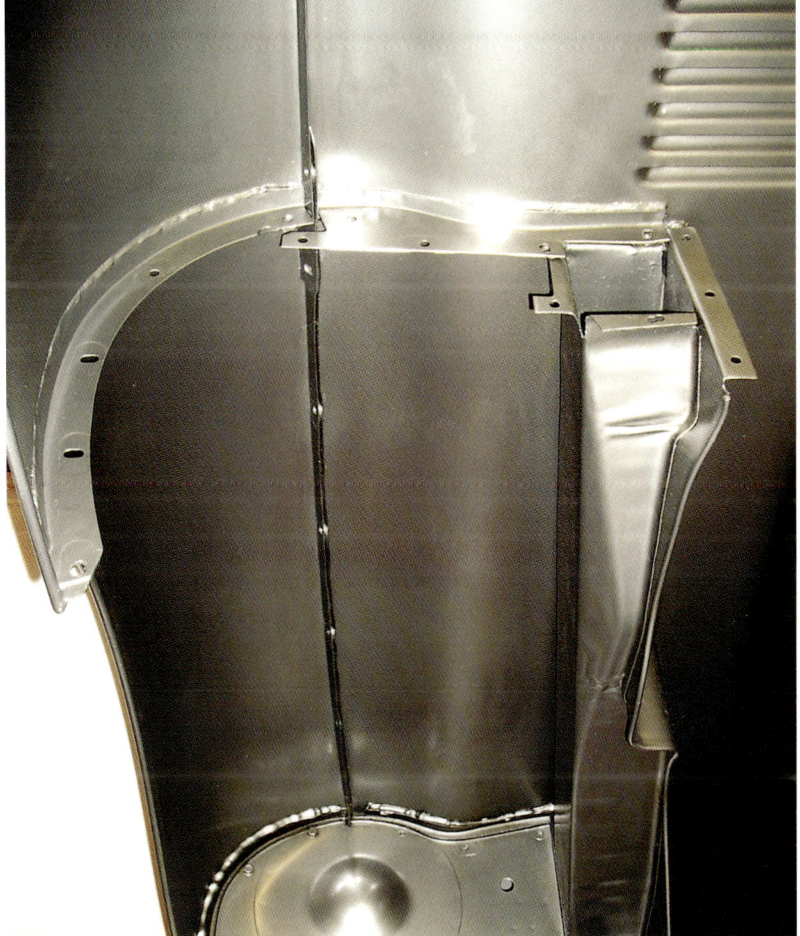

kostet, und wie wenig hatte man bei ihrer Herstellung auf einen vernünftigen Rostschutz geachtet!

Ich hatte vom Lackieren des Wagens noch eine halbe Dose Lack übrig und besorgte mir einen Sprühaufsatz, mit dem ich diesen Lack wie mit einer Sprühdose verarbeiten konnte. Damit versiegelte ich die ungenügend lackierten Verbindungsstellen, sodass sie vernünftig gegen Rost geschützt sein sollten. Sämtliche Befestigungsbleche und Halter, die in die Haube eingebaut werden, ließ ich verzinken. Die Schrauben, mit denen die drei großen Haubenteile miteinander fixiert werden, musste ich verchromen lassen. Diese Schrauben konnte ich auch nach langem Suchen nicht aus Edelstahl auftreiben. Muttern, Federscheiben und die länglichen Unterlagen, die den Anpressdruck auf die Blechfalze gleichmäßig verteilen, dagegen schon.

6.4-4 *Die montierte Motorhaube von innen, links die neu lackierte Luftführung für den Fahrgastraum, vorne das verzinkte Schutzgitter für den Kühler.*

Ich habe mitgezählt: 157 Schrauben mussten getauscht werden, bis alle Falze und Haltebleche in der Haube endlich mit nicht rostenden Verbindungselementen ausgestattet waren. Mit dem Resultat bin ich aber wirklich sehr zufrieden, nur eins stört mich manchmal: Aufgrund des Farbtons Opalescent Silver Grey erkennt man gar nicht, welcher Aufwand mit den Schrauben verbunden war, denn sie passen sich farblich dem Lack perfekt an. Aber immerhin sind sie rostfrei, und darauf kam es mir ja eigentlich an.

Die Luftführung für die Innenraumheizung – sie sitzt hinten links in der Haube – hatte ich lackiert und versah sie mit einer neuen Dichtung. Ich hatte auch das Steinschlag-Schutzgitter vor dem Kühler verzinken lassen; nun brachte ich es mit einigen der erwähnten 157 Schrauben an der Haube an; und zwar in der für den Serie II typischen Position weiter vorne. Eine der Maßnahmen gegen die Hitzeprobleme am Serie I war es, den Kühler etwas weiter vorne zu montieren. Natürlich musste dazu auch das Schutzgitter nach vorne wandern. Dank des pragmatischen Jaguar-Denkens wurde es einfach etwas verkleinert und weiter vorne in der Haube montiert. Übrigens sind sämtliche Hauben, die man heute kaufen kann, für beide Ausführungen geeignet, und auch etliches andere, wie zum Beispiel die Aufnahmen für die Aufstellvorrichtung, sind meistens doppelt vorhanden.

Nun war es endlich soweit und der große Moment war gekommen: Die Haube sollte wieder ans Auto. Ich hatte etwas Sorge, dass es mit der Passgenauigkeit der Aufsteller – also der Gelenke, an denen die Haube vorne befestigt wird – Probleme geben könnte. E-Type-Kenner diskutieren immer wieder, ob es möglich ist, eine Haube, die an einem Auto ohne Motor angebaut worden war, später wieder vernünftig anzupassen, wenn der Motor montiert ist. Angeblich setzt sich die Karosserie durch das Motorgewicht und die Halterungen verändern ihre Position. Zur Klärung dieser Frage kann ich leider wenig beitragen, zumal ich bei der Montage der Haube bei null anfangen musste. Die Demontage beim Lackierer lag jetzt auch schon fast acht Jahre zurück und war seinerzeit alles andere als wohl organisiert: Vor der versammelten Mannschaft der Lackiererei wollte ich mir als E-Type-Spezialist keine Blöße geben und löste einfach alle Schrauben von den Haubenaufstellern. Die Haube abheben konnten wir dann problemlos, aber in welcher Reihenfolge welche Einstellbleche montiert gewesen waren, konnte man danach natürlich nicht mehr sagen – die fielen einfach alle zu Boden.

Diese Einstellbleche gibt es in verschiedenen Formen und Stärken. Man schiebt sie zwischen die Aufsteller und deren Aufnahmen am Hilfsrahmen. Beim Anpassen der Haube muss man sehr genau aufpassen – eine unbedachte Bewegung und man hat Schäden in der Lackierung. Die Spalte zwischen Haube und Karosserie müssen möglichst gleichmäßig sein, nicht zu groß, aber auch nicht zu knapp bemessen, sonst stoßen beide aufeinander, wenn man zum Beispiel durch ein Schlagloch fährt. Die Montage der Haube gestaltet sich sehr zeitintensiv, aber nach allem was man weiß, war das auch in der Serienfertigung nicht anders. Heutzutage würden die Controller so etwas nicht mehr genehmigen. Ich würde auf jeden Fall behaupten, dass die Haube an meinem Auto wirklich gut sitzt, und ganz bestimmt sitzt sie besser, als es vorher der Fall gewesen war.

Ganz ohne Fehler ging es aber dann doch nicht: Als ich dachte, die Haube müsste passend ausgerichtet sein, schloss ich sie erstmals. Dummerweise hatte ich aber die Haubenverschlüsse bereits angebracht, und prompt stieß ich mit dem hinteren Spritzblech gegen die Haube. Zum Glück keine große Sache, die Kratzer Im Lack waren schnell wieder ausgebessert. Die Haube geht nur mit sehr knappem Abstand an diesen Verschlüssen vorbei, selbst wenn sie perfekt ausgerichtet ist.

Übrigens sitzen originale Dichtgummis an den Verbindungsstangen, über die man die Haubenschlösser vom Innenraum aus betätigt. Diese Gummis gab es offenbar nicht mehr, und so blieb mir nur der Ausweg, stattdessen kleine Schaumstoffstücke auf den Stangen anzubringen. Ohne solche Abdichtungen besteht die Gefahr, dass Gerüche aus dem Motorraum in die Fahrgastzelle gelangen, und auch für den größten Fan des großartigen XK-Triebwerks ist das dann doch etwas unangenehm.

**6.4-5** Eine Auswahl an Einstellblechen, mit denen man die Haube passgenau auf dem Auto ausrichtet.

**6.4-6** Das sieht schon ganz gut aus: knappe, aber ausreichende und gleichmäßige Spaltmaße zur Karosserie.

**6.4-7** Die Schubstangen zu den Haubenverschlüssen wurden mit Schaumstoffstücken neu abgedichtet.

## Zusammenfassung

- Manche Sachen am Auto sollte man nur machen, wenn niemand zusieht.
- Und wenn Profis zusehen, sollte man ganz besonders gut vorbereitet sein.
- Die Mechanik vergibt manche Fehler – die Karosserie vergibt keinen.

## 6.5 Hauben-Elektrik

Zwar saß die Haube nun, aber komplett war sie noch nicht, und das Anbringen aller Anbauteile sollte wieder einmal deutlich aufwändiger werden, als ich mir das vorgestellt hatte. Beginnen wir mit dem Kabelbaum. Meine Nachfertigung war leider ohne den großen Kombistecker geliefert worden, mit dem man die Elektrik an den Bordstromkreis des Autos anschließt. Ich hatte also die Wahl, für viel Geld einen neuen Stecker zu beschaffen, oder den alten Stecker und den neuen Kabelbaum zu verbinden. Ich entschied mich für Letzteres und stellte die Verbindung zwischen den losen Enden des neuen Kabelbaums und den passend abgeschnittenen Kabeln des alten Steckers mit so genannten Quetschverbindern her. Bevor die Proteststürme jetzt zu laut werden: Ich weiß um den schlechten Ruf, den diese Verbinder haben, aber ich hatte in der Vergangenheit schon oft festgestellt, dass mein Talent am Lötkolben äußerst begrenzt ist. Genau aus diesem Grunde habe ich aber eine durchaus beachtliche Virtuosität beim Umgang mit einer ordentlichen Quetschzange und eine große Auswahl an – meistens jedenfalls – passenden Verbindern. Ich glaube sagen zu können, dass das Ergebnis (Bild 6.5-1) optisch ansprechend gelungen ist und bis heute gibt es keine Probleme an der elektrischen Anlage in der Motorhaube, die die Hauptscheinwerfer, die Begrenzungsleuchten sowie die Blinker umfasst. Für alle, die bei solchen Verbindungen auf Nummer Sicher gehen wollen: Die Firma Würth bietet Quetsch-Lötverbinder. Hier wird nach dem Quetschen der werksseitig vorverzinnte Stecker noch mal kurz mit einem kleinen Gasbrenner erhitzt, anschließend ist die Verbindungsstelle zusätzlich verlötet.

Vor dem Einbau der Scheinwerfer versah ich das Innere der Lampentöpfe nochmals gründlich mit Sprühwachs. Dieser Bereich ist immer stark rostgefährdet, denn man bekommt ihn nie richtig wasserdicht, und Feuchtigkeit, die dort eindringt, trocknet nur schlecht wieder ab. Überhaupt verbrauchte ich mehrere Dosen des Rostschutzmittels Dinitrol an der Motohaube, bevor ich sie letztendlich komplettiert hatte. Viele Stellen sind bei der fertig eingebauten Haube nahezu unerreichbar, und der Rostschutz ist deutlich wichtiger als die klebrigen Finger, die man sich trotz Schutzhandschuhen bei der weiteren Arbeit mit den derartig behandelten Teilen holt.

Die vordere Stoßstange ließ sich problemlos montieren – kein Vergleich

**6.5-1** *Links: Der alte Kombistecker wird mittels Klemmhülsen mit dem neuen Kabelbaum verbunden: Unter dem Schrumpfschlauch ist diese Verbindungstechnik kaum zu erkennen.*

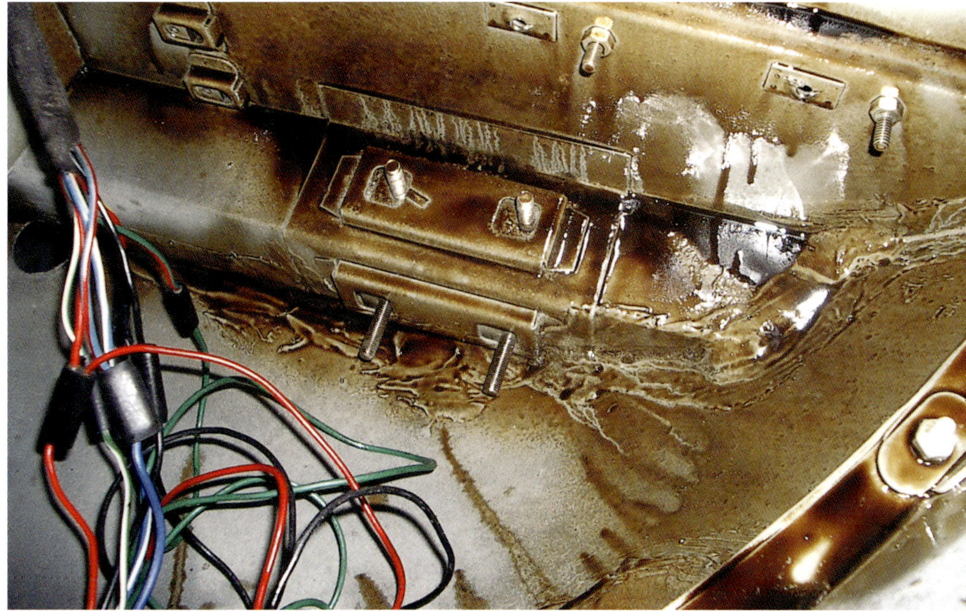

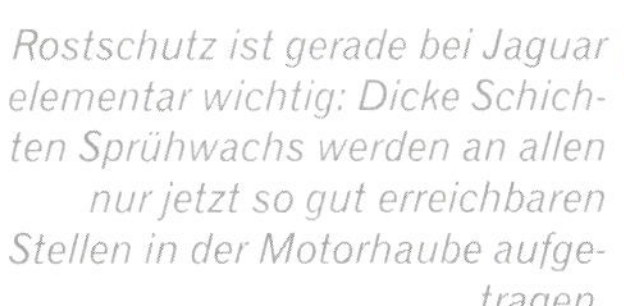

*Rostschutz ist gerade bei Jaguar elementar wichtig: Dicke Schichten Sprühwachs werden an allen nur jetzt so gut erreichbaren Stellen in der Motorhaube aufgetragen.* **6.5-2**

*Die neu verchromten Zierteile vor dem Anbau vorne an die Haube: Die seitlichen Blenden für die Rückleuchten haben hier natürlich nichts zu suchen.* **6.5-3**

zu ihrem Pendant hinten am Auto. Und auch die kombinierten Blinker-Standlicht-Einheiten passten ohne Probleme an die Haube. Wer auf Bild 6.5-3 genau hinsieht, wird feststellen, dass dort auch die seitlichen Zierblenden für die Rücklichter liegen: Während der Arbeit an der Frontpartie des E-Type war ich erst einmal etwas irritiert, bis ich darauf kam, wo diese Teile hingehören.

Bevor ich die Stoßstange und deren Hörner anbrachte, erhielten auch sie als Vorsichtsmaßnahme eine dicke Lage Sprühwachs zur Rostvorsorge. Schließlich hatte das Verchromen gefühlt ein Vermögen gekostet. Die Hörner werden übrigens mit kleinen Zwischenlagen aus Gummi auf der Stoßstange angebracht; so besteht keine Gefahr, dass sie mit ihren Kanten Kratzer verursachen.

*Stoßstange und Blinker montiert: Noch schaut der E-Type etwas blind in die Kamera.* **6.5-4**

## 6.6 Chrom und Zierrat an der Haube

Das Anbringen der Zierleisten zwischen dem Mittelteil und den Außenteilen der Haube war schon fast zu leicht. Man steckt die Laschen unten an den Leisten durch die Spalte zwischen den Haubenteilen und biegt sie auf der Unterseite um – fertig. Es versteht sich hier eigentlich von selbst, dass man dabei wirklich extrem vorsichtig vorgehen sollte, um der Haube an dieser prominenten Stelle keine Kratzer zuzufügen. Wie schon an anderer Stelle beklagt: Das Äußere des Wagens ist nun einmal das, wonach er beim ersten Anblick beurteilt wird. Wer hier schlampt, fällt mit seinem Projekt durch, vollkommen egal wie viel Arbeit er in die Mechanik und andere unsichtbare Bereiche investiert hat.

Die so genannten „Augenbrauen" sind die Zierblenden oben am Scheinwerfer, die nach hinten zu den Zierleisten auf der Haube verlaufen. An ihren hinteren Enden werden sie, gleich den Zierleisten selbst, mit durchgesteckten und umgebogenen Laschen befestigt. Ich war der Meinung gewesen, dass diese Teile noch in gutem Zustand seien und hatte sie mit zum Verchromen gegeben. Erst jetzt bemerkte ich, dass die besagten Laschen zu kurz waren. Sie brechen bei der Demontage leicht ab, weil das Material einfach nicht dafür gedacht ist, mehrfach hin und her gebogen zu werden. Die Augenbrauen sind zwar noch verfügbar, aber alles andere als preisgünstig. Angesichts meines Budgets wählte ich einen anderen Weg: Von den Blechlaschen war noch genügend vorhanden, sodass ich mit einem feinen Bohrer innen in der Haube ein Loch durch die Blechfalze der Haube und durch die Lasche selbst bohren und das Ganze mit einer rostfreien Blechschraube sichern konnte. Keine ganz lehrbuchmäßige Vorgehensweise, und diese Löcher im kostbaren Blech fielen mir nicht leicht. Aber man sieht es dem Auto von außen nicht an, und manchmal muss man eben Kompromisse eingehen. Vorne an den Lampentöpfen befestigt man die Zierblende mit Blindnieten, aber erst später, wenn auch die Zierleisten unten an den Lampenmulden angebracht worden sind.

Das Anbringen der Chromränder unten um die Lampenmulden herum war dagegen ein Alptraum. Die Mulden selbst werden mit speziellen Nieten an der Haube angebracht; die Zierleisten werden dann auf die speziell geformten Nietköpfe gesteckt. Damit für das Aufclipsen genügend Abstand zum Blech der Haube bleibt, werden zusätzlich kleine Unterlegscheiben als Distanzringe unter die Nieten gelegt, bevor man diese

**6.6-1** *Links: Die Zierleisten oben auf der Motorhaube werden mit ihren Haltelaschen durch die Schlitze zwischen den Haubenteilen gesteckt, anschließend biegt man diese Laschen innen in der Haube um den Blechfalz herum.*

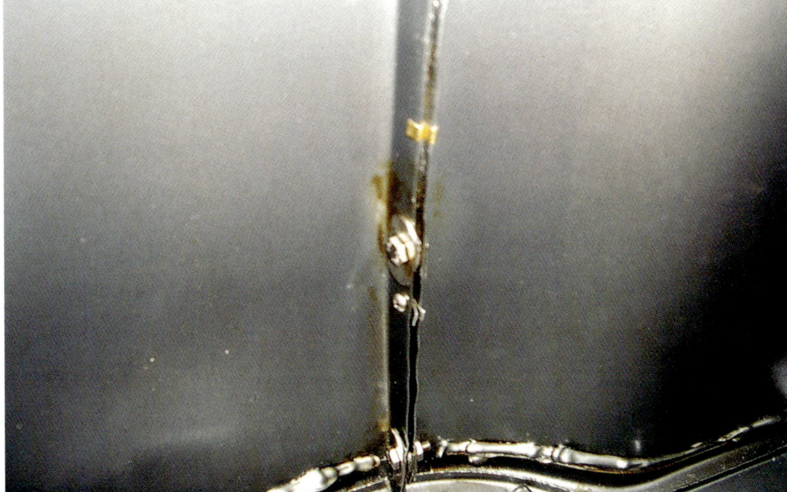

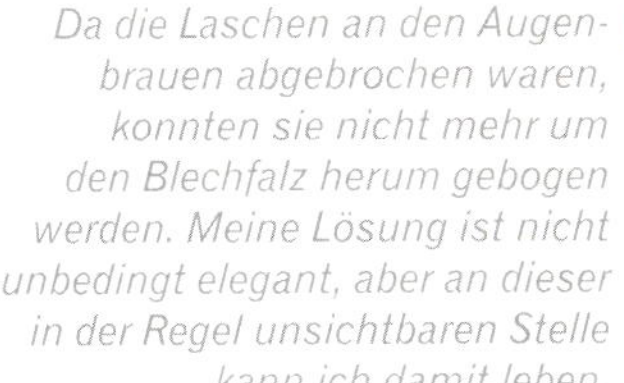

*Da die Laschen an den Augenbrauen abgebrochen waren, konnten sie nicht mehr um den Blechfalz herum gebogen werden. Meine Lösung ist nicht unbedingt elegant, aber an dieser in der Regel unsichtbaren Stelle kann ich damit leben.* **6.6-2**

mit der Nietzange befestigt. Blindnietzangen haben immer einen gewissen Rückschlag, weil sie den Nietstift nach dem Quetschen des Nietkopfes abtrennen müssen. Bei den Lampenmulden hieß es also aufpassen, um nicht mit der Zange irgendwo gegen die Haube zu stoßen.

Unter die Zierleisten der Scheinwerfermulden gehört eine Gummiunterlage, die es neu nur noch als nachgefertigte Meterware gibt. Die originalen Gummis waren vorgeformt und wiesen auch passende Löcher auf, die genau über den Nietköpfen zu liegen kamen. In der Nachfertigung muss man diese Löcher nachträglich anbringen, und auch die Biegung vorne an der Mulde muss man irgendwie selbst bewerkstelligen. Mir gelang es leider nicht, den Gummi in

*Die Lampenmulden werden mit Blindnieten an der Motorhaube montiert.* **6.6-3**

*Damit man die Chromleisten und deren Gummiunterlagen anbringen kann, haben die Nieten eine spezielle Kopfform und weisen zusätzliche Distanzscheiben auf.* **6.6-4**

einen so engen Radius zu zwingen, weshalb ich ihn an dieser Stelle durchscheiden musste. Im nächsten Schritt sollten nun die Chromleisten auf die Nietköpfe geklemmt werden – aber natürlich klappte das nicht. An einigen Nieten sprang die Leiste wieder ab, an anderen ließ sie sich gar nicht erst festklemmen. Nach längerem Zaudern kam ich zu dem Schluss, dass der Abstand der Nietköpfe zum Blech zu knapp war. Einzige Abhilfe also: Neue Niete und zusätzliche Distanzscheiben als Abstandshalter. Dies bedeutete, die vorhandenen Niete mussten ausgebohrt werden, was angesichts meiner kostbaren neulackierten Motorhaube keine wirklich prickelnde Vorstellung war! Einige der Niete bekam ich mit größter Vorsicht getrennt, andere drehten sich sofort mit – deren Köpfe musste ich mühsam mit meinem Dremel abtrennen. Ich kann heute noch nicht glauben, dass mir das ohne Schäden am Lack gelungen ist, und die Kürze dieser Worte wird dem Aufwand nicht gerecht, der damit verbunden war.

Nachdem ich die Mulden erneut angenietet hatte, diesmal mit zwei Beilagscheiben unter den Nietköpfen, stellte sich aber leider keine Änderung ein – die Zierleisten wollten immer noch

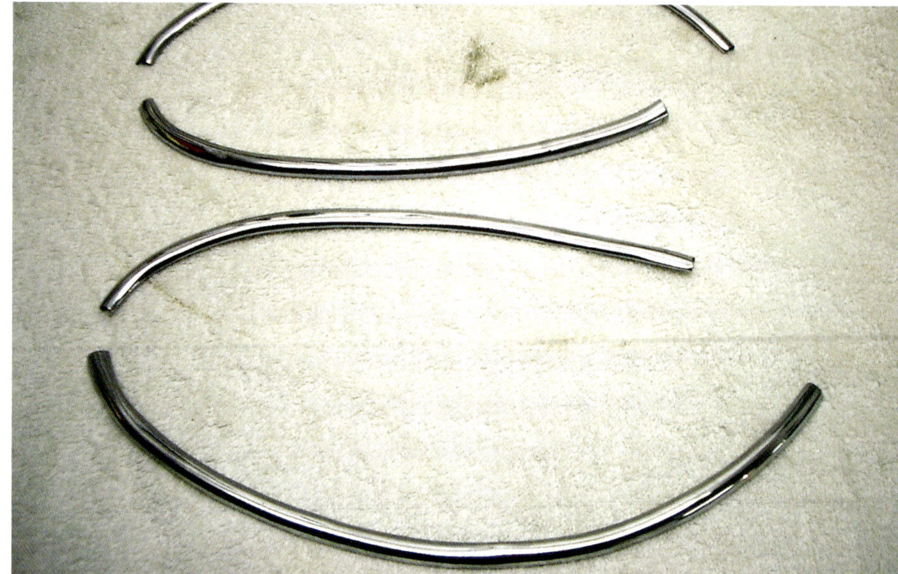

**6.6-5** *Die originalen Zierleisten für die Lampenmulden: Wie sich herausstellte, waren sie zu deformiert, um sich wieder anbringen zu lassen.*

**6.6-6** *Stümperhafter erster Versuch: Die Gummiunterlage sollte vorne einen engen Bogen machen und nicht durchtrennt werden; außerdem muss sie bis unter die „Augenbraue" reichen.*

**6.6-7** *Der Kabelbaum zu den Hauptscheinwerfern wurde für den Einbau einer zusätzlichen Standleuchte um ein Kabel ergänzt.*

nicht halten. Die Kanten an ihrer Innenseite waren einfach schon zu abgenutzt, sie griffen nicht mehr fest genug auf den Nieten. Und meine zahlreichen Versuche, sie trotzdem zu fixieren, hatten ihren Zustand nicht gerade verbessert. Mir blieb nur der geordnete Rückzug und eine neue Taktik, und die sah so aus, dass ich neue und teure Reprozierleisten kaufte, mit denen ich dann endlich die Montage des Chromschmucks an der Haube zum Abschluss bringen konnte.

Die Scheinwerfereinsätze waren Neuteile, anders als die Originale für Halogen-Glühlampen ausgelegt und außerdem zusätzlich mit einer Standlichtbirne versehen. Diese Lösung ist deutlich heller und sicherer als die vorgesehenen Standlichter neben den Blinkern unter der Stoßstange. Die benötigten Kabel von den weiterhin vorhandenen Begrenzungsleuchten nach oben in den Lampentopf zu legen, war keine große Angelegenheit.

Was nun folgte, dem hatte ich schon seit langem entgegengefiebert: Das Klebe-Nummernschild anzubringen. Damit würde mein E-Type endlich wieder sein vollständiges Gesicht erhalten. Aber – wo sollte es hin? Ich studierte alle Bilder, derer ich habhaft werden konnte, und lernte dabei vor allem eins: An beinahe jedem Auto sitzt das Nummernschild ein bisschen woanders. Ich beschloss, dass der beste Platz in der Mitte zwischen der Öffnung für Kühler und dem Buckel auf der Haube wäre, und mit einem wasserlöslichen Stift brachte ich entsprechende Markierungen an. Nun bringt man solche Klebefolien am besten auf einer leicht mit Wasser benetzten Oberfläche an – der Klebstoff zieht dann nicht sofort an und man kann die Lage der Klebefolie noch korrigieren und Luftblasen herauspressen. Meine Markierungen allerdings lösten sich natürlich sofort in nichts auf, und so brachte ich das Nummernschild dann doch nach Augenmaß an – und prompt etwas höher als beabsichtigt. Ein paar Blasen blieben auch unter der Klebefolie zurück, aber die verschwanden zum Glück nach einiger Zeit von selbst.

Übrigens wird dem aufmerksamen Leser auffallen, dass das Auto auf diesen Seiten eine andere Nummernkombination trägt als auf der Bildstrecke am Ende des Buches. Schon unter den Vorbesitzern waren mehrfach neue Kennzeichen an das Auto gekommen; die „LWR 207H" hatte ich von der Zulassungsbehörde zugeteilt bekommen, und sie passt zeitlich zum Auto. Später fand ich heraus, dass die Erstzulassung mit der Nummer „PBH 543H erfolgt war, und ich erfuhr, dass ich diese Nummer wieder bekommen konnte. Deshalb fährt mein E-Type heute wieder mit der Kennzeichenkombination, mit der er auch erstmals in Verkehr gebracht worden ist.

**6.6-8** *Endlich wieder komplett: das Antlitz meines E-Type.*

## Zusammenfassung

- Mit der Rostvorsorge kann man kaum untertreiben. Und man fängt an, sobald das Auto zerlegt ist.
- Der Chrom am E-Type ist eine Aufgabe, die man seinem schlimmsten Feind nicht wünscht.
- Und das gilt noch mehr für den Chrom an der Motorhaube.
- Nur nicht für die Zierleiste an den Fugen zu den Kotflügeln.

# 6.7 Einbau der Windschutzscheibe

Meine alte Windschutzscheibe hatte ich beim Ausbau beschädigt, sie war gesprungen und konnte nicht wieder verwendet werden. Es war also schon klar gewesen, dass ich eine neue Scheibe kaufen musste, und die Entscheidung fiel mir leicht, diese auch von jemandem einbauen zu lassen, der sich damit auskannte. Ohne Erfahrung auf diesem Gebiet und ohne das benötigte Werkzeug kann man sich leicht ausmalen, was ich beim Versuch, das selbst zu machen, erreicht hätte. Die Frontscheibe beim E-Type ist sehr stark gebogen, und da die Autos weitestgehend in Handarbeit gefertigt sind, ist jeder Scheibenrahmen ein klein wenig anders als der andere. Obendrein gibt es zwangsläufig nur noch nachgefertigte Scheiben, und bei diesen weiß man nie so genau, wie gut es um die Passform bestellt ist.

Die neue Scheibe hatte ich bereits, ebenso wie die Dichtung auf einem Teilemarkt gekauft. Beim Verlassen des Geländes musste man durch ein Drehkreuz, und natürlich fügte ich ihr dort eine kleine Scharte an der Kante zu, glücklicherweise aber nicht so schlimm, eingebaut würde man davon nichts mehr bemerken. Zuhause hielt ich sie vor den Scheibenrahmen, um zu prüfen, ob sie passte. Laut meinen Informationen musste rundherum ein Abstand von gut 8 Millimetern (ca. ¼ Zoll) zwischen Scheibe und Karosserieöffnung gegeben sein, und so war es. Die Zierleiste für die Scheibendichtung hatte ich neu verchromen lassen – nicht billig, aber in diesem Fall war den Originalteilen eindeutig der Vorzug zu geben vor den Nachfertigungen.

Alles was mir noch fehlte, war der Fachmann, der sich den Einbau zutraute. Normale Autoglaser kann man mit so etwas nicht beauftragen. Meistens lehnen sie so eine delikate Aufgabe ohnehin ab. Ausnahmen bestätigen nur die Regel. Einen professionellen Fachbetrieb für Klassiker wollte ich nicht aufsuchen, der Kosten wegen. Irgendwann stieß ich auf Paul und James, zwei Karosseriebauer, die laut eigener Aussage schon mehrfach Frontscheiben in E-Types eingebaut hatten. Sie waren einverstanden, diese Arbeit an einem Samstag in meiner Garage auszuführen und meinten, das dürfte nur eine Sache von ein paar Stunden sein. Sie wollten aber stundenweise und nicht pauschal für den

**6.7-1** *Links: Die Dichtung sitzt bereits im Scheibenrahmen und wartet auf die Frontscheibe. Hinweis: Die Armaturenbrettabdeckung ist zu diesem Zeitpunkt schon montiert.*

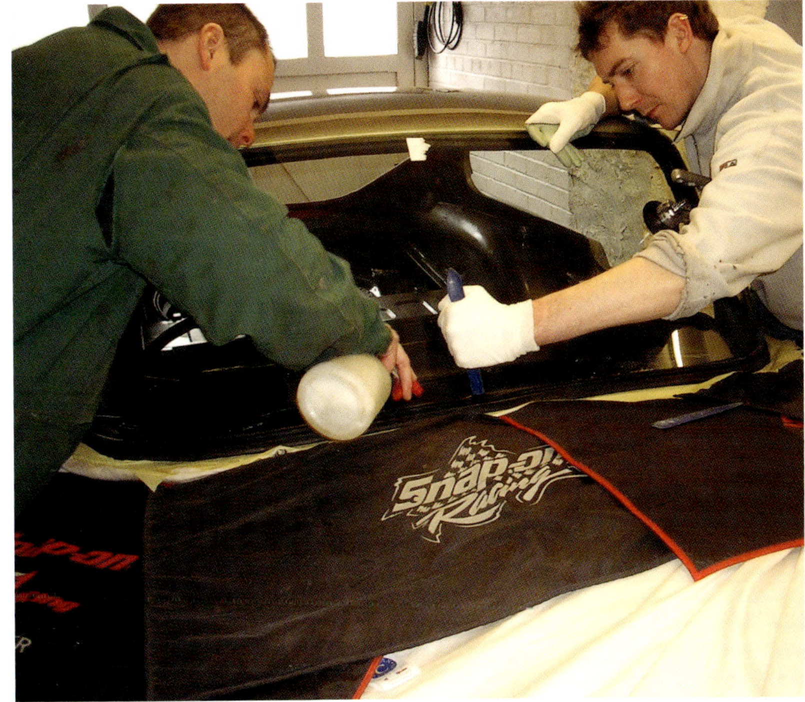

*Mit einem Gleitmittel versehen, setzen Paul und James die Scheibe in das Gummiprofil und drücken sie so weit wie möglich nach unten.* **6.7-2**

*James presst nicht aushärtende Dichtmasse zwischen Gummi und Glas.* **6.7-3**

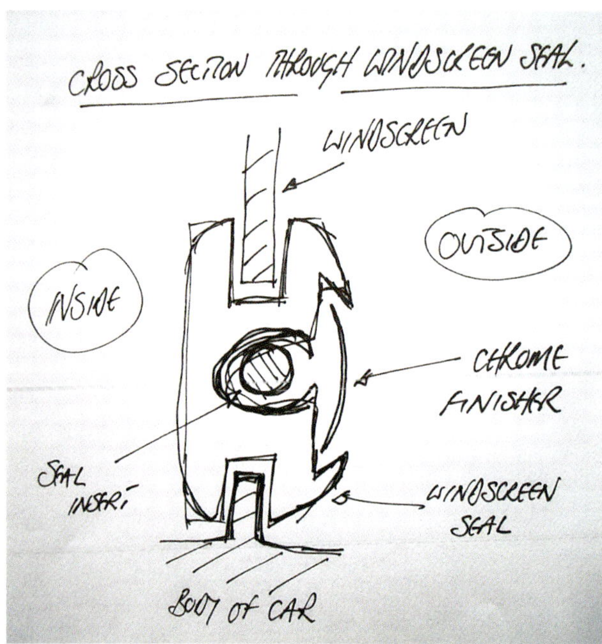


6.7-4 *Handskizze des Dichtungsprofils und vom Sitz der Scheibe im Fahrzeug.*

6.7-5 *Mit einem Spezialwerkzeug versuchen die beiden, die Zierleiste in den Gummi zu zwingen – vorerst erfolglos!*

Job bezahlt werden – „nur für den unwahrscheinlichen Fall, dass es Komplikationen gäbe“. Man kann ahnen, was jetzt folgt.

Am verabredeten Tag erschienen die beiden, pünktlich und guter Dinge. Als Erstes nahmen sie die Dichtung aus ihrer Verpackung und ließen sie flach auf dem Boden liegen, sodass sie sich in die benötigte Form entspannen konnte. Mit dicken Tüchern deckten sie die Motorhaube ab und breiteten ihre Werkzeuge darauf aus. Sie setzten die Dichtung in den Scheibenrahmen und oben die Scheibe dann mit der Unterkante in das U-förmige Profil des Dichtgummis. Diesen hatten sie zuvor mit einem flüssigen Gleitmittel eingesprüht. Um die Scheibe sicher zu halten, benutzten sie zwei Vakuum-Sauggriffe – ohne solche Hilfsmittel ist man aufgeschmissen. Mit Plastikspateln zwangen sie sodann die Gummilippen an den Seiten über die Scheibenkante und machten sich daran, dasselbe auch an der oberen Scheibenkante zu tun. Hier begann es, kritisch zu werden. Egal, mit wieviel Kraft und Seifenwasser sie versuchten, den Rest der Scheibe in das Gummiprofil zu bekommen – es ging nicht. Die Scheibe war einfach um einen oder zwei Millimeter zu groß. Das Problem bei der Sache: Man kann das erst sicher feststellen, wenn man es versucht – das Davorhalten der Scheibe vor den Rahmen allein ist nur eine ungefähre Prüfung.

*Anbringen der oberen und unteren Zierleiste in der Scheibendichtung.* 6.7-6

6.7-7 *Das Abringen der großen Zierblenden an den A-Säulen wurde zu einer sehr delikaten Angelegenheit.*

Eigentlich war uns klar, dass wir die Sache abbrechen mussten. Aber das sagt sich leicht. Zum einen hätte es einen enormen Aufwand für mich bedeutet, die vorhandene Scheibe wieder zurückzugeben und gegen eine andere auszutauschen. Außerdem konnte ja niemand garantieren, dass eine andere Scheibe besser passen würde. Paul und James wären unverrichteter Dinge wieder abgezogen, und ich hätte sie trotzdem bezahlen müssen; für den nächsten Versuch wären sie wieder die 40 Kilometer zu mir gefahren, und sie wollten die Sache einfach hinter sich bringen. Also beschlossen wir weiterzumachen, auch wenn das aus heutiger Sicht vielleicht die falsche Entscheidung war.

Nach über 2 ½ Stunden hatten sie immerhin die Dichtung vollständig über die Scheibenkante gezogen – die Scheibe war „drin". Wer jetzt denkt, dass das härteste Stück Arbeit hinter uns lag, der irrt. Um der Wahrheit die Ehre zu geben: Die Schwierigkeiten sollten jetzt erst richtig losgehen. Wie diese Scheibendichtung funktioniert, kann man meiner Skizze (Bild 6.7-4) entnehmen. Das Profilgummi weist einen H-förmigen Querschnitt auf; in den Öffnungen oben und unten sitzen die Scheibe und der Falz des Scheibenrahmens. In eine U-förmige Nut in der Mitte wird dann ein so genanntes Füllprofil gepresst. Dieses sorgt für einen festen Sitz der Scheibe, weil die Dichtung durch den Druck des Füllprofils nicht mehr nachgeben kann. Verdeckt wird das Füllprofil abschließend von der davor montierten Zierleiste – dazu später noch mehr. Zunächst injizierten Paul und James nicht aushärtende Dichtmasse zwischen die Scheibe und die außenliegende Dichtlippe. Beim Versuch, das Füllprofil einzusetzen, bemerkten sie schnell, dass das beinahe unmöglich war. Die Dichtung war durch die Größe der Scheibe soweit zusammengepresst worden, dass das Profil nur mit grober Gewalt in seinen Sitz zu zwän-

gen war. Normalerweise eine Sache von Minuten, hier dauerte es eine geschlagene Stunde.

Was noch fehlte, waren die Zierleisten. Die breiten Zierleisten an den A-Säulen folgen in Form und Größe dem Verlauf der Gummidichtung, und dieser war durch die Größe der Scheibe bei uns nicht mehr der alte. Die Kante der Zierleiste ließ sich nicht annähernd wie vorgesehen in die Öffnung im Dichtgummi einführen. Nach zahlreichen Versuchen mussten wir die Hoffnungslosigkeit dieses Unterfangens akzeptieren. Wir hätten lediglich die Gummilippen irreparabel beschädigt.

Mittlerweile waren 4 ½ Stunden vergangen, und vernünftigerweise hätten wir uns eingestehen müssen: Das war es für heute! Wir waren müde und genervt, und an so einem Punkt hört man am besten auf und trifft keine weitreichenden Entscheidungen mehr – die können nur falsch sein. Aber wie so oft hielt ich mich nicht an meine eigenen Weisheiten und entschied mich fürs Weitermachen. Die Option, es später mit einer anderen Scheibe erneut zu versuchen, verwarf ich erneut – es blieb nur ein Ausweg: Die Zierleisten mussten passend gemacht werden. Und so griff ich wieder zu meinem Dremel.

Die beiden seitlichen Leisten passend zurechtzuschleifen, klingt einfacher als es tatsächlich war. Aber irgendwie bekam ich es hin, ohne die

**6.7-8** *Die Scheibe sitzt endlich im Dichtungsgummi; mit speziellen Vakuum-Klemmen werden die Chromleisten in Position gehalten, bis der Kleber sie sicher hält.*

*Rechts: Was für ein Anblick – von vorne betrachtet, ist das Auto fertig!* **6.7-9**

gebogenen Kanten, mit denen sie in den Dichtungsgummi eingehängt werden, zu sehr abzuschneiden. Wir hielten sie probehalber ans Auto und glaubten, es müsste gehen. Bevor man sie anbringt, mussten aber zuerst die obere und die untere Zierleiste in die Dichtung eingepasst werden, und auch das wurde eine ziemliche Fummelei. An den Enden dieser Leisten befinden sich Lücken, und da die Scheibe nicht nur höher, sondern auch breiter war als gedacht, wies auch die Dichtung eine größere Breite auf als vorgesehen. Es bedurfte mehrerer Anläufe, bis die beiden Leisten exakt so ausgerichtet waren, dass sie mittig saßen und die besagten Lücken sauber von den großen Enden der seitlichen Leisten verdeckt wurden.

Letzter Akt waren dann die Leisten an den A-Säulen. Man bringt sie hinten am Übergang zur Regenrinne mit einem speziellen Karosseriekleber an und schiebt sie mit ihrer vorderen Kante unter die Dichtlippe in der Frontscheibendichtung. Mit speziellen Klammern, die mittels Vakuum-Saugnäpfen an der Scheibe halten, fixierten James und Paul die beiden Leisten in der richtigen Position, bis der Kleber angezogen hatte und die Leisten fest saßen.

Wir hatten 6 ½ Stunden benötigt, und das, obwohl zwei erfahrene Monteure am Werk waren, plus meiner Wenigkeit an der Schleifmaschine, als nicht vorhersehbarer zusätzlicher Aufwand. Man liest viel darüber, wie kniffig es ist, die Frontscheibe in einem E-Type zu montieren; und nichts davon ist untertrieben. Meine Vorahnungen hatten sich mehr als bestätigt, aber immerhin hatten wir das Tagesziel geschafft. Ob die A-Säulen-Leisten diese spezielle Behandlung auf Dauer gut verkraften, wird die Zeit weisen müssen. Ich war nur unendlich erleichtert, diesen Job hinter mich gebracht zu haben. Fürs Erste stand fest: Niemals wieder!

## Zusammenfassung

- Manchmal hält man eine Sache für leicht – und sie wird schwierig.
- Manchmal hält man eine Sache für schwierig – und sie wird schier unmöglich.
- Ratschläge zu erteilen, ist das eine – sich an seine eigenen zu halten, etwas ganz anderes.

## 6.8 Die Regenrinnen-Zierleisten

Auch auf die nächsten Punkte auf der Liste hatte ich mich nicht allzu sehr gefreut, aber nun waren sie an der Reihe: die Zierleisten an den Regenrinnen und die Kederleisten, mit denen die Karosseriefalze verschlossen werden.

Die Zierleisten stammten noch von meiner alten Karosserie. Sie waren in gutem Zustand gewesen und so hatte ich sie einfach auch neu verchromen lassen. Die Karosserie hatte ich allerdings in der Zwischenzeit ersetzt, und so war ich einigermaßen gespannt, ob die Leisten passen würden. Ich begann auf der Fahrerseite (rechts), und zu meiner Verblüffung ließ sich die Leiste problemlos aufsetzen und saß perfekt. Ich zog sie wieder ab und montierte sie erneut, diesmal mit ein wenig von dem Karosseriekleber, der von der Montage der Frontscheibe übrig geblieben war.

Die Leiste links war etwas anderes: Sie wollte nicht vernünftig sitzen und passte irgendwie auch nicht zum Verlauf der Regenrinne. Meine Versuche, sie mit etwas Gewalt anzupassen, endeten damit, dass ich einen Knick in der Leiste hatte und sie damit unbrauchbar war. Es blieb mir also nichts anderes übrig, als eine der so oft verteufelten Nachfertigungen zu kaufen, und überraschenderweise war diese von hervorragender Qualität, keinerlei Unterschied zum Original. Es gibt also doch hochwertige Repro-Ware! Die Leiste war zwar ein wenig zu lang, aber dem war schnell abzuhelfen.

Allerdings: In diesem Fall war mir damit nicht geholfen, denn auch diese neue Leiste wollte partout nicht am Auto halten. In mehreren Anläufen und mit den verschiedensten Tricks versuchte ich, die widerspenstige Leiste

**6.8-1** *Die Repro-Zierleiste für die linke Regenrinne war etwas zu lang und musste passend gekürzt werden.*

dazu zu bringen, an ihrem angestammten Platz zu bleiben. Aber noch so viel Klebeband half nichts: Sobald ich diese Hilfsmittel abnahm, sprang die Leiste trotz des zuvor angebrachten Klebers von der Dachkante ab. Auf dem Gipfel meiner Verzweiflung schnitt ich mir ein Stück Holz passend zurecht und klemmte es zwischen Garagenwand und Zierleiste – vergeblich.

Nach längerem Nachdenken und Forschen kam ich darauf, woran das lag: nicht an der Zierleiste, sondern an der Dachrinne selbst! Die war ein wenig nach innen gebogen, anders als

**6.8-2** *Alles ohne Erfolg: Verzweifelte Versuche, die Zierleiste an der linken Dachkante zu befestigen.*

das sein durfte. Diesen Fehler hatte die hinzugekaufte Karosserie von Anfang an, und wieder einmal ärgerte ich mich über mich selbst: Hätte ich wirklich alle Chrom- und Zierteile sorgfältig ausprobiert und testweise ans Auto angebaut, dann wäre mir das natürlich aufgefallen, und zwar, bevor ich das Auto lackieren ließ! Es half nichts: Die Kante der Dachrinne meines frischlackierten E-Type musste etwas nach außen gebogen werden. Zu meiner großen Erleichterung gelang mir das sogar größtenteils ohne Lackschäden, an ein paar Stellen allerdings produzierte ich die fast unvermeidlichen Risse im Lack. Zum Glück sind diese Schäden fast unsichtbar, und mit einer dicken Schicht Wachskonservierung hoffe ich, sie auch gegen Rost geschützt zu haben. Die Zierleiste jedenfalls ließ sich danach anbringen und hielt.

## Zusammenfassung

- Nochmals: IMMER ALLE Zier- und Anbauteile probehalber montieren BEVOR das Fahrzeug lackiert wird.
- Pfusch ist keine Lösung – was man nicht richtig macht, macht man später noch einmal.

## 6.9 Die Motorantenne

Ein paar Kleinigkeiten hatte ich noch vor mir, bevor ich mich an den Innenraum machen konnte. Eine davon war die Antenne. Ich weiß nicht warum, aber ich hatte schon immer ein Faible für Motorantennen, und ich hatte von vorneherein beabsichtigt, so eine in meinen E-Type einzubauen. Es stellte sich jetzt nur die Frage nach dem richtigen Ort. Bei vielen Modellen aus dieser Zeit befindet sie sich vorne am Windlauf, parallel zur A-Säule, aber ich hatte Bedenken, dass das beim E-Type nicht besonders gut aussehen würde. Ich entschied mich für den rechten hinteren Kotflügel als besten Platz.

Allerdings war die Motorantenne, die ich besorgt hatte, recht groß – größer jedenfalls, als ich gedacht hatte. Es war gar nicht so einfach, die beste Stelle für den Einbau zu lokalisieren, ohne mit der Benzinpumpe zu kollidieren und ohne dass der Antennenmotor anschließend dem Reserverad im Weg gewesen wäre. Nachdem ich die meiner Meinung nach ideale Stelle gefunden hatte, bohrte ich also – einigermaßen nervös – ein großes Loch in den Kotflügel, wobei Schäden am Lack nicht zu vermeiden waren. Ich kann nur hoffen, dass meine nachträglichen Rostschutzmaßnahmen an dieser Stelle wirken. Mit etwas mehr Planung hätte ich das natürlich besser gemacht, bevor die neue Karosserie zum Lackierer ging. Nicht auszudenken, wenn sich beim Einbau der Antenne gezeigt hätte, dass die gefundene Stelle doch nicht so gut passte. Zu meiner großen Erleichterung ging es gut, auch wenn sich die Antenne wegen des Reserverades nicht ganz nach Wunsch ausrichten lässt. Dass solche Antennen eher für große Limousinen gedacht sind, merkt man auch daran, dass die Abdeckung oben auf dem schlanken Heck des E-Type ein wenig plump aussieht. Aber gut, nun war es so, und insgesamt bin ich mit dem Ergebnis ganz zufrieden. Das mitgelieferte Befestigungsblech fixiert die Antenne im Innenraum und sorgt zugleich für die Masseversorgung des Elektromotors. Die Kabel für das Radiosignal sowie Dauerplus und vom Radio geschaltetes Plus verlegte ich nach vorne zum Armaturenbrett.

Wenn es etwas gibt, das ich wirklich nicht mag, dann ist es ein modernes Autoradio in einem klassischen Armaturenbrett. Andererseits ist das Sounderlebnis bei alten Radios eher limitiert, vom Angebot der Sender, die sich obendrein ständig verstellen, ganz abgesehen. Mir war klar, meiner ge-

**6.9-1** *Links: Ein riesiges Loch klafft in der kostbaren, neu lackierten Karosserie: Hier soll die Antenne hin.*

*Der Antennenantrieb innen im rechten Kotflügel.* **6.9-2**

*Nicht unbedingt schön: die Abdeckkappe außen auf dem Kotflügel.* **6.9-3**

*Knapp ausreichend für die neue Antenne: die Raumhöhe in meiner „Garage".* **6.9-4**

liebten Frau Christine konnte ich das nicht zumuten. Für sie war der Wagen bisher nichts anderes gewesen als ein platzraubendes Ungetüm, in dem ich Unmengen an Zeit und Geld versenkt hatte. Wollte ich erreichen, dass sie sich mit dem Auto anfreundete, so war es unverzichtbar, für eine brauchbare Unterhaltungsabteilung zu sorgen. Das originale Radiogerät – ein „Radiomobile"-Klassiker – besaß nicht einmal UKW-Empfang. Zum Glück gibt es aber heute Spezialisten für so etwas, und so schickte ich mein Radio an „Vintage Wireless", wo man es mit einem Eingang für einen MP3-Player und einem Steuerkabel für die Motorantenne ausrüstete. Mehr dazu kommt noch später in diesem Buch. Auch wenn dieser Umbau ein kleines Vermögen gekostet hat und ich auf das Radio nicht die versprochenen drei Wochen, sondern knapp drei Monate warten musste – für mich war diese Entscheidung richtig.

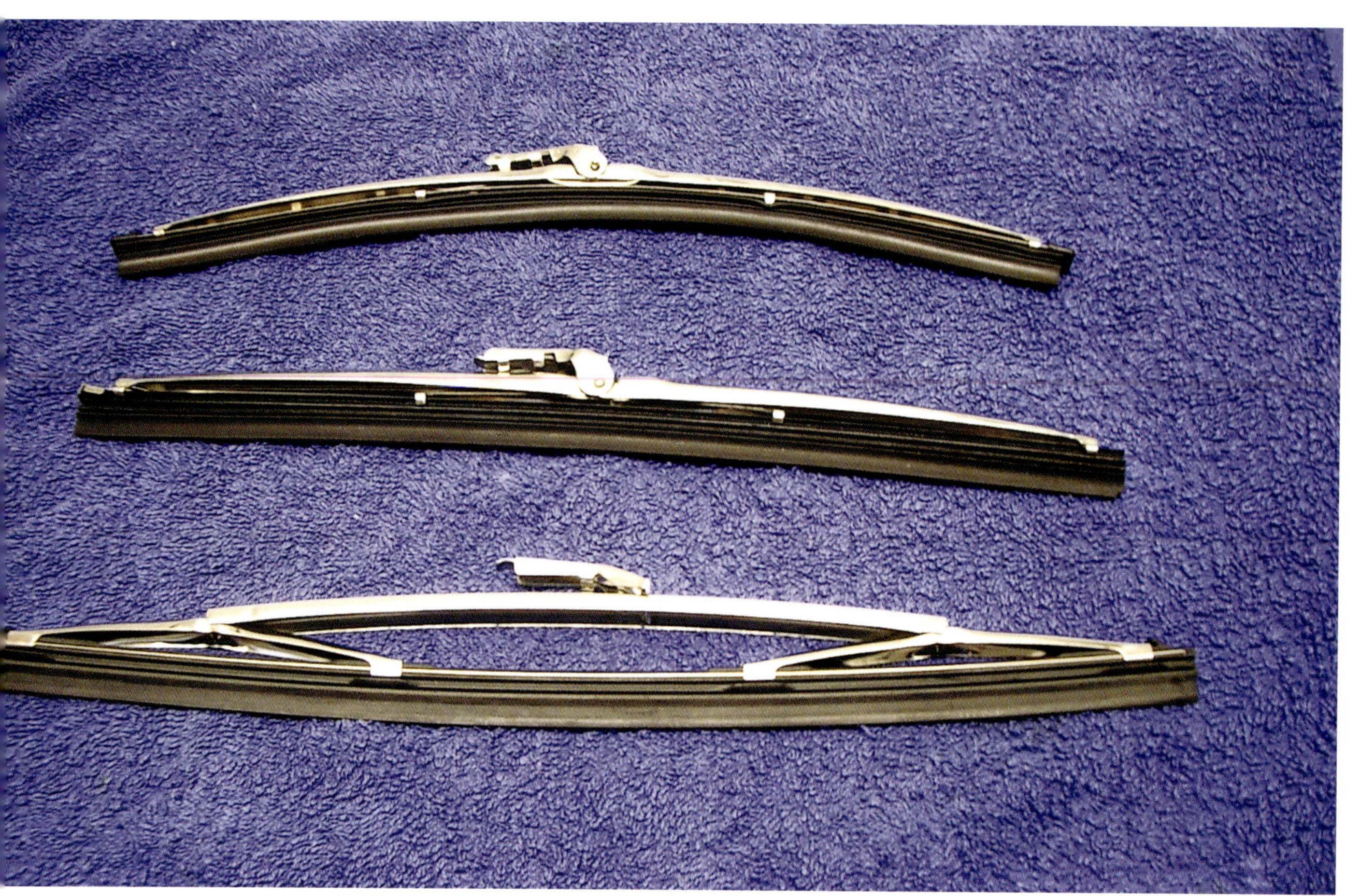

## 6.10 Scheibenwischer und Dichtungsklemmleisten der Tür- und Seitenscheibendichtungen

Eine weitere Kleinigkeit von jener Art, die viel Kopfzerbrechen verursacht, waren die Scheibenwischerblätter. Deren Funktion hatte mich, als ich den E-Type acht Jahre zuvor eine Weile gefahren bin, fast wahnsinnig gemacht. Ihrer Aufgabe, die Windschutzscheibe freizuhalten, waren sie nicht richtig nachgekommen, an einigen Stellen berührten sie das Glas überhaupt nicht, und da, wo sie anlagen, sorgten sie keineswegs für klare Sicht, sondern hinterließen Schmierspuren. Ich hatte mich in der Zwischenzeit eingehend mit dem Angebot an Wischblättern befasst, die es von verschiedenen Herstellern gibt. Bei Barratt fand ich so genannte SNG-Blätter, die meiner Meinung nach durch ihre starke Vorbiegung am besten zur stark gewölbten Frontscheibe des E-Type passt. Mit der heutigen Erfahrung kann ich das aber nur teilweise bestätigen: Zwar arbeiten diese Wischer deutlich besser als die alten, aber mit der Wischleistung bei modernen Autos hat das nichts zu tun. Aber was soll´s? Wenn man so ein Auto fährt, muss man mit ein paar Eigenheiten einfach klarkommen. Oder noch besser: sie ganz einfach toll finden.

Die letzte Aufgabe, die außen an der Karosserie auf mich wartete, war noch einmal besonders unerfreulich. Für die Befestigung der Innenverkleidungen und der Dichtungen für Türen und hintere Ausstellfenster mussten noch spezielle Klemmleisten rund um die Fensterausschnitte in Türen und hinteren Seitenwänden angebracht werden. Erstes Problem: Ich hatte keine. Die alte Karosserie hatte ich verkauft, ohne diese Leisten vorher zu demontieren, und so durfte ich mich auf die Suche nach Ersatz begeben. Das nächste Problem bestand darin, dass etliche Teilehändler von der Existenz dieser Leisten gar nichts wussten und deren Beschaffung rundheraus ablehnten. Nach längerer Suche fand ich einen Händler, der diese Teile liefern konnte – allerdings zu einem durchaus heftigen Tarif. Ein weiteres Mal ärgerte ich mich über meine eigene Dummheit.

Damit der Probleme aber noch nicht genug, denn die Montage dieser Leisten stellte die vorherigen Schwierigkeiten dann locker in den Schatten. Diese Leisten werden normalerweise mit Blindnieten angebracht, die dafür benötigten Bohrungen fehlten aber sowohl in den neuen Leisten als auch in den Karosseriefalzen. Ich musste müh-

**6.10-1** Gegenüberliegende Seite: Wischerblätter von drei verschiedenen Anbietern (von oben: SNG Barrett modifiziert und original, längere Ausführung von Tex). Die vorgebogene Ausführung oben im Bild sollte am besten für die stark gewölbte Frontscheibe des E-Type geeignet sein.

Vorbereitungen für die Innenverkleidung und die Dichtungen: In die mit Klemmzangen befestigten Dichtungsklemmleisten werden mühsam Löcher gebohrt. **6.10-2**

sam Loch für Loch bohren, und zwar durch Leisten und Falze hindurch, wobei letztere natürlich auch jede Menge harter Schweißpunkte aufweisen, durch die die einzelnen Karosserieteile zusammengehalten werden. Auch für die Befestigung der inneren Verkleidungsteile musste ich die passenden Löcher anbringen. Die Leisten befestigte ich mit arretierbaren Klemmzangen auf den Karosseriefalzen; damit ging das Bohren noch einigermaßen gut von der Hand. Aber als ich die Niete einsetzen wollte, stellte ich fest, dass meine Nietzange für diesen Einsatz nicht zu gebrauchen war: Sie war zu breit und stieß gegen die Karosserie, so dass sie sich nicht mittig und gerade ansetzen ließ. Beim Anziehen des Niets verklemmte sich die Zange und brach die Nietstifte zu früh ab. Auf diese Weise saßen die Niete nicht fest und mussten mühsam wieder herausgebohrt werden. Ich fand heraus, dass professionelle Karosseriebauer für so etwas spezielle flache Nietzangen einsetzen – meine Heimwerkerzange war für so etwas nicht geeignet. Da ich ohnehin vom Blindnieten genug hatte, entschloss ich mich, die Leisten mit kleinen Senkkopf-Blechschrauben zu befestigen. Die im Innenraum überstehenden Gewinde sägte ich dann ab. Eine extrem aufwändige Arbeit, die mehrere Tage dauerte, und ich war jede Sekunde davon genervt. Selten war ich so froh gewesen, wie zu dem Zeitpunkt, als ich das hinter mir hatte. Dass meine Lösung allerdings ihre Tücken hatte, sollte ich erst später feststellen.

## Zusammenfassung

- Die Optimierung der Frontscheibenwischer ist kein leichtes Unterfangen.
- Es sind besonders die einfach erscheinenden Aufgaben, die es in sich haben.

# 7.1 Vorbereitungen

Den Arbeiten, die nun folgen sollten, sah ich mit gemischten Gefühlen entgegen. Ich war glücklich, die mechanische Seite der Restaurierung hinter mir zu haben und wusste, nach dem Interieur wäre ich mit dem Auto fertig. Aber ich wusste auch um meine Fähigkeiten als Polsterer und Schneider. Wer schon einmal das Interieur eines Autos überholt hat, weiß, dass man dafür ein gewisses schöpferisches Potenzial benötigt, und so etwas geht mir leider gänzlich ab. Mir war also klar, dass es nicht gerade einfach sein würde, den Innenraum meines E-Type wiederherzustellen. Wie schwierig es dann tatsächlich wurde, davon hatte ich zum Glück noch keine Vorstellung, und auch nicht davon, um wie viel länger sich das Ganze hinziehen sollte als vorgesehen. Ein ernsthafter Rat: Die Suche nach einem Profi, der so etwas zu einem vertretbaren Preis übernimmt, lohnt sich, und man sollte nicht unterschätzen, was „vertretbar" bedeutet angesichts des Umfangs der Aufgabe.

Als Besitzer eines Oberklasse-Autos wie dem E-Type ging es mir noch gut: Es gibt Anbieter für vorgefertigte Innenausstattungen, sodass man nicht gezwungen ist, das zu verlegende Material von der Rolle zu kaufen und dann passend auf all den Ecken und Kurven im Innenraum zuzuschneiden und abzunähen. Nicht vorzustellen, hätte ich das selbst machen müssen! Meine Innenausstattung kaufte ich bei M.C.T. Trimming – oder anders gesagt bei Mick und Chris Turley; Vater und Sohn, die beide früher bei Jaguar gearbeitet und auch im Werk schon E-Types ausgekleidet hatten. Ihre Erfahrung und ihre Ratschläge waren unvorstellbar wertvoll, und als ich die bestellten Teile bei ihnen abholte, ließ ich mich sorgfältig in die Geheimnisse des E-Type-Innenlebens einweihen, welches Material wohin gehört und in welcher Reihenfolge vorzugehen ist.

Im Innenraum des E-Type werden sechs verschiedene Materialien verlegt:

**Leder** auf den Sitzflächen und -wangen, der Mittelkonsole und der Armaturenbrettabdeckung

**Vinyl** auf den Einstiegen, Tür- und Heckklappenverkleidungen, den Radhäusern und dem Getriebetunnel

**Hardura** (ein PVC-Material, das rückseitig mit Filz beschichtet ist)

**Elastan** (oder vergleichbares dehnbares Kunstledermaterial) an den Rückseiten der Sitze und für den Balg am Schalthebel

**Filzpappe** zur Geräuschdämmung unter dem Armaturenbrett, an den Außenseiten der Fußräume und einigen anderen Stellen, z. B. unter den Sitzen

**7.1-1** *Links: Das im E-Type verwendete Material, im Uhrzeigersinn von oben links: Teppich, elastisches und festes Kunstleder, „Hardura", Filzpappe und Leder*

**Teppichboden** auf dem Bodenblech und dem Getriebe- und Kardantunnel

Ebenso wichtig wie dieses Material ist ein geeigneter Kontaktkleber, mit dem man immer sowohl das Bezugsmaterial als auch den Untergrund bestreicht – Ausnahme lediglich solche Bezüge, die innenseitig mit einem weichen Schaumstoff beschichtet sind. So etwas findet sich zum Beispiel an den Einstiegen und den Türen. Nach dem Aufbringen des Klebstoffes muss man etwas warten, 10 bis 20 Minuten, bis der Klebstoff fast angetrocknet ist. Dann wird das Bezugsmaterial auf die vorgesehene Stelle gelegt und etwas angepresst. Die Positionierung muss dabei auf Anhieb passen – die Klebeflächen ziehen sofort an und man hat so gut wie keine Chance, etwas nochmals neu auszurichten. Bei den mit Schaumstoff unterfütterten Bezügen gilt es aufzupassen: Solche Bezüge nur anhalten und ohne Druck auf den Schaumstoff abwarten, bis der Bezug von alleine hält. Drückt man den Schaumstoff beim Anbringen zusammen, verbindet er sich mit dem Klebstoff, und die Oberfläche des Bezugsstoffes bekommt dauerhafte Dellen. Die Schaumstoffunterpolsterung an diesen Stellen ist immer einen guten Zentimeter kleiner als der Bezug selbst, den so überstehenden Saum muss man vorsichtig mit Klebstoff bestreichen und mit der Karosserie oder dem zu beziehenden Verkleidungsteil zusammenpressen.

Wie gesagt: Der Klebstoff zieht sofort an, und man hat keine zweite Chance. Es gibt auch kein Lösungsmittel, mit dem man die Verklebung wieder lösen könnte – wenn man versucht, verklebte Bezüge wieder abzutrennen, beschädigt man sie meist so stark, dass sie nicht wiederverwendet werden können.

## 7.2 Der Dachhimmel

Laut Mick Turley ist das erste Teil der Innausstattung, das ins Auto eingebaut werden muss, der Dachhimmel. Vor dessen Einbau hatte ich erst einmal den größten Respekt gehabt, und auch eine begründete Sorge: Immerhin hatte ich das ungeliebte Webasto-Sonnendach ausgebaut und war etwas beunruhigt, ob man durch den Himmel hindurch Spuren der zugeschweißten Öffnung sehen würde. Tatsächlich war der Himmel dann aber eine der leichtesten Übungen und meine Bedenken erwiesen sich als unbegründet. Der neue Himmel besteht aus einem aufgeschäumten und beschichteten PVC, das sich viel leichter einpassen lässt als der originale Textilstoff, und durch die Stärke (gute 6 Millimeter), gleicht er Unebenheiten bis zu einer bestimmten Größe gut aus.

Mein immer mehr geschätzter Nachbar Chris assistierte mir bei dieser Arbeit, mit der früher im Werk angeblich vier oder fünf Mann am E-Type beschäftigt waren. Wir passten ihn zunächst ohne Klebstoff an, indem wir ihn im Auto ans Dach hielten und dort sowie an der Rückseite des Himmels Markierungen anbrachten. So wussten wir, wie er – mit Klebstoff versehen – im Auto angebracht werden musste. Nach dieser Voranpassung bestrichen wir die innere Dachhaut und den Him-

**7.2-1** *Der neue, aufgeschäumte Dachhimmel vor dem Einbau, mit Klebstoff bestrichen wartet er auf der Motorhaube, bis der Klebstoff angezogen hat.*

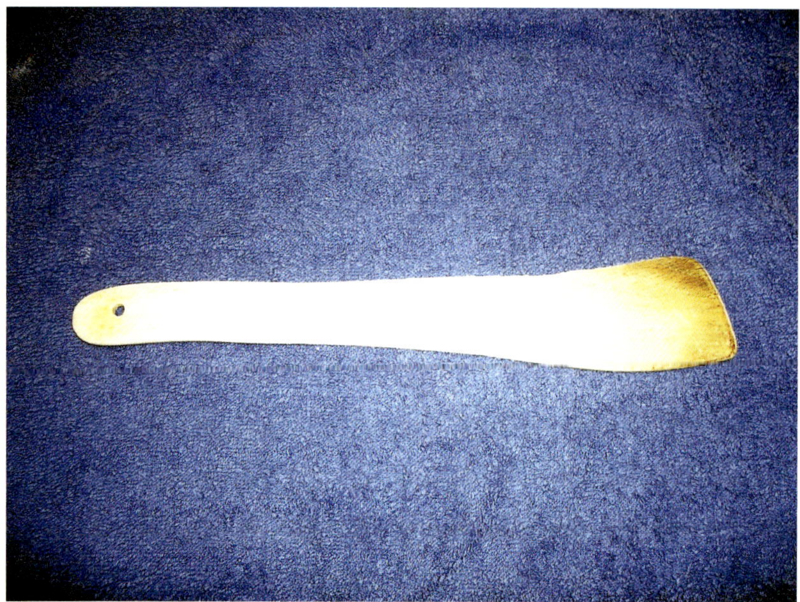

7.2-2 *Ein wertvolles Spezialwerkzeug für das Einziehen des Dachhimmels: ein zweckentfremdeter Küchenschaber.*

mel mit Kontaktkleber und ließen beide zum Trocknen eine Zeit lang liegen.

Zwei Ergänzungen an dieser Stelle: Die Kanten innen in der Karosserie hatte ich bereits vorher mit Hohlraumversiegelung eingepinselt, denn das sollte man besser nicht machen, wenn man schon mit dem Anbringen von Innenverkleidungen angefangen hat. Und zum Ablauf: Auch wenn der Einbau der Frontscheibe bereits im vorherigen Kapitel beschrieben wurde, so erfolgte dieser erst, nachdem sämtliche Arbeiten am Innenraum beendet waren.

Nach gut 10 Minuten war der Kleber fast trocken. Ich lag rücklings im Auto, und Chris reichte mir den Himmel durch die Öffnung der Windschutzscheibe. Dann hob ich ihn an und presste ihn ans Dach und Chris achtete darauf, dass wir ihn entsprechend der vorbereiteten Markierungen einpassten. Wichtig ist es, beim Andrücken von der Mitte zu den Rändern hin zu arbeiten. Aufgrund der Dicke knittert das Material nicht und wirft keine Falten. Die ganze Aktion vollzog sich wirklich so leicht, wie es sich hier liest.

An den inneren Dachrändern sitzen Blechfalze, unter denen die Außenkanten des Himmels eingezogen werden. Dieser Spalt ist sehr dünn – im Werk wurde dieser Falz nach dem Einkleben des Himmels zum Dach hin gebogen. In den vorhandenen Spalt ließ sich der neue, dickere Himmel nicht einführen, und so musste ich den Falz – sehr, sehr vorsichtig – aufbiegen. Besonders in den Dachecken ist dieser Falz sehr steif, aber ich schaffte es, den Spalt ohne Schäden an Blech und Lack soweit aufzuweiten, dass ich den Himmel mit meinem Spezialwerkzeug (Bild 7.2-2) hineinschieben konnte. An ein paar Stellen musste ich den Blechfalz danach wieder etwas zurückbiegen: wie seinerzeit im Werk mit vorsichtigen Schlägen mit dem Holzhammer.

7.2-3 *Nachdem der Himmel eingezogen war, wurde der Falz an der Dachkante wieder zurechtgebogen, sodass er am Himmel anliegt.*

## 7.3 Die Verkleidung des Heckklappenrahmens

E-Types der Serien I und II hatten innen am Rahmen der Hecktür eine Plastikabdeckung, die aber nicht mehr lieferbar ist. Ich beschloss daher, die Verkleidung an dieser Stelle so auszuführen, wie sie in Serie-III-Autos auch ab Werk vorzufinden war, nämlich mit Vinyl. Da ich dieses Kunstledermaterial nicht einfach über den scharfkantigen Blechfalz der Karosserieöffnung ziehen konnte, brachte ich eine Wulst aus selbstklebendem Karosserieschaum auf diesem Falz an, über den sich das Kunstleder mit einer sanften Wölbung spannen ließ. Das erste Stück der Innenausstattung war montiert! Leider beging ich hierbei den Fehler, die Kunstlederbahn ganzflächig mit Klebstoff zu bestreichen – also auch dort, wo sie mit Schaumstoff unterfüttert sind. Richtig gewesen wäre es, wie schon erwähnt, nur die äußersten Kanten zu verkleben. So zog sich der Schaumstoff an ein paar Stellen durch den Kleber zusammen und hinterließ ein paar Unebenheiten in der Oberfläche. Zum Glück konnte ich das so lassen: Man sieht es nur, wenn man es weiß und ganz genau hinsieht.

Schon bei diesem ersten Schritt war ich dankbar, eine vorkonfektionierte Innenausstattung gekauft zu haben. Würde man so etwas mit Material „von der Rolle" machen wollen, muss man schon ganz genau wissen, welche Stoffmenge verarbeitet werden muss. Nimmt man zu viel, überlappen sich die Teile womöglich, nimmt man zu wenig, bleiben vielleicht Lücken. Ohne eine vollständige Fotodokumentation wäre man wohl komplett hilflos.

*Die Blechkante in der Hecktüröffnung wird mit selbstklebendem Karosserieschaum verbreitert.* **7.3-1**

*Verkleben der Kunstlederbahn von außen nach innen.* **7.3-2**

7.3-3 *Die Kunstlederbahn fertig eingepasst und verklebt, von außen …*

## Zusammenfassung

- Nur keine Angst: Auch den Einbau der Innenausstattung kann man schaffen!
- Zumindest mit Unterstützung von jemandem der sich damit auskennt.

*… und von innen gesehen.*  7.3-4

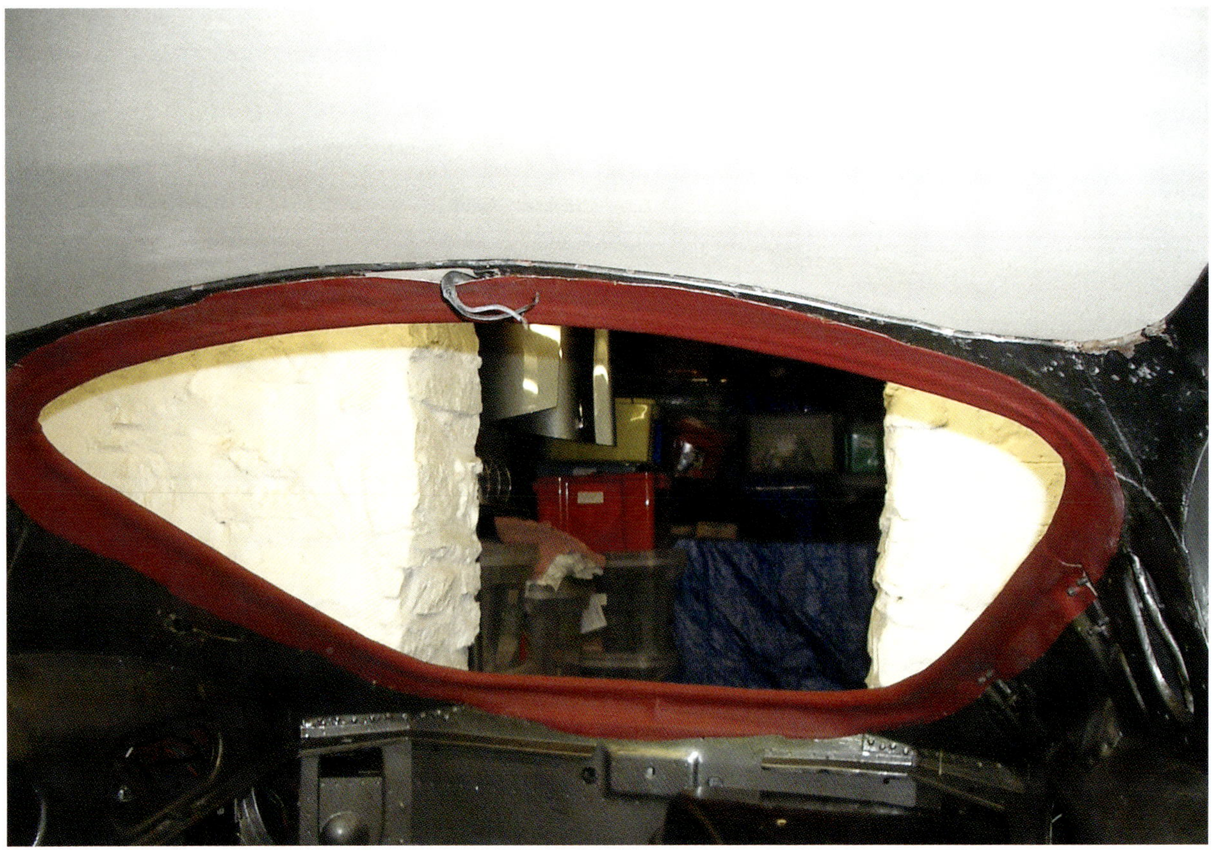

## 7.4 Die Dachkantenverkleidung

Der Dachhimmel selbst war nun zwar schon im Auto, aber noch nicht ganz vollständig. Auch die inneren Dachkanten seitlich sowie vorne und hinten sind mit demselben Stoff bezogen, an diesen Stellen aber auf speziellen Blechteilen, die man auf die bereits erwähnten Falze innen am Dach aufsteckt. Es handelt sich dabei um passend abgekantete und gebogene Blechstreifen, deren zum Teil recht enge Radien durch Einschnitte ermöglicht werden. All dies erfuhr ich erst jetzt – mit meiner alten Karosserie hatte ich auch diese Teile abgegeben. Und musste feststellen, dass sie zu der Sorte Teile gehören, die „eigentlich nicht mehr beschaffbar" sind. Aber zum Glück gibt es ja Spezialisten, die immer wieder Unmögliches möglich machen – allerdings eben auch gegen eine entsprechende Bezahlung. Einmal mehr ärgerte ich mich über mich selbst, hatte ich doch diese raren Dinger besessen und unter Wert mit der alten Karosserie verschleudert.

Nachdem ich also wieder im Besitz der besagten Blechteile war, verschraubte ich sie innen am Dachfalz. Die Stoffbahnen sind an einer Seite vorgeformt, so dass man sie ganz einfach in den Kanten der Bleche zum Himmel hin einhängen kann. Dabei erwies sich übrigens der schon bewährte Küchenschaber als wunderbares und unverzichtbares Spezialwerkzeug. An den Außenkanten wird der Stoff dann verklebt. Mit dem kompletten Himmel sah das Fahrzeuginnere schon wieder etwas wohnlicher aus, und endlich konnte ich auch die Innenraumleuchte hinten über der Hecktür montieren. Deren lose baumelnde Kabel waren mir schon lange auf die Nerven gegangen.

**7.4-1** *Die Haltebleche für den Rahmen des Dachhimmels: Zuvor hatte ich von ihrer Existenz keine Notiz genommen.*

**7.4-2** *Teuer wiederbeschafft, werden sie innen an den Dachkanten angeschraubt …*

**7.4-3** *… und die Stoffbahnen werden innen eingehängt und an den Außenkanten verklebt.*

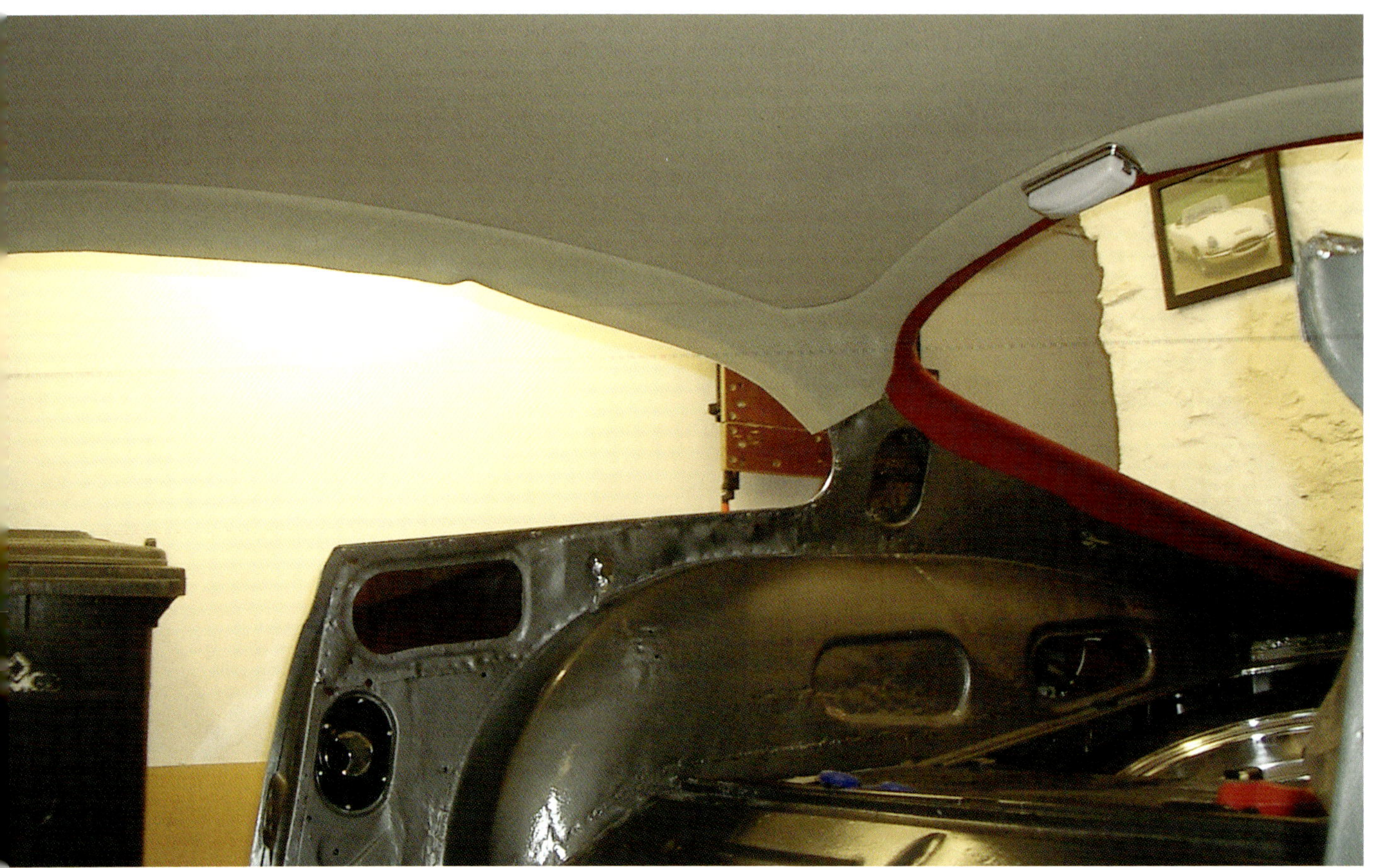

## 7.5 Radkästen, Armlehnen und Sonnenblenden

Mit den bisherigen Fortschritten der Arbeiten war ich recht zufrieden, und so ging ich voller Zuversicht den nächsten Abschnitt an: die Verkleidung der hinteren Radkästen. Dabei sollte ich wieder Demut lernen. Der erste Schritt ist das Verkleben des Schaumstoffs auf dem Blech. Keine große Sache sollte man meinen, aber mit gelang es nicht, den Schaumstoff wirklich optimal am Radkasten anzulegen. Davon unbeeindruckt begann ich dennoch, die Kunstlederbespannung anzubringen. Da aber die Schaumstoffunterlage schon nicht richtig saß, war es natürlich unmöglich, das Kunstleder zu einer annehmbaren Passform zu überreden. Es war wie verhext: Schaffte ich es, die Wellen an der einen Stelle zu eliminieren, tauchten neue Wellen an anderer Stelle auf. Und das ständige Abreißen und erneute Ankleben der Verkleidungen war für den Zustand des Materials auch nicht eben vorteilhaft. Entnervt stellte ich die Arbeit erstmal ein und kümmerte mich zunächst erst um andere Dinge wie Armlehnen und Sonnenblenden.

Mein Auto hatte ja original eine beigefarbige Innenausstattung gehabt, die jetzt durch eine rote ersetzt wurde. Die Armlehnen, die nach ihrer Funktion auch Türgriffe heißen könnten, hatte ich noch, aber sie waren natürlich ebenfalls beige und befanden sich in einem nicht akzeptablen Zustand. Ersatz zu bekommen ist so gut wie aussichtslos, und von meinem Plan, sie selbst neu zu beziehen, nahm ich, von der vorherigen Episode stark ernüchtert, Abstand. Mick Turley, von dem die ganze Innenausstattung stammte, hatte ja versprochen, mir bei den kniffligen Sachen behilflich zu sein, und das war eine. Mit seiner jahrzehntelangen Erfahrung hatte er keine Schwierigkeiten, die unansehnlichen alten Türgriffe mit perfekt anliegendem Kunstleder zu überziehen. Das Ergebnis war ein optischer Gewinn, der sich kaum in Worte fassen lässt. Auf meinen Wunsch hin bezog Mick auch die Sonnenblenden mit demselben roten Material, und auch die vordere Dachhimmeleinfassung fertigte er mir in rotem Kunstleder an – beides nicht original, aber, wie ich finde, viel schöner als das normale Material.

Nach dieser Demonstration handwerklichen Könnens getraute ich mich nicht Mick zu gestehen, dass ich schon an der einfachen Aufgabe der Radkastenverkleidung zu scheitern drohte. Also ging ich dieses Problem nochmals selbst an und schaffte es nach zahllosen Versuchen, die Radkästen so zu verkleiden, dass es einigermaßen vernünftig aussah. Ganz ohne Wellen ging es nicht, aber insgesamt, so beschloss ich, konnte ich mit dem Ergebnis leben.

**7.5-1** Links: Himmel montiert und endlich auch die Innenleuchte: Deren herumbaumelnde Kabel hatten mich gestört, seit ich an der Karosserie arbeitete.

**7.5-2** Schon der Schaumstoff ließ sich nicht sauber anlegen – wie sollte das erst mit dem Kunstleder werden?

**7.5-3** Erste klägliche Versuche, den Radkasten mit Kunstleder zu verkleiden.

**7.5-4** Manche Arbeiten erfordern einfach einen Meister.

Sonnenblenden in rotem Kunstleder machen einen deutlich wertigeren Eindruck als die originalen Stoffbezüge. **7.5-5**

Neue Endkappen aus Sperrholz für meine alten Türgriffe. **7.5-6**

Mühelos schneiderte Mick wunderschöne rote Kunstledermäntel für die unansehnlichen alten Teile. **7.5-7**

Auf der Werkbank fotografiert, machen sie vielleicht nicht ganz so viel her, aber im fertigen Auto sind sie das Sahnehäubchen: die mit rotem Kunstleder bezogenen Türgriffe! **7.5-8**

## 7.6 Fußraum-Teppiche - Teil 1

Eine Aufgabe, die etwas leichter zu werden versprach, war der Teppichboden in den Fußräumen. Faustregel bei solchen Arbeiten: Man arbeitet sich von innen nach außen vor. Auf diese Weise vermeidet man es, bereits verlegte Teppichpartien beim Anbringen der weiteren zu beschädigen oder zu verschmutzen. Die breiten Einstiege beim E-Type, besser gesagt, die Kunstlederverkleidung darauf, sind dafür besonders anfällig. Ich begann mit den Filzmatten auf dem Getriebetunnel und den Stirnwänden der Fußräume. Die senkrechten Dreiecke im Getriebetunnel bleiben ohne Filzbelag. Die Stchwände zu den Außenseiten beherbergen einiges an Technik, den Kabelbaum zum Beispiel und den Zugang zum Bremskraftverstärker. Auch die Verschraubung des Motorhilfsrahmens ist dort zu finden. Bevor man also anfängt, hier Abdeckungen, Dämmungen und Teppich zu verkleben, sollte man sich sorgfältig vergewissern, dass alle technischen Voraussetzungen erfüllt sind. Wenn irgendetwas nicht funktioniert, und sei es nur wegen einem losen Kabel, muss man die Verkleidungen wieder herausreißen, und dabei besteht immer das Risiko, dass man sie beschädigt und nicht wiederverwenden kann.

Der Bereich unter dem Armaturenbrett wird ebenso wie die A-Säule mit Verkleidungen aus PVC-beschichteter Presspappe verschlossen; vorher werden auf ihnen die Frischluftdüsen aus Plastik befestigt. Links aus der Stehwand hinter der A-Säule führt ein dicker Kabelstrang nach oben zum Armaturenbrett; auch dieser wird mit rotem Kunstleder verkleidet, dafür lag meiner Innenausstattung eine Art Schlauch bei, in den man die Kabel einschlägt. Anschließend werden die ersten Teppichbodenteile verklebt, und damit verschließt man unter anderem auch den Zugang zur Getriebeabdeckung. Auf vielen der hier gezeigten Bilder erscheint das Rot des Teppichbodens übrigens viel heller (um nicht zu sagen grell) als es in der Realität der Fall ist – eine Folge des Blitzlichts beim Fotografieren.

Bis hierher also keine Probleme – wenn nur alles im Innenraum so leicht von der Hand ginge!

**7.6-1** *Die ersten Filzdämmmatten werden in den Fußraum geklebt.*

*A-Säule und Armaturenbrett-Unterseite erhalten Abdeckungen aus formstabiler Presspappe.* **7.6-2**

*Die Frischluftklappen wurden neu aufgearbeitet und kehren nun in den Fußraum zurück.* 7.6-3

*Erste Teppichboden-Teile werden verklebt, hier an der Stirnwand und dem Getriebetunnel.* 7.6-4

*Eigentlich nichts anderes als ein Schlauch aus Kunstleder: die Kabelbaumverkleidung meiner Innenausstattung.* 7.6-5

## Zusammenfassung

- Manchmal sind es die Kleinigkeiten, die dem Innenraum den besonderen Touch geben – zum Beispiel lederbezogene Türgriffe.
- Oder eben die Sonnenblenden.
- Einem Könner bei der Arbeit zuzusehen, lehrt Demut und Hochachtung.

## 7.7 Die Presspappe-Verkleidungen

Ich muss an dieser Stelle nochmals darauf eingehen, dass ich ja angenommen hatte, der Innenraum wäre nach der umfangreichen Arbeit auf der Technikseite nur noch eine Kleinigkeit. Wie sollte ich mich da geirrt haben! Das vertrackte an der Sache ist, dass es keinerlei Werkstattunterlagen darüber zu geben scheint, wie man die Innenausstattung richtig einbaut. Man ist auf seine eigene Erfahrung angewiesen oder auf Versuch und Irrtum. Ohne die wertvolle Hilfe und den Rat von Mick Turley hätte ich nicht einmal gewusst, wo ich hätte anfangen sollen. Aber auch mit dieser Unterstützung war der Innenraum eine langwierige Angelegenheit, bei der ich vieles Neue lernen musste. Und wie das in solchen Lagen meistens ist: Wie man es richtig macht, weiß man erst hinterher – wenn es eigentlich schon zu spät ist.

Wie gesagt, die Frischluftdüsen in den Fußräumen hatte ich überholt; jetzt schraubte ich sie an die neuen Armaturenbrettabdeckungen und montierte diese. Befestigt werden sie mit Blechschrauben und Schnappmuttern, die an Bleche unter dem Armaturenbrett gesteckt werden. Nun hatte ich nagelneue Verkleidungen – die Frage war: Wo saßen diese Schrauben? Hält man die Verkleidung an die vorgesehene Stelle, ist von den Klemmmuttern ja nichts mehr zu sehen, und die alten Teile, die als Muster hätten dienen können, waren natürlich längst weg. Aber man muss sich nur zu helfen wissen: Ich drehte die Blechschrauben von der falschen Seite ein, also von oben her, sodass sie mit dem spitzen Ende nach unten zeigten. Nun hielt ich die Verkleidung vor die Stelle, an die sie sollten, drückte etwas kräftiger und erhielt so gut erkennbare Markierungen in der weichen Innenseite der Presspappe. Diese zeigten eindeutig an, wo die Schraubenlöcher zu bohren waren.

**7.7-1** *Der fertig ausgestattete Fußraum am Ende der Restaurierung: Noch war ich nicht so weit, die Einstiege mussten erst noch verkleidet werden.*

Ein Wort zu diesen Schnappmuttern und zum Befestigungsmaterial ganz allgemein: Die Muttern gibt es in verschiedenen Größen, und jeder, der einen Innenraum aufarbeitet, sollte eine möglichst große Auswahl verschiedener Größen bereit legen. An vielen Stellen kommen auch spezielle Polsterschrauben und kegelförmige Unterlegscheiben zum Einsatz. Man

*Schnapp- oder auch Klemmmuttern wie diese kommen in verschiedenen Größen an allen möglichen Stellen im Innenraum zum Einsatz.* **7.7-2**

ist gut beraten, sich über den Bedarf vorher zu informieren und alles in ausreichender Menge zu besorgen. Andernfalls ärgert man sich nur, wenn man wegen fehlender Kleinigkeiten nicht weitermachen kann. In meinem Fall hatte ich das spezielle Problem, dass ich zumindest für diesen Innenraum den Originalzustand anstrebte und deshalb verchromte Schrauben verwenden wollte, besonders an den sichtbaren Stellen. Aber kein Lieferant war in der Lage, mir diese zu beschaffen. Lediglich verzinkte Schrauben waren verfügbar. Und was man ebenfalls ausreichend vorhalten sollte: scharfe Bohrer. Ich musste unzählige kleine Löcher bohren, und zwar nicht nur beim Einbau der Innenausstattung. Und die kleinen Bohrer (2, 2,5 und 3 mm) verschleißen unglaublich schnell, selbst wenn man gute Qualität kauft. Interessant übrigens: Wer gute Bohrer kaufen will, muss mittlerweile im metrischen System denken.

## Zusammenfassung

- Es ist keine Einbauanleitung für den Innenraum des E-Type verfügbar.
- Der Tipp eines Profis kann Gold wert sein, gerade wenn man so unerfahren ist wie ich.
- Wenn man die Arbeit beendet hat, weiß man wie es geht.

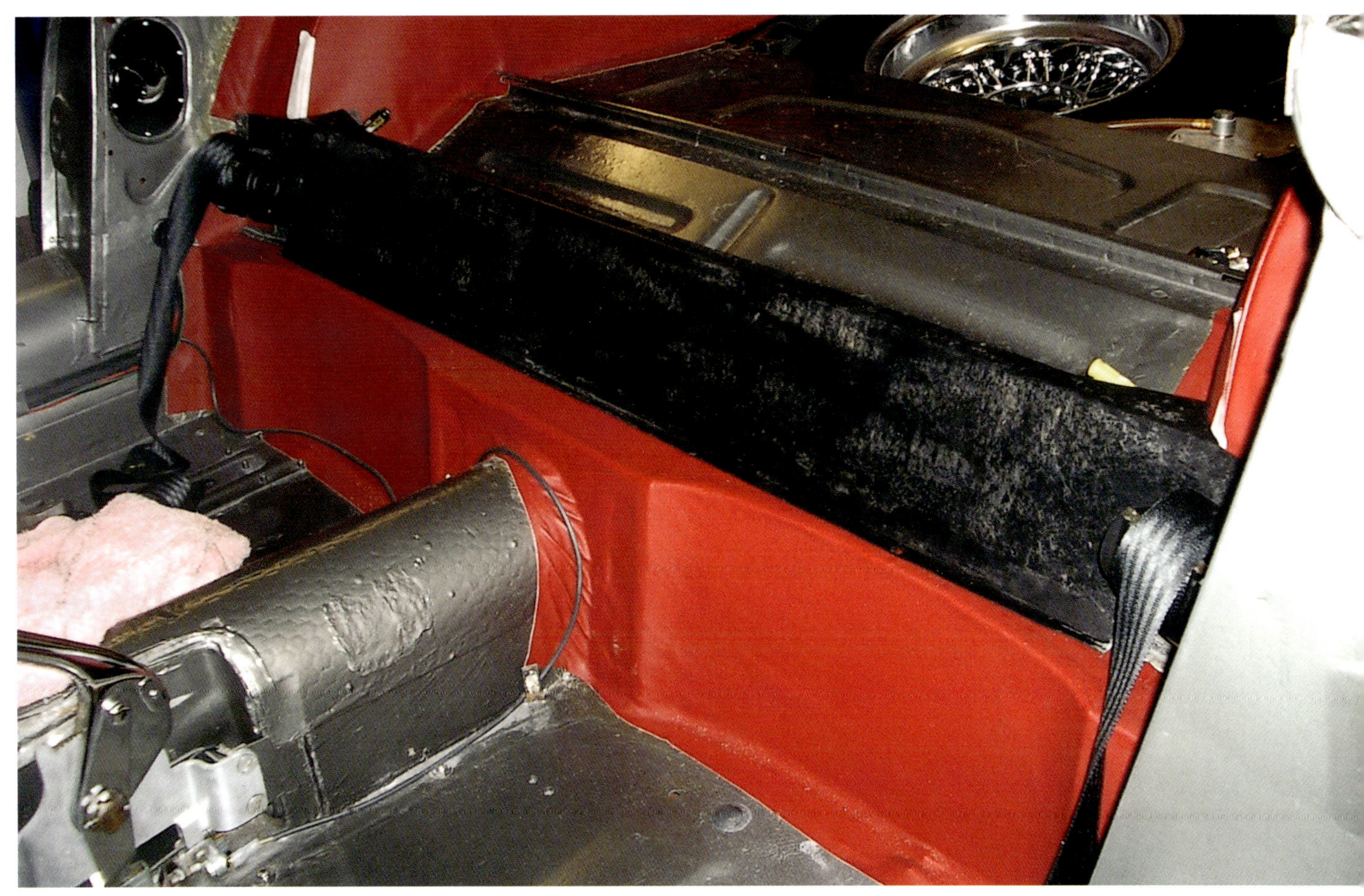

## 7.8 Hinteres Querschott und B-Säule

Die Stehwand hinter den Sitzen ist der einzige Bereich, an dem Kunstleder ohne Schaumstoff-Unterpolsterung verwendet wird, die Verkleidung wird direkt auf die Karosseriebleche geklebt. Allerdings sollte man zuvor unbedingt eine geeignete Lärmdämmung auf diese Stehwand auftragen; so etwas gibt es auch in Sprühdosen, z.B. von Flint Coat. Auch dünne Bitumenmatten verhindern Dröhngeräusche und sorgen für Ruhe; auf ihnen lässt sich die Kunstlederverkleidung aber nicht so leicht anbringen.

Oben auf der hinteren Stehwand wird eine Abdeckung aus Kunststoff angebracht – serienmäßig mit etwas Abstand zu den Radkästen. Weil ich unbedingt automatische 3-Punkt-Gurte im Auto haben wollte, gab es für mich einigen Änderungsbedarf. Als besten Platz für die Aufroller der Automatikgurte hatte ich die Radkästen ausgemacht, vorne fast ganz unten, und damit genau dort, wo diese Abdeckung sitzt. Es war daher erforderlich, die hintere Kante der Abdeckung so auszuschneiden, dass sie sich eng an den Radkasten anlegen konnte. Durch die Abdeckung hindurch wollte ich dann die Aufroller an die Radkästen schrauben, ohne dass die Abdeckung durch den Druck der Verschraubung brechen konnte. Mit dem Dremel und einem feinen gehauenen Schleifkopf bearbeitete ich die Kanten, bis die Abdeckung sauber anlag. Serienmäßig hatte sie mehr als einen Zentimeter Abstand vom Radkasten. Mit einem breiten Gewebeband hatte ich mir zuvor eine Schablone angefertigt, die ich dann auf die Abdeckung klebte und die die benötigte Kurve vorgab.

**7.8-1** *Das Querschott hinter den Sitzen ist hier mit neuem Kunstleder bezogen. Die Abdeckung darüber wird gerade noch nachbearbeitet.*

Anschließend wurde auch dieses Verkleidungsteil mit Kunstleder und einer Lage Schaumstoff darunter bezogen.

Auch hier gelang es mir nicht perfekt, das Kunstleder ganz ohne Unebenheiten aufzuziehen, aber insgesamt sieht es doch sehr gut aus. Ich greife an dieser Stelle den Dingen wieder etwas vor, denn die Montage der Gurte folgt erst noch. Original wurde diese Abdeckung wohl mit Blindnieten fixiert, ich entschied mich aber für Blechschrauben. Ich habe wohl schon darauf hingewiesen, dass ich Nietverbindungen eigentlich nicht favorisiere.

Die Abdeckung auf der hinteren Stehwand wurde mit einem Schnitt so angepasst, dass sie beim späteren Einbau von Automatikgurten nicht störte. **7.8-2**

Bei formschlüssigen Verbindungen bevorzuge ich die zerstörungsfrei lösbare Variante. Niete sind da gut, wo man bestimmt nicht mehr so bald etwas demontieren muss. Aber wenn ich Niete verwende, ist es so gut wie sicher, dass aus welchem Grund auch immer, genau diese Stelle nach kurzer Zeit eben doch wieder auseinandergebaut werden muss. So ist die beste Lösung immer noch eine schnell zu lösende Schraubverbindung!

## 7.9 Fußraum-Teppiche - Teil 2

Nach diesem kurzen Ausflug in das hintere Fahrzeugabteil wandte ich mich wieder dem Getriebetunnel zu. Ich hatte mich etwas über das Teppichbodenstück gewundert, das auf der linken Seite mittig sitzen sollte, auf Höhe des Schalthebels, genau mit dem Querträger im Wagenboden abschließend. Dieses war aufgedoppelt, also auch rückseitig mit Kunstleder versehen, und die Schaumstoffpolsterung saß dazwischen. Zweck dieser Konstruktion ist es, dass dieser Abschnitt nicht mit dem Tunnel verklebt wird; man soll ihn hochklappen können, um auf diese Weise leichter Zugang zum Getriebe zu erhalten.

Sichert einen leichten Zugang zum Getriebe: aufgedoppeltes, hochklappbares Teppichstück links am Getriebetunnel. **7.9-1**

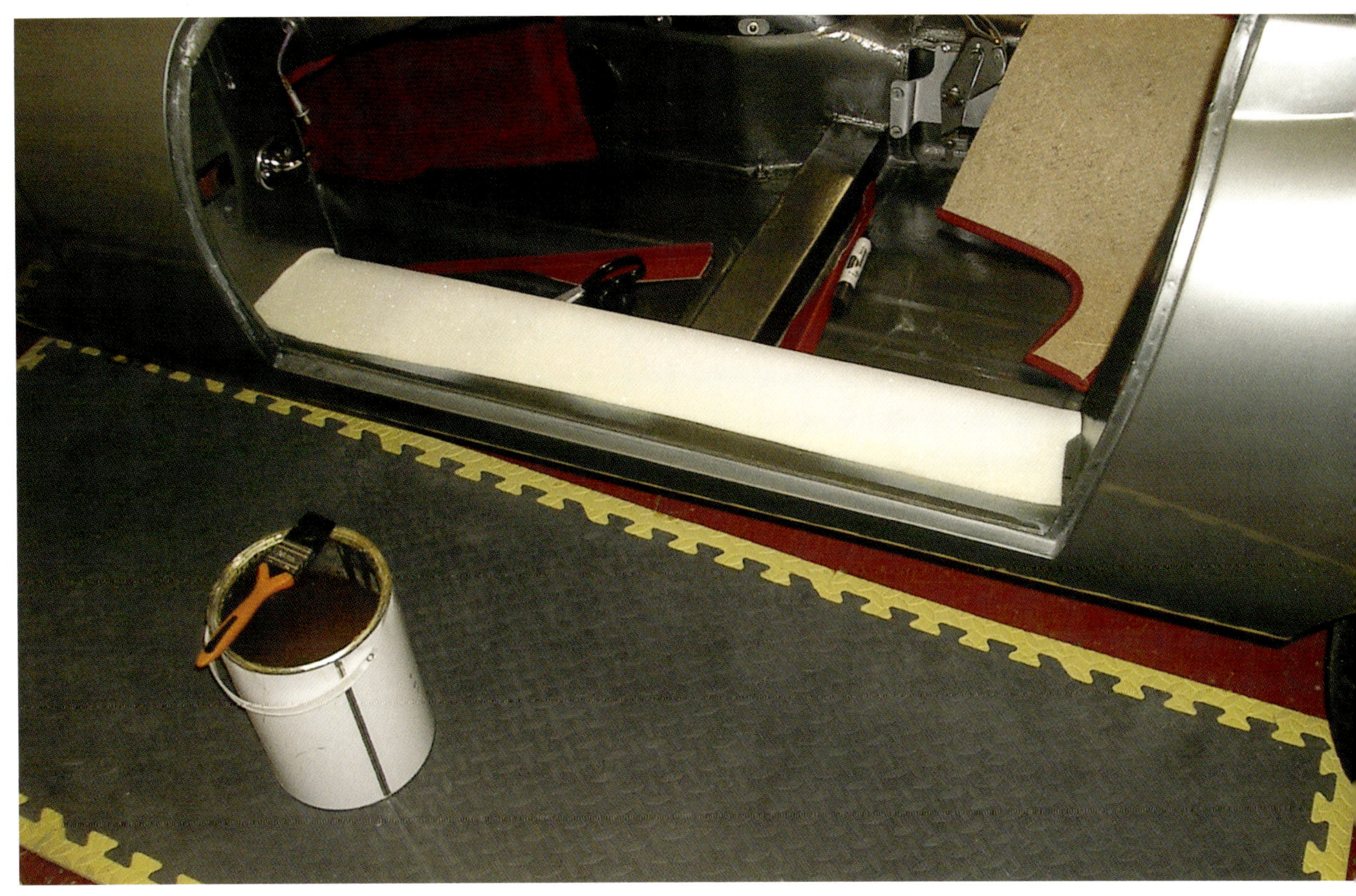

# 7.10 Die Einstiege

**7.10-1** *Erste Maßnahme an den Einstiegen: Aufkleben der Schaumstoff-Unterpolsterung. Nicht ganz bis an die äußere Kante, sonst sitzt später die Zierleiste nicht richtig auf dem Karosseriefalz.*

Der nun kommenden Aufgabe hatte ich mit einiger Sorge entgegen gesehen. Die seitlichen Einstiege sind so großflächig und präsent, weshalb an dieser Stelle die Verkleidungen einfach perfekt sitzen müssen. Das Aufkleben der Schaumstoffpolsterung ging einfach vonstatten, aber Vorsicht: Der Schaumstoff darf nicht ganz bis an die Kanten zu den Türen hin reichen, sonst lassen sich später die dortigen Zierleisten nicht anbringen. Schneidet man ihn aber zu kurz zu, sieht man hinterher, dass das Kunstleder an dieser Stelle nicht unterpolstert ist. Die frei bleibende Metallecke im Einstieg wird sodann mit Kontaktkleber eingestrichen, ebenso die Bereiche der Kunstlederdecke, die dort angeklebt werden sollen. Wie schon erwähnt, wird der Bereich, auf dem Schaumstoff zu liegen kommt, auf keinen Fall mit Klebstoff versehen! Nach ein paar Minuten legte ich die Abdeckungen dann in die Einstiege und presste die Klebestellen fest an, wobei ich darauf achten musste, dass das Kunstleder überall flach und ohne Wellen auflag. Am hinteren Ende steht das Kunstleder etwas über und wird nach oben zur B-Säule hin gefaltet. An der A-Säule und nach innen zum Bodenblech und am Querträger ist das Kunstleder um das Trägermaterial herumgezogen; diese Stellen werden später vom Bodenteppich und anderen Verkleidungen überdeckt, sodass ein kleiner Spalt zum Karosserieblech nichts ausmacht.

Außen an die Einstiege gehören Zierleisten, die normalerweise mit zusätzlichen Stahlklammern auf den Falz in der Karosserie geklemmt werden. Diese Klammern hatte ich neu besorgt; jetzt stellte ich aber fest, dass die Zierleisten ohne sie perfekt auf den Falz passten und auch hielten. Vielleicht lag das an der neu aufgebauten Karosserie: Möglicherweise hatte man dort dickeres Blech verarbeitet. Es folgten die Verkleidungen an den A-Säulen, die um die Ecke herum auch seitlich in die Fußräume gehen, und der Teppich auf dem Querträger im Bodenblech – diese Teile werden ebenfalls verklebt. Die Bodenteppiche und die Dämmfilze darunter werden lediglich ins Auto

gelegt, so dass man sie zum Reinigen leicht herausnehmen kann. Sinnvoll, die Teppiche werden ja auch am ehesten nass, wobei im E-Type durchaus nicht immer nur das Schuhwerk der Fahrgäste dafür verantwortlich ist.

*Das hintere Ende der Kunstlederabdeckung wird an der B-Säule nach oben geschlagen, um so einen geschlossenen Übergang zu erreichen.*

*So präsentiert sich der Beifahrer-Fußraum vollständig ausgekleidet. Das Bild entstand zu einem etwas späteren Zeitpunkt, denn wie man sehen kann, ist hier die Mittelarmlehne bereits montiert.*

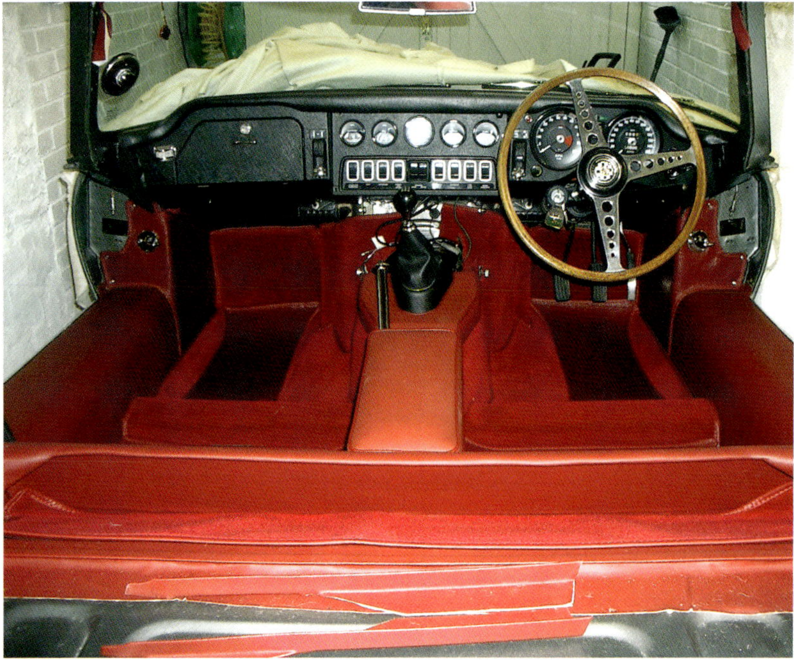

*Langsam nimmt der Innenraum Gestalt an.*

## Zusammenfassung

- Wenn man etwas so anbaut, dass es leicht wieder demontiert werden kann, sinkt die Wahrscheinlichkeit, dass man es jemals wieder demontieren muss.
- Und umgekehrt.
- Optische Fortschritte sind besonders befriedigend – man erkennt deutlich, wie man vorankommt.

# 7.11 C-Säule und Seitenwand

Optisch ebenfalls sehr präsent sind die Verkleidungen der Seitenwände und der C-Säulen, die hinten bis zum Abschlussblech reichen. Sie bestehen aus zwei Teilen pro Fahrzeugseite. Befestigt werden sie mit Haltestiften, die man in die Presspappen einsetzt und die in die dafür vorgesehenen Bohrungen im Karosserieblech gedrückt werden. Die Nahtstelle zwischen hinterer und vorderer Verkleidung sitzt mittig oberhalb des Radhauses.

Wichtig: Die Scharniere und die Schließfalle der Hecktür müssen vor diesen Verkleidungen angebracht werden, und zwar nicht nur probeweise, sondern sozusagen „final", also so, dass die Hecktür sauber öffnet und – noch wichtiger – schließt. Die richtige Einstellung zu finden, ist eine diffizile Angelegenheit, auf die wir später noch mal näher eingehen. Als ich die Innenausstattung einbaute, hatte ich erfreulicherweise die perfekte Position dieser Teile schon bestimmt, sodass ich mich nun von hinten nach vorne vorarbeitend um die besagten Verkleidungen kümmern konnte. Da es sich dabei um vorgeformte Teile handelt, könnte man meinen, ihr Einbau müsste ein Klacks sein. Aber weit gefehlt: Tatsächlich gestaltet es sich sehr aufwändig, sie wirklich gut einzupassen, und eine erhöhte Beweglichkeit vor allem im Oberkörper erleichtert die Montage ungemein. Die Klemmstifte in den Verkleidungen landen in den seltensten Fällen genau vor der vorgesehenen Bohrung, sodass man sie immer wieder hin und her schieben muss. Dabei läuft man dann Gefahr, Stifte, die bereits im Auto saßen, wieder herauszuziehen, und je weiter man fortschreitet, desto schwieriger wird das. Aber auch, wenn die Stifte eigentlich in der richtigen Position sind, wollen sie nicht immer sofort halten. Die Verkleidungen sind zwar biegsam, aber auch so starr, dass die Haltekraft dieser Stifte besonders an Krümmungen nicht ausreicht. Manchmal reicht auch der Druck mit dem Daumen nicht aus, um sie sicher einrasten zu lassen, und ich muss zugeben, dass ich an der einen oder anderen Stelle mit dem Hammer zuschlagen musste – zur Schonung des Bezugsmaterials mit einem Stofftuch umwickelt.

**7.11-1** *Los geht es mit der rechten C-Säule: Die Hauptschwierigkeit ist es, diese Verkleidungen ohne Faltenbildung zu montieren.*

**Zusammenfassung**

- Beim Einbau der Innenverkleidungen im E-Type schadet eine gewisse Gelenkigkeit auf keinen Fall.

Natürlich blieben dabei Probleme auch wieder nicht aus, und es dauerte seine Zeit, bis ich diese vier Teile ohne allzu unansehnliche Faltenbildung montiert hatte. Überhaupt kann man sagen, dass es eigentlich gar nicht so kompliziert ist, einen E-Type-Innenraum zu verkleiden. Das Problem ist, eine wirklich ordentliche Optik zu erzielen. Wer das schon einmal gemacht hat, versteht auf jeden Fall noch besser, warum die Produktionskosten des E-Type so horrend hoch waren, und dass Jaguar mit diesem Modell nie richtig Geld verdiente.

## 7.12 Die Automatikgurte

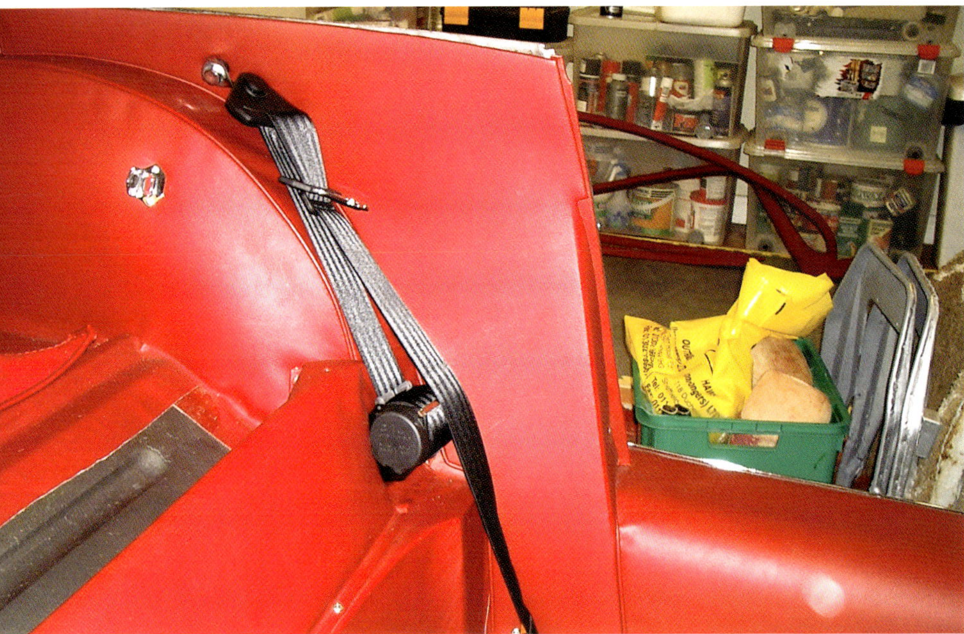

Oben auf der Schottwand hinter den Sitzen befindet sich beim E-Type eine Abdeckung, auf der der Kofferraumboden ruht. Diese hatte ich bereits mit Kunstleder bezogen und sie etwas modifiziert, und zwar für die Sicherheitsgurte. Es gibt im E-Type bereits Befestigungspunkte für Dreipunktgurte, allerdings lässt sich an dem Punkt unten an der B-Säule kein Aufroller eines Automatikgurtes anbringen. Diese Aufroller montierte ich also weiter oben auf dem Radkasten. Die vordere Kofferraumabdeckung hatte ich bereits passend abgeändert, sodass ich die Aufroller auf dieser Abdeckung platzieren konnte. Innen im Radkasten brachte ich eine Verstärkung an, um die Kräfte, die im Falle eines Unfalls auf den Gurt einwirken, aufzufangen. Die obere Umlenkung der Automatikgurte befestigte ich an den originalen Gurtaufnahmen, die ich zuvor hatte verchromen lassen. Mit den diversen Distanzscheiben und -buchsen, die in der Regel mit solchen Nachrüstgurten mitgeliefert werden, war die restliche Montage keine Zauberei mehr. Die Gurtpeitschen lassen sich problemlos an den vorhandenen Gewinden im Kardantunnel anbringen – allerdings erst nach dem Einbau der Mittelkonsole, die erst noch folgt.

**7.12-1** *Im linken hinteren Radkasten sieht man die Befestigung des Gurtaufrollers, mit einem Verstärkungsblech montiert und mit Dichtmasse versehen.*

*Mit Ausnahme der Aufroller sind die Gurte an den originalen Befestigungspunkten mit der Karosserie verschraubt.*

*Die Gurtpeitschen sitzen an den originalen Befestigungspunkten am Kardantunnel.* **7.12-3**

Die Optik ist natürlich nicht mehr ganz „original", aber dafür kann ich nach den ersten 5000 Kilometern auf der Straße sagen, dass die Gurte problemlos funktionieren. Die Rückholkraft der Aufroller ist nicht gerade gering, und man fühlt sich vom Gurt schnell etwas eingeengt, sodass man immer wieder an ihm zieht, um etwas mehr Bewegungsfreiheit zu haben. Früher sah man an Automatikgurten oft Plastikspangen, die sich wie ein Anschlag auf dem Gurt verschieben lassen, aber so fest sitzen, dass der Gurt nicht gegen ihren Widerstand weiter eingezogen wird. Eine praktische Idee, die leider völlig aus der Mode geraten zu sein scheint.

## 7.13 Die Dachkantenverkleidung

Vom Armaturenbrett über die A-Säule und die gesamte Länge der inneren Dachkante verlaufen ebenfalls mit Kunstleder bezogene Abdeckungen bis hinter die hinteren Seitenfenster. Dort stoßen sie an kürzere Verkleidungsteile, die unter den Seitenscheiben wieder nach vorne zur B-Säule gehen. Im Kern bestehen diese Teile aus einem ausgehärteten Schaumstoff, der mit einer Metallseele verstärkt ist. Befestigt werden sie mittels Schrauben, die durch die Karosseriefalze und den darauf befestigten Klemmleisten geführt werden. Die Türdichtungen können erst danach außen angebracht werden, und so erklärt sich auch, weshalb zu diesem Zeitpunkt noch immer weder Türen noch Seitenscheiben montiert sind. Man muss tatsächlich erst mit der Innenausstattung an dieser Stelle fertig sein, bevor man damit weitermachen kann. Diese Verkleidungen sind mit Schaumstoff wechselnder Stärken unterfüttert, weshalb sich das Profil der Polsterung nach hinten hin verjüngt. Auch hier ist es wieder wichtig, dass der Kontaktkleber nicht mit dem Schaumstoff in Berührung kommt. Nur das Kunstleder, das auf der Innenseite der Abdeckungen aufliegt, darf verklebt werden. Es ist nicht ganz einfach, diese langen und in verschiedenen Radien teils stark

**7.13-1** *Eine der kurzen Abdeckleisten unterhalb des hinteren Seitenfensters, kurz bevor die neue Kunstlederbespannung verklebt wird.*

Die langen Dachkanten-Abdeckungen, neu mit Kunstleder bezogen und mit Zierleisten versehen, warten darauf, ins Auto eingebaut zu werden. 7.13-2

gebogenen Teile faltenfrei zu beziehen. Ich benötigte drei Anläufe, bis ich mit dem Ergebnis einigermaßen zufrieden war, und wirklich glatt gelang es auch dann nicht. Die Chromzierleisten an dieser Stelle besitzen kleine Stifte, mit denen man sie anschließend einfach wieder in die neuen bezogenen Abdeckungen hineinklopft.

Nachdem die Abdeckleisten soweit fertig vorbereitet waren, fixierte ich sie mit Klemmzangen in der Karosserieöffnung und verschraubte sie. Mit den dabei verwendeten Schrauben galt es aufzupassen: Sind sie zu kurz, halten die Leisten nicht, sind sie zu lang, besteht Gefahr, dass sie innen durch den Kunstlederbezug stechen. Das gilt vor allem im hinteren Bereich, wo die Abdeckungen recht schmal ausfallen. An den vorderen Enden neben dem Armaturenbrett werden sie auf der Fahrerseite von einer viertelkreisförmigen Zierblende fixiert, auf der anderen Seite vom dort sitzenden Beifahrer-Haltegriff.

Insgesamt waren diese Abdeckungen das schwierigste Stück Arbeit bis dahin, was die Innenausstattung betrifft. Hätte ich meine alte Karosserie behalten, wäre es leichter geworden, aber so musste ich alle Löcher in den Falzen neu bohren! Man muss auch berücksichtigen, dass die Dichtgummis der hinteren Ausstellfenster mit einer Lippe zwischen Falz und Abdeckung greifen: Befestigt man sie zu nahe an der Karosserie, lassen sich diese Dichtungen nicht sauber montieren, lässt man den Spalt zu groß, sieht es furchtbar aus und man kann dieses Manko nach dem Anbringen der Dichtungen nicht mehr korrigieren.

Mit Hilfe von Kunststoffklemmzangen werden sie korrekt ausgerichtet und dann festgeschraubt. 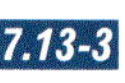
7.13-3

## 7.14 Mittelarmlehne und Schalthebelkonsole

Die Mittelkonsole neu zu verkleiden war ein weiteres Projekt, das deutlich mehr Zeit beanspruchte, als ich eigentlich veranschlagt hatte. Ihre Seitenteile werden mit Kunstleder bezogen und mit Schaumstoff gepolstert, allerdings nicht in den Bereichen direkt neben den Sitzen. Danach setzt man die obere Abdeckung auf. Sie besteht aus Sperrholz und wird mit echtem Leder bezogen und unterpolstert, jedoch nicht mit Schaumstoff, sondern mit festerem Filz. Echtleder lässt sich deutlich schlechter spannen als Kunstleder, und so muss man unzählige Schnitte machen, damit es sich ohne Falten um Knicke und Bögen schmiegt. Und wenn nur einer dieser Schnitte ein klein wenig zu weit geht, ist das ganze sündhaft teure Stück Conolly-Leder wertlos. An den Kanten der Abdeckung sitzen ebenfalls lederbezogene Zierkanten als Einfassung, die fertig mitgeliefert werden. Sie sauber anzubringen, ist nicht so einfach: Man klebt sie zunächst an die Unterseite der Abdeckplatte. Damit sie in der richtigen Lage bleiben, bis der Klebstoff hält, fixierte ich sie mit leicht abzulösendem Kreppband. Zuletzt brachte ich eine neue Gummidichtung unterhalb des Ausschnitts für den Handbremshebel an.

Hinten auf der Konsole befindet sich eine Ablagebox, deren Deckel zugleich als Mittelarmlehne dient. Die Box selbst wird mit Kunstleder bespannt und stellte mich vor keine großen Schwierigkeiten. Die gepolsterte Armlehne dafür umso mehr, denn sie wird mit Leder bezogen. Meine mehrmaligen Versuche, das Ergebnis optisch ansprechend zu bewerkstelligen, scheiterten kläglich. Unzulänglichkeiten an dieser Stelle wären nicht nur immer gut sichtbar, sondern auch greifbar, und so bat ich wieder einmal Mick Turley um Hilfe. Mit seinen Mitteln (u. a. Watte) und vor allem seiner Kunstfertigkeit erhielt meine Armlehne eine perfekt gleichmäßige Oberfläche.

Die Montage des Schalthebelbalgs war einigermaßen problemlos, nur die schmale Zierleiste aus verchromtem Kunststoff benötigte mehrere Anläufe. Man muss sie erwärmen und dann passend biegen, und dabei knickte ich sie ein paar Mal. Der Aschenbecher ist serienmäßig mit schwarzem Schrumpflack überzogen, aber ich hatte ihn verchromen lassen und brachte ihn nun ebenfalls an.

**7.14-1** *Das Unterteil der Mittelkonsole, neu mit Kunstleder überzogen.*

*Das Konsolen-Oberteil wird mit echtem Conolly-Leder bezogen.*

**7.14-3** *Echtleder muss an Knicken und Bögen eingeschnitten werden, um sauber anzuliegen. Die Kanteneinfassungen sind ebenfalls aus Leder und werden von unten an das Konsolen-Oberteil geklebt.*

*Die Kanteneinfassung wird mit Kreppband fixiert, während die Verklebung anzieht.*

Es war soweit: Ober- und Unterteil konnten wieder zu einer kompletten Konsole zusammengefügt werden. Die Abdeckung klemmt mit Haltelaschen im Konsolen-Unterteil, anfangs wollte das nicht so recht halten, durch das neue Leder und die Kanteneinfassungen war die Abdeckung etwas zu dick geworden. Mit einiger Geduld und vor allem viel Druck schaffte ich es aber, sie fest anzubringen, und um ehrlich zu sein – ich selbst bin vom Ergebnis immer noch begeistert.

*Wenig ermutigend: meine Bemühungen, die Mittelarmlehne mit Leder zu beziehen.*

*Der Meister dagegen hat damit keine Probleme.*

*Ein Traum in Rot wartet auf die Rückkehr ins Auto.*

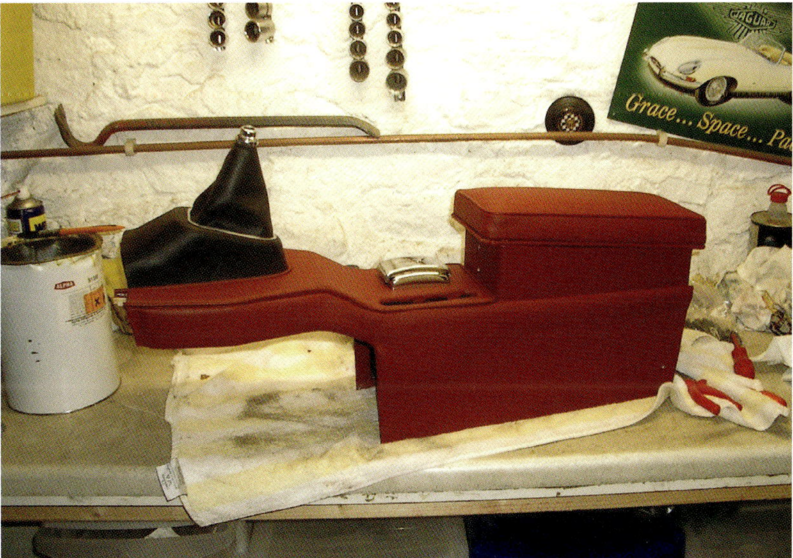


## Zusammenfassung

- Was man selbst nicht vernünftig hinbekommt, sollte man dem Fachmann überlassen – erst recht, wenn es so leicht zu transportieren ist wie eine Armlehne.

## 7.15 Radio- und Lautsprecherkonsole

7.15-1 Die Radiokonsole nach dem Ausbau: Jaguar hatte nur einen Lautsprecher vorgesehen.

7.15-2 Die Seitenteile der Radiokonsole bestehen aus einfachem Blech, das mit Kunstleder bezogen deutlich besser aussieht.

Während das Radio beim Umbau war (siehe auch nächster Abschnitt), konnte ich mich der dazugehörigen Konsole auf dem Getriebetunnel annehmen, die ab Werk tatsächlich mit nur einem ziemlich minderwertigen Lautsprecher ausgerüstet war. Es ist ja bekannt, dass man bei Jaguar sparte, wo es nur ging, aber an der Konsole hat man es doch etwas zu weit getrieben. Sie besteht aus Blech und war ab Werk mit schwarzem Schrumpflack versehen, eine wirklich unschöne Sparmaßnahme. Ich bezog das Teil mit schwarzem Kunstleder, was deutlich edler wirkt.

Im Bestreben, den bestmöglichen Sound aus meinem modernisierten Radio genießen zu können, begab ich mich also auf die Suche nach guten Lautsprechern. Dies sollte wider Erwarten gar nicht so einfach sein, denn der originale Lautsprecher muss sich den knappen Platz in der Konsole mit dem Radio teilen und ist daher sehr flach gebaut. Mit ein Grund für ihren sehr bescheidenen Klang. Vermutlich wurden diese Lautsprecher eigens für den E-Type hergestellt. Dank intensiver Recherche im Internet fand ich Lautsprecher, die so flach bauten, dass das Radio haarscharf an ihnen vorbei passt. Die Schutzgitter vor den Lautsprechern hatte ich verchromen lassen; auch das ist nicht original, aber meiner Meinung nach rechtfertigt das optische Ergebnis diese Abweichung. Erst als ich die Lautsprecher in der Konsole montiert hatte, fiel mir auf, dass ihre Membranen beigefarbig waren. Abhilfe kam kurzerhand aus der Sprühdose, ich machte mir dabei fahrlässigerweise natürlich keine großen Gedanken, wie diese Behandlung auf das klangliche Ergebnis wirken würde, aber immerhin passte so das Aussehen.

Oberhalb des Radios brachte ich einen neuen Zigarettenanzünder unter, der zwar nicht dem Originalzustand entspricht, aber stimmig ist. Anschließend montierte ich den vorderen Konsolenrahmen, den ich aus bekannten Gründen ebenfalls bei Mick Turley hatte neu beziehen lassen. Als ich die komplette Radiokonsole nun einbauen wollte, stellte ich fest, dass das gar nicht so einfach war: Man muss sie gleichzeitig

Schalt- und Handbremshebel durch die vorgesehenen Öffnungen gleiten und sich nirgendwo verkeilen. Dass es im Inneren des E-Type nicht gerade geräumig zugeht, macht die Sache nicht einfacher, weder für die einzubauende Konsole noch für den einbauenden Monteur.

Nachdem ich die Konsole schließlich unbeschädigt an Ort und Stelle hatte, konnte ich mich um die noch fehlenden Kleinigkeiten kümmern. Das Kabel für den mp3-Player führte ich durch ein kleines Loch im Handschuhfach, auf diese Weise ist es aus den Augen, aber bei Bedarf trotzdem schnell erreichbar.

**7.15-3** *Dies sind die flachsten Lautsprecher, die sich in dieser Größe auftreiben ließen, aber auch sie passten erst, nachdem ich die ursprünglich vorhandenen Plastikabdeckungen auf ihrer Rückseite entfernt hatte.*

**7.15-4** *Die beigefarbigen Lautsprecher-Mebranen passten natürlich nicht ins Farbkonzept! Zum Glück war die Sprühdose mit schwarzem Lack nicht weit, auch wenn diese Maßnahme die Soundqualität etwas mindert …*

mit der ganzen Mittelkonsole einsetzen. Es ist schlicht unmöglich, sie vor den Schalthebelbalg zu bugsieren, wenn die Mittelkonsole schon an Ort und Stelle ist. Umgekehrt sollte man auch nicht versuchen, die Mittelkonsole unter dem Radio hindurchzuschieben – die Gefahr ist zu groß, dass man dabei die mühsam neu angebrachten Bezüge beschädigt. Am sichersten ist es also, beide Konsolen auf einmal einzubauen. Dabei muss man gleichzeitig auch dafür sorgen, dass

**7.15-5** *Beim Einbau der kompletten Mittelkonsole geht es extrem eng zu, und ständig befürchtet man, die nagelneuen Bezüge zu beschädigen.*

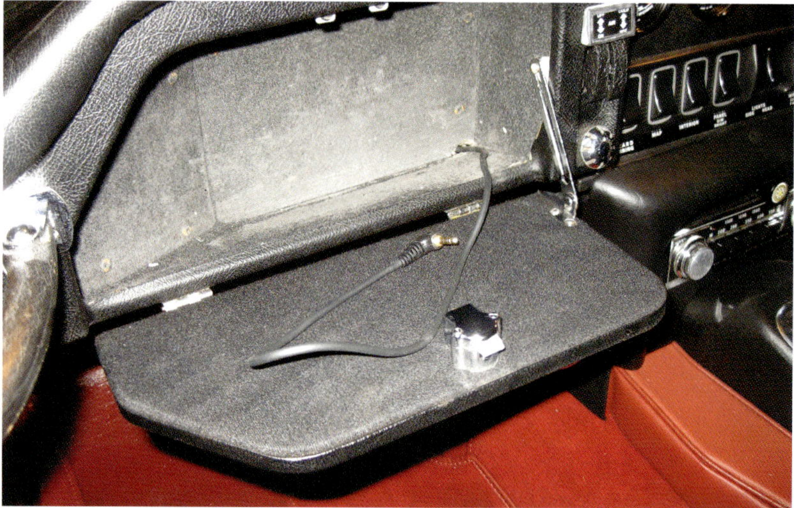

**7.15-6** *Das Anschlusskabel für den mp3-Player versteckt sich im Handschuhfach.*

**7.15-7** *Glücklich geschafft, alles ordentlich untergebracht und keine Schäden am Leder.*

**7.16-1** *Von außen ist davon nichts zu erkennen, aber dieses Radio spielt sogar mp3-Dateien ab!*

# 7.16 Das Radio

Eines war von vorneherein klar: Ich wollte unbedingt die authentische Optik des originalen Radios erhalten – ein modernes Gerät mit CD-Schacht und LEDs kam nicht in Betracht. Andererseits wollte ich auch nicht auf alle Errungenschaften der modernen Unterhaltungselektronik verzichten – das alte Radio konnte noch nicht einmal UKW empfangen. Nachdem ich eine Anzeige eines Anbieters gesehen hatte, beschloss ich, mein Radio von einem solchen Spezialisten umbauen zu lassen, zum einen natürlich auf UKW, außerdem wollte ich einen mp3-Player anschließen können und nicht zuletzt wollte ich die Motorantenne direkt über das Einschalten des Radios ansteuern und nicht über einen separaten Schalter. Letztlich bedeutete dies, dass die vorhandenen Innereien teilweise weichen mussten und moderne Elektronik einzog. Puristen werden bedauern, dass ein historisches Stück Technik auf diese Weise entwürdigt wurde, aber angesichts meiner Bedürfnisse hielt ich dies für einen vertretbaren Kompromiss. Die Optik ist vollkommen serienmäßig belassen, aber die Funktion ist mit modernen Geräten vergleichbar. Gut 500 Euro bezahlte ich für diese Umrüstung, und dabei verzichtete ich aus Kostengründen sogar noch auf die Option, auch Stereoton nachzurüsten – eine Einschränkung, mit der man aufgrund der Lage der Lautsprecher aber gut leben kann.

Drei der Stationstasten, die nach wie vor mit einem „M" für Mittelwelle gekennzeichnet sind, steuern nunmehr UKW-Sender an, mit der ehemaligen Taste „L" kann man nach wie vor auf Mittelwelle umschalten, mit der „M"-Taste ganz links wird der Eingang für den mp3-Player aktiviert. Leider beherrscht das Gerät kein „Auto-Tuning", es sucht also nicht wie ein modernes Radio selbsttätig nach der besten Frequenz für den voreingestellten Sender und auf längeren Strecken muss man immer wieder von Hand nachjustieren. An solche Kleinigkeiten gewöhnt man sich ja sehr schnell, und sie richtig zu schätzen lernt man erst, wenn sie nicht zur Verfügung stehen. Aber trotzdem bin ich mit meiner Lösung sehr zufrieden.

**Zusammenfassung**

- Ab Werk hatte der E-Type nur auf der Beifahrerseite einen Lautsprecher – der Fahrer soll sich auf den Sound des Motors konzentrieren!
- Der E-Type ist ein Fahrerauto; braucht es dann überhaupt Radio und Lautsprecher?

# 7.17 Die Heckklappe

Mit der Innenausstattung war ich nun ein gutes halbes Jahr zugange, und mittlerweile wurde ich doch ungeduldig. Mein Auto sollte endlich auf die Straße! Aber soweit war es noch lange nicht. Als nächste Aufgabe wartete eine weitere delikate Angelegenheit: der Einbau der seitlich angeschlagenen Hecktür. Deren Scharniere hatte ein früherer Fahrzeugbesitzer heftig zugesetzt, immer in der Bemühung vermutlich, die Hecktür sauber in den Karosserieausschnitt zu bekommen. Die Bohrungen in den Befestigungsflanschen hatte man aufgefeilt, um mehr Spielraum zu haben, und überall hatte ich beim Ausbau wild angeordnete Beilagscheiben gefunden. Vor dem Lackieren hatte ich die Tür probeweise angebaut, konnte so aber lediglich feststellen, dass die Scharniere im Prinzip passten und nicht völlig daneben lagen. Jetzt, beim finalen Einbau mit den mittlerweile beschafften, korrekten Einstellblechen, war das doch etwas anderes. Wie wichtig der perfekte Sitz der Hecktür ist, war mir schon lange vorher klar geworden: Mein Auto hatte ja, lange vor mir einen Heckschaden gehabt, der nur unzulänglich repariert worden war. Infolgedessen saß die Hecktür nicht wirklich optimal in der Karosserie. Was aber noch schlimmer war, sie schloss auch nicht richtig, sodass durch den Unterdruck, der hinter dem Auto entsteht, ständig Abgase in den Innenraum gezogen wurden.

Wie bei den seitlichen Türen ist die Hauptschwierigkeit der geringe Abstand, den die seitliche Kante der Tür in geöffnetem Zustand zur Karosserie einhält. Wenn man hier nicht ganz genau aufpasst, drückt sich die Türkante möglicherweise in die Karosserie – mit dem absehbaren, katastrophalen Ergebnis. Im Wesentlichen erfolgt die Einstellung der Scharniere über speziell geformte Bleche, die man zwischen Scharnierplatte und Karosserie einschieben kann. In ganz geringem Umfang lässt sich auch die Position der Scharniere an der Tür selbst verstellen. Die Befestigung dort übernehmen Senkkopfschrauben mit Innensechskant, und hier lauert eine weitere gefährliche Falle: Ist eine dieser Schrauben nur einen Hauch zu lang, drückt sie von innen gegen die Türhaut und hinterlässt dort irreparable Beulen. Ich hatte mir diese vier Schrauben gleich zwei Mal beschafft – von verschiedenen Lieferanten, und beide Male hatte ich vier exakt gleich lange Schrauben erhalten. Ohne vorheriges Testen der verfügbaren Tiefe wäre es unweigerlich

**7.17-1** *Links: Ich verwendete die alten Scharniere weiter: Ein Vorbesitzer hatte bereits an ihnen herumgebastelt und die Schraublöcher vergrößert. Auf diese Weise boten sie mehr Spielraum beim Einstellen, was mir durchaus nicht ungelegen kam.*

*Die Dichtung der Hecktür: Im dritten Anlauf habe ich es irgendwie passend hinbekommen.* **7.17-2**

*Die Kunstleder-Verkleidung der Hecktür: bezogene und unterpolsterte Presspappe, die oben geklebt und unten angeclipst wird.* **7.17-3**

zu der oben beschriebenen Katastrophe gekommen: An drei der Gewinde in der Tür war ausreichend Platz vorhanden, am vierten nicht – ich musste die dort sitzende Schraube vorher kürzen.

Beim Einpassen der Hecktür in die Karosserie – vor dem Lackieren – hatte ich festgestellt, dass sie gut fünf Millimeter zu weit unten saß. Ich getraute mich nicht, dies über die Scharniere einzustellen, denn dazu hätte ich die Möglichkeit haben müssen, die Hecktür vollständig zu öffnen und sicherzustellen, dass sie nicht mit der Karosserie in Kontakt kam. Nun ruhte die Karosserie zu diesem Zeitpunkt auf Stellböcken in meiner Garage dummerweise so, dass sich das Heck im niedrigeren Teil befand. Weiter als 45 Grad ließ sich die Hecktür dort nicht öffnen. Man hätte die Karosserie hinaus- und anschließend mit dem Heck voran wieder hineintragen müssen: Eine Angelegenheit für vier starke Männer, und ich wollte nicht schon wieder die halbe Nachbarschaft belästigen. So traf ich einen folgenreichen Entschluss: Ich passte den Türausschnitt der Karosserie an die durch die Scharniere vorgegebene Position der Tür an. Dazu entfernte ich an der Unterkante der Karosserieöffnung besagte 5 Millimeter mit dem Winkelschleifer und schweißte den Übergang zum innenliegenden Rahmen zu. Die obere Kante war nun natürlich viel zu weit von der Tür entfernt. Dieses Manko wurde mit einer dicken Lage Polyesterspachtel kaschiert. Zu meinem eigenen Erstaunen funktionierte das, und die Tür saß anschließend sauber in der Karosserie. Nur hatte ich damit auch die Nut verändert, in die nun am lackierten Auto die Türdichtung kommen sollte. Seitlich war das kein Problem, unten war reichlich Platz. Aber oben? Dort passte die Dichtung beim besten Willen nicht mehr hinein. Ich musste sie also anpassen. Anpassen bedeutet in diesem Fall: sie irgendwie zurecht schneiden. Bis alles passte, musste ich erst zwei Dichtungen bis zur Unbrauchbarkeit verstümmeln. Kein Ruhmesblatt, und das einzig Gute, was man dazu heute sagen kann, ist, dass man nichts mehr davon sehen kann.

Die Tür würde nun in die Öffnung passen und sich sauber öffnen und schließen lassen. Nun musste sie noch ihre Innenverkleidung erhalten, und außerdem wartete noch die Heckscheibe auf den Einbau. Zunächst wollte ich etwas tun, auf das ich mich schon länger gefreut hatte: Die Schriftzüge an der Hecktür mussten angebracht werden. Für mich ein epischer Moment. Aber auch hier sollten sich Schwierigkeiten ergeben: Diese Embleme werden befestigt, indem man ihre angelöteten Stifte durch die vorgesehenen Bohrungen in der Tür steckt und sie auf der Innenseite mit speziellen Federscheiben sichert. Diese Bohrungen konnte man zwar in der lackierten Tür noch erkennen, allerdings waren sie mit Spachtel und Lack verschlossen. Ich musste sie vorsichtig aufbohren, voller Sorge, dass dabei die Lackierung der Tür aufplatzen könnte. Dies passierte zum Glück nicht und ich konnte schlussendlich die Embleme anbringen. Ich verwendete dabei etwas Dichtmasse, um zu verhindern, dass an dieser Stelle Feuchtigkeit eindringen und sich damit Rost bilden kann.

Die Verkleidung der Hecktür war dann erfreulicherweise kein Problem. Serienmäßig befand sich oben an der Hecktür bei den meisten Serie II und wohl auch allen Serie III eine recht fummelige Fiberglas-Abdeckung. Mick riet mir davon ab, diese wieder zu verwenden: Zu den von ihm gelieferten Ausstattungsteilen gehörte auch eine Kunstlederverkleidung, die sich passgenau an den oberen Scheibenrahmen kleben ließ.

**Zusammenfassung**

- Das anschließende Anbringen der Embleme ist der Höhepunkt – aber darauf achten, die Bohrungen in der Tür gut gegen Nässe abzudichten!

## 7.18 Die Heckscheibenheizung

Aus einem mir unbekannten Grund – möglicherweise wegen des schon erwähnten Auffahrunfalls – stammte die Heckscheibe in meinem Auto aus einem Serie-I-Exemplar. Eindeutiges Erkennungsmerkmal sind die Heizfäden, die bei dieser Ausführung im Glas längs verlaufen, nicht wie später quer. Interessanterweise hatte man aber beim „Reparieren" des Heckschadens wieder die originale Hecktür verwendet.

Bei der Demontage fand ich übrigens noch die mit Kreide angebrachte, zum Auto passende Fahrgestellnummer. Dies war im Jaguar-Werk Praxis, stellte man doch auf diese Weise sicher, dass die beweglichen Teile der Karosserie immer eindeutig zuzuordnen waren, auch wenn sie für bestimmte Herstellungsschritte vom Fahrzeug getrennt aufbewahrt wurden.

An meiner Türe trat aber jetzt die Schwierigkeit zutage, dass die Kabel zum Heizdraht der Heckscheibenheizung abgebrochen waren, als ich die Scheibe ausgebaut hatte. Der Heizdraht ist in das Glas eingegossen, nicht wie bei den meisten anderen Autos auf die Innenseite der Scheibe aufgeklebt. Das eine Ende des Heizdrahtes ragte noch so weit aus dem Glas heraus, dass ich mit einiger Mühe einen Draht anlöten konnte. Am anderen Ende war nichts zu machen. Also musste ich mir etwas anderes einfallen lassen. Letztlich blieb mir nur einmal mehr Sekundenkleber. Mit größter Vorsicht legte ich eine Stelle der Glasscheibe soweit frei, dass ein kleines Stück des Heizdrahtes zugänglich war. Darauf befestigte ich mit meinem Wundermittel ein Kabelstück. Mit dem Multimeter prüfte ich, ob Strom fließen konnte. Da dies der Fall war, versiegelte ich anschließend die Operationsstelle mit Araldite, einem Zweikomponenten-Kunstharz-Material, das an so einer Stelle geeigneter ist als normaler Klebstoff, weil es sich auch dicker auftragen lässt.

**7.18-1** *Nicht unbedingt aus dem Lehrbuch, aber es ging nicht anders: Auch mit Sekundenkleber lassen sich elektrische Verbindungen instandsetzen.*

Für diese Arbeit eignet sich übrigens auch sehr gut so genannter Leitsilber-Klebstoff, ein Zwei-Komponenten-Epoxyd zum Herstellen elektrisch leitfähiger Verklebungen.

7.18-2 *Ein Multimeter lügt nie: Der Strom fließt. Hier im Bild kann man übrigens noch ein Teil der alten cremefarbenen Innenausstattung sehen. Wie oft hatte ich versucht, sie sauber zu bekommen, stets ohne Erfolg: Immer sah das Auto innen etwas angegammelt und schmutzig aus.*

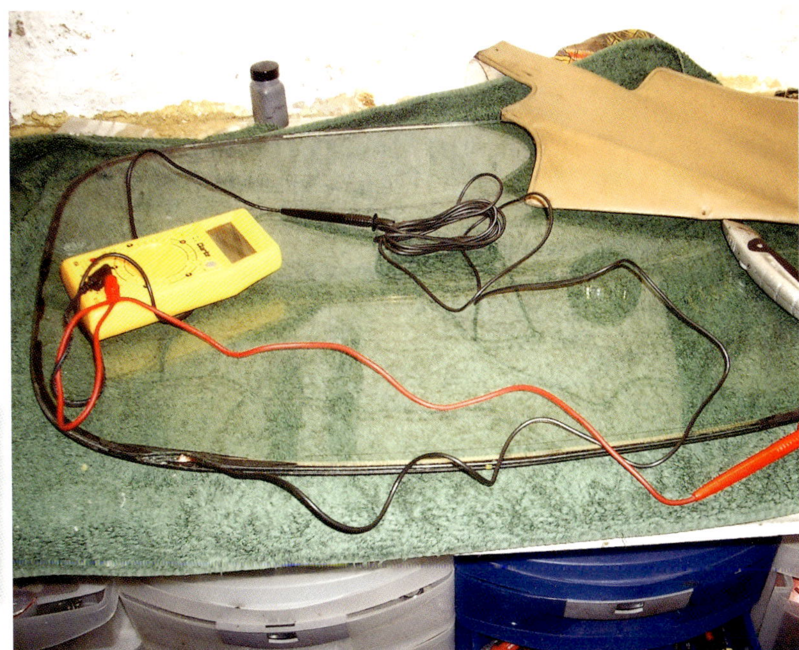

**Zusammenfassung**

- Mit Sekundenkleber kann man nicht nur die Kurbelwelle abdichten – er hilft auch bei Elektrikproblemen.

## 7.19 Einbau der Heckscheibe

Zeit, die Heckscheibe in ihre vorgesehene Position in der Hecktür zu setzen. Im Prinzip weiß ich ja nun, wie so etwas geht. Im Prinzip sind die Arbeitsabläufe die gleichen wie beim Einbau der Windschutzscheibe. Die Dichtung wird in die Öffnung der Hecktür eingelegt, dann setzt man die Scheibe in die Dichtungsnut und zwängt die äußere Dichtlippe nach und nach über die Scheibenkante. Die Kabel der Scheibenheizung muss man zuvor durch die vorhandenen Öffnungen in der Dichtung ziehen. Das klingt in der Theorie furchtbar einfach, aber: Ich war froh, dass ich schon vorher mit meinen Scheiben-Spezialisten – Paul und James – vereinbart hatte, dass sie das für mich machen würden. Auch sie benötigten wieder mehrere Anläufe und eine unerwartete Menge Kraft und mindestens genauso viele Kraftausdrücke, bis die Scheibe endlich saß. Man muss bedenken, dass sowohl die Tür als auch die Scheibe Jaguar-Originalteile sind, aber trotzdem war die Scheibe einfach etwas zu groß. Abschließend zogen wir noch die Zierleisten ein. Sie bestehen aus zwei Hälften,

7.19-1 *Die Dichtung wird in die Scheibenöffnung eingesetzt und die Kabel der Heckscheibenheizung durchgeführt.*

*Sie will nicht, aber sie muss: Die Scheibe wehrte sich lange erfolgreich dagegen, in die Dichtung zu rutschen.* **7.19-2**

auf deren Stoßkanten zwei kurze Abdeckungen geklebt werden (Bild 7.19-4). Dann konnte es an den Einbau der Tür gehen.

Die Hecktür hatte ich ja im Vorfeld bereits sorgfältig angepasst, sodass der endgültige Einbau nun relativ unkompliziert vonstattenging. Allerdings war die Tür jetzt mit eingebauter Scheibe um einiges schwerer, was sich beim (hoffentlich für lange Zeit letztmaligen) Justieren der Scharniere an Karosserie und Tür bemerkbar machte.

Die Kabel für die Heckscheibenheizung hatte ich mehr als ausreichend lang bemessen. Jetzt konnte ich sie an dem Kabelbaum hinter der linken Seitenverkleidung im Laderaum anschließen. Ob sie wirklich funktionierte, ließ sich natürlich jetzt noch nicht sicher sagen, aber wenigstens sah der E-Type endlich wieder komplett aus – zumindest von hinten betrachtet.

Mittlerweile fahre ich den Wagen ja schon einige Zeit, und zu meiner großen Erleichterung und auch Überraschung konnte ich feststellen, dass nicht nur die Passform der Tür wirklich in Ordnung ist. Sie schließt auch dicht (keine Abgase im Auto) und, unglaublich aber wahr, sogar die Heckscheibenheizung verrichtet ihren Dienst.

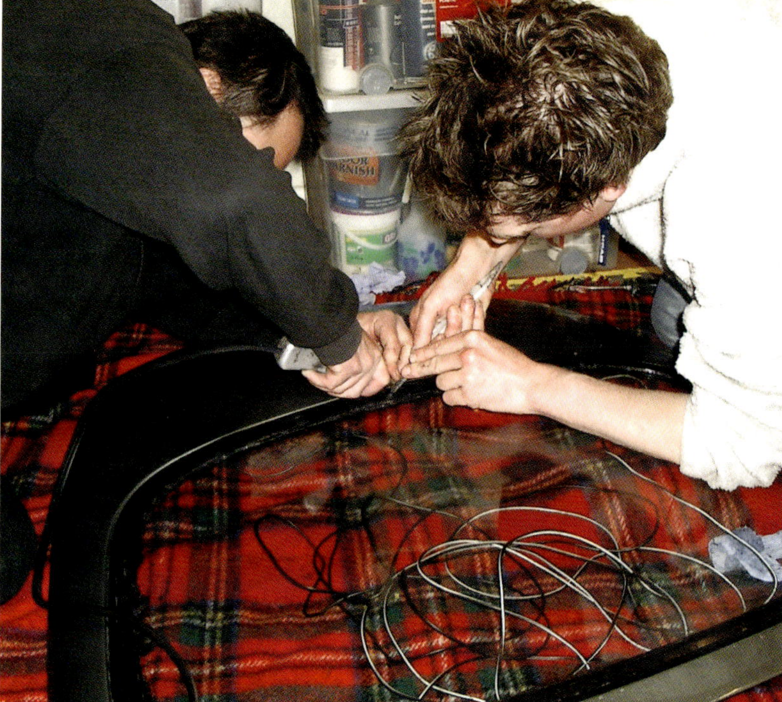

*Mit einem speziellen Einzieh-Werkzeug wird die Chromkederleiste in die Dichtung appliziert.* **7.19-3**

*Fast fertig: Der Kleber auf den Stoßkantenblenden muss noch anziehen, dann kann auch das Klebeband weg.*

*Ein großer Schritt für den E-Type-Besitzer: Dank gründlicher Anpassungsarbeit im Vorfeld gab es beim endgültigen Einbau der Hecktür keine Probleme.*

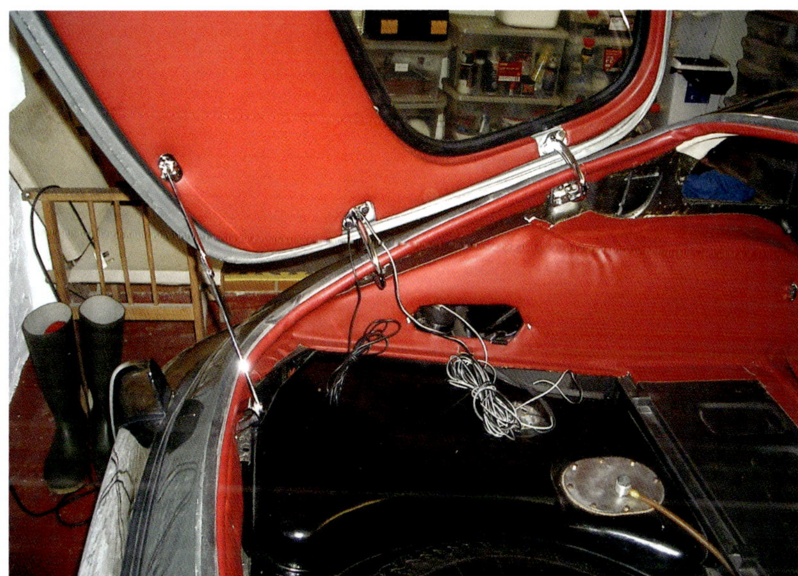

*Eine Menge Arbeit steckt hier drin, aber sie hat sich gelohnt.*

## Zusammenfassung

- Front- und Heckscheibe lässt man am besten vom Profi einbauen. Egal, was es kostet, jeder Cent ist richtig angelegt.
- Er sieht wieder wie ein Auto aus! Zumindest von hinten.

# 7.20 Die Sitze - Kurzfassung

Mein E-Type ist ein später Serie II, bei dem die Sitzflächen in perforiertem Leder ausgeführt sein sollten. Als ich das Auto gekauft hatte, war davon aber nichts zu sehen, und nicht nur das: Einer der Vorbesitzer hatte die glorreiche Idee gehabt, die Sitze mit Lederfarbe nachzufärben, natürlich passend zur vorhandenen Innenausstattung in Cremebeige. Meine eigene Idee, als ich mit der Restaurierung des Autos das erste Mal begann, war aber auch nicht viel besser. Ich wollte die Innenausstattung in Rot haben, war aber entschlossen, die alten Sitze dabei weiter zu verwenden. Mein Einfall, die ungeliebte Creme-Tönung mit Beize von den Sitzen zu entfernen, erwies sich als absolut durchschlagend und sorgte dafür, dass wirklich sämtliche Farbe, inklusiv der Originalfarbe verschwand und nur die nackte Lederoberfläche zurückblieb. Als ich mir dann beim zweiten Restaurierungsanlauf die Sitze genauer ansah, machten sie einen wirklich traurigen Eindruck. Deshalb und wegen der fehlenden Leder-Perforierung mussten sie von Grund auf neu aufgebaut werden.

Übrigens wiesen meine Sitze auch die damals als Sonderausstattung erhältlichen Nackenstützen auf. Der heute übliche Begriff „Kopfstütze" ist hier wirklich nicht geeignet, und eine erkennbare Funktion haben sie auch nicht aufzuweisen. Den Nacken oder gar den Kopf kann man an ihnen nicht anlehnen (viel zu unbequem) und im Falle eines Unfalls dürften sie die Sache eher noch verschlimmern. Aber da sie im Originalzustand nun mal montiert waren, sollten sie auch an die überarbeiteten Sitze kommen.

7.20-1 *Der Innenraum beim Kauf des Autos: Die Sitze hatte man mit cremebeiger Kunstlederfarbe nachlackiert.*

**Zusammenfassung**

- Es ist mit Sicherheit keine wirklich gute Idee, die Sitze mit Abbeizmittel zu behandeln, aber ich wusste mir nicht anders zu behelfen.

*Oben: Das Ergebnis meiner Bemühungen, den Creme-farbigen Lack loszuwerden: Sitze in einem wahrhaft traurigen Zustand.* **7.20-2**

*Was für eine Verwandlung! Die Sitze nach dem kompletten Neuaufbau.* **7.20-3**

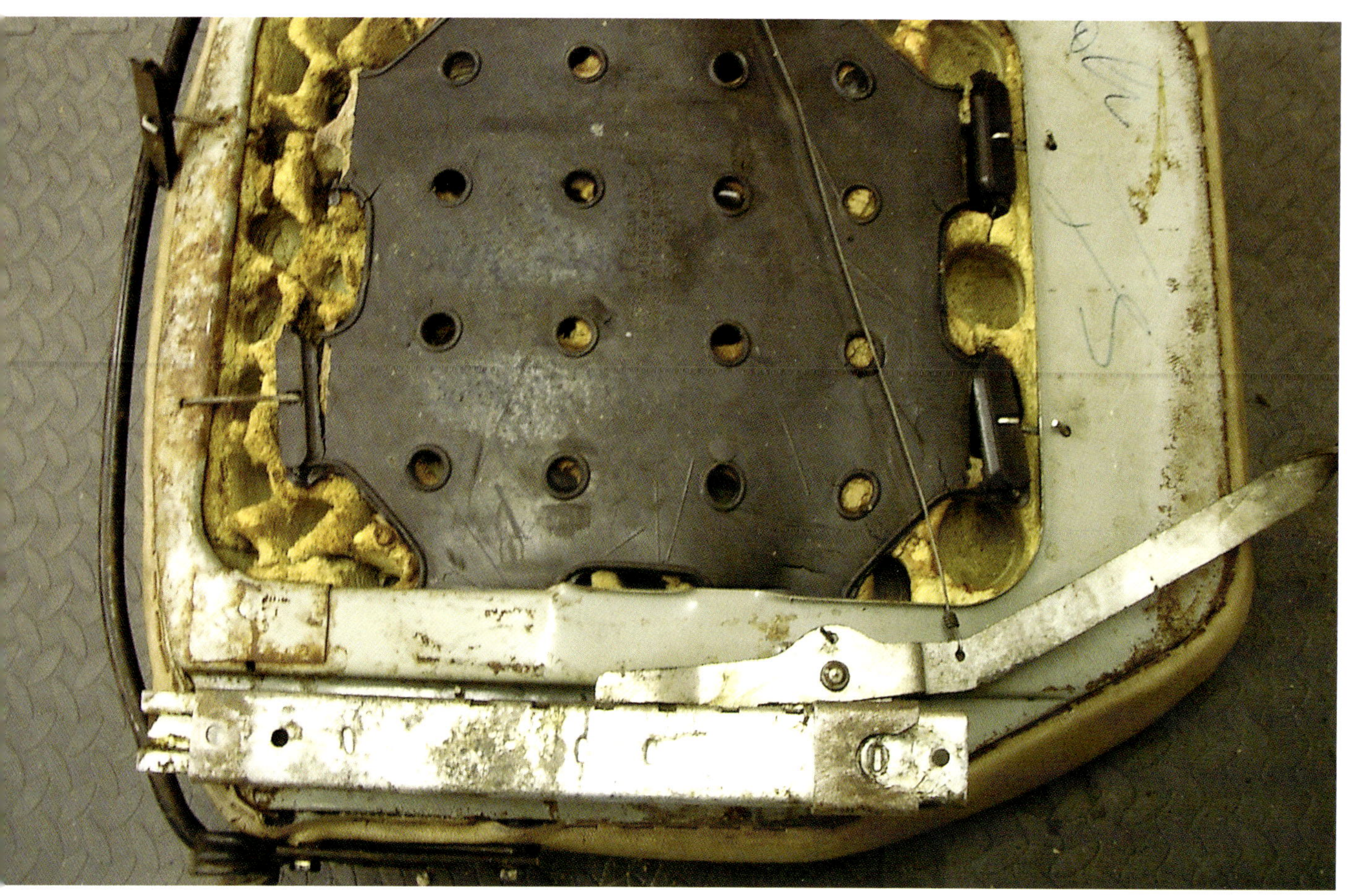

# 7.21 Demontage der alten Sitze

Als Erstes nahm ich meine Sitze komplett auseinander, und erst dabei stellte sich heraus, in welch jämmerlichem Zustand sie wirklich waren. Die Schaumstoffpolsterung hatte sich zu großen Teilen aufgelöst und bröselte heraus, außerdem stank sie furchtbar. Die Sitzmatte, die am Gestell eingehängt wird und die Polsterung trägt, war an mehreren Stellen eingerissen und gab keinen Halt mehr. Kein Wunder, dass vor allem der Fahrersitz so furchtbar unbequem gewesen war. Eine Notiz am Rande: Sowohl auf der Innenseite der Lederbezüge als auch auf dem Sitzgestell fanden sich Markierungen aus der Herstellung und von dem Sattler, der die Sitze seinerzeit aufgebaut hatte. Solche Reminiszenzen an den Bau des Autos finden sich immer wieder, auch an anderen Stellen, und sie geben ihm irgendwie eine Historie und Persönlichkeit, sie stellen eine Verbindung her zu den Leuten, die damals im Jaguar-Werk arbeiteten.

**7.21-1** *Die Sitzmatten waren buchstäblich komplett vom Gestell abgerissen.*

### Zusammenfassung

- Man möchte sich gar nicht daran erinnern, wie die Sitze im demontierten Zustand aussahen.

**7.21-2** *Die Schaumstoffpolster waren in Auflösung begriffen.*

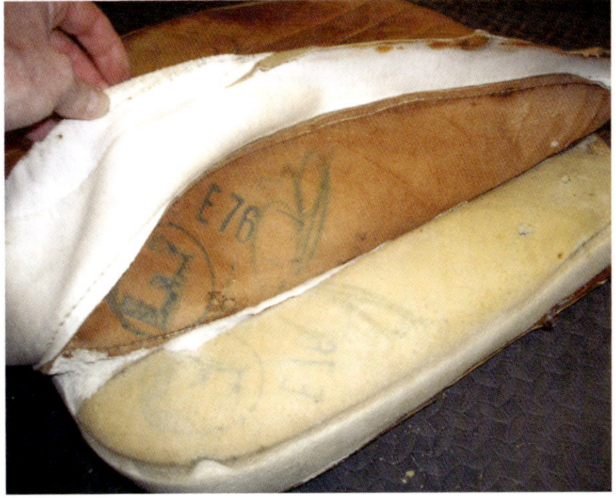

**7.21-3** *Historische Markierungen auf der Innenseite der Lederbezüge – und deren Abdrücke auf der Schaumstoffpolsterung.*

## 7.22 Neuaufbau der Sitzpolster

Nachdem ich die Sitze auseinander gebaut hatte, war mir klar, dass ich selbst hier überfordert war. Ich zögerte keinen Augenblick und bat Mick Turley darum, mir zu helfen. „Wer pfuscht, zahlt zwei Mal", bei so einer speziellen Aufgabe gilt das erst recht. Zuvor lackierte ich die Sitzpfannen mit einem speziellen Sprühlack, der für eine Aluminium-artige Oberfläche sorgen soll. Keine besonders gute Idee – diese Art Lack braucht ewig, um wirklich auszuhärten, und selbst dann sondert er ständig silberne Partikel ab, die sich überall absetzen und besonders auf rotem Leder nicht wirklich schön aussehen.

*Mick Turley montiert neue Sitzmatten in die Sitzgestelle.* **7.22-1**

Mick befestigte zunächst neue Sitzmatten mit stabilen Drahtösen an den Gestellen und fertigte die Ecken aus Presskarton neu an. Auf diese Basis kamen die neuen Sitzpolster aus Schaumstoff: Zwischen ihnen und den alten Teilen lagen Welten! Wir hatten ausgemacht, dass mir Mick an dem ersten Sitz zeigen würde, wie man so etwas macht, und den zweiten könnte ich dann selbst renovieren. Die Sitzpolster befestigte er mit Klebstoff auf beiden Teilen an den Sitzgestellen. Anschließend ging er daran, den Lederbezug des ersten Sitzkissens anzubringen. Zur Vorbereitung bearbeitete er die Naht zwischen Sitzfläche und Seiten mit dem Hammer, um diese Kante geschmeidiger zu machen. Bearbeiten heißt, er klopfte sie mit dem Hammer weich – auf keinen Fall etwas, das man versuchen sollte, wenn man nicht Micks Erfahrung besitzt.

Zunächst bestrich Mick den vertieften Bereich des Sitzpolsters mit Klebstoff, ebenso die Innenseiten des Bezugs – nur im Bereich der perforierten und abgesteppten Sitzfläche, der später in die Vertiefung im Polster kommt. Die Sitzwangen werden nicht mit dem Bezug verklebt. Als der Kleber anzutrocknen

**7.22-2** Unten an die Sitzpfannen gehören Keile aus Hartpappe, die Mick neu angefertigt hatte.

**7.22-3** Die Unterseite der neuen Schaumstoff-Sitzpolster wird mit Klebstoff bestrichen …

**7.22-4** … ebenso wie die Außenkanten der Sitzpfannen. Anschließend werden die Polster in die Pfannen gepresst, bis der Klebstoff angezogen hat.

begann, faltete Mick den Bezug so, dass die Partien über den erhöhten Sitzwangen nicht im Weg waren und setzte ihn dann mit der querlaufenden Falte in die entsprechende Kante des Sitzpolsters (Bild 7.22-8). Dabei achtete er sehr darauf, dass der Bezug wirklich passgenau in der Sitzkuhle zu liegen kam; als er sicher war, die richtige Position gefunden zu haben, presste er Bezug und Schaum mit großem Druck zusammen. An dieser Stelle wird der Sitz besonders stark belastet, und wenn man hier nicht sorgfältig arbeitet und sich die Verklebung löst, war die ganze Arbeit umsonst.

Zum einen muss der Bezug schön straff und vor allem ohne Falten auf dem Polster aufliegen – wie gesagt, wird er auf den Sitzwangen und an den Seiten nicht mit dem Schaumstoff verklebt. Gleichzeitig aber muss der Zierkeder, der in die Bezüge eingenäht ist, schön gerade und an der richtigen Stelle sitzen, so dass er den Umfang der Sitzfläche nachzeichnet. Beides zusammen zu er-

*In den Übergang von der Oberseite zu den Seiten des Sitzbezuges ist ein Zierkeder aus Kunststoff eingenäht, den Mick hier mit wohlproportionierten Hammerschlägen für einen guten Sitz weichklopft.* **7.22-5**

*Die Vertiefungen in den Sitzpolstern werden mit Klebstoff bestrichen …* **7.22-6**

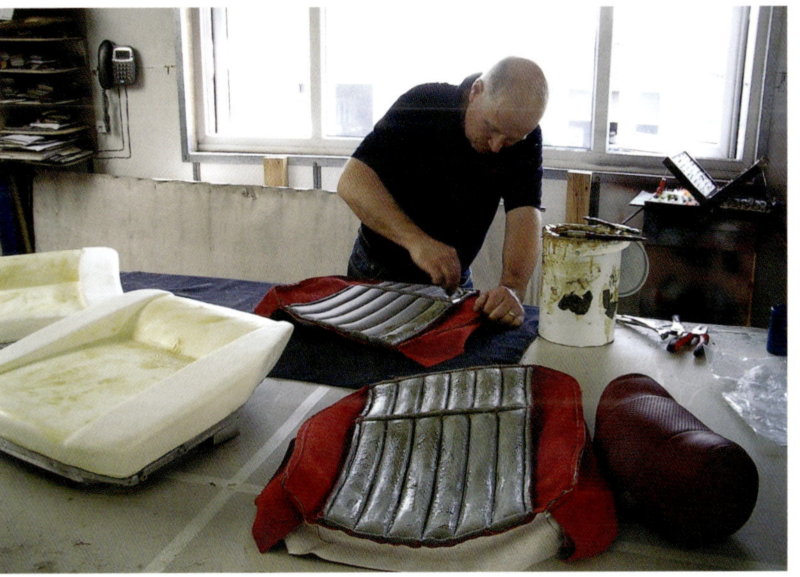

*… und ebenso die Innenseite der Bezüge in diesem Bereich.* **7.22-7**

*Der Sitzbezug muss exakt in die Vertiefung im Polster eingeklebt werden – Maßarbeit!* **7.22-8**

reichen, erfordert die ganze Erfahrung und das Können des Handwerkers, und meine eigenen diesbezüglichen Versuche gab ich recht schnell kleinlaut auf, obwohl die verwendeten Bezüge von sehr guter Qualität und Passform waren. Mick dagegen zauberte scheinbar mühelos ein perfektes Sitzkissen ohne jede Falte und mit optimal sitzenden Nähten. Wo es nötig war, verstärkte er die Polsterung mit etwas Watte.

Unten an den Sitzgestellen befindet sich ein umlaufender Streifen aus gepresstem Hanf, der nur dem Zweck dient, dass man die Sitzbezüge dort festklammern kann. Mit dem Pressluft-Tacker befestigte Mick den Bezug; zunächst an ein paar ausgesuchten Stellen, dann komplett um den gesamten Umfang des Sitzes herum und immer darauf achtend, das sich nirgends Falten bilden konnten. Das überschüssige Leder schnitt er mit ein scharfen Messer – der Profi schleift so ein Werkzeug jedes Mal vor dem Gebrauch – und fertig war Sitzkissen Nummer eins.

Jetzt war ich an der Reihe. Mick übernahm noch den wichtigsten Punkt und klebte den Bezug passgenau auf das Polster, dann verabschiedete er sich für eine kleine Teepause. Ich hatte dem Meister aufmerksam zugesehen und machte mich voller Elan an die Arbeit. Ich zog den Bezug über die Kanten des Gestells und tackerte ihn an zwei Stellen fest, dann an weiteren. Ich zog ein paar Klammern wieder heraus, weil sich an ihnen Falten gebildet hatten, tackerte weiter, und prompt kam es an einer anderen Stelle zu Faltenbildung. Egal wie ich mich abmühte, wo ich zog und wo ich tackerte, an ein befriedigendes Ergebnis war nicht zu denken. Nach einer guten halben Stunde kam Mick von seinem Tee zurück, um nachzusehen, wie ich vorangekommen war. Seinen erstaunten Gesichtsausdruck werde ich so schnell

*Die Seiten des Bezugs werden über die Polsterwangen und die Kanten des Sitzgestells gezogen und auf dessen Unterseite mit Tackernägeln befestigt.* **7.22-9**

nicht vergessen. Da hatte ich mein Auto quasi von Grund neu aufgebaut, in meiner Kellergarage, und dann scheiterte ich an so einer Kleinigkeit! Mick gab mir also noch einmal Anschauungsunterricht und nach wenigen Minuten hatten wir Sitzkissen Nummer zwei, genauso vollendet wie das erste. Großzügigerweise durfte ich dann, ganz am Schluss auch noch ein paar Klammern festtackern. Auf diese Weise konnte ich mit Fug und Recht behaupten, ich hätte ihm bei der Arbeit geholfen. Und um das Sattler-Handwerk zu erlernen, blieben mir ja noch die Lehnen und die Kopfstützen …

*Für den Meister eine Sache wenige Minuten: ein perfekt bezogenes Sitzkissen.* **7.22-10**

*Überschüssiges Leder unter dem Sitzgestell entfernt Mick mit einem äußerst scharfen Messer.* **7.22-11**

*Selbsterklärend ohne Worte: Dieser Sitz wurde nicht vom Meister selbst bearbeitet.* **7.22-12**

## Zusammenfassung

- Die Sitze sind das wichtigste Aushängeschild im Fahrzeuginneren – hier muss wirklich alles passen.
- Es ist keine Schande, wenn man manche Arbeiten den Fachmann erledigen lässt.
- Und es schadet nicht, wenn man ihm dabei zusieht.

# 7.23 Sitzlehnen und Nackenstützen

Die Lehnen bestehen aus einem Metallrahmen, in dem ein Netz aus Gummischnüren gespannt ist, auf dem die Polsterung aus Rosshaar befestigt wird. Die Lehnen werden weniger stark beansprucht als die Sitzpolster, und so konnten wir dieses Innenleben problemlos weiterverwenden. Waren die Sitzkissen schon eine schwierige Angelegenheit – zumindest für mich –, so wären die Lehnen noch mehr ein Ding der Unmöglichkeit gewesen. So blieb es bei der Lehrstunde, Mick machte die Arbeit und ich sah ihm zu. Als Erstes klebte er Wattestreifen rund um die Lehnengestelle, wobei er für die Stangen der Nackenstützen Ausschnitte anbrachte. Die Lehnen packte er dann in Tüten aus dünner Plastikfolie; mit diesem „Gleitmittel" ließen sich die stramm sitzenden Bezüge dann leicht über die Lehnen ziehen. Anschließend zog er die Plastikfolie einfach aus den Lehnen heraus. An einigen Stellen wurde die Polsterung erneut mit zusätzlicher Watte verstärkt, und mit viel Ziehen, Streichen und Schieben erhielten wir perfekt bezogene Lehnen; teilweise zog er die Enden mit einer Zange zusammen, bis alles optimal saß. An der Unterkante der Lehne wurden die Bezüge dann wieder mit Tackerklammern befestigt.

Beim Zerlegen der Sitze hatte ich alles sorgfältig fotografiert und ich wusste schon, dass vor allem das abschließende Klammern an der Unterkante eine Herausforderung sein würde. Als Mick damit fertig war – unnötig zu erwähnen, dass die Aktion für ihn eine Sache von wenigen Minuten war –, musste ich mir eingestehen, dass noch so viele Fotos nicht ausgereicht hätten: Ordentliche oder gar perfekte Sitze hätte ich niemals zustande gebracht.

**7.23-1** *Der Metallrahmen der Sitzlehne wird mit Watte kaschiert ...*

Da waren aber auch noch die Nackenstützen. Und um es gleich vorwegzunehmen: Eine der beiden habe ich tatsächlich selbst überarbeitet. Wobei die Herausforderung auch deutlich geringer war als beim Rest der Sitze, und um ehrlich zu sein, als Autosattler bin ich nach wie vor eine katastrophale Fehlbesetzung. Und weil es professioneller anmutet, ist auf den Bildern hier Mick beim Bearbeiten der ersten Nackenstütze zu sehen.

*… und zwar oben und an beiden Außenkanten.* **7.23-2**

*Die Lehnen werden in dünne Plastikfolie verpackt und gleiten so leichter in die neuen Bezüge.*  **7.23-3**

*Schieben, Streichen, Ziehen – wenn es sein muss, sogar mit der Beißzange.* **7.23-4**

**7.23-5** *Man hält es nicht für möglich, aber die Bezüge passen über die Schaumstoffkerne.*

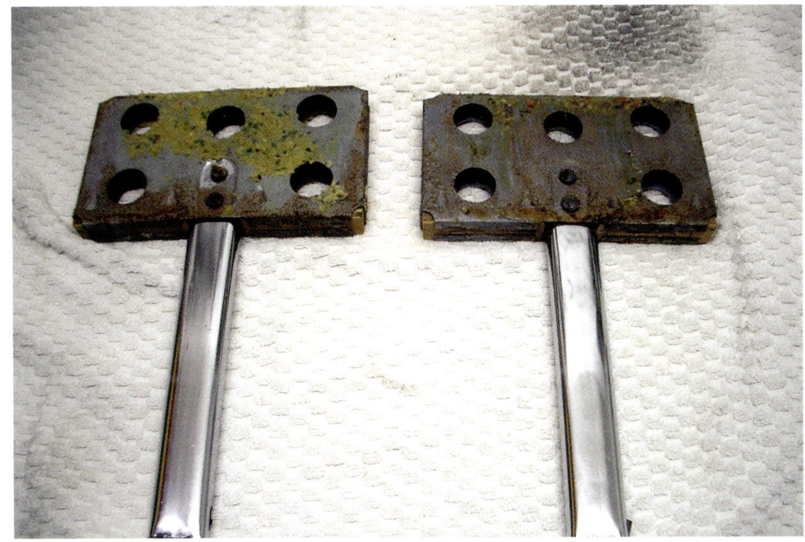

*Die freigelegten Haltestangen der Kopfstützen: Der obere Teil besteht aus holzverstärktem Blech.*  **7.23-6**

Wenn man die Schaumstofffüllungen und die Bezüge sieht, denkt man zuerst, dass man das eine nie im Leben in das andere hineinbekommen wird. Aber mit einer Kombination aus Ringen und Kneten geht es doch. Anschließend schiebt man die Haltestangen in die Aussparungen im Schaumstoffkern. Diese Haltestangen besitzen oben einen Rahmen aus Blech, auf dessen Rückseite Holzleisten klemmen. An diesen wird der Lederbezug an seiner Öffnung angetackert, anschließend wird noch eine farblich passende Plastikblende von unten her angeschraubt. Auch hier wird zuvor, sofern erforderlich, mit Watte aufgepolstert, bis der Bezug glatt und fest sitzt.

*Mit einem Stab wird bei Bedarf mit Watte zusätzlich aufgepolstert.*

**7.23-8** *An der Unterseite fehlen noch die Plastikblenden über der Naht, aber ansonsten sind die Kopfstützen fertig. Und eine davon wurde von mir selbst gefertigt!*

## Zusammenfassung

- Das Neubeziehen von Sitzen ist klar ein Job für den Experten.

## 7.24 Montage der Sitze

Dank – oder trotz – meiner Mitwirkung waren die Sattlerarbeiten damit erledigt, und ich konnte die Sitze wieder zusammenbauen. Sitz und Lehne sind durch einen wenig filigranen Verstellmechanismus verbunden, dessen Einzelteile ich bereits aufbereitet hatte: Die größeren Teile hatte ich strahlen lassen und anschließend lackiert, die halbkreisförmigen Abdeckungen und der Verbindungsbügel hinter der Lehne waren nunmehr verchromt. Das Ganze wieder zusammenzusetzen erwies sich als komplizierter, als ich es mir beim Zerlegen gedacht hatte, aber ich schaffte es schließlich. Zunächst einmal montierte ich die Sitzflächen an ihren Halteplatten, dann folgten die Lehnen. Beide werden mit jeweils zwei Schrauben auf jeder Seite befestigt, Lehnenrahmen und Sitzgestell haben dafür feste Gewinde. Die neuen Bezüge wiesen noch keine Löcher für die Schrauben auf. Es war aber kein Problem, diese anzubringen: Man fühlt die Gewindelöcher unter dem Leder und kann es mit einem spitzen Gegenstand leicht an der richtigen Stelle durchstoßen. Krönender Abschluss: das Einschieben der Nackenstützen.

**7.24-1** *Die Einzelteile der Lehnenverstellung, bevor sie überholt und teilweise verchromt oder lackiert wurden.*

7.24-2 Verstellmechanismus und Querbügel sind am Sitzunterteil befestigt.

7.24-3 Die Lehnen werden mit Senkkopfschrauben fixiert.

7.24-4 Ein gutes Gefühl: Der erste Sitz ist fertig.

# 7.25 Die Sitzschienen

Nach der Fertigstellung der Sitze fehlte noch eine Kleinigkeit, bevor es wieder an den Einbau des Gestühls gehen konnte: die Sitzschienen. Der Fahrersitz saß fest und ließ sich nicht verstellen, als das Auto noch gefahren wurde, und auch wenn die Sitzstellung für mich in Ordnung war, nervte mich das. Einmal fuhr meine Frau Christine mit dem E-Type, schließlich wünscht man(n) sich ja, dass auch der Partner eine Art Beziehung zum eigenen Traumauto aufbaut. Sie musste mit meiner Sitzposition fahren, was bedeutete, dass sie kaum an die Pedale herankam. Richtige Fahrfreude kann so natürlich nicht aufkommen.

Die Schienen mussten also gängig gemacht werden. Dabei stellte sich mir zunächst einmal das Problem, dass ich beim Hantieren mit einer Schiene immer auch die andere Schiene im Weg hatte: Die Schienen eines Sitzes sind mit einem Draht verbunden, über den man die Sperre an beiden Schienen löst, wenn man den Sitz verschieben will. Den Draht hätte man natürlich leicht durchzwicken können, aber ich wusste nicht recht, wie ich ihn anschließend wieder anbringen konnte, also ließ ich ihn unbehelligt.

Mechanische Schäden konnte ich nicht finden, und so gelang es mir mit etwas Geduld, die Schienen wieder beweglich zu bekommen. Hier und da hebelte ich etwas mit dem Schraubenzieher herum, und mit erheblichen Mengen Sprühöl konnte ich vermutlich Schmutz und verharztes Fett ausspülen, auf jeden Fall funktionierten sie irgendwann wieder wie vorgesehen und ich konnte sie an den Sitzen anbringen.

Die Sitze wieder ins Auto einzubauen, war eine knifflige Angelegenheit.

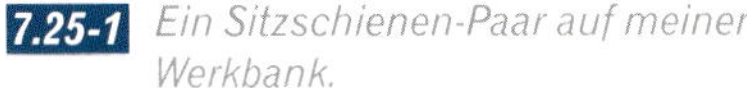

**7.25-1** *Ein Sitzschienen-Paar auf meiner Werkbank.*

Sie wiegen doch einiges und sind nicht eben handlich, und die montierten Schienen sind scharfkantig. Einmal nicht aufgepasst, und man ruiniert sich die Verkleidung auf dem Einstieg. Die Schienen befestigt man dann auf speziellen Zapfen, die im Wagenboden verschraubt werden. Diese Zapfen werden in verschiedenen Größen angeboten, so dass man den Sitz vorne etwas höher montieren kann als hinten. Das Ergebnis ist eine bessere Sitzposition.

Was für ein Fortschritt! Ich konnte mich wieder normal in mein Auto setzen und zumindest so tun, als würde ich fahren.

**Zusammenfassung**

- Die Instandsetzung des Verstellmechanismus war sehr kompliziert, aber absolut notwendig!
- Die Fertigstellung der Sitze und deren Wiedereinbau ins Fahrzeug sind großartige Momente in der Schlussphase des Restaurierungsprojektes.

7.25-2 Die Sitze werden mit ihren Schienen an diesen Zapfen auf dem Wagenboden verschraubt.

## 7.26 Türdichtungen, -schlösser und -griffe

7.26-1 Die Tür- und Ausstellfensterdichtungen kommen ans Auto.

Vor dem Losfahren sollten allerdings die Türen am Auto sein, und da wartete eine ganze Menge Arbeit auf mich. Der erste Schritt dabei war das Anbringen aller benötigten Dichtungen: Jene unten vorne am Ausschnitt zur A-Säule, an der B-Säule und die auf dem Schweller ließen sich ohne große Probleme einkleben, aber die Dichtungen an den Ausstellfenstern und ebenso die oben in den Türausschnitten bereiteten mir einige Schwierigkeiten: Ich hatte ja die Halteleisten nicht wie vorgesehen mit Nieten an der Dachkante angebracht, sondern mit Schrauben, und deren Köpfe erweisen sich jetzt als hinderlich, da zu groß. Mir blieb nichts anderes übrig, als mühsam kleine Stücke auf der Innenseite dieser Dichtungen herauszuschneiden, so dass ich sie passend über die Schraubenköpfe legen konnte.

Bereits in einem früheren Stadium der Restaurierung hatte ich mehrere Tage damit zugebracht, die notwendigen Anpassungsarbeiten an den Türen durchzuführen. So war ich recht zuversichtlich, dass die Türen auch mit Dichtungen richtig sitzen würden. Da an der B-Säule Schlösser und Schließzapfen sitzen, hatte ich dort besondere Sorgfalt walten lassen. Dass für den perfekten Sitz der Türen aber die A-Säule viel wichtiger ist, sollte ich bald feststellen.

Zunächst wendete ich mich aber den Türen selbst zu, und zwar als Erstes den Schließzylindern in den Türgriffen. Die vorhandenen Zylinder waren im Laufe der Jahre recht unansehnlich geworden, und bisweilen hakelten sie auch ein wenig. Neuer Ersatz war leicht zu beschaffen, aber wieder einmal musste ich

Die originalen Türschließzylinder wollte ich nicht wieder einbauen. Die Inschrift und der Pfeil fehlen leider bei den Repro-Teilen. 7.26-2

Einer der beiden Türdrücker ist bereits für den Einbau des neuen Schließzylinders zerlegt. 

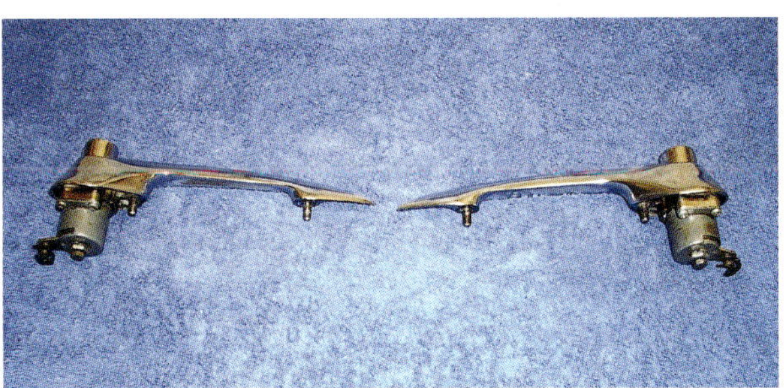

Die polierten Türgriffe mit neuen Schließzylindern in den Drückern können nun angebaut werden. 7.26-4

Der rechte Türgriff gehört natürlich an die rechte Tür. 7.26-5

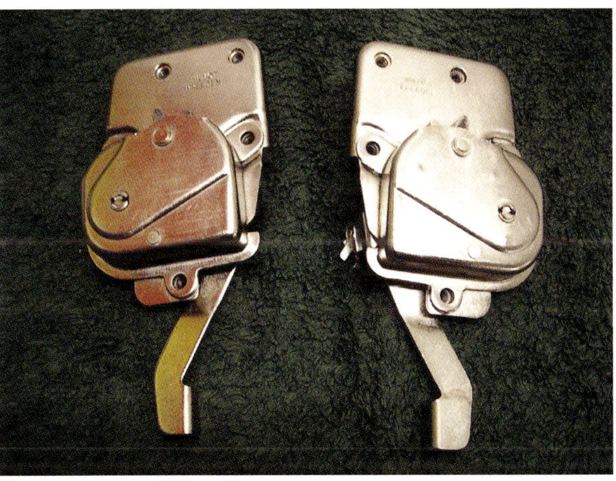

Wie der Blick auf die Außenseiten der Türschlösser bereits vermuten lässt, … 7.26-6

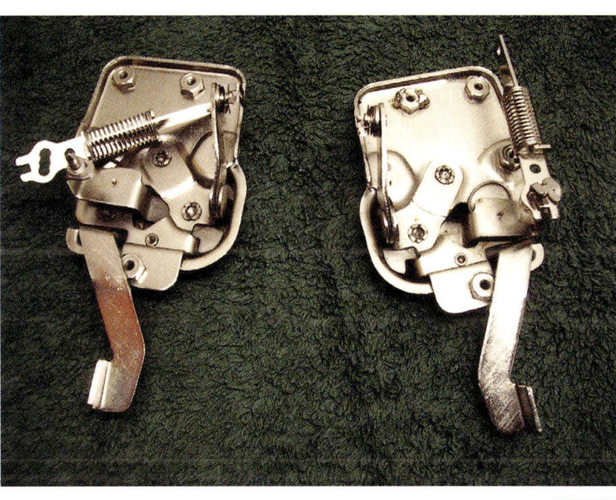

… ist die eigentliche Mechanik auf der Innenseite untergebracht. 7.26-7

mich ein wenig über den Händler ärgern. Eigentlich wäre es mir egal, ob ein Teil wirklich original ist oder eine Reproduktion – solange optisch kein Unterschied erkennbar ist. Im Vergleich zum Original sehen diese Reproteile auf den Abbildungen immer wunderbar aus. Erst wenn man die Sachen dann in der Hand hat, fallen einem Kleinigkeiten auf: In diesem Fall der Pfeil und die kleine Inschrift auf dem Original-Zylinder, die beim Neuteil fehlen. Es wäre einfach schön, wenn die Händler auf so etwas hinweisen würden. Die Repro-Zylinder waren dann leider auch einen Hauch größer als die Originale, so dass ich sie mit einigem Nachdruck in die Türknöpfe einpassen musste. Die alten Zylinder aus den Drückern aus- und die neuen wieder einzubauen, ist eine echte Sisyphus-Arbeit. Und ganz wichtig: Man sollte sich bei solchen Sachen ein systematisches Vorgehen angewöhnen. Das heißt, man stellt erst einen Türgriff samt Schloss fertig, bevor man den zweiten zerlegt. So hat man im Notfall ein Muster, an dem man überprüfen kann, wie das Ganze aufgebaut ist. Wer erst beide Türgriffe auseinander nimmt, läuft Gefahr, nach einer Unterbrechung oder Ablenkung sich nicht mehr an alle Details zu erinnern.

Die Türgriffe selbst bestehen aus einer Legierung aus Nichteisen-Metal-

7.26-8 *Blick auf das montierte Türschloss auf der Türinnenseite: ein wunderbarer Mechanismus, einfach und zugleich komplex. Ebenfalls zu erkennen ist die großzügige Behandlung des Blechs mit Rostschutz-Wachs.*

7.26-9 *Die Türöffner in ausgebautem Zustand.*

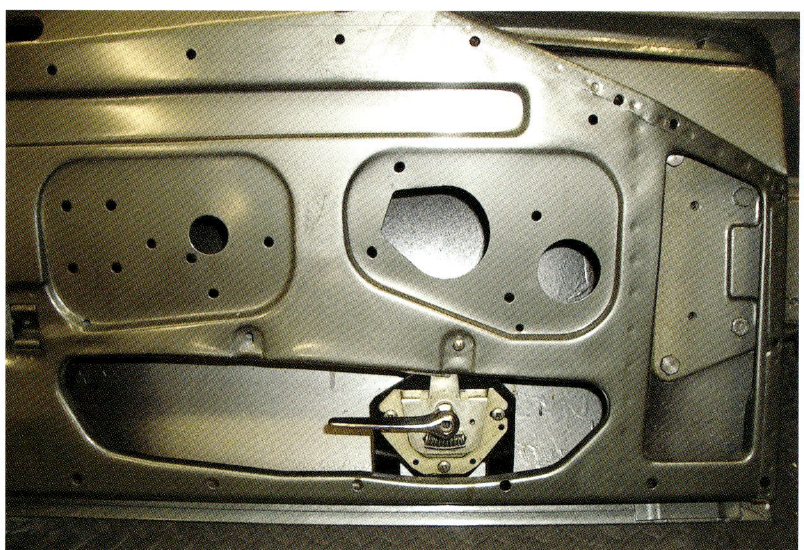

7.26-10 *Hier ist einer der Türöffner bereits eingebaut, und zwar in die (linke) Beifahrertür.*

len, Zink, Aluminium, Magnesium und Kupfer. Verchromen kann man sie nicht, aber polieren, solange sie an der Oberfläche nicht zu stark korrodiert sind. Meine Griffe waren soweit in Ordnung und ich hatte sie bereits polieren lassen.

Als ich sie in die Türen einbauen wollte, stieß ich zunächst auf unerwartete Schwierigkeiten: Sie passten nicht in die vorgesehenen Öffnungen im Blech! Wie war das möglich? Gab es verschiedene Türaußenhäute, und ich hatte die falschen Griffe? Ich sah mich schon auf der Suche nach anderen Griffen oder noch schlimmer, beim Ändern der Tür, mit allem, was dazugehört. Aber zum Glück hatte ich eine Eingebung: Ich nahm den anderen Türgriff, und siehe da, er passte sofort! Ich hatte vorher nie darauf geachtet, aber am E-Type sind die Griffe sozusagen „verkehrt herum" montiert, mit der geraden Seite nach unten und der Kurve zum Türdrücker hin nach oben. Da ist man von Autos aus jener Zeit das genaue Gegenteil gewöhnt. Mit der seitenrichtigen Montage der Türgriffe war dieses Problem zu meiner großen Erleichterung ohne große Umstände erledigt.

Was nun noch fehlte, war der Schließmechanismus in der Tür. Als erstes baute ich die Schlösser ein und kontrollierte, ob ihre Betätigung über die äußeren Türgriffe funktionierte. Der Abstand zwischen dem Türdrücker und dem Betätigungshebel am Schloss ist entscheidend, und hier war er etwas zu groß – die Kraft, die ich über den Türdrücker auf den Hebel anwenden konnte, reichte nicht aus, um das Schloss zu öffnen. Dieses Problem war aber schnell beseitigt – ich musste einfach das abgewinkelte Ende der Schließhebel etwas zurechtbiegen und die Türen ließen sich von außen einwandfrei öffnen und mit den Schlüsseln auch zu- und wieder aufsperren.

Nun fehlten nur noch die inneren Türöffner, die ich nun montierte. Sie sind mit den Schlössern über lange Hebel und eine Umlenkung verbunden, und man kann die Türen mit ihnen nicht nur öffnen, sondern auch verriegeln, so dass sie sich von außen nicht öffnen lassen. Die Verriegelung erfolgt mittels eines Hebels im Schloss, der auch mit dem Türgriff verbunden ist und über den er sich so ebenfalls betätigen lässt. Damit über den inneren Hebel nicht zu große Kräfte auf den zierlichen Schließzylinder einwirken können, ist diese Verbindungsstange mit einem verstellbaren Federmechanismus ausgestattet – gut zu erkennen in Bild 7.26-8.

## Zusammenfassung

- Auf die seitenrichtige Montage der Türgriffe achten.
- Die Qualität von Repro-Teilen ist leider nicht immer so perfekt wie man es sich wünschen würde.

## 7.27 Die Fensterheber

Bereits im Fahrbetrieb vor der großen Restaurierung war mir schon immer eine Sache sehr störend aufgefallen: Wenn man die Scheibe in der Fahrertür ganz nach oben kurbelte, rutschte sie mit der Zeit ein Stück nach unten und stand so immer einen Spalt offen. Als ich die Türen nun zerlegt hatte, stieß ich auf den Grund dieses Ärgernisses: Ein paar der Zähne des großen Viertelkreissegments, über das man den Heber mittels der Fensterkurbel antreibt, waren stark abgenutzt. Wie ja bereits erwähnt, steht es um meine Fähigkeiten als Autosattler nicht besonders gut, aber am Schweißgerät macht mir dafür nicht so leicht jemand etwas vor. Ich schweißte also Material auf die ausgeschlagenen Zähne auf und brachte diese anschließend mit dem Winkelschleifer wieder in die richtige Form. Problem gelöst. Die Scheibe bleibt jetzt zuverlässig oben, allerdings lässt sie sich nur etwas schwer hoch- und runterkurbeln. Ursache dafür dürfte ein etwas verzogener Scheibenrahmen sein. Diese Ursache zu beseitigen habe ich aber auf später verschoben, und so fahre ich eben seit 5000 Kilometern mit einer schwergängigen Türscheibe.

Außen an der Tür sitzen die so genannten Türschachtdichtungen. Sie liegen an der Türscheibe an und verhindern, dass Wasser von außen in die Tür läuft. Sie werden mit speziellen Klammern aus Federstahl befestigt, und man kann sie beim E-Type leider nur ersetzen, wenn die Scheibe und damit auch der Scheibenrahmen demontiert sind. Die Klammern gibt es in verschiedenen Größen, ein paar von den vorhandenen konnte ich wiederverwenden, aber kein Händler konnte mir genau diese Ausführung beschaffen. So kommt es, dass in den Türen unterschiedlich große Klammern montiert sind, die bislang auch problemlos ihre Aufgabe erfüllen.

*Das Zahnsegment des rechten Fensterhebers (Fahrerseite) wies deutliche Anzeichen von Verschleiß auf.*

**7.27-2** So sieht dasselbe Teil nach den Instandsetzungsarbeiten mit Schweißgerät und Flex aus.

**7.27-3** Gereinigt und überholt warten die Fensterheber auf ihre Rückkehr in die Türen.

**7.27-4** Die Türschachtdichtung oben außen an der Fahrertür ist in meinem Fall mit unterschiedlich großen Klammern befestigt.

# 7.28 Türscheibe und Scheibenrahmen

Die Türen waren damit aufnahmebereit für die Scheiben. Beim E-Type muss man zuerst die Scheiben einsetzen, erst dann kann der Scheibenrahmen montiert werden. Meine alten Türscheiben waren ziemlich zerkratzt gewesen und außerdem aus Klarglas und ich hatte mir daher neue, grün getönte Scheiben besorgt. Um sie einzubauen, musste ich zunächst die Klemmschienen von den alten Scheiben abziehen und sie an den neuen Scheiben anbringen – keine große Sache. Anschließend hob ich die Scheiben in die Türen und befestigte die Klemmschienen an den Hebern.

Die Scheinrahmen hatte ich neu verchromen lassen und mit neuen Dichtungen versehen. An den Türen befestigt werden sie unten mit je zwei Klemmschrauben sowie oben mit Haltespangen, die mit u-förmigen Einstellblechen oben an der Türinnenseite verschraubt sind. Auf diese Weise lassen sich die Scheibenrahmen in ihrer Position so anpassen, dass sie mit der Türöffnung in der Karosserie optimal übereinstimmen. Damit waren die Türen im Grunde fertig und konnten theoretisch ihre Innenverkleidung erhalten. Zuvor musste ich sie aber noch genau einstellen und dazu auch noch die hinteren Ausstellfenster einbauen – beides verdient einen eigenen Abschnitt in diesem langen Kapitel.

*Die Türscheibenrahmen wurden neu verchromt und mit neuen Dichtungen versehen. Hinten sieht man eine der alten Türverkleidungen.*

**Zusammenfassung**

- Der Ausbau/Austausch der Türscheiben ist recht unkompliziert wenn zuerst der Chromrahmen abgebaut wurde.

Die Fahrertür mit dem überholten Scheibenrahmen und der nunmehr grün getönten Türscheibe geben schon mal einen guten Vorgeschmack auf das Endergebnis. **7.28-2**

So sieht ein Satz der Haltespangen und Einstellbleche aus, mit denen der Scheibenrahmen oben an der Tür befestigt wird. 

# 7.29 Einpassen der Türen

Die Türen waren bereits wieder ans Auto montiert – dank der Hilfe meines Jaguar-affinen Nachbarn Chris. Alleine kann man solche Türen kaum einbauen, es sei denn, man baut sich spezielle Türständer für diesen Zweck. Das reine Anbringen der Scharniere an der A-Säule war aber nur der geringste Teil des Ganzen.

Wie schon gesagt hatte ich vor dem Lackieren wirklich sehr viel Zeit und Arbeit investiert, um die Türen perfekt an die Karosserie anzupassen. Als ich sie jetzt schließen wollte, ging das nicht. Mit normalem Kraftaufwand war es nicht möglich, das Türschloss ganz einrasten zu lassen. Anstatt nun erst einmal in aller Ruhe zu überlegen, sagte ich mir, dass dies nur an den neuen Dichtungen liegen könne; die müssten sich erst einmal etwas „setzen". Und das ließe sich am einfachsten durch den Druck der Tür erreichen. Also musste die Tür um jeden Preis ganz geschlossen werden. Und so kam ich auf die grandiose Idee, etwas mit dem Knie nachzuhelfen, natürlich immer nur an Stellen, wo die Türhaut, wie ich dachte, durch den dahinter befindlichen Türrahmen stabil genug dafür sein müsste. Wie ich feststellen musste, war das aber nicht der Fall, und ich hatte mehrere kleine Dellen in beiden Türen fabriziert! Ich war wie paralysiert: Hatte ich nun die ganze Arbeit und die Zeit und das viele Geld in dieses Projekt gesteckt, um kurz vor dem Ende so einen Fehler zu machen?

Verzweifelt fragte ich Nick, der den E-Type lackiert hatte, ob er Rat wisse, und er kam bereitwillig zu Hilfe. Mit dabei eine Sammlung seltsamer Werkzeuge, Hebel und Stangen. Und was soll ich sagen, mit diesen entfernte er die Schandmale meiner Dummheit nahezu rückstandslos! Schlösser und Türöffner musste ich dazu allerdings vorher wieder ausbauen, und ebenso die Scheiben und Türscheibenrahmen. Strafe muss sein. Absolut perfekt bekam er es nicht hin, aber man sieht die Dellen zum Glück nur, wenn man weiß, dass sie da sind. Ich sehe sie also immer, und sie werden mich stets an diese traurige Episode erinnern. Zu meiner Verteidigung fällt mir nur ein, dass ich nicht alleine war – wie gesagt, mein edler Nachbar Chris half mir. Und immer, wenn jemand anderes dabei ist, neige ich dazu, übereilt zu handeln, anstatt erst einmal gründlich nachzudenken. Was die Sache noch schlimmer macht: Ich lerne auch nicht aus solchen Fehlern, und als

**7.29-1** *Auf Fotos – zum Glück – nicht gut zu sehen, aber vorhanden: Dellen in der Fahrertür.*

*Smart-Repair: Nick gibt alles, die von mir fabrizierten Dellen wieder zu entfernen.*

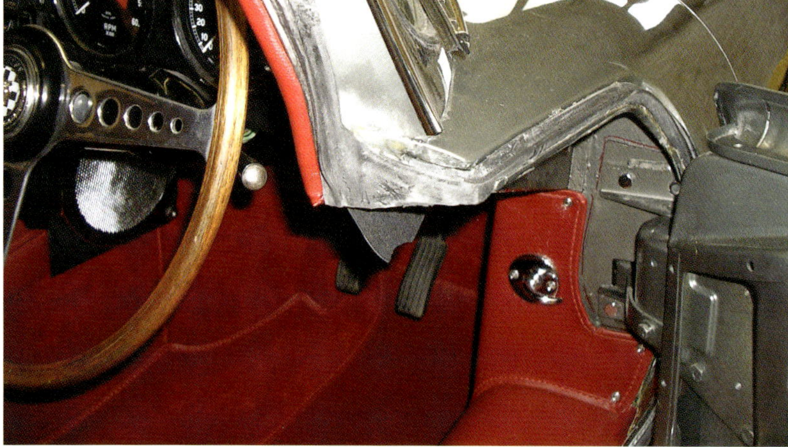

7.29-3 *Die entscheidende Stelle: Wenn die Dichtung hier nicht perfekt passt, wird man die Tür niemals vernünftig justieren können.*

wir die Türen später nochmals einstellen wollten, produzierte ich nur eine weitere Katastrophe.

Jetzt schlossen die Türen aber noch immer nicht. Ich sah mir die Türdichtungen gründlich an und kam zu dem Schluss, dass wohl gar nicht die B-Säule das Problem verursachte, wie ich angenommen hatte. Die Dichtung an der A-Säule – genauer gesagt an dem dreieckigen Abschluss unten am Windschutzscheibenrahmen – war zu dick und ließ sich von der Tür nicht ausreichend zusammenpressen. Ich musste also Material von ihr abnehmen – natürlich auf der unsichtbaren Seite, weshalb ich die komplette A-Säulen-Dichtung wieder vom Auto abziehen musste. Letztlich erwies sich die Dichtung auf ihrer gesamten Länge, also von unten am Schweller, über die A-Säule und den Türausschnitt bis hoch zum Dach als zu dick. Vielleicht ein Fehler, den ich damals vor dem Lackieren begangen hatte? Ich hatte die Türen probehalber eingebaut, allerdings hatte ich mich beim Anpassen von Scharnieren und Schlössern nur auf die Dichtung an der B-Säule beschränkt. Die viel größere Dichtung an der A-Säule hatte ich weggelassen. Und auch den Türscheibenrahmen hatte ich damals nicht montiert, und dieser ist ebenfalls für den korrekten Sitz der Türen auf den Dichtungen überaus wichtig.

Immerhin, wir hatten die Türen so weit, dass sie jetzt annehmbar schließen. Perfekt ist allerdings etwas anderes, und es ist klar, dass irgendwann später einmal weitere Arbeit an dieser Stelle notwendig sein wird.

## Zusammenfassung

- Für den Einbau der Türen benötigt man zwei Männer.
- Ruhe bewahren – auch wenn der zweite Mann zuschaut.
- Autotüren schließt man mit der Hand – nicht mit dem Knie.

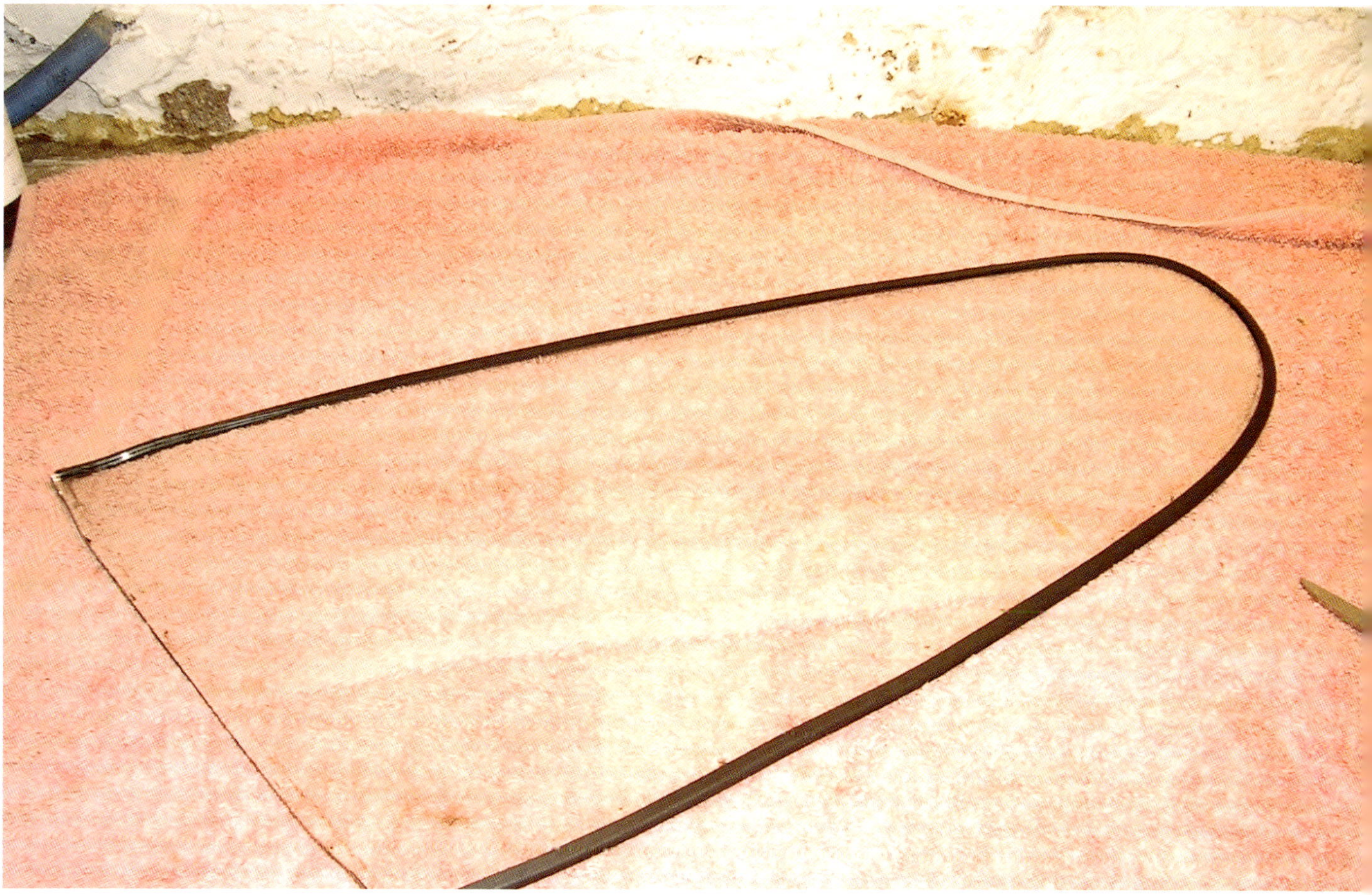

# 7.30 Die Ausstellfenster

Der Einbau der hinteren Seitenscheiben verlief zum Glück ohne größere Schwierigkeiten. Ein paar Anmerkungen sind aber doch nötig: Zum einen hatte ich ja die Türscheiben durch grün getönte ersetzt, da lag es nahe, auch die hinteren Scheiben zu tauschen. Leider musste ich erfahren, dass grüne getönte hintere Seitenscheiben für mein Auto nicht mehr lieferbar sind. Vielleicht sollte ich es so formulieren: Ich fand niemanden, der sie mir hätte liefern können. Na fein, das Auto wird ja lustig aussehen, dachte ich mir, aber ich hatte keine andere Möglichkeit, wenn ich endlich fertig werden wollte, und so baute ich die alten Klarglas-Scheiben wieder ein. Zum Glück ist der Unterschied nicht besonders auffällig, wenn man nicht gerade ein weißes Blatt Papier hinter die Scheiben hält.

Das Ausstellfenster besteht zum einen aus der eigentlichen Scheibe, zum anderen aus dem umlaufenden Chromrahmen. In diesem sitzt die Scheibe mit einer Dichtung, die ich bei keinem Jaguar-Spezialisten auftreiben konnte. Ich versuchte es bei mehreren – jeder schickte mir die Dichtung zur Karosserie und nicht die gesuchte. Durch Zufall stieß ich auf einem Teilemarkt – solche Veranstaltungen sind immer einen Besuch wert – auf einen Händler, der sich ganz allgemein auf Dichtgummis spezialisiert hatte, und der konnte mir die benötigte Dichtung, ein ganz einfaches U-Profil direkt mitgeben.

Der Teil der B-Säule oberhalb der Gürtellinie besteht beim E-Type lediglich aus einfachem Flachstahl, an dem zugleich die verchromten Angeln für die Ausstellfenster sitzen. Aufgrund

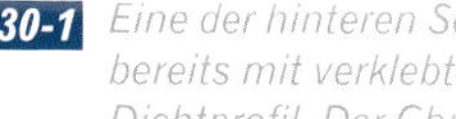

*Eine der hinteren Seitenscheiben, bereits mit verklebtem neuem Dichtprofil. Der Chromrahmen fehlt noch.*

des Unfallschadens und der „kreativen" Behebung desselben hatte der damalige „Restaurierer" sich etwas einfallen lassen und die Halterung des rechten Ausstellfenster etwas angepasst. Sie passte natürlich nicht mehr an meine neue Karosserie, aber zum Glück war ich irgendwie bereits in den Besitz einer passenden originalen Halterung gekommen, die ich nun noch verchromen lassen musste. An diesen Halterungen sitzen die Angeln, in den sich die Ausstellfenster drehen. Befestigt werden sie mit Schraubenbolzen in vorgesehenen Festgewinden oben am Dach und unten auf dem Kotflügel, und um ihre Position und damit die

Passform der Ausstellfenster perfekt zu justieren, gibt es Einstellbleche in verschiedenen Stärken.

Die Verschlüsse hinten müssen mit speziellen keilförmigen Unterlagen an der C-Säule befestigt werden; man schraubt sie mit einfachen Blechschrauben an. Falls die Löcher für diese Schrauben nicht an der richtigen Stelle sitzen oder gar nicht vorhanden sind, muss man sie bohren – durch die Vinyl-Verkleidung hindurch! Es versteht sich von selbst, dass man das erst tun sollte, wenn man ganz sicher ist, dass die Angeln vorne und damit die Position der Ausstellfenster wirklich optimal sind.

**7.30-2** *Die vorderen Fensterangeln für die rechte Fahrzeugseite: Links mein altes Exemplar, das ich bereits hatte verchromen lassen, das aber wegen früherer „Anpassungsarbeiten“ infolge eines Unfalls nicht mehr an die neue Karosserie passte.*

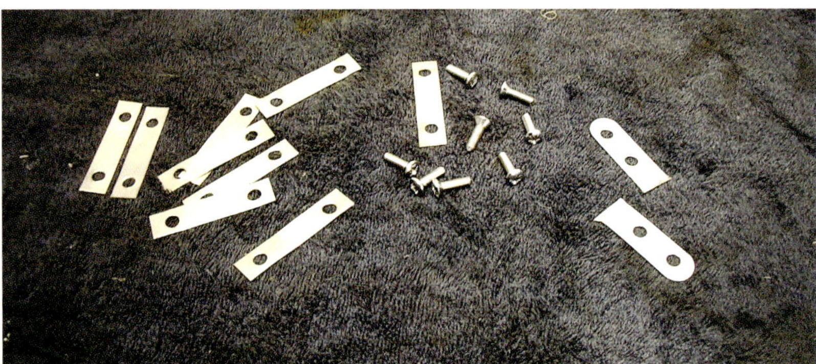

**7.30-3** *Schrauben und Einstellbleche für die Montage der Fensterangeln zwischen Dach und Seitenwand.*

## 7.31 Türverkleidungen und -griffe

Endlich war es soweit: Die Innenausstattung an den Türen konnte montiert werden. Der erste Schritt dabei ist die Blechspange, die in der Öffnung in der Tür befestigt werden muss. Beim E-Type der Serien II und III wird sie benötigt, um die Türverkleidungen anbringen zu können.

Oben unterhalb des Fensterausschnitts sitzen separate gepolsterte und mit Vinyl bezogene Verkleidungen. Ermutigt durch meinen Erfolg beim Neupolstern einer der Kopfstützen, war ich zuversichtlich, diese Herausforderung meistern zu können. Das Schaumstoffpolster auf die Verstärkungspappe zu kleben, schaffte ich denn auch, anders sah es aus, als ich den Bezug aus Vinyl über die Polsterung spannen wollte. Ich unternahm zwei Versuche, aber bei keinem war das Ergebnis auch nur im Geringsten so, wie ich es an meinem Auto hätte sehen wollen. Um es kurz zu machen:

**7.31-1** *An dieser schwarzen Blechspange wird später die Türverkleidung befestigt.*

*Kein Job für mich: Eine der oberen Türverkleidungen in Arbeit.*

*Unten die originale innere Türschachtdichtung, oben das, was man heutzutage bekommt. Ebenfalls im Bild ist eine der Befestigungsklammern zu sehen.*

7.31-4

*Die obere Abdeckung wird oben am Türfalz eingehängt und unten zusammen mit der Klemmleiste für die untere Verkleidung angeschraubt.*

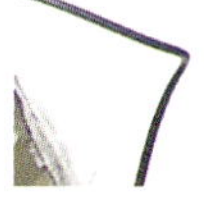

*7.31-5 Die verchromte Klemmleiste für die untere Verkleidung ist an Ort und Stelle, sämtliche Öffnungen im Türblech sind mit Folie verschlossen.*

*7.31-6 Hier ist regelmäßige Kontrolle Pflicht: Eine der Ablaufbohrungen unten in der Tür.*

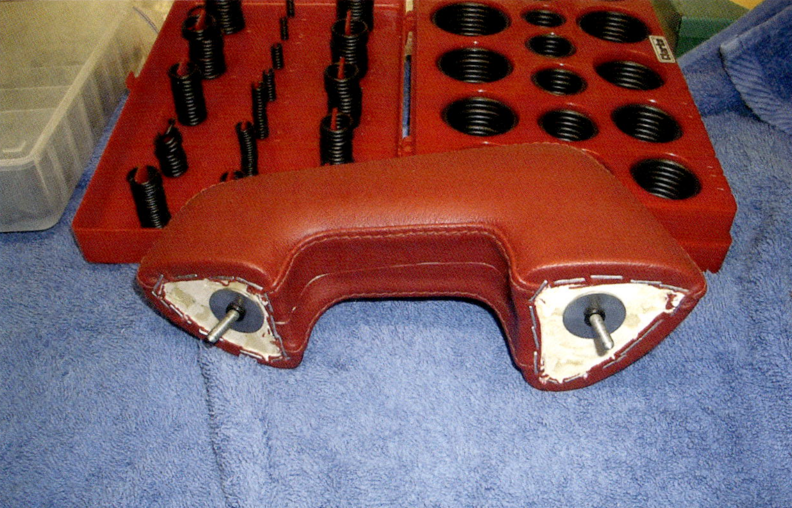

7.31-7 Nützliche Gummiringe: Ein wunderschöner Türgriff – und mein eigenes Patent, seine Schrauben gegen Herausfallen bei der Montage zu sichern.

7.31-8 Mit einer langen Blechschraube wird die schwarze Zierblende in der Mitte der Türverkleidung an der weiter oben erwähnten Blechspange in der Tür befestigt.

Danach brachte ich die Teile zu Mick Turley. Der zeigte sich nicht sonderlich überrascht, mich schon wiederzusehen, und im Handumdrehen fabrizierte er mustergültige Polsterteile.

An diese oberen Abdeckungen montierte ich sodann die inneren Schachtdichtungen. Dabei handelte es sich um Nachfertigungen, die natürlich wieder nicht genau passten. Das Ganze wird dann einfach von oben her auf den inneren Blechfalz in der Tür gesteckt und unten angeschraubt – zusammen mit den verchromten Halteleisten, in denen die unteren Türverkleidungen gehalten werden. Um die richtige Position für diese Leisten zu finden, montierte ich die unteren Verkleidungen probehalber und markierte die Lage ihrer Oberkanten mit Kreppband. Nächster und sehr wichtiger Schritt: Die Öffnungen im Türblech müssen unbedingt mit wasserdichter Folie zugeklebt werden! Es ist unmöglich, eine Autotür am Fensterschacht absolut dicht zu bekommen, und in einer Autotür herrscht je nach Witterung immer ein gewisses Feuchtigkeitsaufkommen. Die Türverkleidungen – der Begriff Türpappen erscheint mir nicht ganz ausreichend – reagieren auf Nässe mit Auflösungserscheinungen. Deshalb ist auch eine regelmäßige Überprüfung der Abflusslöcher unten an der Tür unerlässlich, und gute Türdichtungen unten am Einstieg haben sogar spezielle Aussparungen, damit aus der Tür austretendes Wasser nach außen fließen kann und nicht in den Innenraum gelangt.

In der Mitte der Türverkleidung sitzen Zierblenden aus Plastik, die Mick Turley freundlicherweise bereits mit seinem Profitacker an den Verkleidungen angebracht hatte. Die inneren Türgriffe – ebenfalls von Mick perfekt neu bezogen – anzubringen, fiel mir leicht dank meines eigenen Patents. Die Schrauben, mit denen man sie befestigt, fallen bei solchen Griffen ja gerne heraus, wenn man den Griff an die Tür hält. Beilagscheiben und Gummiringe verhindern dies, und die Montage gestaltet sich deutlich einfacher. Ich brachte die Fensterkurbeln und die Türöffner an und montierte als Letztes die dreieckigen Verkleidungsteile vorne oben an

7.31-9

*Mit Vinyl bezogene Alubleche dienen als vordere Verkleidung oben an den Türen.*

7.31-10

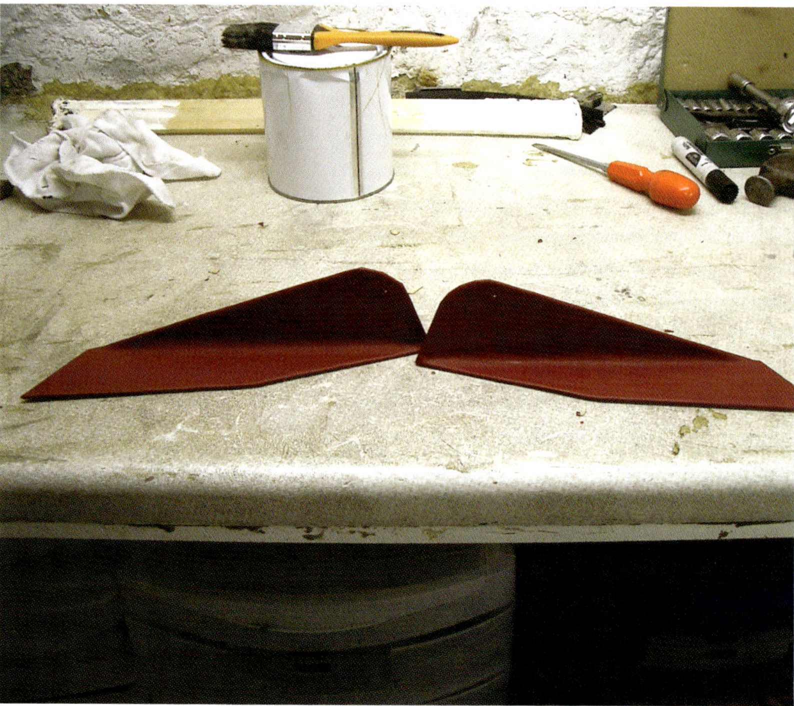

*Selbst ich konnte diese Blechteile mit Vinyl beziehen.*

den Türen: Sie bestehen lediglich aus abgewinkelten Alu-Blechen, und in diesem Fall gelang es sogar mir, sie ordentlich mit Vinyl zu beziehen.

Eine Sache: Die Plastikblende in der Mitte der Tür ist vermutlich Ursache vieler Türabrüstungen, die nicht zerstörungsfrei endeten. An dieser Stelle sitzt eine lange Blechschraube, die die gesamte Verkleidung an der schon erwähnten Blechspange hält. Der Kopf der Schraube versteckt sich unter der kleinen Chromleiste in der Plastikblende, die man zur Seite schieben kann. Wer dies nicht weiß, kann schier verzweifeln, wenn er versucht, die untere Türverkleidung abzubauen.

Der fertige Innenraum ist eine Pracht! **7.31-11**

## Zusammenfassung

- Die Türverkleidungen bei Exemplaren der Serien II und III sind mit unter einer Zierleiste gut versteckten Schrauben befestigt.
- Die Türen des E-Type sind so konstruiert, dass Wasser reinfließen kann – und auch wieder heraus!
- Die Wasserablaufbohrungen in den Türen müssen regelmäßig kontrolliert werden, ob sie eventuell verstopft sind.

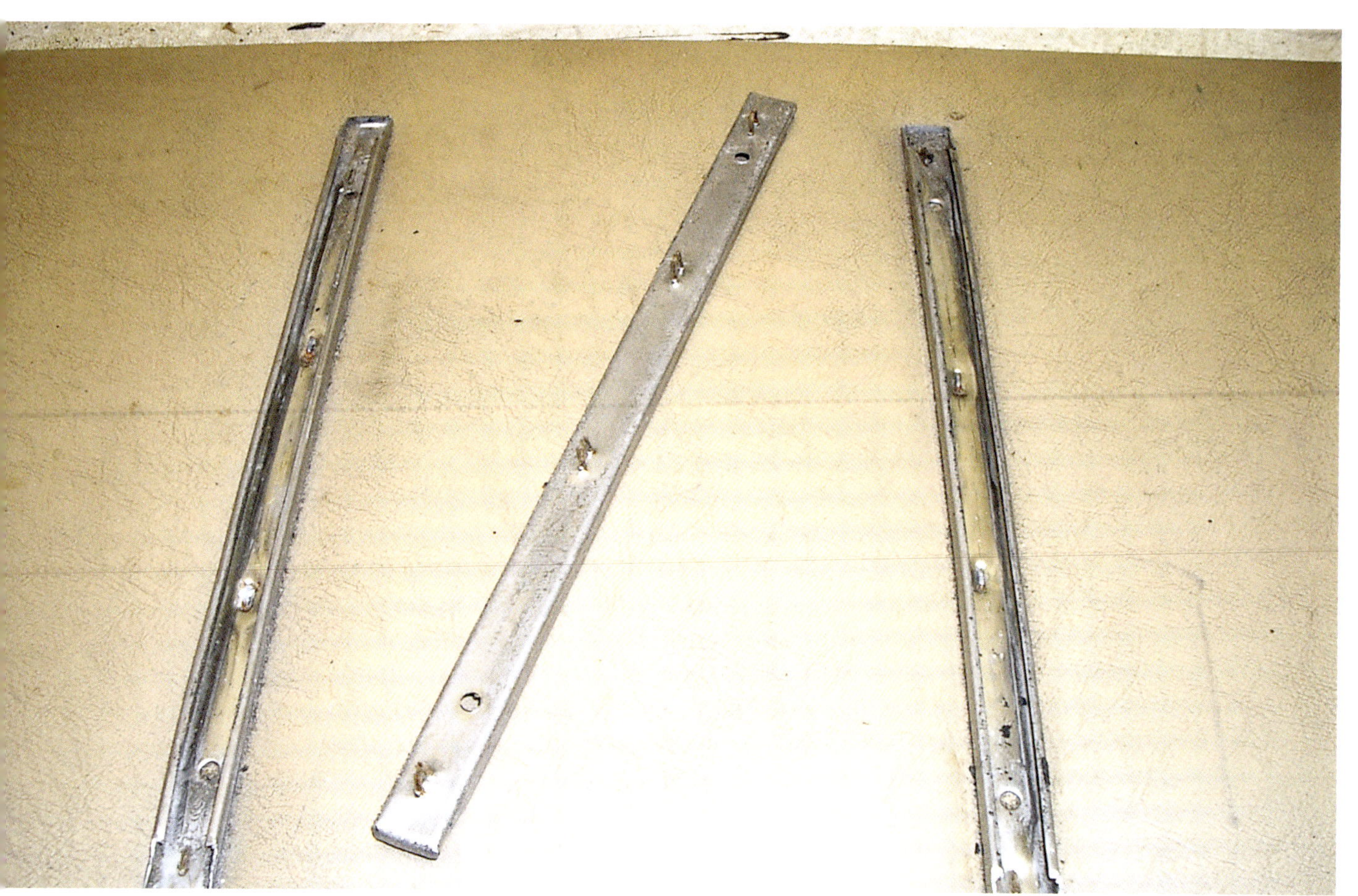

## 7.32 Der Laderaumboden

Eine Sache fehlte nun noch zum vollständigen Innenraum: der Laderaumboden und seine Gepäckschienen. Als ich diesen ausbaute, hatte ich verwundert festgestellt, dass die Schienen aus Aluminium einfach auf die Bodenteile getackert worden waren und nicht geschraubt, wie ich das vermutet hatte. Mick Turley bestätige mir, dass man bei Jaguar irgendwann aus Gründen der Wirtschaftlichkeit zu dieser Fertigungsmethode übergegangen war, weil die Schienen so in einem Bruchteil der Zeit montiert waren. Bei den Serie I waren diese Schienen noch aus verchromtem Stahl gewesen, aber da auch der stärkste Tacker nicht durch Stahl geht, wurden die Schienen fortan aus weichem und wenig belastbarem Aluminium gefertigt.

Als Erstes kümmerte ich mich um das Bodenbrett direkt hinter den Sitzen. Die Bodenplatten bestehen aus Sperrholz und sind weitestgehend rechteckig, sodass ich es mir zutraute, sie selbst neu zu beziehen. Schwierig wird es erst an gebogenen Stellen. Als Futter verwendet man an diesen Böden nicht weichen Schaumstoff, sondern festere Filzmatten. Mittlerweile hatte ich mich für dieses Werkzeug erwärmt und mir ebenfalls einen Tacker zugelegt, wenn auch nicht ein druckluftbetriebenes Exemplar.

Die Schienen konnte ich mit dem Tacker definitiv nicht wieder befestigen, zumal ich beim Neuaufbau deutlich schönere Edelstahlteile verwendete. Aber um an später unsichtbaren Stellen die Kanten des Vinylbezugs an der Sperrholzplatte anzunageln, genügte auch mein kleiner Elektrotacker. An den Seiten weist die Platte Schlitze auf, in denen man den Vinylbezug einklemmt, so dass an dieser Stelle keine Nägel benötigt werden. An der vorderen Kante dieses Bodenbretts brachte ich die Schutzkante aus Edelstahl an, schnitt die passenden Öffnungen in den Bezug und montierte die Klappengriffe. Der vordere Teil des Laderaumbodens lässt sich hochklappen, die Schlösser, die den Deckel halten, lassen sich mit zwei beweglich angebrachten Schienenstücken öffnen. Hinten montierte ich die Scharniere, und bevor ich diese am Wagenboden anschraubte, klebte ich einen Streifen desselben Bezugsstoffs darunter, sodass vom Wagenboden selbst nichts zu sehen ist, egal in welcher Stellung die Klappe sich befindet.

Damit war der schwierigste Teil erledigt. Die beiden anderen Böden sind exakt rechteckig und waren tatsächlich völlig problemlos zu bezie-

**7.32-1** *Links: Aus weichem Alu und ziemlich unansehnlich: die alten Laderaumschienen.*

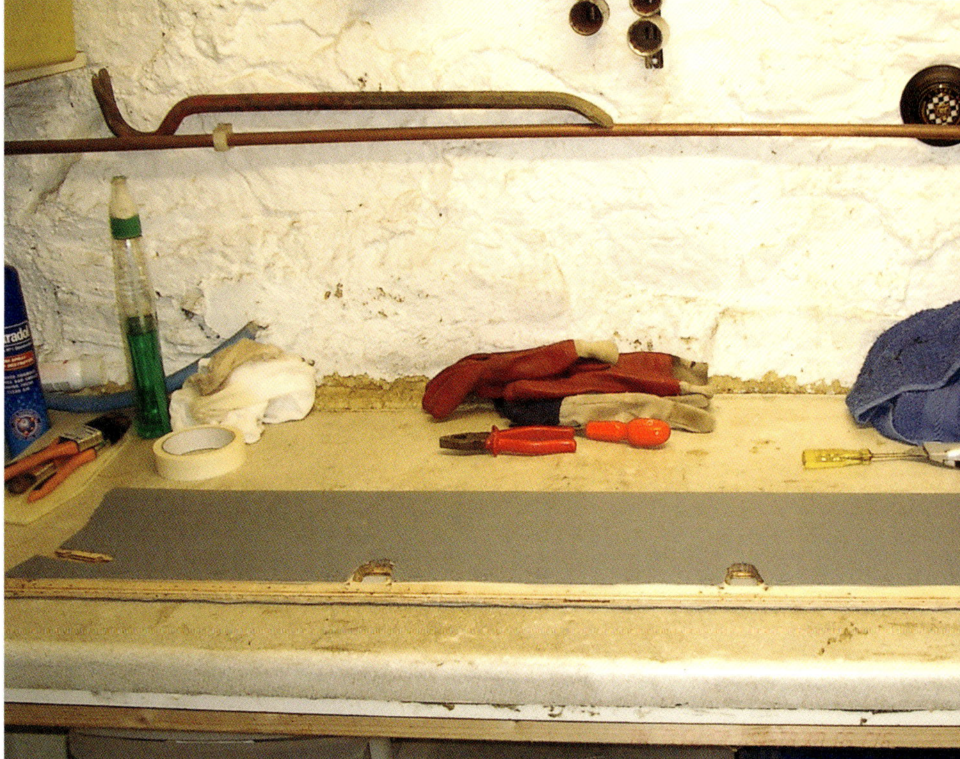

*Der klappbare vordere Laderaumboden wird mit Filz beklebt …* **7.32-2**

*…und dann mit Vinylstoff bezogen. Die Nahtstelle vorne wird mit dem Tacker verschlossen, diese Stelle verschwindet später hinter einer Abschlussleiste aus Edelstahl.* **7.32-3**

hen. Beim Klappboden sind die Seiten ganz leicht gebogen, und ich hatte prompt Schwierigkeiten, den Bezug dort einigermaßen glatt aufzubringen. Damit der hintere Boden heraus gehoben werden kann, montiert man kleine Griffbeschläge auf ihm. Diese Beschläge werden in so genannten Krallen- oder Einschlagmuttern festgeschraubt, die wie der Name schon sagt, einfach in die Sperrholzplatte eingeschlagen werden. Die alten Krallenmuttern waren stark angerostet und mussten aus ästhetischen Gründen ersetzt werden. Der gut sortierte Baumarkt bietet diese Einschlagmuttern in vielen verschiedenen Größen an.

*Seitlich schiebt man den Stoff in speziell dafür vorgesehene Schlitze im Bodenbrett, es muss also weder genäht noch geklammert werden.* **7.32-4**

**7.32-5** *Das vordere Bodenbrett ist montiert und lässt sich auf- und zuklappen; der Schlitz zum dahinterliegenden Boden wird durch einen Streifen Vinyl veredelt.*

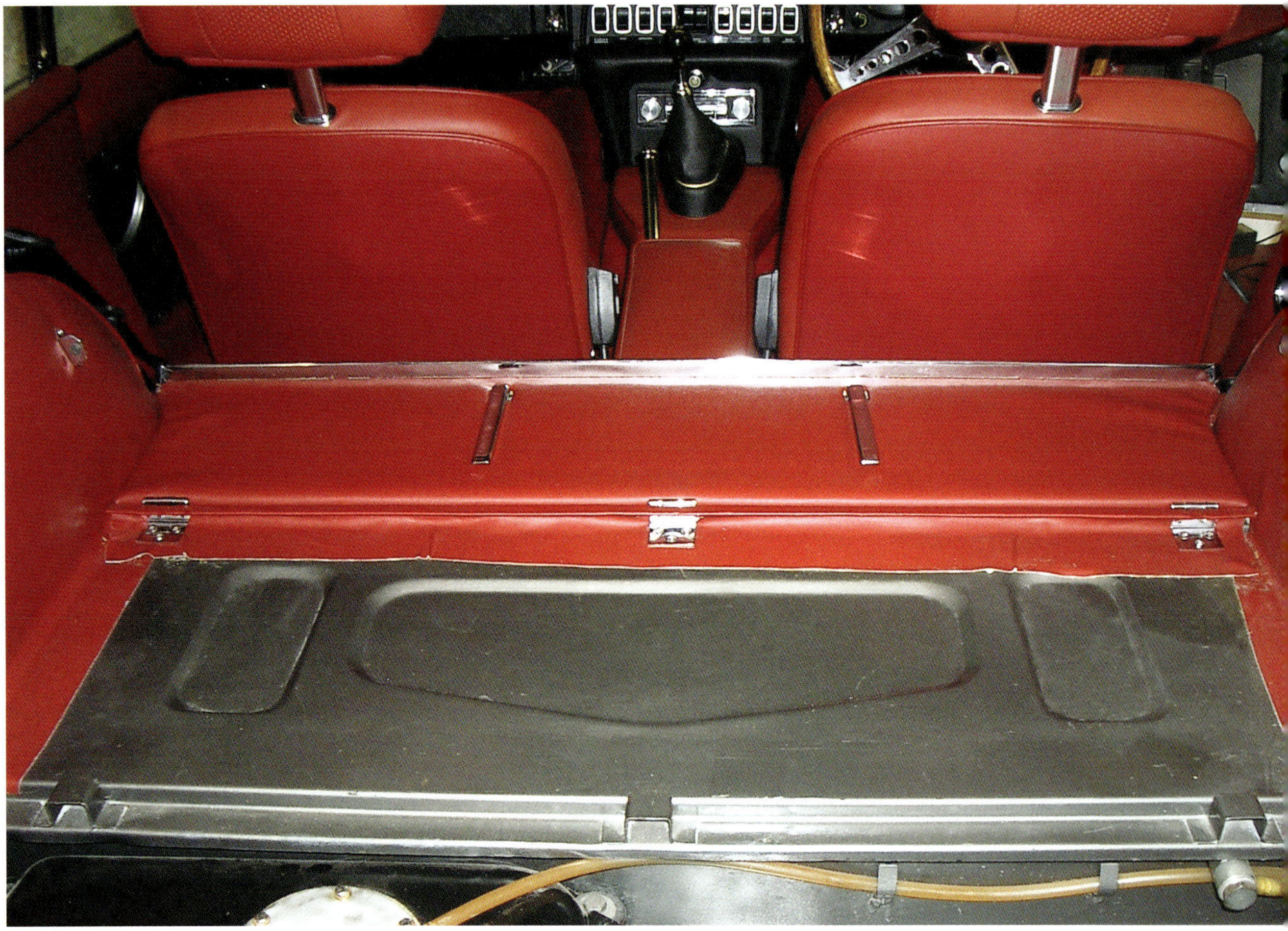

Nachdem sämtliche Böden ordentlich im Auto waren, konnte ich die Laderaumschienen anbringen. Die Schienen selbst sind nun wie schon gesagt aus Edelstahl und deutlich stabiler als die Originale. Obendrein sehen sie auch viel besser aus. Ausgehend von den beiden Schienen, die auf dem Klappboden vorne als Zuggriffe dienen, verteilte ich alle Schienenstücke gleichmäßig im Laderaum und befestigte sie mit Senkkopfschrauben. Ein Akkuschrauber ist bei einer solchen Menge Schrauben enorm hilfreich. In die Stahlschienen zog ich dann noch die passenden neuen Gummileisten ein; mit einem zweckentfremdeten Teppichmesser ging das gut.

Mit Abschluss dieser Arbeiten war ich dem großen Ziel, den E-Type wieder ans Laufen zu bekommen, einen riesen Schritt näher gekommen: Ich war mit dem Auto fertig! Abgesehen davon, dass nur noch die Achsen und Lenkung eingestellt werden mussten, vier neue Reifen zu besorgen waren und die Hauptuntersuchung anstand. Aber dann: Rauf auf die Straße!

*Die neuen Edelstahlschienen werden mit Senkkopfschrauben befestigt.*  **7.32-6**

*Geschafft! Der Innenraum erstrahlt in neuem Glanz.*  **7.32-7**

## Zusammenfassung

- Ein guter Tacker ist schon fast eine Garantie für eine gelungene Innenraumrestaurierung.

## 8.1 Zurück auf der Straße

Das Auto war fertig – sofern man mit so einem Projekt jemals wirklich fertig sein kann. Bild 8.1-1 zeigt den Wagen in der Einfahrt meines Nachbarn, unmittelbar nachdem wir die Hecktür zugemacht und ihn gute 50 Meter hinüber gefahren hatten. Noch rollte er auf den alten Reifen. Er sah klasse aus, aber wie würde er fahren? Hatte ich wirklich alles richtig gemacht, und wie würde er die erste große Bewährungsprobe bestehen: die technische Abnahme bei der Hauptuntersuchung?

### Die Hauptuntersuchung (MOT-Prüfung)

Ich hatte das Auto bei einer Prüfstelle angemeldet, die ganz in der Nähe der Werkstatt von Nick lag, der es lackiert hatte. Auf dem Weg dorthin war ich ziemlich nervös und aufgeregt, immerhin würde mein Werk jetzt erstmals gründlich von Fachleuten untersucht werden. Die Begrüßung in der Prüfhalle beruhigte mich etwas: Wirklich jeder, der dort gerade zu tun hatte, ließ alles stehen und liegen, um sich meinen E-Type anzusehen, und alle waren spontan einer Meinung – ich hatte gute Arbeit abgeliefert. Bei der eigentlichen Abnahme weigerte sich der Prüfer, sich selbst in das Auto zu setzen, er befürchtete, den Innenraum verschmutzen zu können. Also setzte ich mich in mein Auto und betätigte alle Hebel und Pedale nach Anweisung. Auf dem Bremsenprüfstand schlug mir das Herz bis zum Hals, aber ohne Grund – der E-Type bestand auch die Bremstests mit Bravour, nicht einmal die Handbremse gab Anlass zu kritischen Bemerkungen.

Die Scheinwerfer hatte ich in meiner Kellergarage natürlich nicht korrekt einstellen können, aber ich hatte die Lampenzierringe schon vorher abgenommen, und so war es für den freundlichen Prüfer ein Klacks, dies nachzuholen.

Ernsthaft besorgt war ich auch wegen der Reifen gewesen. Vier uralte Reifen waren auf dem Auto, direkt nach der Abnahme sollten neue aufgezogen werden. Aber würden sie mich so durchkommen lassen? Obendrein fand der Prüfer noch ein zusätzliches Problem: Der Reifen hinten rechts wies einen um drei bis vier Zentimeter größeren Umfang auf als die anderen drei! Man konnte das gut erkennen, wenn man auf beiden Seiten den Abstand zwischen Reifen und Schweller betrachtete. Offenbar hatte sich die Verbindung von der Karkasse zu den Flan-

**8.1-1** *Links: Der E-Type in der Einfahrt meines Nachbarn Chris, wo wir mit seinem Werkzeug die Vorspur einstellen wollten.*

*Ein wunderschöner Anblick: Das fertige Auto in meiner aufgeräumten Garage.* **8.1-2**

ken gelöst und der Reifen hatte seine Struktur verloren. Bei genauem Hinsehen sah man sogar, dass das Auto an dieser Ecke etwas höher stand. Aber die Prüfer waren wirklich gnädig, und als ich erklärte, dass der Termin für neue Reifen schon vereinbart wäre, gaben sie grünes Licht, und das Auto hatte bestanden.

Damit war die wichtigste Hürde genommen. Eine nagelneue Zulassung mit einem bestätigten Tachostand von einer Meile – so etwas bekommt man nicht alle Tage! Peinlich nur, dass ich vergessen hatte, meine Kamera mitzunehmen. So war es mir wieder einmal nicht möglich, Fotos zu machen, und das bei einem so historischen Termin.

**Zusammenfassung**

- Wann ist eine Restaurierung wirklich fertig? Antwort: Nie! Es gibt immer etwas zu tun …
- Die erste bestandene Hauptuntersuchung ist eine tolle Erfahrung!

## 8.2 Neue Reifen und Felgen

Rein rechtlich durfte ich das Auto jetzt auf der Straße bewegen – guten Gewissens durfte ich das allerdings noch nicht. Ich hatte bereits einen Termin bei Longstone Tyres in Doncaster ausgemacht, ein Händler, der sich auf Klassiker-Reifen spezialisiert hat. Beim Reifentyp hatte ich mich für den Dunlop SP Sport ent-

*Bei Longstone Tyres kontrollieren sie auch den Zustand der Speichenräder – und zwei bestanden diese Prüfung nicht.* **8.2-1**

8.2-2 *Eine meiner beiden verwendbaren Felgen wird vor dem Aufziehen des neuen Reifens gründlich gereinigt.*

schieden. Meiner Meinung nach passt nur sein Profilbild wirklich zum E-Type, alles andere sähe für mich wie ein Fremdkörper aus, und es ist einfach toll, dass man diese Reifen nach wie vor kaufen kann. Allerdings zu einem heftigen Preis, mindestens 200 Euro sind fällig, wohlgemerkt pro Stück!

Das Thema Reifen und Felgen bietet ja unbegrenzt Raum für Diskussionen: Die einen sind der Meinung, mit breiteren Reifen oder breiterer Spur sieht das Auto besser aus und fährt sich auch besser, während andere exakt gegenteiliger Ansicht sind. Letztlich entscheidet also der persönliche Geschmack. Ab Werk besaßen Serie I und II Felgen mit einer Breite von 5 ½ Zoll, nur Exemplare der Serie III hatten Sechs-Zoll-Räder. Auch die Nabenflansche waren unterschiedlich, glatt an den neueren Autos, und mit einer Rille bei den älteren. Der Zentralverschluss war bei den Serie-I-Modellen noch als Flügelmutter geformt, die in Kontinental-Europa und in den USA früher verboten wurden als in England. Serie II und III mit Speichenrädern erhielten daher flügellose Muttern, die aber durch die ältere Ausführung ersetzt werden können. Genau dies hatte ich von Anfang an vorgehabt.

Am Tag nach der MOT fuhr ich mit meinem neuen E-Type erst einmal zur Arbeit. Als ich das Auto dort auf dem Parkplatz abstellte, wurde mir bereits klar, dass mit dem Fahren auch schon wieder der Abnutzungsprozess in Gang gesetzt worden war. Schmutz, kleine Steinschläge im Lack, die anlaufenden Auspuffkrümmer oder die Ledersitze und die Bezüge der Innenverkleidungen: Alles reagierte schon bald mit Veränderungen auf die neue Beanspruchung. Ich hatte zwar das Ziel gehabt, den Wagen in „Showroom Condition“ wiederherzustellen, aber natürlich wollte ich auch mit ihm fahren, und nun musste ich mich an den Gedanken gewöhnen, dass der 1a-Zustand nicht allzu lange anhalten würde, wenn ich das Auto ernsthaft nutzen wollte. Autos mit Patina, also einer gewissen erkennbaren Abnutzung, werden ja von vielen als viel charaktervoller angesehen als so genannte „Überrestaurierungen“, aber trotzdem fällt es mir noch immer nicht leicht, diesen unvermeidlichen Abbau zu akzeptieren.

Nach der Arbeit fuhr ich gemächlich zu Longstone Tyres und wollte meine neuen Reifen montieren lassen. Aber wie so oft, kam es anders: Routinemäßig klopfte einer der Mechaniker dort die Speichen aller Räder ab, indem er mit einem Hartholzstück über sie fuhr. Bei gesunden Rädern und korrekter Speichenspannung ist dann an jeder Speiche dasselbe hohe „Pling“ zu hören, aber an zwei meiner Räder meldeten sich mehrere Speichen mit einem dumpfen „Tock“. Eine Reparatur der Speichenräder ist angeblich nicht möglich, und ich musste wieder einmal in einen sehr sauren Apfel beißen und zwei neue Felgen kaufen. Es gibt heute sehr gute Reproduktionen der E-Type-Speichenräder, und anders als die Originale sind sie auch für schlauchlose Reifen geeignet. Das war allerdings eine Option, die ich wegen meiner Reifenwahl und der beiden alten Räder nicht nutzen konnte. Übrigens stellte sich heraus, dass das Ersatzrad am besten erhalten war, und so tauschte es seinen Platz mit einem der beiden Originalräder. Schlussendlich rollte mein Auto mit neuen Reifen vom Hof, mein Bankkonto allerdings war infolgedessen erheblich stärker beansprucht worden als vorgesehen.

**Zusammenfassung**

- Auch gut aussehende Felgen können Beschädigungen aufweisen.
- Felgen und Reifen sind nicht billig, aber sie sind ihre Geld wert.
- Originalräder oder Tuningbereifung – es bleibt Ihre Wahl.

## 8.3 Nachlauf, Sturz und Vorspur – Einstellen der Räder

Von einem wirklich unbeschwerten Fahrvergnügen trennten mich nun nur noch ein paar letzte Maßnahmen. Das Einstellen der Räder war dabei vordringlich, schließlich sollten sich die neuen und teuren Reifen nicht gleich wieder einseitig abnutzen. Ich brachte mein Auto zu Paul und Andy, die sich bereits beim Einbau von Front- und Heckscheibe bewährt hatten. Sie besitzen auch die für die Einstellung der Räder benötigten Spezialwerkzeuge. Ich weiß nicht warum, aber sie wollten mich bei der Arbeit partout nicht dabei haben, aber sie versprachen mir, von den einzelnen Schritten bei ihrer Arbeit Fotos zu machen. Meine Kamera ließ ich für diesen Zweck ebenfalls bei ihnen.

**8.3-1** *Die Arretierung für den Hinterradsturz greift oben um die Radnabe und unten wie abgebildet über die Mutter am Querlenkerbolzen.*

Für das Einstellen des Hinterradsturzes muss das Auto mit dem Wagenheber angehoben werden. Mit dem im Bild 8.3-1 abgebildeten Drahtbügel wird die Aufhängung arretiert; das Auto kann dann beim Herablassen nicht mehr einfedern, Hinterräder und Aufhängung bleiben in der Position, die beim Einstellen des Radsturzes vorgeschrieben ist. Anschließend lässt sich mit einem speziellen Winkelmesser am Hinterrad prüfen, ob der Neigungswinkel innerhalb der vom Werk angegebenen Toleranzen liegt. Bei der Hinterachse des E-Type dienen die Antriebswellen auch als Teil der eigentlichen Radaufhängung; die Einstellung des Sturzwinkels erfolgt über Einstellbleche zwischen den Antriebswellen und dem Differenzial. Weniger solcher „Shims" verändern den Sturz in negative Richtung und umgekehrt. Bei normalem Einsatz wird beim E-Type ein leicht negativer Sturz zwischen -0,75 und -0,25 Grad als ideal angesehen, bei einem normal beladenen Fahrzeug, vollgetankt und mit einer Person besetzt.

An der Vorderachse wird ebenfalls eine Arretierung eingesetzt, die das Auto nach dem Herablassen von der Hebebühne oder dem Wagenheber nur bis zu einem ganz bestimmten Punkt in die Federn sinken lässt. Auch hier werden die entscheidenden Winkel durch Einstellscheiben vorgegeben. In der Aufnahme der Achsschenkel außen in den oberen Querlenkern sitzen mehrere solcher

*Durch die Arretierung federt das Auto nur bis zu einer genau vorgesehenen Höhe ein; in dieser Stellung wird dann der Sturzwinkel an den Hinterrädern gemessen.* **8.3-2**

*Der Sturz der Hinterräder wird über Einstellscheiben zwischen den Antriebswellen und dem Differenzial eingestellt; bei meinem Auto war er auf einer Seite zu stark negativ und es mussten „Shims" hinzugefügt werden.* **8.3-3**

*An der Vorderachse dient ein simples Flacheisen als Arretierung.* **8.3-4**

Scheiben, je nachdem, welche und wie viele vor oder hinter dem Achsschenkel zu liegen kommen, verändert sich der Nachlaufwinkel. Der Vorderachssturz wird über Scheiben justiert, die zwischen der Lagerung der oberen Querlenker und dem Fahrzeugrahmen montiert werden.

Auf der Fahrt hatte ich unschöne schlagende Geräusche von den Rädern gehört – anfangs nur beim Kurvenfahren, dann aber auch bei Geradeausfahrt. Ich machte mir deshalb schon Sorgen und befürchtete, irgendetwas an der Lenkung oder den Radaufhängungen könnte schon wieder defekt sein. Um es kurz zu machen: Alle vier Räder waren mehr oder weniger locker! Ich hatte von den originalen Zentralverschlüssen auf solche mit Flügeln umgerüstet, und die hatte ich ganz einfach nicht fest genug angezogen. Es werden die tollsten Werkzeuge für diese Zentralmuttern angeboten, man muss sie nur richtig einsetzen.

Das Fahrwerk war damit optimal eingestellt, blieb noch eines: die Feinabstimmung von Zündung und Vergasern. Auch die Türdichtungen zeigten bereits leichte Neigungen, sich von der Karosserie zu verabschieden, da musste ich noch mal ran. Ansonsten schien mir alles in Ordnung zu sein; allerdings war ich bislang noch keine 100 Kilometer gefahren, und auch die nur mit äußerster Zurückhaltung. Ob wirklich alles halten würde, würde ich erst noch feststellen.

**8.3-5** *Mit einer geeichten Messvorrichtung wie dieser werden Sturz- und Nachlaufwinkel an der Vorderachse kontrolliert.*

**8.3-6** *Messen und Einstellen der Vorspur mit etwas professionelleren Mitteln als zuvor in der Einfahrt meines Nachbarn Chris.*

**8.3-7** *Die erste Alltagsausfahrt: der E-Type als Wegbegleiter zur Arbeit.*

## Zusammenfassung

- Für die richtige Fahrwerkseinstellung benötigt man das richtige Werkzeug.
- Bei Klopfgeräuschen an den Rädern sollte man die Befestigungsmutter kontrollieren.

8.4-1 *Die Vergasereinstellung durch einen Profi sorgte dafür, dass der Motor nun ohne Probleme oder Mucken sauber lief.*

## 8.4 Motorabstimmung

Bei der Montage des Motors hatte ich sicherlich mein Möglichstes getan, als ich die Zündung eingestellt und die Vergaser synchronisiert hatte. Um hier wirklich optimale Ergebnisse zu erzielen, benötigte ich aber noch jemanden, der sich damit wirklich auskennt. Der Motor reagierte nicht ganz so spontan, wie ich mir das vorstellte, und zeitweise wollte das Standgas nicht so richtig, irgendwo klemmte etwas und der Motor lief dann mit über 1500 Touren auch ohne meinen Fuß auf dem Gaspedal.

Ich rief bei ein paar Firmen an, die solche Arbeiten auch vor Ort anbieten, aber erst nach mehreren Anläufen fand ich jemanden, bei dem ich den Eindruck hatte, dass er verstand, worum es ging: um einen E-Type mit einer SU-Dreifach-Vergaseranlage. Dieser Bursche beugte sich über meinen Motor und machte sich zielstrebig und gründlich daran, zuerst alle Zündungskomponenten zu checken. Ich war nicht gerade begeistert, dass meine Arbeit keine Gnade vor seinen Augen fand und dass er Zündzeitpunkt und Schließwinkel neu einstellte. Kondensator, Kontakte, Zündspule und Kerzen waren nagelneu, daran dürfte es nichts auszusetzen geben. Aber weit gefehlt. Mit dem Oszilloskop konnten wir jetzt deutlich erkennen, dass eine der neuen Kerzen nicht richtig zündete. Sämtliche anderen Komponenten waren in Ordnung. Es lag eindeutig an der Kerze, die einfach defekt war. Ohne professionelles Equipment würde man so einem Fehler vermutlich nur schwer oder durch Ausprobieren auf die Spur kommen.

Auch bei den Vergasern bestand der Spezialist darauf, alles noch einmal von Grund auf selbst zu machen.

Er demontierte die Vergaserdeckel, reinigte sie sowie Kolben und Federn erneut und baute alles wieder sorgfältig zusammen. Für mich sah das genauso aus wie das, was ich selbst bereits mehrmals gemacht hatte, aber plötzlich lief der Motor anders, samtweich in jeder Drehzahl und auch Gaswechsel vollzogen sich spontan und ohne jede Verzögerung.

**Zusammenfassung**

- Auch neue Zündkerzen können defekt sein.

## 8.5 Nochmals die Türdichtungen – ein Desaster

Die Türdichtungen erforderten viel schneller meine erneute Aufmerksamkeit, als mir das lieb gewesen wäre. Sie schienen gut zu sitzen, aber die Tür berührte sie mit ihrem Innenrahmen beim Aufmachen. Nach kurzer Zeit löste sich die Verklebung, und die Dichtungen wurden zwischen Tür und Karosserie gezwängt und hinterließen dort hässliche Klebstoffspuren. Um das ordentlich abzustellen, musste ich sie komplett abnehmen, sauber zurechtschneiden und dann wieder einkleben. Natürlich war es hierfür erforderlich, beide Türen auszubauen – keine große Sache für zwei Leute, einer hält die Tür, der andere löst die an der A-Säule verschraubten Scharniere. Wie schon so oft, half mir mein Nachbar Chris, bereitwillig wie immer. Aber zum wiederholten Male dankte ich es ihm schlecht, indem ich mehr Probleme verursachte als löste.

**8.5-1** *Die linke Türdichtung nach dem Entfernen der Tür: Sie war zwischen Karosserie und Türkante gequetscht worden, nachdem sich die Verklebung gelöst hatte.*

Zuerst markierte ich vor dem Ausbau mit einem dünnen Filzstift, wo die Scharniere sich befunden hatten, der Wiedereinbau sollte so leichter vonstattengehen. Im Werk bei Jaguar hatte man sich mit einem anderen Trick beholfen: Nach der probeweisen Montage und dem korrekten Einpassen der Türen wurde einfach ein Loch durch Scharniere und A-Säule gebohrt. Nach dem Lackieren, für das die Türen ja demontiert wurden, konnte man dann die richtige Position der Scharniere ganz einfach wieder herstellen, indem man die Scharniere mit einfachen Blechschrauben in diesen Löchern fixierte und erst anschließend fest verschraubte.

Chris und ich hatten die Türen bereits mehrere Male gemeinsam ab- und wieder angebaut, um ihren Sitz zu prüfen, und bis dahin war immer alles gut gegangen. Diesmal aber ließ ich mich wieder einmal unter Druck setzen, um endlich fertig zu werden. Und wie so oft, wenn man schnell macht, ist man nicht sorgfältig. In der sicheren Annahme, die Tür müsse korrekt eingestellt sein, öffnete ich sie ohne die gebotene Vorsicht. Und natürlich – die Einstellung passte nicht! Der Türspalt war nur um einen Hauch zu eng, aber es reichte aus, dass die Türkante vorne gegen die A-Säule stieß, mit der Folge, dass ein daumennagelgroßes Stück Lack samt Grundierung darunter abplatzte. Ich hätte toben können, aber der einzig Schuldige war ich ja selbst. Einigermaßen verzweifelt fuhr ich mit dem Auto zu meinem Lackierer Nick mit einem kleinen Rest der von ihm angemischten Farbe, den ich noch übrig hatte. Zu meiner unbeschreiblichen Erleichterung gelang es ihm tatsächlich, diesen Makel zu beseitigen, und zwar tatsächlich so, dass man wirklich so gut wie nichts mehr davon erkennt.

Das Problem mit den Dichtungen hatte ich zwar nun gelöst, blieb aber noch die Fahrertür, die sich immer noch nur mit enormem Kraftaufwand schließen ließ. Ich war sicher, dass das nun nicht mehr an den unteren Türdichtungen lag, und demontierte daher die Türverkleidung erneut, um den Türscheibenrahmen anders einzustellen. Die Türscheibenrahmen sind unten in der Tür an abgewinkelten Blechen befestigt, die man durch Langlöcher seitlich etwas verschieben kann, wodurch der Abstand zum Dachausschnitt zu- oder abnimmt. Das allein reichte aber noch nicht aus, und so musste ich auch noch etwas Material von der Gummidichtung selbst herunterschneiden. Sie wäre nämlich immer noch etwas zu dick gewesen. Und zusätzlich musste ich auch noch das obere Türscharnier etwas anders einstellen, erst dann konnte man die Tür tatsächlich mit normalem Druck schließen. Leider sitzt die Tür deswegen nicht ganz perfekt in der Karosserie – zwar kaum erkennbar, aber trotzdem ärgerlich.

*Dasselbe auf der Fahrerseite – auch hier sind Klebstoffflecken auf der Karosserie zu sehen.*  8.5-2

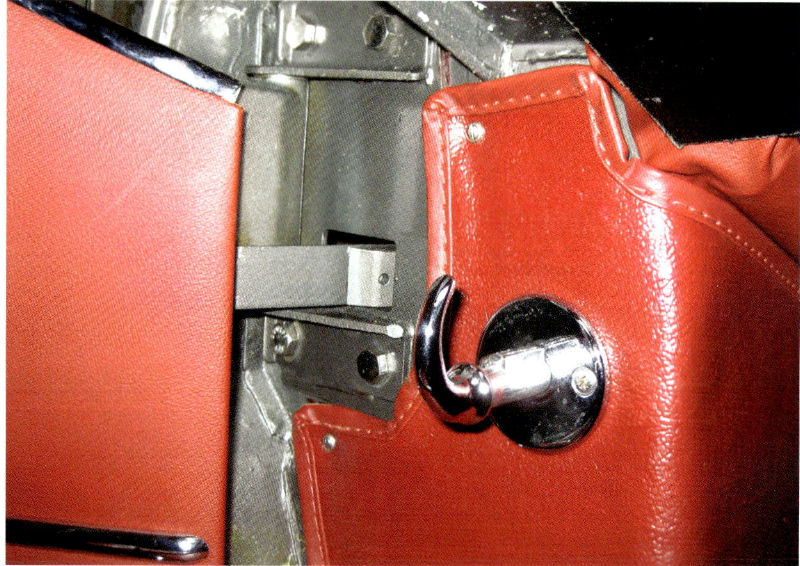

*Eines der Türscharniere; jedes ist mit vier Schraubbolzen befestigt – in meinem Auto natürlich verchromt.* 8.5-3

## Zusammenfassung

- Man sollte stets vor dem Lackieren die kompletten Türen anpassen!
- Außerdem sollte man immer auf das Spaltmaß achten, wenn die Türe überarbeitet wurde. Auch wenn noch jemand dabei ist …

**8.5-4** *Die genaue Position der Scharniere wurde mit rotem Filzstift an der A-Säule markiert.*

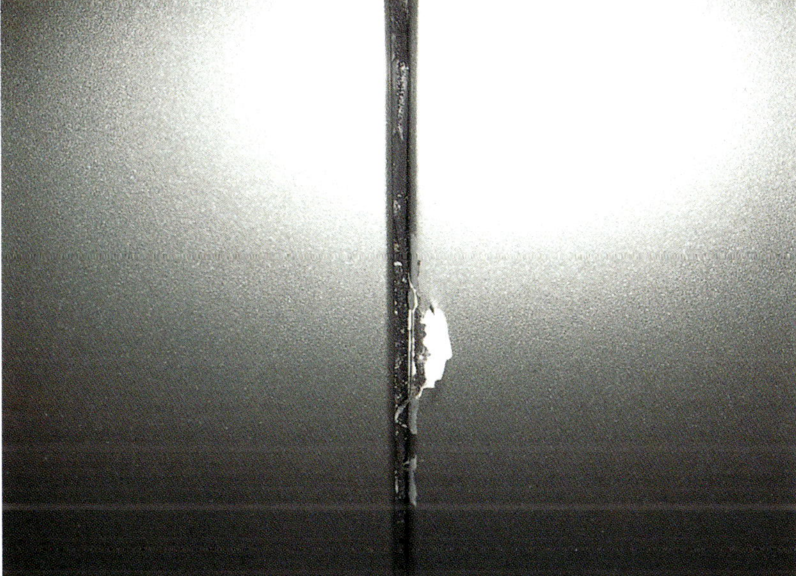

**8.5-5** *Mit Klemmzangen presste ich die neu verklebten Dichtungen in ihre Nut in der Karosserie.*

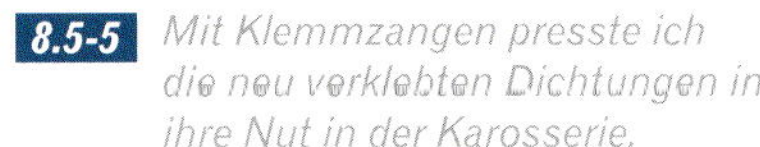

**8.5-6** *Nach dem Einbau einer Autotür sollte man diese unbedingt erst einmal mit größter Vorsicht öffnen; sonst kommt so etwas dabei heraus.*

**8.5-7** *Das Halteblech unten in der Tür kann man seitlich verschieben; dadurch lässt sich der Abstand des Türscheibenrahmens zur Karosserie verändern.*

# 8.6 Die Radlager – ein weiteres Mal

Ich hatte schon nach kurzer Zeit festgestellt, dass ich auch an den Radlagern noch nachbessern musste. Das überraschte mich nicht sehr – besonders an der Hinterachse hatte ich beim Aufbau mehr oder minder geschätzt, welche Stärke die Einstellscheiben haben mussten. Ein hinteres Radlager hatte Spiel, das nicht verschwand, ganz egal, wie fest ich den Zentralverschluss des Rades anzog. Ich musste den rechten hinteren Achsschenkel nochmals demontieren und mit einer stärkeren Einstellscheibe wieder zusammenbauen. Mit dem Messschieber hatte ich schon beim ersten Mal keine exakten Ergebnisse zustande gebracht, also wählte ich auch diese neue Scheibe mehr nach meinem ungefähren Gefühl aus – diesmal mit mehr Erfolg, denn offenbar ist das Radlager jetzt spielfrei.

Auch ein Vorderradlager wies Spiel auf: Dieses einzustellen, war aber deutlich einfacher. Ich musste lediglich den Sicherungssplint herausziehen und die Lagermutter etwas nachziehen. Die Handbücher geben vor, dass man diese Mutter soweit anzieht, bis das Lager „gerade so eben" fest ist. Entweder hat man dabei die entsprechende Erfahrung und das richtige Gefühl, oder es läuft auf Versuch und Irrtum hinaus. Zu viel Spiel ist genauso schlecht wie zu wenig.

**8.6-1** *Für die korrekte Einstellung des hinteren Radlagers musste der Achsschenkel nochmals ausgebaut werden.*

**Zusammenfassung**

- Vor dem Zusammenbau sollten alle Radlagerspiele genauestens überprüft werden.

8.6-2 *Vorne ist die Sache einfacher: Splint ziehen, die Kronenmutter nachziehen oder lockern, bis das Lager ohne Spiel frei läuft. Dann die Kronenmutter genau soweit fester ziehen, dass ein neuer Splint sich wieder durch die kleine Bohrung vorne im Achsstummel schieben lässt.*

## 8.7 Teleskopdämpfer der Motorhaube

Hatte ich jetzt tatsächlich alles hinter mir? Nein – eine Überraschung wartete noch auf mich. Die Motorhaube wird in geöffneter Stellung von einem mit Gas gefüllten Teleskopdämpfer gehalten, und auch beim Öffnen der Haube hilft dieser Dämpfer. Dieses unscheinbare Ding hatte nun an die neun Jahre in meiner Garage gelegen, und es war in dieser Zeit ganz offensichtlich gealtert. Durch Gasverlust war die Expansionskraft deutlich zurückgegangen. Ich hatte irgendwie auch schon das Gefühl gehabt, dass sich die Haube schwerer aufstellen ließ, als das früher der Fall gewesen war. Dieser Mangel an Kraft hätte leicht zu einem weiteren Desaster führen können, und zwar als ich auf die Idee kam, ein Foto vom E-Type zu machen – mit offener Motorhaube. Gesagt, getan. Ich öffnete die Haube, ging ein paar Schritte vom Auto weg, um mein Foto zu schießen, und als ich gerade die Kamera hochnehmen wollte, sah ich mit Entsetzen, wie die Haube ungebremst nach unten rauschte. Der Dämpfer hatte in diesem Moment komplett aufgegeben. Zum Glück fiel die Haube relativ weich auf die Dichtgummis und es entstand kein Schaden, aber das hätte auch anders ausgehen können. Den neuen Dämpfer zu besorgen, war kein Problem, und im direkten Vergleich konnte man sofort feststellen, welche Kraft so ein Teil aufbringt – allein von Hand ist es unmöglich, ihn zusammenzudrücken.

8.7-1 *Noch einen Schritt zurück und das Foto schießen – in dem Moment fiel die Haube auch schon nach unten.*

**Zusammenfassung**

- Gasdruckdämpfer können undicht werden und im schlimmsten Fall bei Belastung plötzlich ihren Dienst quittieren.

## 8.8 Blick zurück – ohne Zorn

Zeit für ein Resümee. Der E-Type ist auf der Straße und fährt sich gut. Es bleiben zwei Fragen: Wie gut fährt er? Und: Hat sich der ganze Aufwand gelohnt? Um an den Anfang der Geschichte zurückzukehren: Der Kauf dieses Autos war ja eigentlich eine Fehlentscheidung gewesen. Ich hätte mich viel gründlicher über den E-Type und seine Besonderheiten informieren und länger und geduldiger suchen müssen, dann wäre ich vermutlich an ein nicht ganz so verbasteltes Exemplar geraten. Und ich hätte dieses Auto dann erst einmal eine ganze Zeit fahren können, ohne an eine Restaurierung denken zu müssen. Es gibt auf dem Markt durchaus bezahlbare E-Types in richtig gutem Zustand.

Natürlich macht eine Restaurierung wie diese auch Spaß und gibt Befriedigung. Und letztlich ist das Auto dann wirklich auch das eigene, bis hin zur letzten Schraube, die man in der Hand hatte. Es ist aber durchaus auch schön, wenn man an einem insgesamt schon perfekten Auto nur Wartungsarbeiten vornimmt oder vielleicht nach Optimierungspotenzial sucht. Wobei es schon etwas anderes ist, wenn man behaupten kann, dass man das eigene Auto wirklich von Grund auf selbst neu aufgebaut hat. Und wenn man wie ich auf einen Blender hereinfällt, hat man fast keine andere Wahl, es sei denn, man schreibt die Anschaffung ganz einfach ab und sucht erneut.

Anfangs war die bald heraufziehende Erkenntnis, mich „verkauft" zu haben, natürlich frustrierend. Endlich besaß ich das Auto meiner Träume, und nun entpuppte es sich als Alptraum. Ziemlich schnell war klar, dass eine so genannte „rollende Restaurierung" nicht möglich sein würde, also das Auto nach und nach zu reparieren und zu optimieren, dabei aber weiter fahren zu können. Der komplette Neuaufbau war die einzig sinnvolle Maßnahme. Welchen Umfang so ein Projekt aber annehmen kann, war mir damals nicht bewusst, und so war es unvermeidlich, dass es mir in jeder nur denkbaren Richtung aus dem Ruder lief. Vom finanziellen Budget möchte ich hier gar nicht sprechen. Die logistische Herausforderung sollte niemand unterschätzen: Ein in seine Einzelteile zerlegtes Auto benötigt vier- bis fünfmal so viel Platz wie ein montiertes. Und auch bei der Lagerung von Einzelteilen kann man unglaublich viel falsch machen: Den Preis dafür bezahlt man, wenn man falsch gelagerte Teile am Ende nicht mehr verwenden kann.

Bei der Überlegung, was man selbst machen will und vor allem kann und

**8.8-1** *Links: Lange her: Der Beginn der ersten Restaurierung 1999. Mehr als neun Jahre sollten vergehen, bis ich den E-Type wieder fahren würde.*

was man machen lässt, sollte man nicht zu optimistisch sein. Hier kommt der Zeitfaktor ins Spiel. Wer alles selbst machen will, braucht natürlich viel mehr Zeit als jemand, der bestimmte Arbeiten in Auftrag gibt. Und je länger man braucht, desto größer ist die Gefahr, dass Veränderungen der Lebensumstände dazwischen kommen: Hochzeit, Scheidung, Krankheit, ein neuer Job oder, wie in meinem Fall, ein Umzug. Es muss ja nicht unbedingt in ein Haus ohne Garage sein. Einige dieser Unwägbarkeiten, aber auch viele Fehler, die mir unterliefen, habe ich auf den vorangegangenen Seiten beschrieben, und alles zusammen – Geld, Zeit und Platz – trägt ganz entscheidend dazu bei, ob so ein Projekt wirklich befriedigend gestemmt werden kann oder ob der Frust überwiegt.

Mehr als einmal überwog bei mir der Frust, und ich sah meinen Jaguar schon so enden, wie man immer wieder einen in den Fachmagazinen angeboten bekommt: als abgebrochenes Restaurierungsobjekt. Aber wie sagt man so schön? Die Nacht ist nie dunkler als kurz vor dem Morgengrauen. Jedes Mal, wenn ich kurz vor dem Aufgeben war, zeigte sich ein Lichtblick und ein Schimmer Hoffnung, und ich schöpfte neue Kraft, um weiterzumachen. Und je weiter ich vorankam, je mehr die ganze Baustelle anfing, wieder wie ein Auto auszusehen, desto größer wurde der Antrieb. Und ebenso die Neugierde: Wie würde sich das Auto fahren, wenn es erst einmal fertig wäre?

Nun – das Auto fährt jetzt schon wieder eine ganze Weile, und folgendes lässt sich zu Protokoll geben:

Die > **Bremsen** arbeiten hervorragend. Ich habe die komplette Bremsanlage vollständig überholt und neue Leitungen und natürlich auch Schläuche verwendet. Die Bremsklötze aus heutiger Produktion und aus modernem Material sind eine echte Verbesserung; die Bremse unterscheidet sich in Bedienung und Wirkung nicht von Anlagen deutlich jüngerer Fahrzeuge. Und auch die – nicht zu Unrecht – gefürchtete Handbremse funktioniert einwandfrei. In dieser Hinsicht war ich über alle Erwartung erfolgreich.

Das > **Fahrverhalten** ist sehr gut. Ich scheue mich noch immer, mit dem Auto auch mal an die Grenzen zu gehen, darum kann ich noch nicht mit Fug und Recht behaupten: exzellent. Als ich den Wagen kaufte, fuhr er sich schwammig und träge. Die Ursachen dafür traten im Laufe der Restaurierung zutage und wurden beseitigt. Das Fahrwerk meines E-Type ist somit auf dem Stand, wie es aus dem Werk kam und wie es zur Legende dieses Autos wesentlich beigetragen hat. Mit den neuen Koni-Dämpfern ist es sogar noch besser. Vielleicht bin ich etwas euphorisch, aber für mich ist das Handling meines E-Type sogar besser als das unseres New MINI Cooper S.

Der > **Motor** ist ein Gedicht! Er läuft samtweich und seidig, hat richtig Leistung und Drehmoment und zieht sauber durch. Ob in der Stadt oder über Land – es macht unglaublich Spaß, dem Auto die Sporen zu geben. Anfangs hatte ich noch ein Problem mit Ölverlust an einem der beiden Ventildeckel. Sehr ärgerlich, besonders weil ich vor allem bei einer Sache sehr sicher war, alles richtig machen zu können: beim Motor. Mittlerweile ist der Fehler beseitigt, hinter der Auslass-Nockenwelle war ein kleiner Deckel nicht ordnungsgemäß montiert. Richtig begeistert bin ich von der Umrüstung auf den Gummidichtring hinten an der Kurbelwelle. Das XK-Triebwerk war geradezu berüchtigt dafür, am Kurbelwellenausgang ständig Öl zu verlieren. Davon ist bei meinem Motor keine Rede mehr.

Das > **Getriebe** wurde von einem Spezialbetrieb überholt, und zumindest was die mechanische Seite angeht, wurde das gut gemacht, die Gänge lassen sich präzise und leicht wechseln. Trotzdem ist es derzeit meine größte Sorge: Auf den ersten 5000 Kilometern traten bereits zwei Mal schwere Leckagen auf – mehr oder weniger das komplette Getriebeöl ergoss sich auf die Straße, wobei es offenbar sowohl vorne am Getriebeeingang als auch hinten am Ausgang herausläuft. Allerdings, und das ist das Seltsame, nicht immer, sondern nur zeitweise. Um der Sache auf den Grund zu gehen, müsste das Getriebe – und damit auch der Motor – ausgebaut werden. Was die Sache noch ärgerlicher macht: Die Garantie für die Überholung ist natürlich schon lange

*Herrlich: Eine fast perfekt neu aufgebaute Rohkarosse! Aber das Loch für ein nachträgliches eingebautes Sonnendach muss auf jeden Fall noch beseitigt werden?*

abgelaufen. Um genau zu sein: Sie war bereits abgelaufen, als ich den Motor das erste Mal wieder anlassen konnte. Irgendwann wird es wohl unvermeidlich soweit sein, dass ich das Problem angehen muss, und dummerweise heißt das beim E-Type: Auch ein großer Teil der mühsam angebrachten Verkleidungen im Innenraum müssen ausgebaut werden. Bis dahin kann ich darüber nachdenken, ob ich ein weiteres Getriebe kaufe, sodass ich den Wechsel schnell, aber äußerst kostspielig sofort durchführen kann, oder ob ich mein Getriebe nach dem Ausbau zur Inspektion gebe – zeitintensiver, aber dafür deutlich billiger. Auch ob der Umbau auf eine Schaltbox mit fünf Gängen sinnvoll ist, kann ich mir bis dahin noch gründlich überlegen. Unbedingt notwendig ist dieser Umbau angesichts der Qualität des originalen Viergang-Getriebes aber keineswegs.

Die > **Karosserie** war mein größtes Problemfeld, und ganz zufrieden bin ich auch noch immer nicht. Vor allem an der Fahrertür wartet noch Arbeit. Aber irgendwann kommt auch wieder ein richtiger Winter, in dem der Jag ohnehin nicht hinaus darf. Und meine Garage ist beheizt …

Auch die > **Elektrik** ist an englischen Autos bekannter Weise gerne ein Thema. Zu meiner großen Freude kann ich aber mitteilen: An meinem Auto funktioniert alles ohne jede Einschränkung. Die Umrüstung auf Halogenscheinwerfer ist ein echter Fortschritt und mein selbst nachgerüsteter Intervall-Scheibenwischer arbeitet zu meiner vollsten Zufriedenheit. Etwas Kummer bereitet mir das Radio, dessen Umbau auf modernere Standards nicht eben billig war. Ein sauberer Radioempfang ist nicht wirklich zu bekommen, und dass auf längeren Strecken nicht automatisch auf die stärkste Sendefrequenz eines Senders gewechselt wird, ist wirklich lästig.

Der > **Innenraum** fühlt sich genauso toll an und riecht auch genauso wunderbar wie er aussieht. Ein Traum in Rot! Die Automatikgurte sind nicht

8.8-3 *Vorbereitung der Karosserie für die Neulackierung: Einen staubigeren Job kann man sich kaum vorstellen.*

*Mit dem neuen Lack kam sofort wieder neuer Schwung in mein Projekt.* 8.8-4

8.8-5 *Auferstanden aus einem Haufen ölverschmiertem Alteisen und fast zu schade, eingebaut zu werden: die genial konstruierte Hinterachse.*

8.8-6 Auch das legendäre XK-Triebwerk ist ein optischer Leckerbissen.

ganz perfekt, sie rollen sich etwas zögerlich auf, aber sie sind trotzdem ein erheblicher Komfortgewinn gegenüber den alten Statikgurten. Weder Windgeräusche noch Abgas oder andere Gerüche dringen herein, und auch die Innenraumtemperatur wird durch das Getriebe nicht allzu sehr hochgetrieben. Meine Isolierung im Getriebetunnel war also erfolgreich. Auch die Lärmentwicklung beim Fahren ist erträglich, obwohl ich darauf verzichtet habe, zusätzliches Dämmmaterial anzubringen.

Nun zu den > **Kosten:** Der größte Einzelposten mit umgerechnet fast 7000 Euro war natürlich die Karosserie. Deren Lackierung verschlang weitere 3500 Euro. Ein fast identischer Betrag ging für die Überholung des Motors drauf, wobei ich bei letzterem sehr viel selbst machen konnte, die benötigten Teile aber sehr teuer sind, ebenso wie die maschinelle Bearbeitung von Block und Köpfen beim Motorenbauer. Für die Getrieberevision bezahlte ich über 800 Euro, genauso viel alleine für sämtliche Schrauben, Muttern und Beilagscheiben aus Edelstahl. Das Verzinken und Verchromen aller Teile kostete satte 3000 Euro, die neuen Reifen samt der überraschend benötigten beiden Felgen 1500 Euro. Alles in allem musste ich in die Restaurierung des E-Type umgerechnet fast 36.000 Euro investieren. Die Anschaffung des Wagens hatte fast 18.000 Euro gekostet, und da sie zum Zeitpunkt, da ich die Restaurierung endlich abschließen konnte, fast zehn Jahre zurücklag, müsste man diesen Betrag noch deutlich aufstocken, wollte man die Teuerungsrate über diesen Zeitraum berücksichtigen.

Um überhaupt an meinem Auto arbeiten zu können, waren erhebliche Umbauten an Haus und Keller erforderlich, und auch wenn sie ohne den E-Type vielleicht nicht nötig gewesen wären, kann man diese Kosten hier nicht geltend machen. Spezialwerkzeuge und Werkstattausrüstung wie Wagenheber, Motorkran, Schweißgerät, Kompressor und etliches andere sind ebenfalls langfristige Investitionen, von denen man natürlich auch später noch etwas hat. Insofern muss man die mehr als 4500 Euro, die ich für solche Sachen ausgegeben habe, nicht unbedingt zur Gänze in das Budget für den E-Type mit einbeziehen.

8.8-7 An einem derart aufgeräumten und wunderschönen Objekt macht die Arbeit Freude.

Fazit: War es das wert? Wenn man die genannten Beträge addiert, kommt man bei einer Summe an, die ein durchschnittliches Jahres-Bruttogehalt doch deutlich überschreitet – von dem man vielleicht auch noch Miete bezahlen sowie Frau und Kinder ernähren muss. Wie gesagt, bei längerer Suche und

8.8-8 Langsam vervollständigt sich das Bild zu einem kompletten Motorraum.

sorgfältiger Vorbereitung dürfte man einen wirklich guten E-Type für deutlich weniger Geld finden können. Und auch der Marktwert für ein Auto wie meines liegt deutlich unter dem, was ich insgesamt ausgegeben habe. Ob ich es erleben werde, dass die Preise für ein relativ normales Fixed Head Coupé der zweiten Serie über diese Marke steigen, ist zweifelhaft. Aber was soll´s? Der Jaguar E-Type ist eine der ganz herausragenden Ikonen nicht nur des englischen Automobilbaus, und das wird immer so sein. Was ich getan habe, habe ich für mich getan und nicht um damit reich zu werden. Und das Auto, das ich habe, gehört wirklich mir.

Wer das nicht versteht, ist eines E-Type nicht würdig.

8.8-9 Krönender Abschluss: der fertige Innenraum.

Rechts: Jaguar E-Type FHD Serie 2. Für diesen Anblick hat sich alles gelohnt! 8.8-10

## Zusammenfassung – nach diesen neun Jahren

- Das bessere Auto ist immer der bessere Kauf.
- Für eine Vollrestaurierung in Eigenregie benötigt man Zeit, Geld, Platz, und zwar von allem möglichst reichlich.
- Sowie Hingebung, Selbstaufgabe, Durchhaltewillen, Leidenschaft, Wahnsinn.
- Eines ist sicher – dazwischen kommen wird immer etwas.
- Durchhalten! Wenn das Auto erst einmal wieder fährt, ist alles Leid vergessen.

LWR 207H

# 9.1 Wartungsarbeiten am E-Type

Der E-Type ist zwar ein begnadetes Stück Technik und eine herrliche Fahrmaschine. Die Kehrseite ist aber, dass er dafür ein gewisses Maß an Aufmerksamkeit verlangt, wenn es um sein Wohlbefinden geht. An viele Arbeiten kann man sich heranwagen, auch wenn man sich nicht direkt zu den besonders talentierten Mechanikern zählt – wie ich das tue.

So wie die allermeisten seiner Artgenossen, wird auch mein E-Type im Winter eingemottet und jedes Frühjahr vor der Inbetriebnahme einem standardmäßigen Check-Up unterzogen. Man will ja im Sommer fahren und nicht schrauben. Wenn man sich richtig vorbereitet, genügt dafür ein Tag Arbeit oder auch ein gemütliches Wochenende in der Garage. Das benötigte Material wird in der folgenden Liste aufgezählt. Diese Teile sollten ohnehin zur Standardausstattung der Garage eines E-Type-Besitzers gehören.

Von den anfallenden Wartungsarbeiten lassen sich viele an dem auf den Rädern stehenden Fahrzeug vornehmen, manches aber erfordert das Aufbocken. Für den im Folgenden beschriebenen Wartungsdienst empfiehlt es sich unbedingt, das Auto vorne und hinten aufzubocken. Es ist sinnvoll, damit an der Vorderachse zu beginnen, da die Hinterräder durch die Handbremse und einen eingelegten Gang arretiert werden, was das Wegrollen des Fahrzeugs verhindert. Will man es nur hinten anheben, sollte man die Vorderräder mit einem Holzkeil oder Ähnlichem blockieren. Andernfalls besteht die Gefahr, dass das Auto nach vorne wegrollt.

Ein hydraulischer Rangierwagenheber ist daher eine komfortable Ergänzung der Werkstattausrüstung, und wenn man sich unter das Auto begibt, sind vier stabile Unterstellböcke Pflicht. Den Rangierheber setzt man hinten am besten am Differenzial an bzw. vorne mittig am Kühlrahmen. So bekommt man jeweils beide Räder schnell vom Boden. Stets ein Stück nicht zu hartes Holz auf den Wagenheberteller unterlegen, um Beschädigungen am Fahrzeug auszuschließen. Die Unterstellböcke kommen hinten ans Ende der Rahmenlängsträger, im Bereich des Querschotts hinter den Sitzen, und vorne an die Aufnahmen der Vorderachs-Querlenker am Rahmen.

**9.1-1** *Links: Über diesen Schmiernippel versorgt man die unteren Achsen außen im Querlenker mit frischem Fett.*

| Ersatzteile | Werkzeuge | Betriebs- und Pflegemittel | Sonstiges |
|---|---|---|---|
| Benzinfilter | Fettpresse | Auto-Waschmittel | Felgenbürste |
| Glühbirnen | Fühlerlehre | Bremsflüssigkeit | Kompressor |
| Luftfiltereinsatz | Reifendruckprüfer | Chrompolitur | Rangierwagenheber |
| Ölfilter | Schraubenschlüssel-Satz(Zollmaß) | Dämpferöl für die Vergaserkolben | Unterstellböcke |
| Unterbrecher, falls mechanisch | Steckschlüsselsatz (Zollmaß) | Destilliertes Wasser für die Batterie | |
| Verteilerkappe und Finger | Zündzeitpunktpistole | Dinitrol oder vergleichbares Rostschutzmittel | |
| Zündkerzen (z.B. NGKBP501ES) | | Hypoid-Öl für Schalt- und Hinterachsgetriebe | |
| | | Kriechöl (z.B. WD40) | |
| | | Kühler-Frostschutzmittel | |
| | | Lackreiniger und -politur | |
| | | Motoröl | |
| | | Schmierfett (auf Lithium-Basis) | |

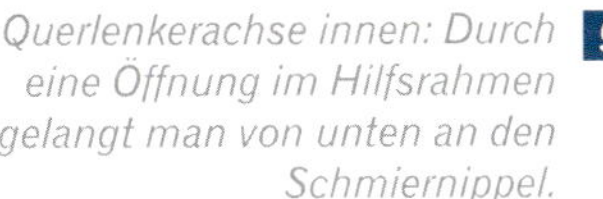

*Querlenkerachse innen: Durch eine Öffnung im Hilfsrahmen gelangt man von unten an den Schmiernippel.* **9.1-2**

*Der Schmiernippel des äußeren Kreuzgelenks der Antriebswelle ist durch eine Öffnung in der Abdeckglocke erreichbar.* **9.1-3**

Erster Job: die Schmiernippel. Und der E-Type besitzt eine ganze Menge davon. Mit der Fettpresse drückt man frisches Fett in den Nippel und damit an die zu schmierenden Lagerteile. Wie viel? Ganz einfach: Irgendwo wird das alte, schwarze Fett durch einen Spalt austreten, also immer wieder nachsehen, denn wenn hier sauberes, helles Fett zum Vorschein kommt, ist es gut.

An der Hinterachse gilt es, folgende neun Nippel zu finden:

1. Je einer außen unten an den Querlenkern, problemlos zugänglich sogar bei nicht hochgebocktem Fahrzeug.
2. Je einer an den inneren Aufnahmen der Querlenker, zu erreichen durch entsprechende Öffnungen am Hilfsrahmen des Differenzials.
3. Je einer an jedem Kreuzgelenk in den Antriebswellen, innen, also zum Differenzial indem man das Rad dreht, bis man den Nippel sieht, radseitig muss man unter Umständen die glockenförmige Abdeckung im Radlagerträger etwas verdrehen – dazu die Klemmschelle lösen.
4. Ein weiterer Schmiernippel sitzt im Kreuzgelenk hinten an der Kardanwelle, und es muss nicht erklärt werden, dass bis auf die ersten beiden Nippel keiner wirklich erreichbar ist, ohne dass man das Auto aufgebockt hat.
5. Übrigens besitzt auch das vordere Kreuzgelenk der Kardanwelle einen Schmiernippel, an den man aber nur gelangt, wenn man die Wartungsklappe innen links im Fußraum öffnen würde. De facto ist er also nicht erreichbar.

Dreht man die Einfüllschraube des Differenzialgehäuses heraus, muss man den Ölstand mit dem bloßen Auge sehen oder mit dem Finger fühlen können. Ist der Pegel zu niedrig, wird Öl nachgefüllt, bis es zur Öffnung herausläuft – also Auffangwanne un-

9.1-4 Kreuzgelenk der Antriebswelle am Differenzial.

9.1-5 Kreuzgelenk hinten an der Kardanwelle.

terstellen! Wichtig: Das Auto muss dabei waagrecht stehen oder vorne und hinten auf dieselbe Höhe aufgebockt werden. Standard-Differenziale benötigen Hypoid-Öl der Viskosität W80/90, für Sperrdifferenziale sollte man stabileres LS90 verwenden. Sperrdifferenziale findet man in der Regel an Autos der Serie I, an den späteren E-Types sind meist Standard-Differenziale verbaut. Oft findet man auch noch das originale Blechfähnchen am Gehäuse, auf dem das Übersetzungsverhältnis angegeben ist und mit einem „LS" (limited slip) angezeigt wird, ob es sich um ein Sperrdifferenzial handelt.

An den freihängenden Hinterrädern wird das Radlagerspiel kontrolliert. Für deutliches Spiel kann es allerdings verschiedene Gründe geben, sodass man sich bei der Ursachenforschung nicht nur auf die Radlager konzentrieren darf. Verschlissene Kreuzgelenke in den Antriebswellen oder defekte Lager in den Querlenkern machen sich ebenso durch Spiel am Rad bemerkbar wie schlecht sitzende Verzahnungen bei den Speichenrädern mit Zentralverschluss. Der E-Type war der erste Jaguar mit dieser unabhängigen Hinterradaufhängung, aber diese Achse wurde nicht nur im XJ6 und XJ12 verbaut, sondern in ihren Grundzügen unverändert in anderen Modellen noch bis ins neue Jahrtausend, sodass sie für eine heutige Jaguar-Werkstatt nach wie vor vertraut ist.

Der Zustand der hinteren Bremsklötze ist aufgrund der innenliegenden Scheiben schwierig zu überprüfen. Wie auch vorne, weisen die Bremsbeläge mittig einen Schlitz auf, der gut zu erkennen sein muss. Sind die Beläge so weit abgenutzt, dass dieser Schlitz kaum noch vorhanden ist, ist es Zeit für einen Wechsel. Das Problem ist aber, dass man unter dem Auto kaum etwas erkennen kann. Manche E-Types haben daher Revisionsöffnungen im Querschott vor der Hinterachse, durch die man den Zustand der Bremse vom Fahrzeuginnenraum aus begutachten kann. Diese sind aber eher selten zu finden, und es ist auch unklar, wann und in welchen Typen sie vorgesehen waren. Meistens wird sich die Inspektion an dieser Stelle daher darauf beschränken, zu überprüfen, ob alles so aussieht wie es aussehen soll. Mittlerweile sind Endoskope auch schon für kleines Geld erhältlich. Mit einem solchen Gerät kann man die hinteren Bremsklötze und auch andere Bereiche am Fahrzeug recht komfortabel inspizieren.

Der Handbremsbetätigung kann man bei dieser Gelegenheit ebenfalls einer Kontrolle unterziehen, falls nötig, kann man sie etwas nachjustieren und mit etwas Sprühöl gängig halten.

In alten Benzintanks sammeln sich häufig Schmutz, Rost und andere Fremdkörper, die den Benzinfilter oder die Pumpe zusetzen – die Folge ist unzureichende Spritversorgung zum Motor und Leistungsverlust. An Fahrzeugen ohne überholten und innen neu beschichteten Tank lohnt es sich daher, vor der Winterpause den Kraftstoff vollständig abzulassen. Unten am Tank sitzt der so genannte Sumpf, an dessen unterem Ende die Ablassschraube zu finden ist. Ist der Tank entleert, kann man den Sumpf vom Tank abschrauben und innen gründlich reinigen. Auch den Filter an der im Tank verbauten Pumpe oder – je nach Bauart – der außen sitzenden Pumpe mit separatem Filter gründlich säubern.

Ist der Wagen stabil aufgebockt, bietet es sich an, die gesamte Auspuffanlage auf Undichtigkeiten und verschlissene Aufhängungen zu überprüfen.

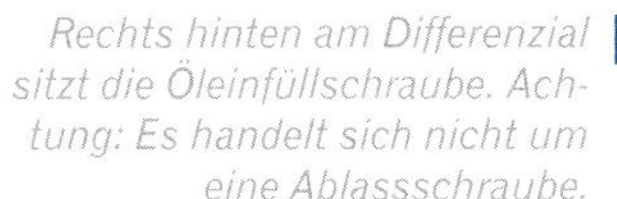

Rechts hinten am Differenzial sitzt die Öleinfüllschraube. Achtung: Es handelt sich nicht um eine Ablassschraube. **9.1-6**

Sperrdifferenziale benötigen spezielle Hochleistungs-Hypoid-Getriebeöle. **9.1-7**

Gut zu erkennen leider nur auf der Werkbank: die Nuten in den Bremsklötzen. An ihnen lässt sich der Verschleiß der Beläge ablesen. **9.1-8**

Sofern dies nicht bereits geschehen ist, werden nun die Räder abgenommen. Die geflügelten Zentralverschlüsse lassen sich mit einem stabilen Holzstück und einem Zwei-Kilo-Fäustel öffnen und auch wieder schließen – aufpassen, dabei nicht die Karosserie beschädigen. Ratsamer ist natürlich die Verwendung eines Adapters für Spezialradmuttern (u. a. Zentralverschlussmuttern-Schlüssel) mit ½-Zoll-Anschluss für entsprechende ausziehbare Steckschlüssel (z. B. Hazet 772) und eines so genannten Thor-Hammers mit Kupfer-Leder-Kopf.

Übrigens: Auf der linken Fahrzeugseite weisen diese Zentralmuttern ein Rechtsgewinde auf, und auf der rechten Fahrzeugseite ein Linksgewinde. So sollte das jedenfalls sein – sofern Adapter verbaut sind, lassen sich diese allerdings auch seitenverkehrt montieren.

An der Hinterachse gelangt man nun an die Abschmieröffnungen in den Radnabenträgern und kann Lagerfett in die Naben pressen. Nicht zu viel nachfüllen und dabei die Antriebswellen mehrmals hin und her drehen.

Da die Räder nun schon einmal vom Auto herunter sind, sollte man die Gelegenheit ergreifen und sie gründlich reinigen. Felgenreiniger, weiche Bürsten und saubere Stofflappen sind hierbei die Mittel der Wahl. Und: Bevor man die Räder wieder anbringt, die Verzahnung

*Der Mechanismus der Handbremse ist für regelmäßige Pflege dankbar.* **9.1-9**

*Unterseite des Benzintanks mit Tanksumpf und Ablassschraube.* **9.1-10**

*Achtung: Auf der rechten Fahrzeugseite haben die Zentralverschlüsse Linksgewinde, auf der linken Seite müssen es Rechtsgewinde sein. Die hier gezeigte Methode funktioniert natürlich auch, ratsamer ist die Verwendung eines speziellen Lederhammers.* **9.1-11**

an den Naben reinigen und gründlich fetten (bitte nur die Verzahnung, nicht das Radmutterngewinde!).

Auch an der Vorderachse sind einige Schmierpunkte zu berücksichtigen, welche das sind und wie viele, hängt vom Baujahr des Fahrzeugs ab und auch davon, wo bereits nachgefertigte Ersatzteile verbaut worden sind. Immer vorhanden sein muss der Schmiernippel im oberen, einstellbaren Traggelenk, welches direkt im Querlenker sitzt. Hier ist regelmäßige Wartung besonders wichtig: Vernachlässigt man diese, läuft man Gefahr, dass der Querlenker selbst durch Verschleiß unbrauchbar wird und ersetzt werden muss. Am unteren Traggelenk und ebenso an den äußeren Spurstangengelenken wird man heutzutage in der Regel nur noch wartungsfreie Teile vorfinden. Sollte man dort Schmiernippel entdecken, müssen natürlich auch diese versorgt werden.

Alte Original-Lenkungen haben meistens noch einen Schmiernippel über dem Eingang zur Lenkzwischenwelle; bei modernen Repro-Teilen fehlt dieser in der Regel. Bei beiden muss aber regelmäßig der Zustand der beiden Lenkmanschetten geprüft und deren Inneres mit neuem Lithiumfett aufgefüllt werden. Die Lenkung selbst hängt zum Zweck der Dämpfung an Silentgummis, die sich mit der Zeit auflösen können und ebenfalls regel-

**9.1-12** *Durch diese Öffnung im Radnabenträger wird Schmierfett für die Radlager nachgefüllt …*

**9.1-13** *… aber mit Augenmaß: Sobald neues Fett austritt, sollte man aufhören, zu pumpen.*

**9.1-14** *Schöne Drahtspeichenräder benötigen viel Pflege.*

9.1-15 Schmiernippel am oberen Traggelenk an der Vorderachse und ein altmodischer Spurstangenkopf, ebenfalls nachschmierbar.

Hier kommt bereits ein moderner, wartungsfreier Spurstangenkopf zum Einsatz. 9.1-16

mäßig geprüft werden müssen. Links und rechts ist die Lenkung zusätzlich mit Schraubenbolzen gesichert. Diese haben im Normalfall keine haltende Aufgabe, verhindern aber, dass die Lenkung sich komplett vom Chassis löst, wenn die Silentgummis abreißen.

Auch an der Lenksäule befinden sich zwei ursprünglich mit Schmiernippeln ausgestattete Kreuzgelenke, eines unten am Lenkgetriebe, eines oben hinter dem Lenkrad. Vor allem Letzteres lässt sich nur erreichen, wenn man das halbe Auto zerlegt, und auch das untere Kreuzgelenk muss man erst von Lenkung und Lenksäule demontieren, will man an den Schmiernippel herankommen. Bei restaurierten Autos dürften aber mittlerweile ohnehin wartungsfreie Exemplare nachgerüstet worden sein.

Damit ist der so genannten Schmierdienst erledigt, und wir wenden uns den flüssigen Betriebsstoffen zu. Im Motorraum des E-Types befinden sich drei Vorratsbehälter für Hydraulikflüssigkeit, zwei davon für die Bremsen (erkennbar an ihren Deckeln mit Füll-

9.1-17 Die unteren Traggelenke sind heutzutage wartungsfrei.

standsensor) und einer für die Kupplung. Sollten die Füllstände gegen den unteren Eichstrich wandern, wird nachgefüllt. Wichtig: Beobachten, ob der Pegel erneut sinkt – sofort oder auch nach ein paar Kilometern. Sollte sich eine Füllstandsänderung zeigen, liegt vermutlich ein Leck vor, das sofort beseitigt werden muss. Bremsflüssigkeit ist wasseranziehend (hygroskopisch), und mit zunehmendem Alter sinkt dadurch der Siedepunkt. Bei heißer Bremse bilden sich dann unter Umständen Luftblasen, die wiederum den Druckpunkt

*Original-Lenkung mit Schmiernippel …* **9.1-18**

*… und im Vergleich ein Repro-Teil ohne Schmiernippel.* **9.1-19**

*Einer der Silentgummis, in denen die Lenkung gelagert ist sowie der dazugehörige Sicherungsbolzen, erkennbar an der großen Beilagscheibe. Manche E-Types weisen zwei dieser Sicherungen je Fahrzeugseite auf.* **9.1-20**

9.1-21 *Unteres Kreuzgelenk an der Lenksäule: Ohne größeren Aufwand ist der Schmiernippel nicht zu erreichen.*

9.1-22 *Behälterparade an einem Serie I: Die Behälter mit Füllstandsensor gehören zu den Bremskreisen.*

9.1-23 *In Autos der Serie II sind die Bremsflüssigkeitsbehälter getrennt voneinander untergebracht: einmal zusammen mit dem Vorratsbehälter für die Kupplung …*

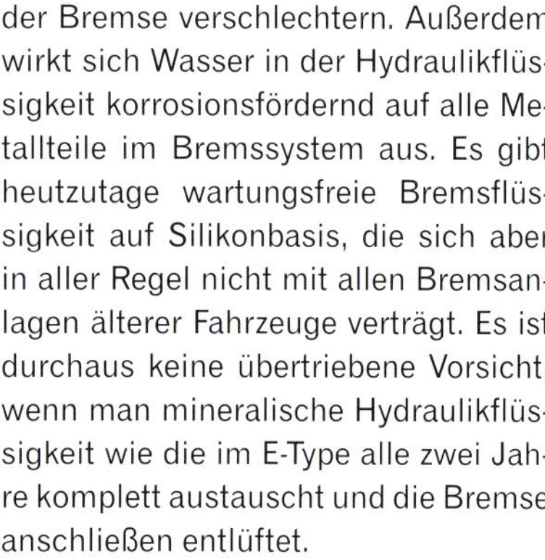

der Bremse verschlechtern. Außerdem wirkt sich Wasser in der Hydraulikflüssigkeit korrosionsfördernd auf alle Metallteile im Bremssystem aus. Es gibt heutzutage wartungsfreie Bremsflüssigkeit auf Silikonbasis, die sich aber in aller Regel nicht mit allen Bremsanlagen älterer Fahrzeuge verträgt. Es ist durchaus keine übertriebene Vorsicht, wenn man mineralische Hydraulikflüssigkeit wie die im E-Type alle zwei Jahre komplett austauscht und die Bremse anschließen entlüftet.

Wird der serienmäßige große Luftfilter genutzt, sollte man dessen Einsatz regelmäßig säubern oder gleich ersetzen. Ebenso das Filterelement im Benzinfilter vorne rechts an der Stehwand im Motorraum. Übrigens sitzen

**9.1-24** *… und noch einmal in einer separaten Halterung. Um die Funktion der Sensoren zu prüfen, drückt man bei eingeschalteter Zündung und gelöster Handbremse auf das erhöhte Gummikäppchen des Behälterdeckels. Ein Helfer kontrolliert gleichzeitig die Anzeigen im Amaturenbrett.*

**9.1-25** *Unübersehbar: der serienmäßige Luftfilterkasten.*

auch in den Kraftstoffzuleitungen vor den einzelnen Vergasern kleine Filtersiebe, die ebenfalls regelmäßig gereinigt werden sollten.

Die Spannung des Lichtmaschinenkeilriemens muss geprüft werden, mehr als 8 bis 12 mm sollte er sich mit dem Zeigefinger nicht nach unten drücken lassen, gemessen in der Mitte zwischen den beiden Riemenscheiben. Die Spannung lässt sich einstellen, indem man die Verschraubung der Licht-

*So sieht die Kraftstofffiltereinheit im Motorraum eines späten E-Type aus.* **9.1-26**

*Die richtige Keilriemenspannung wird durch Justieren der Lichtmaschine, die an einer variablen Abstützung geführt wird, eingestellt.* **9.1-27**

**9.1-28** NGK BP5ES – für viele E-Type-Kenner die Zündkerze ihrer Wahl.

Ein paar Tropfen Kriechöl in die Verteilerwelle sind empfehlenswert. **9.1-29**

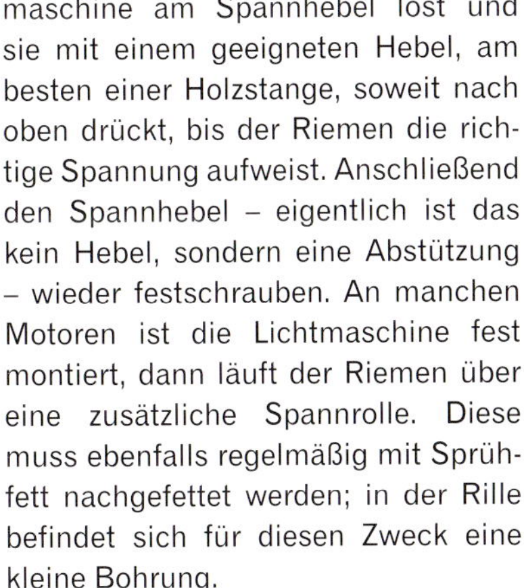

maschine am Spannhebel löst und sie mit einem geeigneten Hebel, am besten einer Holzstange, soweit nach oben drückt, bis der Riemen die richtige Spannung aufweist. Anschließend den Spannhebel – eigentlich ist das kein Hebel, sondern eine Abstützung – wieder festschrauben. An manchen Motoren ist die Lichtmaschine fest montiert, dann läuft der Riemen über eine zusätzliche Spannrolle. Diese muss ebenfalls regelmäßig mit Sprühfett nachgefettet werden; in der Rille befindet sich für diesen Zweck eine kleine Bohrung.

Zur standardmäßigen Motorüberprüfung gehört auch die Kontrolle jeder einzelnen Zündkerzen. Der korrekte Elektrodenabstand beträgt zwischen 0,6 und 0,7 Millimetern, und das Kerzenbild muss einwandfrei, also

Den Abstand des Unterbrecherkontaktes misst man mit der Fühlerlehre. Im Bild nicht korrekt: Der Kontakt muss beim Messen auf einem der Nocken der Verteilerwelle ruhen. Ein Schließwinkelmessgerät kann das Einstellen erleichtern! **9.1-30**

Der mechanische Zustand von Verteilerkappe und -finger muss genau geprüft werden. Die Kontakte weisen je nach Fahrleistung gerne mal verstärkte Abbrandspuren auf. Die passenden Ersatzteile sind auch nicht übermäßig teuer …

Der vordere Kühlmittelbehälter an einem Serie I.

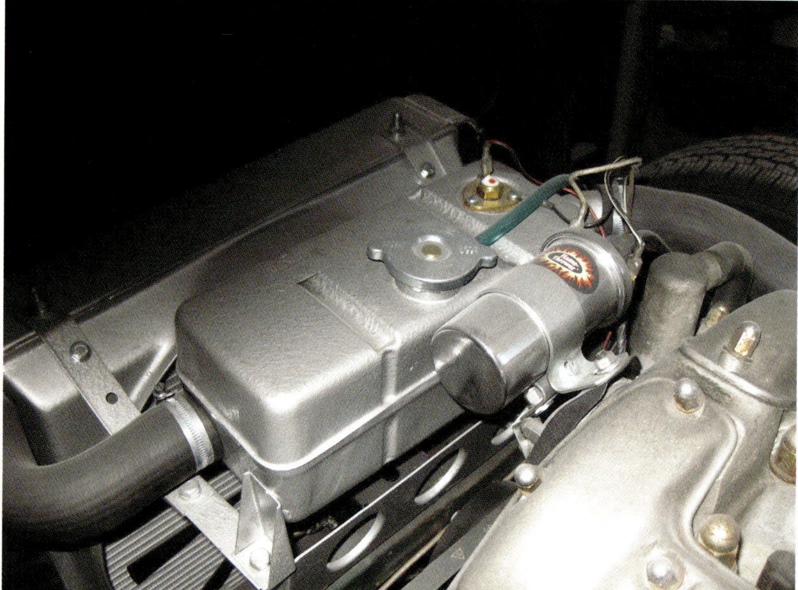

Serie-II-Exemplare und spätere Baujahre weisen einen Ausgleichsbehälter an der Spritzwand rechts hinten im Motorraum auf.

gleichmäßig hellbraun und trocken sein. Verrußte, verkohlte oder feuchte Kerzenfüße sind ein Anzeichen für Probleme mit der Zündung und/oder der Gemischbildung, deren Ursache man unbedingt auf den Grund gehen muss. Andernfalls sind mangelnde Motorleistung und erhöhter Verbrauch noch das geringste Problem. Wer so etwas ignoriert, darf sich auch über einen schweren Motorschaden nicht wundern.

Am Verteiler sollte dessen Welle regelmäßig ein paar Tropfen Öl bekommen, und selbstverständlich müssen mechanische Kontakte ebenso regelmäßig auf ihren Zustand geprüft werden. Gleichmäßiger Abbrand bis zu einem bestimmten Umfang ist normal. Man dreht den Motor (Kerzen rausschrauben) an der Kurbelwellen-Riemenscheibe, bis einer der Nocken auf der Verteilerwelle den Kontakt öffnet. Bei maximaler Öffnung – notfalls den Verteilernocken wieder etwas zurückdrehen – wird sodann der richtige Abstand eingestellt, das richtige Maß liegt hier bei 0,36 bis 0,41 mm. Kontakte aus heutiger Fertigung erreichen nur selten die Lebensdauer früherer Produkte, sie verschleißen relativ schnell und können durchaus jedes Jahr fällig sein. Übermäßiger Abbrand allerdings ist ein Zeichen dafür, dass der Kondensator nicht richtig arbeitet oder die Zündspule nicht den richtigen Widerstand aufweist.

Da Kappe und auch Finger ohnehin demontiert werden mussten, kann man sie einer sorgfältigen Inspektion unterziehen. Gründliche Reinigung, Kontrolle auf Abbrand der Kontakte und Suche nach Haarrissen oder ähnlichen Schäden ist Pflicht, will man nicht wegen so einer Kleinigkeit am Straßenrand stranden. Verteilerkappe und -finger und auch die Unterbrecherkontakte gehören im Übrigen zu den Ersatzteilen, die man auf einer längeren Ausfahrt unbedingt mit sich führen sollte.

Manche Liebhaber wechseln sowohl das so genannte Zündgeschirr (Kappe, Finger und Kontakte) grundsätzlich jährlich und ebenso die Zündkerzen. Auch wenn diese extrem konsequenten Wartungsmaßnahmen natürlich nicht schaden, muss sich aber jeder selbst überlegen, ob diese Ausgaben wirklich unbedingt nötig sind. Ein Bewertungskriterium dafür ist auf jeden Fall die jährliche Fahrleistung.

Ebenfalls zu den flüssigen Betriebsstoffen zählt das Kühlmittel. In der Serie I sitzt der Kühlmitteltank vor dem Motor oberhalb des Kühlers. Hier sollte die Flüssigkeit höchstens zwei Zentimeter unterhalb des Ein-

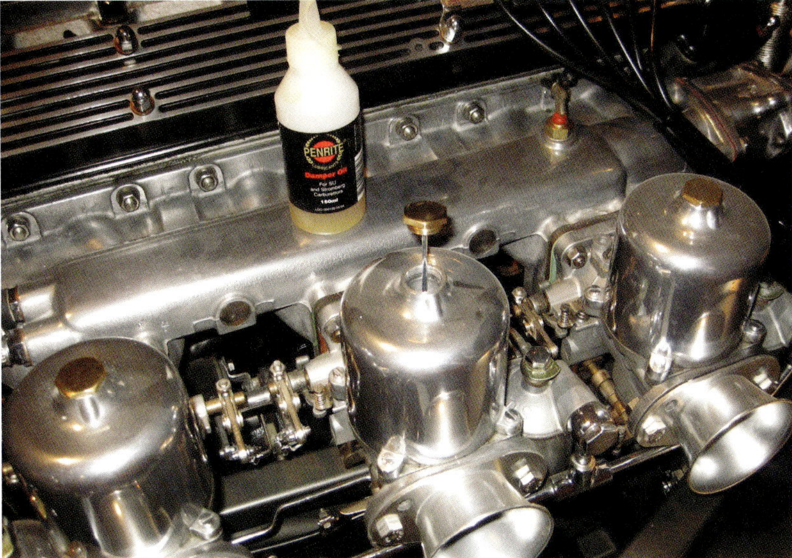


**9.1-34** *In die Vergaserkolben muss regelmäßig Dämpferöl nachgefüllt werden.*

**9.1-35** *Klassische Batterien müssen gewartet werden. Nicht überfüllen: Austretende Säure – auch in Form von Gas – greift den Lack nachhaltig an.*

**9.1-36** *Sehr empfehlenswert: ein Batterie-Erhaltungsladegerät (Akku-Jogger).*

füllstutzens stehen. Bei Exemplaren der Serie II sitzt eine nicht entlüftende Verschlusskappe oben auf dem Kühler; der Kühler selbst muss randvoll mit Kühlflüssigkeit sein. Rechts an der Spritzwand befindet sich ein Ausgleichsbehälter, der ungefähr zur Hälfte gefüllt sein muss. Nachgefüllt wird immer eine Mischung aus Wasser und Kühlerfrostschutzmittel – auch wenn man nicht im Winter fährt oder auch in einer heißen Region dieser Erde lebt. Das Additiv wirkt auch als Korrosionsschutz und setzt den Siedepunkt der Kühlflüssigkeit herauf. Wie bei allen Flüssigkeiten gilt es, unerklärlich großen Verlusten sofort auf den Grund zu gehen.

Eine Spezialität der SU-Vergaser sind die Vergaserkolben, die regelmäßig mit Dämpferöl versorgt werden müssen. Sie sorgen für ein sanfteres Ansprechen der Vergaser beim Beschleunigen.

In meinem E-Type hatte ich Wert auf eine „klassische" Batterie mit freiliegenden Polbrücken und zu öffnenden Zellbehältern gelegt. Diese Batterien sind mittlerweile wieder verfügbar und ziemlich teuer, und für den höhe-

*Die Haubenschlösser vor der Spritzwand weisen Öffnungen für das Abschmieren auf.* **9.1-37**

*Der Kabelbaum muss sorgfältig verlegt sein, sämtliche Steckverbindungen müssen sicher sitzen und sauber sein.* **9.1-38**

9.1-39 Radlagermutter an der Vorderachse: Nach dem Nachstellen des Lagers immer einen neuen Splint einsetzen.

ren Preis erkauft man sich zudem die Pflicht, sie auch regelmäßig zu warten und gegebenenfalls destilliertes Wasser nachzufüllen. Säubern der Pole und Polklemmen ist aber auch bei den wartungsfreien, modernen Batterien notwendig, es empfiehlt sich, Pole und Kabel mit speziellem Polfett zu konservieren, um Korrosion vorzubeugen, die eine Batterie durchaus zerstören kann.

Wird das Auto längere Zeit nicht gefahren, wie es im Winterhalbjahr meist der Fall sein dürfte, sollte man die Batterie an ein so genanntes Erhaltungsladegerät (Akku-Jogger) anschließen. Dieses sorgt für eine regelmäßige Ent- und Beladung und damit für eine längere Lebensdauer der Batterie.

Den Gesamteindruck des Motorraums zu überprüfen, gehört zu den regelmäßig anfallenden Pflichten jedes Fahrers eines Klassikers, und zwar keinesfalls nur einmal im Jahr vor der Saison. Bei Öl- und Fettrückständen muss der Ursache auf den Grund ge-

9.1-40 Schmierdienst an der Vorderradnabe.

9.1-41 Nagelneue Bremsklötze in der vorderen Bremse: Gut zu erkennen der Schlitz, an dem sich der Verschleiß nachprüfen lässt.

**9.1-42** *Frühes Getriebe mit Einfüll- und Ablassschraube.*

**9.1-43** *Das späte Getriebe hat nur eine Einlassschraube.*

gangen werden. Der filigrane vordere Rohrrahmen des E-Type ist nicht unanfällig gegen Materialermüdung – also gilt es, nach Rissen oder verbogenen Streben zu suchen. Sämtliche beweglichen Teile wie die Scharniere und Haubenschlösser benötigen von Zeit zu Zeit etwas Fett, am Kabelbaum gilt es, alle Steckverbindungen zu prüfen und sicherzustellen, dass alle Kabel nach wie vor ordentlich verlegt sind und nicht anderen Bauteilen oder gar dem Motor ins Gehege kommen können.

Die Kontrolle und – falls notwendig – Einstellung der vorderen Radlager haben wir bereits in Kapitel 8 beschrieben; sie gehört selbstverständlich ebenfalls zu diesem jährlichen Check vor jeder neuen Saison. Und wie auch an der Hinterachse müssen die feinverzahnten Achsstummel der Radnaben gründlich gereinigt und gefettet werden, bevor man die Drahtspeichenräder montiert. Ob die Traggelenke und die Spurstangenköpfe spielfrei sind, wurde bereits im Zuge des Schmierdienstes überprüft.

Wie am Ausgleichsgetriebe der Hinterachse, gilt auch beim Schaltgetriebe: Wenn man den Finger in die Einfüllöffnung steckt und er trocken – also ohne Ölspuren – wieder herauskommt, muss nachgefüllt werden, wie auch am Standard-Differenzial mit Hypoid-Öl der Spezifizierung W80/90. Nachgefüllt wird solange, bis Öl herausläuft; wie bereits erklärt, beim exakt waagerecht stehenden Fahrzeug, ob aufgebockt oder auf einer Hebebühne.

Und damit sind wir schon beim letzten, aber nicht unbedeutendsten Wartungspunkt: dem Motorölwechsel. Vielleicht klingt das merkwürdig von jemandem, der sein Auto buchstäblich bis zur letzten Schraube zerlegt hat, aber der Ölwechsel am Motor ist immer noch aufregend für mich. Und oft macht man ja bei den Sachen, die am einfachsten aussehen, die dümmsten Fehler.

Zunächst lässt man den Motor eine Weile warmlaufen, 10 bis 15 Minuten sollten reichen, wobei je nach Motor bis zu 8,5 Liter Öl erwärmt werden müssen. Anschließend den Öleinfülldeckel abschrauben, den Messstab rausziehen und die Ablassschraube hinten an der Ölwanne herausdrehen, dann sollte das warme Öl in den bereitgestellten funktionalen und aus-

*Vorne wird der E-Type am besten mit einem Rangierwagenheber angehoben, den man mittig unter den Kühlerrahmen ansetzt. Ein dazwischen gelegtes Holzstück hilft, Schäden am Auto zu vermeiden.* **9.1-44**

reichend großen Auffangbehälter plätschern. Acht Liter Motoröl auf dem Garagenboden sind kein Spaß! Je nachdem, wie hoch man das Auto aufbocken kann, ist es nicht ganz einfach, ein geeignetes Gefäß (z. B.: Katzentoilette) aufzutreiben. Anfangs schießt das Öl beinahe waagerecht aus dem Motor, später fällt der Strahl ins Senkrechte, das Auffangbecken muss also eine entsprechend große Öffnung besitzen. Man muss auch sicher sein, dass es ausreichend voluminös ist, die gesamte Menge an Altöl zu fassen.

Es dauert eine Weile, bis das gesamte Altöl abgeflossen ist, vor allem gegen Ende, wenn nur noch ein dünnes Rinnsal herausläuft. In der Zwischenzeit sollte man sich die Ablassschraube genau ansehen. Sie ist magnetisch, und zwar aus einem wichtigen Grund: Sie zieht auf diese Weise den Abrieb von (eisenhaltigen) Motorteilen an. Ein gewisser „Satz“ wird sich dort immer finden; das ist normal, solange es nicht zu viel ist. Diese Partikel dürfen nicht größer sein als sehr feiner Sand. Um zu beurteilen, wie viel unbedenklich ist, braucht man etwas Erfahrung. Ist der Belag auf der Schraube über einen Millimeter stark, sollte man sich Gedanken machen, und wenn greifbare Späne gefunden werden, sollte man das Ganze einem Spezialisten zeigen. Die Profis können auch erkennen, woher der Fremdkörper stammt. Solche Rückstände sind ein Alarmzeichen, je nach Menge kann man sich durchaus schon einmal moralisch auf eine Motorrevision einstellen.

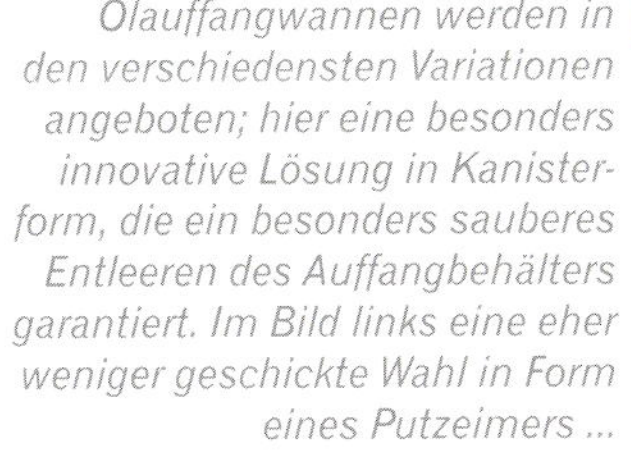

*Ölauffangwannen werden in den verschiedensten Variationen angeboten; hier eine besonders innovative Lösung in Kanisterform, die ein besonders sauberes Entleeren des Auffangbehälters garantiert. Im Bild links eine eher weniger geschickte Wahl in Form eines Putzeimers ...* **9.1-45**

9.1-46 Moderne Filterpatrone alt und neu, Ablassschraube und ein Ölfilterschlüssel.

9.1-47 Gute und praktische Investition: ein Umrüstsatz auf Filterpatrone an einem XK-Triebwerk.

Ist aber alles in Ordnung, können wir die Ablassschraube gründlich sauber machen, mit einem neuen Kupferring wieder in die Ölwanne einsetzen und mit dem richtigen Drehmoment (siehe Werkstatthandbuch) festziehen. Als nächster Punkt auf der Liste steht der Ölfilter rechts unten am Motor, an den man auf zwei Wegen gelangt: Von oben also im Motorraum – hierfür muss man das serienmäßig verbaute Luftfiltergehäuse ebenfalls demontieren (ein zusätzlicher Vorteil meiner offenen Sportluftfilter), oder von unten, nachdem man ein kleines Blech hinter dem Steinschlagschutz abgeschraubt hat. Originale Motoren besitzen ein separates Filtergehäuse mit Papiereinsatz. Nachteil dieser klassischen Konstruktion ist es, dass sich in der Filterglocke auch bei abgelassenem Öl immer noch eine ganze Menge Restöl befindet, das unweigerlich und kaum kontrollierbar herausläuft, sobald man das Gehäuse löst. In meinem Auto kann dank eines Umbausatzes eine moderne Filterpatrone verwendet werden, bei der nur eine kleine Menge Öl herausläuft, das sich problemlos mit einem darunter gehaltenen Lappen auffangen lässt. Für diese Patronen gibt es so genannte Filterschlüssel, die mit einem Band oder einer Kette um das Blechgehäuse greifen und diese dann leicht vom Motor lösen. Das Festziehen der neuen Patrone kann man mit der Hand erledigen, oder besser mit beiden Händen, aber nicht mit zu viel Kraft. Achtung: Beim Festziehen mit dem Schlüssel beschädigt man womöglich den neuen Filter! Die Dichtringe an der Patrone und die Dichtfläche an Motor oder Adapter gründlich saubermachen, Gummis leicht mit etwas neuem Öl benetzen.

Sitzt der Filter fest und ist die Ablassschraube drin (durchaus kein Anfängerfehler!), wird der Motor mit neuem Öl befüllt. Bis zu acht Liter gehen in ein XK-Triebwerk. Man sollte beim Öl keine falschen Kompromisse machen.

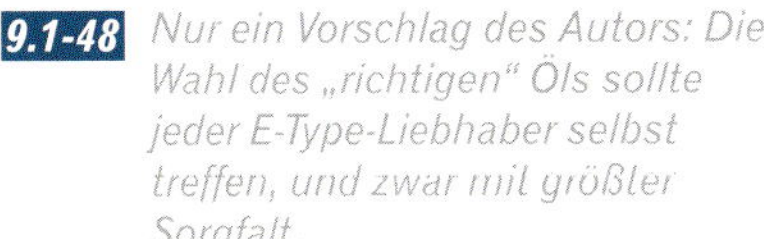
9.1-48 Nur ein Vorschlag des Autors: Die Wahl des „richtigen“ Öls sollte jeder E-Type-Liebhaber selbst treffen, und zwar mit größter Sorgfalt.

9.1-49 Ein Trichter wie dieser gehört in jede Werkstatt; am besten einer für jeden speziellen Einsatzbereich.

Billigprodukte aus dem Supermarkt oder Baumarkt sollte man meiden. Der Motor verbraucht auch einiges an Öl, ein bis zwei Liter auf 1000 Kilometer sind nicht ungewöhnlich, während des Einfahrens nach einer Überholung kann der Verbrauch auch deutliche höher sein. Die Wahl des Öls hat für viele fast schon etwas religiöses, weshalb an dieser Stelle keine Empfehlung für eine spezielle Marke folgt. Seinem Alter entsprechend sollte man dem Motor ein klassisches mineralisches Markenöl gönnen, und die Viskosität 20W50 schränkt die Zahl der Anbieter ohnehin ein. Synthetik-Öl hat in einem Triebwerk wie dem des E-Type eigentlich nichts zu suchen. Die Vorteile bezüglich Verbrauch und Lebensdauer, die modernen Ölen zu Eigen sein sollen, machen sich in einer über 60 Jahre alten Konstruktion auf keinen Fall bemerkbar, eher im Gegenteil.

Aus Gründen der Motorhygiene füllt man das neue Öl unter Zuhilfenahme eines geeigneten Trichters in den Motor ein; dieser muss selbstverständlich absolut sauber und vor allem frei von jeglichen Fremdkörpern sein. Außerdem wird so ein Trichter anschließend

9.1-50 Kann nicht schaden: Ein Blick auf die Verkabelung hinter dem Armaturenbrett.

Durch diese Öffnung lassen sich die Türscharniere mit frischem Öl versorgen.

Graphitöl in den Schließzylindern sorgt für Leichtgängigkeit und hält Feuchtigkeit ab.

Die Heckklappenscharniere ölt man über diese kleine Nut.

*Die Wischerlager bedanken sich für eine regelmäßige Behandlung mit Fett.*

*Der Wasserablauf unter dem Dichtgummi der Hecktür darf nicht mit Schmutz zugesetzt sein.*

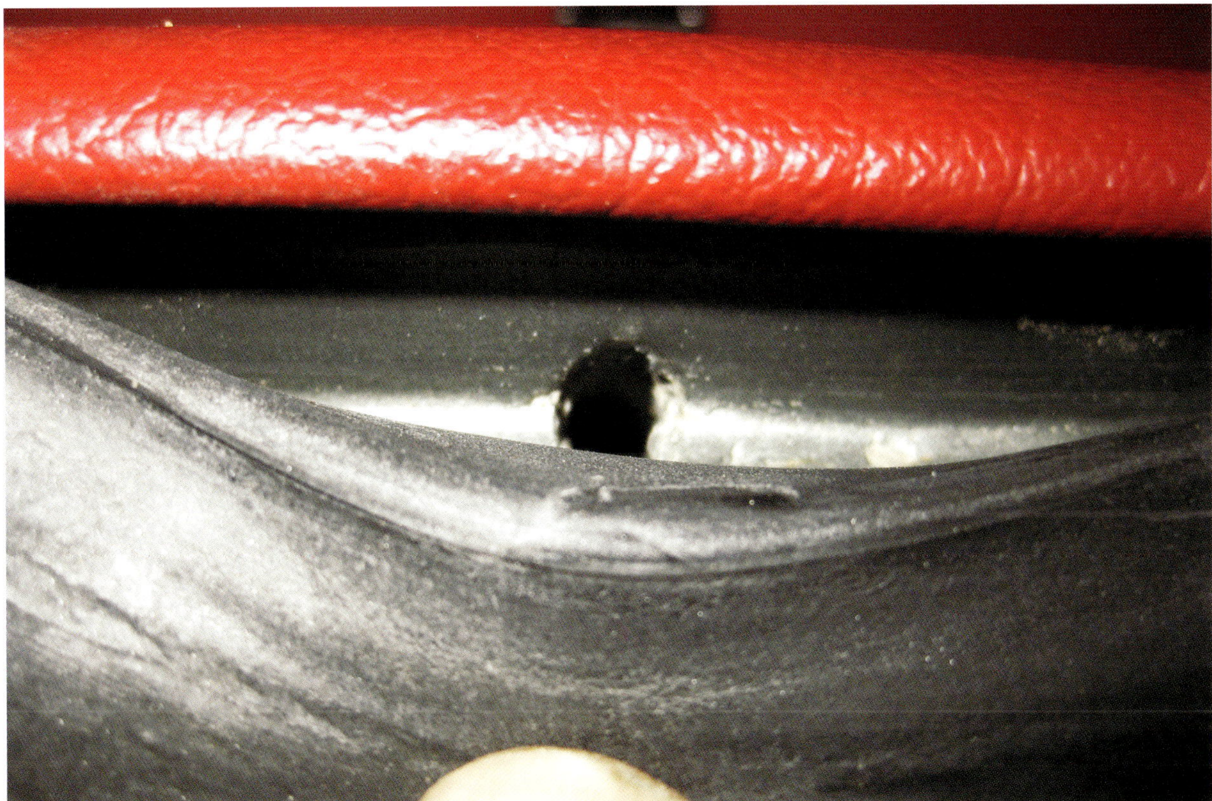

mit einem Stofflappen ausgewischt, da andernfalls Ölreste und mit ihnen Schmutz antrocknen können, die man beim nächsten Einsatz erst einmal wieder beseitigen müsste.

Zum Abschluss des Ölwechsels den Ölverschlussdeckel schließen, Ölmessstab in das Führungsrohr schieben, den Motor starten und ein paar Minuten laufen lassen. Zeigt der Öldruckmesser korrekte Werte an? Nach vier oder fünf Minuten den Motor abstellen, kurz warten und den Ölstand messen. Den Ölmessstab erst einmal mit einem sauberen Tuch abwischen und dann wieder in seine Führung stecken. Dann erneut herausziehen und erst jetzt nach dem Ölstand auf der Skala sehen. Außerdem den gesamten Motor genau beobachten: Tritt irgendwo Öl aus – oder Kühlwasser? „Schwitzt" er?

Während der Motor läuft, bietet sich eine Kontrolle der Instrumente an: Funktionieren alle Anzeigen, erlöschen Öldruck- und Ladekontrollleuchte? Bleibt der Pedaldruck in Kupplung und Bremse stabil oder lässt er nach? Sofern vorhanden: Arbeitet die Servolenkung? Dies sind aber alles Punkte, die man ohnehin bei jedem Fahrtantritt überprüft, ebenso, ob alle Beleuchtungseinrichtungen fehlerfrei funktionieren. Wer das nötige Rüstzeug hat, kann auch nachprüfen, ob der Zündzeitpunkt korrekt eingestellt ist und ihn gegebenenfalls durch leichtes Verdrehen

9.1-56 *Wasserablauf unten in den Türen.*

des Verteilers optimieren. Und jetzt, in der Garage und ohne Verkehrslärm und Fahrgeräusche: Genau hinhören, ob der Motor „gesund" klingt. Keine ungewöhnlichen Töne, Klopfgeräusche? Läuft er rund und ohne Drehzahlschwankungen?

Die Frühjahrswartung an Fahrwerk und Antrieb wäre damit geschafft, wir können die Motorhaube jetzt schließen. Die Dose mit dem Sprühfett wird aber noch benötigt: Sämtliche Türscharniere an den Seiten und hinten sollten damit etwas Pflege erhalten, die Tankklappe, alle Schlösser und die Scheibenwischerlager ebenso. Im Innenraum kann man die Sitzschienen reinigen und fetten, die Lehnenverstellung, die Scharniere des Handschuhfachs und die der Stauraumklappe hinter den Sitzen.

Solange die Räder noch vom Boden sind, kann man besonders gut mit einem Schraubenziehergriff gegen die Speichen klopfen: Klingen alle gleich oder fallen einzelne Speichen durch dumpfere Töne auf? Dann dürfte die Speiche angerissen sein, und das Rad muss ersetzt werden. Auch das Reserverad nicht vergessen!

Das müsste es gewesen sein, oder? Wenn nicht schon geschehen, können wir das Auto jetzt wieder auf alle vier Räder stellen, die hoffentlich korrekt festgezogen wurden. Auf geht's zur ersten Ausfahrt der Saison: Am besten vielleicht zu einem guten Autowaschplatz, wo Lack und Chrom noch mit der gebührenden Aufmerksamkeit gereinigt, versiegelt und poliert werden. Wenn während der Fahrt keine Fehler zutage treten – insbesondere die Motorkühlung sollte man ohnehin immer im Auge behalten –, steht einer sorgenfreien Saison mit dem E-Type eigentlich nichts mehr im Wege. Ob Restaurierung oder Wartung: Die ganze Arbeit macht man sich ja nicht zum Selbstzweck. Die Belohnung ist die Fahrt mit einem Auto, das an Faszination nicht viele ebenbürtige Wettbewerber hat. Und dass es aufgrund der eigenen Anstrengungen so fährt, krönt den Genuss.

**9.1-57** *Zündzeitpunkt-Markierung an einem Serie-I- Exemplar …*

**9.1-58** *… und an meinem Serie II, unerklärlicherweise unten an der Ölwanne.*

# 10.1 Werkzeug für den Jaguar E

Wohl jeder, der sich für die Technik seines Autos interessiert, dürfte schon einmal in einer Profiwerkstatt neidvoll und ehrfürchtig vor den dortigen Werkzeugausrüstungen innegehalten haben: Vom kleinsten Schraubendreher bis hin zum kostbaren Spezialwerkzeug ist dort alles vorhanden, meist blitzblank und in perfekter Ordnung an Werkbank-Rückwänden oder fahrbaren Werkzeugkästen aufbewahrt. Wer selbst Hand anlegen will oder gar mit dem Gedanken spielt, sein Auto, ob E-Type oder etwas anderes, von Grund auf neu aufzubauen, sollte sich die Ausstattung – und die Ordnung – des Profis zum Vorbild nehmen. Gutes Werkzeug ist allerdings nicht unbedingt billig, und wer für sein Hobby nicht gerade unbegrenzte Mittel aufwenden kann oder will, muss sich entscheiden, welche Anschaffung für seine Bedürfnisse wirklich Sinn macht und in welcher Qualität und welchem Umfang. Wer bestimmte Arbeiten beim Fachmann ausführen lässt, muss sich nicht dessen kostspieliges Spezialwerkzeug selbst zulegen, und wenn man nicht vorhat, jedes Jahr ein neues Auto herzurichten, kann man auch darüber nachdenken, manche Hilfsmittel auszuleihen oder zusammen mit jemand anderem zu kaufen.

Fangen wir mit den wichtigsten Standard-Ausrüstungsgegenständen an, und da gleich mit einer der am meist unterschätzten: der Schutzbrille. Wer schon einmal erlebt hat, wie schmerzhaft und unglaublich lästig ein kleines Staub- oder Rostkorn im Auge sich auf die Arbeit am Auto auswirken kann, der weiß, dass so eine Brille absolut unverzichtbar ist. Es schadet auch nichts, mehrere bzw. verschiedene davon zu haben: großformatig im Stil einer Taucherbrille, wenn man mit der Flex an der Werkbank arbeitet, oder kompakt, wenn man unter das Auto klettern muss. Es gibt spezielle, gelb eingefärbte Gläser, die die Sicht bei schlechtem Licht verbessern sollen. Allerdings empfindet nicht jeder deren Wirkung gleich stark, schaden kann der Versuch sicher nicht.

Auch Ohrenschützer sind eine Überlegung wert, je nachdem, was man plant: Wer Chassis und Karosserie selbst entrosten will oder, wie ich in meinem Fall, die Karosserie komplett für die Lackierung vorbereitet, sollte sich unbedingt ein paar vernünftige „Micky-Mäuse“ zulegen. Ob Flex, Zopfbürste oder Tellerschleifer – in der Regel wird man elektrisch angetriebene Geräte verwenden, und deren Geräuschentwicklung ist teilweise enorm und

**10.1-1** *Links: Eine kleine Auswahl: Gripzangen, Rollgabelschlüssel, Kombi- und Spitzzangen, ein Karosseriehammer und verschiedene Elektrikerzangen, z. B. zum Abisolieren von Kabelenden.*

*Sicherheitsausrüstung: Schutzbrillen, Atemschutzmaske, Handschuhe und Ohrenschützer – auch gerne als „Micky Maus" tituliert.* **10.1-2**

auch ungesund, wenn man sich ihr stunden- und tagelang aussetzt. Außerdem verhindern diese Dinger auch zuverlässig, dass Staub, Metallspäne oder gar glühende Funken beim Schweißen ihren Weg in den Gehörgang finden.

Selbstverständlich gehören Handschuhe in jede Werkstatt, und zwar ebenfalls in verschiedenen Ausführungen: stabile Lederhandschuhe für die Arbeit mit Trennschleifer oder Schweißgerät, dünne aus einem Textil-Nylon-Mix, mit oder ohne Noppen an Stellen, wo man Fingerfertigkeit benötigt, sich aber nicht sofort an jeder Blechkante schneiden möchte. Ein Karton mit Einweg-Latexhandschuhen ist ebenfalls sehr praktisch, zum Beispiel bei der Arbeit an der Bremsanlage oder überall, wo man mit flüssigen Betriebsmitteln in Berührung kommt. Die Hände bleiben sauber, und insbesondere Bremsflüssigkeit greift die Haut sehr aggressiv an. Eine gute Handwaschpaste gehört trotzdem zum Rüstzeug, aber wer möglichst häufig Handschuhe trägt, erspart sich eine Menge Schrubberei. Diese Erkenntnis hat sich offenbar erst in jüngerer Vergangenheit auch untern den Profis herumgesprochen, und wer sich die Hände eines alten Mechanikers ansieht, versteht, was ich meine.

Stichwort Schleifen: Der Schutz der Atemwege ist Pflicht, wenn man wie ich Unmengen Spachtel und Füllgrund von der Karosserie herunterschleifen muss. Es gibt diese einfachen Mundschützer, die aber eher aus dem Hygienesektor stammen; für ernsthaftes Arbeiten in der Autowerkstatt sollte man sich eine richtige Atemschutzmaske gönnen.

Für alles oben Genannte gilt natürlich: Es hilft nur, wenn man es auch benutzt. Das heißt, dieses Equipment sollte immer in Reichweite liegen und sauber und gepflegt sein. Ist die Schutzbrille von der letzten Schleifaktion noch komplett eingestaubt, neigt man dazu, mal „gerade schnell" ohne ihren Schutz ein Eisenteil mit der Flex zu zersägen, und jeder kennt Murphy's Gesetz: Genau dann fliegt der glühende Metallspan ins Auge.

Kommen wir zu den eigentlichen Werkzeugen, als erstes zu den Steckschlüsseln. Sie sind je nach Art der zu behandelnden Schraube geformt, greifen sie von außen auf den Schraubenkopf, spricht man gerne von „Nüssen", steckt man sie in den Schraubenkopf, nennt man sie umgangssprachlich – aber falsch – gerne Inbus-Einsatz. Beides gibt es in den verschiedensten Profilen und Maßen, Sechskant, Vielzahn, metrisch und „zöllig" bei den Nüssen, bei den Inbus-Schlüsseln kommen noch Phillips, Torx und Pozidriv hinzu. Hin und wieder stößt man auch auf Vierkantmuttern, aber meistens kommt man hier mit einem Gabelschlüssel schon weiter. Es ist also so gut wie unmöglich, einen wirklich „kompletten" Steckschlüsselsatz zu kaufen, man wird später immer wieder noch die eine oder andere Ergänzung benötigen.

Steckschlüssel sind nutzlos ohne einen passenden Antrieb, und zu jedem Steckschlüsselsatz gehörten folglich mindestens eine Ratsche, ein starrer Hebel, eine oder besser zwei Verlängerungen und ein Kardangelenk. Auch hier benötigt man irgendwann spezielle Erweiterungen; an unzugänglichen Stellen – an den Auspuffkrümmern des E-Type zum Beispiel – ist auch eine flexible Welle nicht unpraktisch. Final angezogen allerdings wird stets mit dem festen Schlüssel. Die Ratsche – oder auch Knarre genannt – hat den Vorteil, dass man sie nicht vom Schraubenkopf abziehen und neu ansetzen muss; sie lässt sich entgegen der Arbeitsrichtung frei drehen. Übrigens ist auch bei metrischem Werkzeug der Antriebsvierkant „zöllig": In unserem Schrauber-Universum gibt es Vierkantantrie-

**10.1-3** *Nüsse, Ratschen, Verlängerungen: Mehrere Ausführungen im Werkzeugkasten zu haben, ist kein Fehler …*

be mit ¼“, $^{3}/_{8}$“ und ½“, je nach Größe der verwendeten Steckschlüsseleinsätze. Man sollte möglichst immer den größten Antrieb verwenden, der für die benötigte Schlüsselgröße verfügbar ist. Bei Einsätzen am Auto wird man in der Regel immer mit der „Halbzoll-Ratsche“ arbeiten können. Ein Satz mit $^{3}/_{8}$“ zusätzlich im Werkzeugschrank schadet sicher nicht, Viertelzoll-Nüsse wird man kaum jemals gebrauchen können. Übrigens: Brückenbauer und andere Schwermetallarbeiter arbeiten auch mit Ein- und Zweizoll-Antrieben.

Ebenfalls zum Steckschlüssel-Universum zählt ein Drehmomentschlüssel, ohne den man am Auto und einem hochkarätigen Motor wie dem des E-Type gar nicht erst anfängt. Früher war die Ausführung mit dem Messzeiger gebräuchlicher: Ein freiliegender Draht arbeitet als Messzeiger, während sich der Hebel, an dem man zieht, verwindet. Heute ist dieses Werkzeug so gut wie ausgestorben; weniger, weil es ungenau arbeiten würde, aber die heute verbreitete Ausführung als Ratsche ist einfach unempfindlicher und leicht zu betätigen. Bei ihr stellt man das gewünschte Drehmoment ein, zieht die Schraube an, und bei Erreichen des eingestellten Werts gibt der Ratschenkopf ein ganz kleines Stück nach.

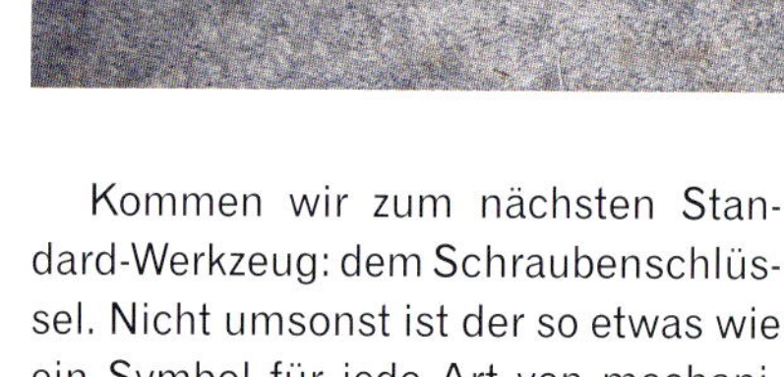


**10.1-4** *Auch wenn dieses stark beanspruchte Teil noch aus der väterlichen Werkstatt stammt, er funktioniert noch immer: mein Drehmomentschlüssel.*

Kommen wir zum nächsten Standard-Werkzeug: dem Schraubenschlüssel. Nicht umsonst ist der so etwas wie ein Symbol für jede Art von mechanischer Arbeit. Man unterscheidet zwischen Maul- und Ringschlüsseln, und auch sie gibt es metrisch und „imperial“, also im Zollmaß. Ringschlüssel weisen fast immer ein zwölfkantiges Profil auf, sodass sie sich leichter auf den Schraubenkopf bugsieren lassen. Es gibt die verschiedensten Kombinationen – Doppel-Maul, Doppel-Ring und Ring-Maul, wobei die beiden ersteren jeweils zwei Schlüsselgrößen abdecken, der letztere hingegen nur eine Schlüsselweite, aber dafür eben als Maul- und als Ringschlüssel. Außerdem kann man sämtliche Ausfertigungen – vor allem allerdings Ringschlüssel – auch noch flach oder mehr oder weniger stark gekröpft oder mit abgewinkeltem Kopf erwerben. Die Kröpfungen sorgen für bessere Werkzeugführung, weil die Finger nicht gegen das Werkstück stoßen, allerdings ist nicht an jedem Einsatzort auch immer ausreichend Platz vorhanden.

Die Mindestausstattung in einem ordentlichen Werkzeugkasten umfasst einen Satz flache Doppel-Maulschlüssel sowie einen Satz leicht gekröpfte Doppel-Ringschlüssel. Wer sich noch einen Satz Ring-Maul-Schlüssel dazu leistet, kommt hoffentlich nie mehr in die Verlegenheit, einen Schraubenkopf oder eine Mutter mit der Kombizange halten zu müssen. Ein Rollgabelschlüssel, also ein „Engländer“, ist

## Zusammenfassung

- Werkzeug ist immer „nur“ ein Mittel zum Zweck – trotzdem benötigt es Pflege und Aufmerksamkeit.
- Ein tolles Auto verdient gutes Werkzeug – wer billig kauft, kauft oft zwei Mal.
- Zu viel Werkzeug kann man eigentlich nicht haben – zu wenig Ordnung allerdings sehr wohl.

**10.1-5** *Baumarktschrott und brauchbare Qualität: zu großer Ratschen-Ringschlüssel (ganz oben), sehr brauchbarer Ratschen-Ring-Maulschlüssel (2. von oben), professioneller Ring-Maulschlüssel (3. von oben) und Baumarktqualität (ganz unten).*

eine sinnvolle Ergänzung, vor allem, wenn man sich nicht einen kompletten zweiten Satz Gabelschlüssel zusätzlich zulegen möchte. Übrigens gibt es auch Schraubenschlüssel mit Ratschenfunktion, die unter Umständen sehr praktisch sein können. Gute Qualität ist aber nicht so leicht zu finden, nicht nur deshalb sind diese Teile bei Profis auch ein wenig verpönt.

Ebenfalls als Schraubenschlüssel bezeichnet werden die einfachen Innensechskant-Schlüssel und ihre schon erwähnten Varianten wie Torx, Phillips und Vielzahn. Vorausgesetzt, man hat einen wirklich vollständigen Satz Steckschlüssel, sind sie aber eher eine selten benötigte Ergänzung. Trotzdem oder vielleicht gerade deshalb liegen sie in schwer zu durchschauender Vielfalt und Menge in so gut wie jedem Werkzeugkasten herum.

Schraubendreher kann man eigentlich nie zu viele haben. Schlitz und Kreuzschlitz, und das in den verschiedensten Größen. Eine gehärtete Klinge ist hier ein absolutes Muss! Sie werden besonders gerne auch zweckentfremdet und als Hebel, Meißel, Körner oder Vorschläger missbraucht. Die Chance ist immer groß, dass der Schraubendreher, den man dann tatsächlich zu diesem Zweck aus dem Kasten holt, krumm oder seine Klinge abgebrochen ist.

Zangen sind eine Wissenschaft für sich, es gibt sie in unzähligen Ausführungen und für die unterschiedlichsten Einsatzbereiche. Eine stabile Wasserpumpenzange gehört unbedingt dazu, aber Vorsicht: Hier gibt es leider auch für teures Geld schlechte Konstruktionen! Kombizangen und arretierbare Gripzangen sind ebenfalls unverzichtbar, vor allem letztere sind oft der einzige Ausweg, wenn man eine rundgedrehte Mutter mit keinem der vorgesehenen Werkzeuge mehr halten kann. Seitenschneider sollte man in zwei Größen besitzen, zur Not tut es auch eine stabile Beißzange. Abisolierzangen und Crimpzangen erleichtern die Arbeit am Kabelbaum erheblich. Spitzzangen zum Demontieren von Spreng- und Sicherungsringen werden auf jeden Fall benötigt, und da solche Ringe innenliegend eingesetzt werden, aber auch außen aufgeklemmt werden, benötigt man beide Varianten: Die Art, bei der man durch Zusammendrücken der Griffe die Zangenspitzen spreizt, und diejenige, bei der man sie zusammenpresst. Beides gibt es wiederum gerade oder abgewinkelt; welche Ausführung richtig ist, stellt man oft leider erst dann fest, wenn man sie benötigt.

Hämmer sollte man in verschiedenen Ausführungen und Gewichten haben. Einfache Schlosserhämmer gehören zur Standardausstattung, einen mit ca. 250 Gramm und einen mit 500 Gramm Gewicht. Für die Flügelmuttern der E-Type-Räder benötigt man einen Fäustel mit zwei Kilogramm Gewicht. Besser ist hier natürlich ein Lederhammer. Bevor man festsitzende Teile mit dem Eisenhammer auseinander treibt, kann es ratsam sein, es erst mit einem so genannten Klopfholz zu versuchen, sozusagen ein Hammer mit einem Kopf aus Hartholz.

Den Zwei-Kilo-Fäustel benutzt man auch für den Schlagschrauber, ein spezielles Werkzeug, das sich anbietet, wenn man mit dem Steckschlüssel nicht mehr weiterkommt. Durch den Schlag auf den Schraubenkopf wird die festsitzende Schraube in axialer Richtung im Gewinde erschüttert und

**10.1-6** *Innensechskantschlüssel: eher selten verwendet, aber massenhaft in jedem Werkzeugkasten zu finden.*

**10.1-7** *Auch hier auf Qualität achten: Feilen, Bürsten, Fühlerlehre.*

löst sich so; zugleich dreht sich der Steckschlüssel auf dem Schlagschrauber ein kleines Stück in die gewünschte Richtung. Nach ein oder zwei kräftigen Hieben lässt sich dann auch eine wie verschweißt sitzende Schraube meistens mit dem Standardwerkzeug rausdrehen. Wer einfach mit einem Rohr den Hebel verlängert, riskiert dagegen nur, dass der Schraubenkopf abreißt, und das bedeutet in der Regel ein ganze Menge Extra-Arbeit.

Aus den oberen Erklärungen wird schon deutlich, dass man bei der Arbeit an Fahrzeugbauteilen durchaus auch einmal (gut dosierte) Gewalt anwenden muss.

Bei der Werkstattausstattung sollte man dies berücksichtigen: Eine gute Werkbank weist eine Arbeitsplatte von mindestens 30 Millimetern Dicke auf, besser noch mehr. Schichtleimholz ist dabei Massivholz vorzuziehen, zumal Massivholzplatten in dieser Stärke ohnehin unbezahlbar wären. Bei selbstgebauten Werkbänken bieten sich auch Küchenarbeitsplatten an. Werkbänke mit Stahlplatten sind eher nicht zu empfehlen, allerdings schadet es nicht, eine stabile Stahlplatte – ca. 4 Millimeter stark, gerne als Richtplatte tituliert – in petto zu haben, die man bei Bedarf auf die Holz-Werkbank legt. Je nach Bauart kann auch der Schraubstock mit einer solchen Platte darunter montiert werden, sie sind aber meistens bereits so konstruiert, dass sie mit möglichst großer Fläche auf der Werkbank ruhen. Auch wenn das teurer wird: Beim Schraubstock sollte man unbedingt auf so genannte Industrie-Qualität Wert legen: Bei der benötigten Größe wiegt so ein Teil leicht zehn Kilogramm oder mehr. Es versteht sich von selbst, dass es mit der vorgesehenen Anzahl Schrauben auf der Werkbank befestigt wird, und zwar mit Schrauben im größtmöglichen Maß und der höchsten Güte.

Ein Amboss ist eine schöne Ergänzung zum Schraubstock, wobei es gute Schraubstöcke gibt, die eine Ambossfläche aufweisen; in vielen Fällen reicht dies für unsere Ansprüche.

Eisen- aber auch Holzsägen gehören ebenso zu einer seriösen Werkstattausstattung wie entsprechende Feilen für verschiedene Werkstoffe. Gewindeschneide-Werkzeug sollte in der Werkstatt nicht fehlen, allerdings ist es kaum möglich, für jedes Gewinde und jede Situation immer das richtige Schneideisen oder den richtigen Gewindebohrer vorzuhalten. Hier muss je nach Bedarf dann nachgekauft werden. Das (verstellbare) Haltewerkzeug, auch Windeisen genannt, kann man aber auf alle Fälle schon vorher beschaffen; es gehört ebenfalls zu den Werkzeugen, bei denen man unbedingt auf wirklich gute Qualität Wert legen muss.

Messwerkzeuge sind ein weiteres sehr diffiziles Thema: Gute Spezialwerkzeuge sind überaus teuer und kommen für den Amateur eigentlich nicht in Betracht. Ein Messschieber mit Tiefenfühler in guter Qualität ist Pflicht, digitale Versionen werden zu erschwinglichen Preisen angeboten. Ebenso sind Fühlerlehren in metrischen und zölligen Maßen unverzichtbares Zubehör. Alles andere bleibt dem echten Fachmann vorbehalten, einerseits aufgrund der Anschaffungskosten, andererseits benötigt man in der Regel für den Umgang mit einer Innenmessschraube oder ähnlichen Kalibern die entsprechende Berufsausbildung oder zumindest Übung im Umgang mit diesen Messgeräten.

Gutes Licht und gute Sicht sind überaus wichtig, sowohl am Auto als auch an der Werkbank. Eine kleine Stablampe hilft, wenn man in enge Winkel hinein leuchten muss; dank der heutigen LED-Technik erzeugen auch sehr kleine Lampen ein enorm helles Licht. Transportable Werkstattlampen sind ebenfalls dank LEDs sehr hell und leuchten auch mit Batterie- oder Akkubetrieb sehr lange. Praktisch sind jene Ausführungen, die man dank eines Magneten auch innen an der Motorhaube oder an anderen Metallteilen des Fahrzeugs aufhängen kann. Eine Lupe hilft, wenn man winzige Aufschriften auf Werkstück oder Werkzeug nicht mehr entziffern kann. Mit einem Teleskoparm mit Magnet am Ende bekommt man unter Umständen (eiserne) Kleinteile wieder aus dem Motorraum oder noch unzugänglicheren Gegenden – dem Brennraum im Motor zum Beispiel. Solche Teleskope gibt es auch mit Vergrößerungsspiegeln; mit so einem Hilfswerkzeug und einer guten Lampe kann man in Bereiche sehen, an die man ansonsten

**10.1-8** Hier eine kleine Auswahl der nötigsten Schmier-, Dicht- und Klebstoffe.

ohne weitreichende Demontage nicht herankommt.

Eine Mindestausrüstung an Bürsten ist notwendig, zur Not tut es auch eine ausgemusterte Flaschenbürste aus der Küche, besser ist aber Werkstattqualität in mehreren Größen und verschiedenem Material; neben Nylon- sollte man auch ein oder zwei Draht- und Kupferbürsten einplanen.

Wir wollen es an dieser Stelle mit den eigentlichen Werkzeugen und Hilfsmitteln bewenden lassen. Es gäbe noch so viel, das man unbedingt braucht, wie beispielsweise ein Batterieladegerät, ergänzt durch den schon erwähnten Erhaltungslader, ein elektrisch oder per Kompressor betriebenes Bremsentlüftungsgerät, eine Blindnietzange oder ein Multitool wie eine „Dremel" mit seinen unzähligen Vorsätzen. Bevor ich diese Aufzählung nun doch wieder fortsetze, eine Warnung: Man kann sich hier ganz leicht in einen regelrechten Kaufrausch hineinsteigern, und man sollte es am Anfang nicht übertreiben. Zuviel Auswahl erschwert mitunter die Übersicht.

## Schrauben, Scheiben und Muttern

Von den Arbeitsgeräten zum Arbeitsmaterial: Schrauben, Scheiben und Muttern. Es empfiehlt sich, immer eine größere Auswahl fein säuberlich sortiert in Sortimentskästen oder Magazinschubladen aufzubewahren. Edelstahl sollte der Vorzug gegeben werden, an manchen Stellen aber kann es aus optischen, seltener aus technischen Gründen erforderlich sein, brüniertes Eisen oder auch nicht-eisenhaltiges Material zu verwenden. Übrigens rostet auch Edelstahl, wo es mit korrosionsanfälligem Werkstoff in Berührung kommt. Beilagscheiben gibt es auch aus Kunststoff oder Filz, außerdem benötigt man Seeger-, Feder- und Sprengringe, Zahnscheiben, Splinte, Blechschrauben, Kabelbinder, Schlauchschellen, Klebeband und, und, und.

Bei der Demontage wird grundsätzlich nichts weggeworfen! Selbst die letzte Mutter wird aufbewahrt, bis man das Auto wieder komplettiert hat, und selbst dann schadet es nicht, die alten Teile als Muster zu behalten. Verschieden große sind hervorragend dafür geeignet, Kleinteile aller Art übersichtlich, aussagekräftig gut beschriftet und vor Feuchtigkeit geschützt aufzubewahren.

**10.1-9** „Ordnung ist das halbe Suchen": Beilagscheiben, Spreng- und Federringe, Splinte, Klammern und Blechschrauben sollten in ausreichender Menge und gut sortiert in der Werkstatt vorhanden sein.

Soweit zum Material, es folgen die Mittel: Montageöl, Kriechöl, Rostlöser, Sprühfett, Lithiumfett wären nur einige der Begriffe, mit denen man sich auseinandersetzen muss. Hinzu kommen verschiedene Klebstoffe und Schraubensicherungslack sowie Flüssigdichtung, die man möglichst genau zum Einsatzweck passend besorgen sollte. Auch hier kann man leicht des Guten zu viel tun, aber eine gewisse Mindestversorgung mit diesen Chemie-Produkten ist erforderlich. Ein echter Schrauber lässt es auch nie zu, dass abgetragene oder zerrissene Kleidungsstücke einfach in den Hausmüll wandern: So etwas wird im Gegenteil noch einmal in die Waschmaschine gesteckt, anschließend lässt es sich in der Garage hervorragend als Putztuch oder Öllappen weiterverwenden. Darüber hinaus sollte immer mindestens eine große Rolle Küchenpapier auf der Werkbank stehen.

**10.1-10** *Die Leistung eines solchen Kompressors reicht zwar nicht für pressluftbetriebene Maschinen, aber Ölbohrungen und ähnliches kann man damit freiblasen. Reifen aufpumpen geht natürlich auch!*

## Schweißgeräte und Kompressoren

Last, but not least: der Gerätepark. Je nach eigenem Ehrgeiz wird dieser schon aufgrund der Kosten nicht unbedingt so üppig ausfallen, wie man sich das vorstellen kann. Ein Schutzgas- oder Autogen-Schweißgerät zum Beispiel ist nur dann sinnvoll, wenn man damit auch umgehen kann – und mit den Werkstücken. Elektroschweißgeräte sind für das Arbeiten am Auto nicht geeignet, sie sind eher etwas für die schon erwähnten Brückenbauer: Karosserieblech und auch die meisten Rahmenteile sind für sie zu dünnwandig. Wenn man sämtliche Schweißgeräte besitzt und auch beherrscht, gibt es aber so gut wie nichts das unmöglich wäre.

Ein Kompressor ist ebenfalls kein unnötiger Luxus. Man wird kaum ein stationäres Profiteil anschaffen, mit dem man auch Werkzeuge wie Schlagschrauber, Blechknabber oder andere Maschinen per Druckluft antreiben

**10.1-11** *Grundvoraussetzung für vernünftiges Arbeiten: Ein Triebwerk wie das des E-Type ohne stabilen Motorständer zu überholen ist schlicht nicht möglich.*

kann. Wobei man aber auch die Leistung diverser Kompressoren der oberen Hobby-Klasse nicht unterschätzen darf. Unabhängig von der Leistungsklasse ist so ein Kompressor sehr praktisch, wenn man Staub und Schleifmehl aus Ecken und Hohlräumen bekommen muss oder Ölbohrungen im Motor freiblasen möchte. Man kann sogar die Reifen damit aufpumpen!

## Die richtigen Maschinen zum Bohren und Schleifen

Karosseriearbeit ohne vernünftige Schleifmaschinen ist undenkbar. Natürlich gibt es diverse Vorsatzgeräte für die Bohrmaschine, aber die Arbeit damit ist alles andere als erfreulich. So ein Behelf ist unnötig schwer, sowohl was das Gewicht als auch was die Handhabung angeht, und auch in der Leistung reichen sie nicht an die spezialisierten Vorbilder heran.

Eine gute „Flex“ gehört definitiv in jede Werkstatt, und sei es nur, um ein Wasserrohr nicht mit der Bügelsäge – die dann garantiert stumpf ist – kürzen zu müssen. Mit einer dünnen Trennscheibe erledigt man das mit der Flex in Sekunden. Dickere Schleifscheiben oder Schleifteller mit Sandpapier machen sich beim Entlacken von Blechteilen bezahlt, und Zopfbürsten in Scheiben- oder Topfform holen auch den zähesten Unterbodenschutz vom Rahmen herunter.

Auch wenn sie für oben genannten Bereich nicht brauchbar ist: Eine gute Bohrmaschine ist natürlich trotzdem ein absolutes Muss, und bei den Bohrern ist noch viel mehr darauf zu achten, dass man nur wirklich gute Qualität verwendet. Bohren ist übrigens gar nicht so leicht, wie es vielleicht aussieht, die Umdrehungszahl und die aufgewendete Kraft, mit der man den Bohrer auf das Werkstück drückt, wollen mit Bedacht gewählt sein. Und es gibt Profis, die ihre Bohrer nach jedem ernsthaften Gebrauch nachschärfen. Merke: Einen nur ein wenig stumpfen Bohrer bekommt man nämlich bei weitem schneller wieder scharf als ein komplett abgestumpftes Stück Stahl. Das Nachschleifen lohnt sich aber nicht in jedem Fall, denn die Preise selbst für hochwertige Bohrer sind noch erträglich und ohne elektrische Schleifmaschine (und viel Übung) sind Überlegungen über das Thema Nachschärfen nur Zeitverschwendung.

## Hydraulischer Wagenheber

Ein Rangierwagenheber („Krokodil“) ist eine unglaubliche Erleichterung. Je nach Art des Fahrzeugs und des eigenen Geschicks kann es eine Stunde dauern, bis man mit dem Wagenheber aus dem Kofferraum sein Auto auf allen Vieren aufgebockt hat. Mit einem Rangierheber ist es meist eine Sache von wenigen Minuten. Apropos „alle Viere“: Grundsätzlich sollte man sich nur unter das Auto legen, wenn es wirklich stabil aufgebockt wurde – Bierkisten oder noch nicht gespaltenes Kaminholz scheiden hier als Unterbau aus. Stabile Unterstellböcke gibt es auch faltbar; man muss nicht unbedingt vier davon haben, zwei genügen eigentlich für die meisten Situationen. Für die in diesem Buch beschriebene Wartung zu Saisonbeginn ist es aber ganz einfach viel komfortabler, wenn das Auto waagerecht, aber eine Etage höher steht. Auch Auffahrrampen sind nicht schlecht, beim E-Type kann man sie aber wegen der Karosserieform kaum einsetzen. Der Traum eines jeden Hobbyschraubers ist natürlich die eigene Hebebühne, die allerdings für die meisten von uns auch nur ein Traum bleiben wird.

Damit soll dieses Kapitel enden. Wie gesagt, wir alle träumen von der komplett ausgestatteten und großzügig geschnittenen Traumwerkstatt. Aber die meisten von uns müssen eben auch den einen oder anderen Kompromiss mit der Realität schließen, und letztlich soll ja die Garage nicht mehr Aufmerksamkeit von uns erfordern als das Auto, das darin steht.

Fotos: Abigail Humphries

PBH 543H

E TYPE

# … noch mehr für Jaguar-Freunde

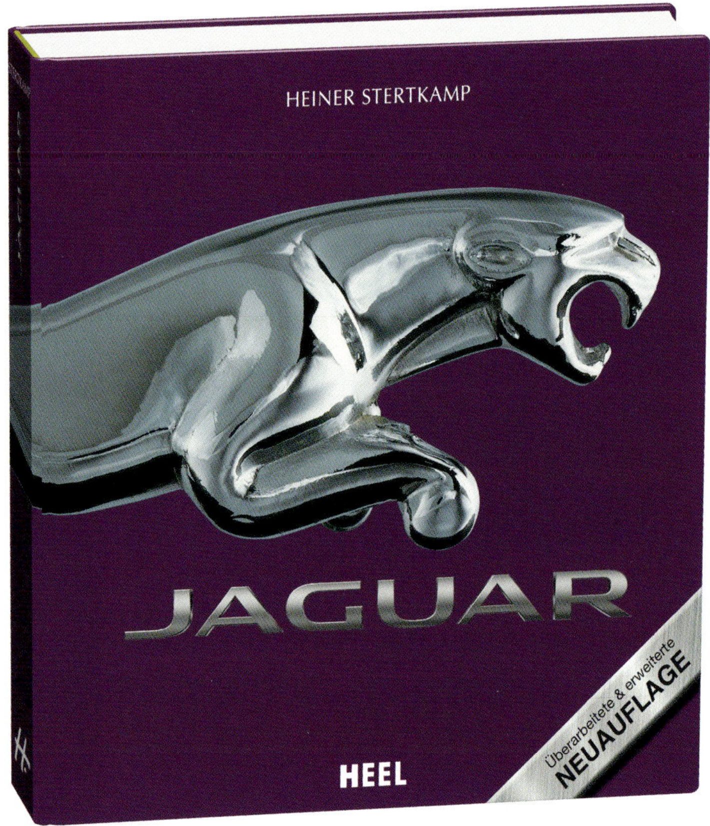


560 Seiten, ca. 1.500 farbige und s/w-Abbildungen, 280 x 280 mm, gebunden mit Schutzumschlag
**EUR 49,95** ISBN 978-3-86852-936-4

**DIE ULTIMATIVE JAGUAR-BIBEL!**
Umfangreich überarbeitet und aktualisiert, präsentiert Jaguarexperte Heiner Stertkamp das ultimative Standardwerk der charismatischen Marke von den bescheidenen Anfängen bis hin zum aktuellen Modell F-Type Coupé. Akribisch recherchiert und mit zahllosen, wenig bekannten historischen Details und Anekdoten angereichert, erzählt die opulente Neuauflage die spannende und wechselhafte Geschichte der berühmten britischen Automarke und ihres Gründers Sir William Lyons. Die informative und reich bebilderte Chronik dokumentiert aber auch detailliert die gesamte Modellpalette aus dem Hause Jaguar, von den bescheidenen Anfängen in den 1929er Jahren mit den ersten Swallow-Beiwagen bis hin zu den aktuellen Modellen wie dem innovativen F-Type Coupé oder dem 550 PS starken und 300 km/h schnellen Sportkombi XFR-S.
Dies ist die ultimative Jaguar-Bibel in umfangreich überarbeiteter und aktualisierter Neuauflage! Dieses umfassende und einmalige Werk ist ein absolutes Muss für alle Jaguar-Enthusiasten!

**560 SEITEN DICK UND KILOSCHWER!**

**EIN OPULENTER UND EXKLUSIVER PRACHT- UND GESCHENKBAND**

**MEHR JAGUAR GEHT NICHT!**

**UNSER KOMPLETTES PROGRAMM ERHALTEN SIE IN JEDER BUCHHANDLUNG UND UNTER WWW.HEEL-VERLAG.DE**
HEEL VERLAG GMBH | GUT POTTSCHEIDT | 53639 KÖNIGSWINTER

Enjoy British!
British Classics
Cars • Bikes • Technik • Lifestyle
AUS DEM HAUSE OLDTIMER MARKT
Sept./Okt. 5/2016
€ 5,50
Bentley Turbo R
Treiben die aufgeblasenen Typen ihre Liebhaber in den Ruin?
Hebelstoßdämpfer-Kur
Voll verschaukelt
Daimler versus Mini
Kommt's auf die Größe an?
BREXIT
Jetzt zum Shoppen auf die Insel?
RE RV 8
MG RV8
Man lebt nur zweimal
WELLNESS-WUNDER
La dolce vita im Königreich
ARIEL 350 RED HUNTER
Die Beauty Queen aus Birmingham
BRITISH CLASSICS gibt es jeden zweiten Monat neu im gut sortierten Zeitschriftenhande
– oder direkt VERSANDKOSTENFREI* beim Leserservice ✆ 06131 / 992 -101